광합성 인간

THE INNER CLOCK
Copyright ⓒ2024 by Lynne Peeples
Published by arrangement with William Morris Endeavor Entertainment, LLC
All rights reserved.
Korean Translation Copyright ⓒ2025 by Next Wave Media Co.,Ltd.
Korean edition is published by arrangement with William Morris Endeavor Entertainment, LLC
through Imprima Korea Agency

이 책의 한국어판 저작권은 Imprima Korea Agency를 통해
William Morris Endeavor Entertainment, LLC.와의 독점계약으로 (주)흐름출판에 있습니다.
저작권법에 의해 한국 내에서 보호를 받는 저작물이므로
무단전재와 무단복제를 금합니다.

낮과 밤이 바뀐 시대에
우리가 잃어버린 생체리듬과 빛의 과학
― THE INNER CLOCK ―

광합성 인간

린 피플스 지음 | 김초원 옮김

흐름출판

목차

들어가며 | 아무도 말해주지 않은, 내 몸속 시계의 비밀　　— 7

● 1부 ●
빛이 설계한 몸속 시계

1장. 시간을 잃어가는 사람들　　— 21
2장. 시곗바늘을 움직이는 힘　　— 51
3장. 리듬에 맞는 딱 좋은 시간　　— 81
4장. 우울도 불면도 햇빛이 약　　— 113

● 2부 ●
빛을 잃은 삶, 고장 난 시계

5장. 인공조명 아래, 어두운 낮　　— 157
6장. 너무 밝은 밤　　— 189
7장. 생체시계 교란자들　　— 227
8장. 어긋난 시계　　— 259

● 3부 ●
시간을 리셋하다

9장. 알람이여, 안녕 　　　　　　　　　　　　— 295
10장. 낮은 더 밝게, 밤은 더 어둡게 　　　　　 — 335
11장. 내 몸의 시계를 재설계하다 　　　　　　 — 373
12장. 일주기 의학: 시간이 약이다 　　　　　　— 411
13장. 빛 부족 사회에서 살아남기 　　　　　　 — 445

감사의 글 　　　　　　　　　　　　　　　　 — 469
참고문헌 　　　　　　　　　　　　　　　　　 — 475

들어가며

아무도 말해주지 않은, 내 몸속 시계의 비밀

2020년 12월, 해안 경비대의 쇄빙선 폴라 스타Polar Star호는 시애틀에 정박 중이었다. 나는 배가 출항하기 전, 선장 윌리엄 보이티라에게 이른 크리스마스 선물을 보냈다. 내가 고른 선물은 탁상용 조명이었다. 양말과 동급이라고 생각하는 사람도 있겠지만, 그건 평범한 조명이 아니었다. 아마존이 하룻밤 만에 배송해준 그 조명은 인체가 시간을 인식할 때 주요한 단서로 삼는 태양의 밝은 청백색 빛을 낼 수 있도록 제작된 특수 조명이었다.

폴라 스타호는 코로나19 팬데믹의 영향으로 평소와는 다른 항로를 지나갈 예정이었다. 보통 겨울에는 햇살과 펭귄이 가득한 남쪽으로 이동해 남극기지 과학자들을 지원하곤 했지만, 그해 겨울에는 뱃머리를 돌려 기나긴 어둠과 북극곰이 지배하는 북쪽으로 향했다. 나는 지인의 소개로 보이티라 선장을 처음 만났다. 지금도 그렇지만 그 당시에도 누군가 들어만 준다면, 나는 인간 세포에 있는 작은 시계와 그것을 조율하는 햇빛의 놀라운 역할에 대해 떠들어대곤 했다. 물론 이론적인 설명을 늘어놓은 것은 아니었다. 쇄빙선 선원들이 햇빛 부족을 겪게 되리란 사실은 흥미롭기도 했지만, 동시에 염려스러웠다. 그래서 탁상용 조명을 선물해 보이티라 선장의 생체리듬을 어설프게나마 지켜주려 했다. 나는 조사 초기에 얻은 요령에 따라, 아침에 일어난 지 한두 시간 안에 조명 앞에 앉아 20~30분 빛을 쬐라고 조언했다.

내가 늘어놓은 이야기 때문인지는 모르겠지만, 그 조명은 함선 한편에 있는 그의 책상 위에 자리를 잡았다. 조명 옆에는 손 세정제 몇 통이 놓여 있었고, 뒤쪽 벽에는 나침반이 걸려 있었다. 폴라 스타호가 출항할 때 보이티라 선장은 적어도 그 조명이 자신의 지성과 행복과 건강을 지켜주고, 어쩌면 배 안에 있는 '폴라 스타벅스'에 가는 횟수도 줄여주면 좋겠다며 흥미로운 척이라도 해주었다.

지금, 이 순간 우리 몸 곳곳에서는 작은 시계들의 똑딱거림이 교향곡처럼 울려 퍼지고 있다. 위와 피부, 간과 폐, 심지어는 다리뼈와 근육에서도 마찬가지다. 이 작은 시계들은 우리가 배고픔, 졸림, 각성, 활력 등을 정확한 시간에 느끼도록 조절해준다. 생체시계는 우리가 낮에는 활동하고 밤에는 휴식하기를 원한다. 그래서 끊임없이 시간 단서를 찾아 우리 몸의 내부 시계를 태양에 동기화하려 한다. 하루를 주기로 반복되는 이 흐름, 즉 일주기 리듬circadian rhythm을 조율하는 것 역시 우리 뇌 속에 있는 중추 시계다.

안타깝게도 우리는 남극이나 북극처럼 극한의 환경에 가지 않더라도 생명 유지 체계에 문제가 생길 수 있다. 일상 곳곳에 위협이 존재한다. 현대사회는 인공조명, 시차jet lag, 인위적인 시간 조작, 대기오염, 야식 같은 여러 요소로 생체시계를 끊임없이 교란시켜 우리 몸이 가진 본래의 리듬을 잃게 한다. 이는 수면을 방해하고[1] 생산성을 떨어뜨리며 비만, 심장병, 탈모, 소화기 장애, 우울증 같은 질병의 위험을 높인다. 여기서 끝이 아니다. 일주기日週期 교란의 여파는 다음 세대로 이어질 수 있다.[2]

나 역시 처음에는 일주기 리듬의 교란이 그렇게까지 많은 문제를 일으킨다는 사실을 믿기 어려웠다. 일주기 리듬의 영향이 그토록 크다면 왜 지금껏 아무도 이에 관해 이야기하지 않았을까? 왜 학교에서 아무것도 가르쳐주지 않았을까? 그 멈추지 않는 시계 소리가 너무 당연해서 신경 쓸 필요조차 없다고 느낀 걸까?

빛과 시간의 과학, 일주기 리듬

우리의 생리와 행동은 주기에 따라 움직이도록 진화해왔으며, 그 규칙성은 모든 생명체의 삶에 깊숙이 각인되어 있다. 지구상의 거의 모든 생명체는 규칙적인 태양의 움직임, 하늘에 반사되는 빛, 기온과 조수潮水 같은 환경 신호에 맞춰 내부 주기를 발달시켜왔다. 남세균*Cyanobacteria*부터 옥수수, 치타에 이르기까지 다양한 생물들이 이 복잡한 생물학적 메커니즘을 다양한 방식으로 활용하며 살아가고 있다. 찌르레기나 멧새만 봐도 알 수 있다. 이 생물들은 별과 태양 궤도의 움직임을 생체시계로 해독하여 항로를 결정하고 유지한다. 반면 우리 인간은 가로등 불빛과 스마트폰 화면, 교대 근무 같은 것들로 자신의 생체시계를 망가뜨리고 있다.

낮의 부족한 빛과 밤의 과도한 빛은 우리의 일주기 리듬을 혼란스럽게 한다. 실내에 오래 머물수록 밤낮의 경계는 모호해진다. 우리 몸은 밤낮을 구별하기가 어려워진다. 대륙을 횡단하는 속도부터 주변에 만연한 오염 물질, 유별난 시간에 먹고 운동하는 습관까지 수많은 변화가 우리의 생체시계를 태초의 모습에서 멀어지게 하고 또 어지럽힌다.

초기 인류는 두 다리가 허락하는 데까지만 이동하고 달릴 수 있었다. 이들은 플라스틱병에 담긴 액체를 마시지도 않았고, 배기구에서 나오는 매연을 들이마시지도 않았다. 이들에게는 디지털 화면도, 24시간 피트니스 센터도, 운동 후 야식으로 먹을 부리토를 데울 전자레인지도 없었다. 시간을 원하는 대로 바꾸기 위해 지도에 임의의 선을 긋지도 않았다.

몸의 시간을 저버린 대가는 참혹했다. 인간의 생체시계는 제멋대로 어긋났다. 황당한 건, 우리가 이 결과를 예견할 수 있었다는 것이다. 인간은 오래전부터 해시계, 괘종시계, 네온색 스와치 손목시계로 시간의 경과를 측정해왔다. 또한 모든 종種이 그리하듯 인간 역시 본능적으로 태양의 24시간 주기에 스스로를 맞춰왔다. 우리는 남향 창과 채광이 좋은 집을 선호하며, 아이와 함께 햇볕을 쬐러 밖으로 나간다. 밤에는 암막 커튼으로 실내를 어둡게 한다. 우리는 시간대에 따른 집중력과 활력의 변화를 감지할 수 있고, 장거리 비행을 한 다음이나 달이 특정 위상에 도달했을 때 찾아오는 불편한 감정을 인지할 수 있다. 과학은 이제야 마침내 이러한 인간의 직관을 따라잡기 시작했다.

생명체의 리듬에 관한 언급은 《성경》을 비롯해 고대 그리스와 중국의 옛 문헌에서도 찾아볼 수 있지만, 현대 과학은 비교적 최근에야 생체시계의 정교한 구성과 놀라우리만치 다양한 기능, 그리고 신체 기관과 세포에 미치는 심오한 영향을 밝혀냈다. 과학자들은 불과 몇 년 전부터 이러한 점들을 연결하고, 이 지식을 바탕으로 삶과 세상을 변화시킬 수 있는 도구를 개발하기 시작했다.

오늘날 르네상스를 맞이한 일주기 과학은 생물학 및 기술 발전에 힘입어 잃어버린 리듬을 되찾고, 그 힘을 활용해 더 건강하고 행복하고 평등하고 지속 가능한 세상을 만들 수 있는 전략을 발굴하고 있다. 여기에 선도적인 과학과 혁신 기관들이 동참하고 있다. 미국 국방고등연구계획국DARPA은 일주기 리듬을 제어하기 위해 경구 섭취나 이식이 가능한 생체 전자 장치를 개발 중이며, 미항공우주국NASA은 우주인의 생체시계를 지구의 하루 주기와 연결하기 위해 태양을 모방한 특수 조명을 활용하고 있다.

리듬을 회복하려면 전방위적인 노력이 필요하다. 일주기 리듬의 교란이 확산되는 흐름을 되돌리기 위해 개인의 노력뿐 아니라 사회 변화도 함께 이루어져야 한다. 일주기 리듬은 우리 몸을 조율하는 핵심 메커니즘이지만, 이를 흐트러뜨리는 요소들이 워낙 많아 거의 모든 사람이 그 영향을 받고 있다. 하지만 많은 사람들은 자신이 최상의 상태로 살아가거나 일하고 있지 않다는 사실조차 깨닫지 못한 채 하루하루를 보내고 있다. 밤에 숙면을 취하지 못하는가? 비정규 시간대에 일하는 노동자 중 한 명인가? 혹은 전 세계 인구의 99퍼센트가 겪고 있는 빛 공해light pollution의 영향을 받고 있는가?[3]

우리 몸은 빛에 반응한다

일주기 과학이 발전하면서 놀라운 사실들이 밝혀졌다. 빛 노출은 자궁 속 태아의 정상적인 뇌 발달에 영향을 미친다. 일주기 리듬의 건강은 장내 미생물 구성[4]에 영향을 미치고, 그 반대도 마찬가지다. 식사 시간을 낮때로 짧게 제한하면[5] 암과 당뇨는 물론 여러 질병을 막는 데 도움이 된다. 화학 요법을 시행하는 시간대를 잘 맞추면[6] 일부 종양에 대한 공격력을 높일 수도 있다. 코로나19 팬데믹으로 생체리듬의 중요성이 크게 주목받았다. 면역 체계는 생체리듬을 따르기에 감염균과 맞서 싸우려면 몸속 시계를 잘 맞춰 강화된 생체리듬을 유지하는 것이 중요하다.[7] 코로나바이러스와 맞서 싸울 때도 마찬가지다. 코로나19 관련 데이터를 보면 바이러스에 노출된 시간, 검사 시간, 백신 접종 시간에 따라 병의 예후와 경과, 면역 수준이 달라질 수 있음을 알 수 있다.

한 과학자는 팬데믹을 '거대한 시간생물학적 실험'이라 일컬었다. 이 기간에 대부분의 사람들이 디지털 화면을 보는 시간이 크게 늘어났다. 그리고 그 변화는 우리의 수면, 기분, 생산성에까지 영향을 미쳤다. 어떤 사람은 수면 시간이 늘었고, 어떤 사람은 잠 못 드는 밤이 늘었다. 그때 우리는 알게 모르게, 방에 걸린 시계의 초침 소리가 아니라 몸속 생체시계의 똑딱거림을 듣는 법을 배웠다. 이번 시즌을 성황리에 마친 프로농구NBA 리그와 폴라 스타호의 바뀐 겨울 임무 등 다양한 자연 실험을 통해 일주기 리듬에 관한 많은 교훈을 얻는 특별한 시간을 보냈다.

그해 겨울, 폴라 스타호가 북극에 정박해 있는 동안에는 줄어든 일주기 신호를 보완할 어떤 조치도 이루어지지 않았다. 선원들이 24시간 교대 근무를 하는 동안 희미한 형광등만이 좁은 복도를 밝힐 뿐이었다. 12월 말, 보이티라 선장은 알래스카 북쪽 끝에 있는 1미터 두께의 해빙을 뚫고 지나가면서 나에게 이메일을 보냈다. "북쪽으로 이동하면서는 오후 중반쯤 해가 질 때 몇 시간 정도 빛을 봤지만, 도착하고 나서부터는 종일 빛을 보지 못했습니다." 그는 주말 내내 의욕을 잃고 무기력하게 침대에 늘어져 과식하며 지내다가, 월요일 아침에 처음으로 '행복의 빛'을 밝혔다고 했다. "솔직히 좀 충격이에요! 시애틀을 떠난 뒤로 이렇게 밝은 빛을 본적이 없습니다!"

선원들이 놀려댔지만 보이티라 선장은 매일 아침 조명을 쬐며 이메일과 뉴스를 확인하고, 또 그 밑에서 종종 십자말풀이를 하면서 하루치 빛을 보충했다. 또 그는 컴퓨터에서 밤 시간대에 화면의 블루라이트(모니터, 스마트폰, 텔레비전 등의 전자기기에서 나오는 파란색 계열의 광원 - 옮긴이)를 차단해주는 야간 조명 기능을 발견하고 사용하기 시작했다. 조명 사용 패턴을 바꾼 지 72시간 만에 보이티라 선장의 수면, 기분, 식습관은 크게 개선됐다. "모든 게 제자리로 돌아오기 시작했습니다"라고 그는 말했다.

나는 연말을 맞아 쇼핑하면서 나 자신을 위한 선물도 잊지 않았다. 내가 쓸 태양등, 빛 노출 측정에 사용할 동전 크기의 센서, 수면 패턴과 활동량을 추적할 수 있는 스마트워치도 구매했다. 또 나의 리듬을 파악하고 최적화하기 위해 일상에서 교정해야 할 부분을 점검하는 '완전한 어둠'으로의 여행을 계획했다.

일주기 리듬에 관해 알아갈수록 궁금증이 생겼다. 나의 고질적 수면 문제와 계절성 증상, 심지어 복통까지도 내 몸의 리듬과 관련 있는 것은 아닐까? 내 삶은 잠 못 이루는 밤과 멍한 낮의 연속이었다. 농구 시합이나 중요한 시험, 발표 등 굵직한 행사를 앞두고는 거의 항상 불면증에 시달렸다. 부족한 수면을 메우기 위해 다량의 커피를 마시고, 주말마다 늦잠을 자며 보상하려 했다. 수면 문제는 10대 시절에 극에 달했다. 청소년기에는 일주기 리듬이 자연스럽게 뒤로 밀린다. 고등학교 등교 시간은 오전 7시 30분이었고, 이는 이미 내게 고통스러울 만큼 이른 시간이었다. 그럼에도 과학 교사인 아버지 차를 타고 등교하기 위해 매일 새벽 5시 30분에 일어나야 했다. 1년 내내 급격하게 늘었다 줄었다 하는 시애틀의 일조 시간도 내게 영향을 미쳤다. 나는 시애틀이 캐나다의 토론토와 몬트리올보다 한참 북쪽에 있다는 사실을 최근에야 알았다. 게다가 시애틀 하늘에는 두꺼운 잿빛 구름이 심심치 않게 드리운다. 매사추세츠와 뉴욕에서 지낼 때도 사정은 크게 '밝아지지' 않았다. 기분은 계절 따라 요동쳤고, 겨울에는 대개 가라앉은 채로 지냈다. 하지만 2016년 1월, 연고지 메이저리그 야구팀인 시애틀 매리너스의 홈구장에서 선수 대기석 옆 통로를 지나 창문 하나 없는 로커룸을 본 순간, 내 안의 리듬과 바깥세상의 리듬이 어떻게 연결되어 있는지를 깨닫게 되었다.

　MLB 구장 최초로 LED 조명을 설치한 시애틀 매리너스 홈구장에서 나는 우연히 홍보팀이 진행하는 야간 투어에 참여하게 됐다. 투어는 새로 설치된 경기장 조명의 화려한 쇼로 시작됐다. 정오처럼 환히 밝혀진 잔디 구장 위에서 홈런을 축하하기라도 하듯 알록달록한 빛이 춤을 추었다. 그보다 화려하지는 않았지만, 이후 실내에서 본 빛은 내 마음을 사로잡았다. 선수들의 로커룸에는 빛의 밝기와 색상을 조절할 수 있는 최신 조명 시스템이 설치되어 있었다. 가이드는 새 조명이 경기 전에는 선수들에게 활력을 불어넣고, 경기 후에는 긴장을 풀어 보통 다음 날로 예정된 경기에 필요한 수면과 재충전을 도울 거라고 설명했다.

나는 마음을 뺏기기는 했지만, 한편으로는 조금 회의적이었다. 당시 매리너스는 15년 만에 플레이오프 진출에 실패한 상태였다. 얼마나 절박한 상황인가. 구단은 정말로 조명 하나로 분위기를 반전시킬 수 있다고 생각한 걸까?

어쨌든 그 경험은 내게 전환점이 되었다. 이후 모든 곳에서 일주기 리듬과의 연관성이 눈에 들어왔다. 나는 곧 과학 혁명이 시작되는 초기 분야를 목격하고 있다는 사실을 깨달았다.

일주기 과학 연구가 활발해지면서 응용 분야도 폭발적으로 성장했다. 이와 함께 내 궁금증도 늘어갔다. 아침 산책과 일몰 후 금식이 어떻게 몸의 리듬을 강화하는 것일까? 최신 조명 시스템으로 모방한 햇빛이 이와 같은 효과를 낼 수 있을까? 왜 어떤 의사들은 특정 시간에 치료를 진행할까? 왜 일부 지도자들은 경제 수준과 공중 보건의 격차를 줄이기 위해 일주기 리듬을 고려해야 한다고 주장할까? 일주기 리듬을 조절하는 일이 어떻게 기후변화를 억제하고, 살충제 사용을 줄이고, 세계 기아 문제 해결에 기여할 수 있을까?

이러한 질문의 답을 찾는 과정에서 영국 조지 시대(조지 1세부터 4세까지의 재위 기간인 1714~1830년 시기 - 옮긴이) 때의 창문 개수에 비례하여 세금을 징수하는 창문세와 일광 절약 시간제(서머타임제) 폐지, 등교 시간 연기를 둘러싼 논란 등을 관통하는 놀라운 역사적·문화적 연관성을 발견했다. 나는 일주기 탐험가들의 오랜 전통에 따라 냉전 시대에 지어진 벙커 안에서, 해바라기밭에서,

자정에 뜬 알래스카의 태양 아래서 잠을 잤다. 나의 일주기 리듬을 해독하기 위해 시험관에 침을 뱉고 머리카락을 뽑았으며, 시기를 잘 만난 이 흐름의 최전선에서 수많은 과학자와 학생, 우주비행사, 운동선수, 환자, 정책 입안자 들을 만나 그들의 이야기를 들었다.

현대사회가 생체시계에 가하는 위협과 그 엄청난 피해는 무시하기 어려운 지경에 이르렀다. 다행히 가능성 있는 해결책이 속속 등장하고 있다. 그중에는 모유 보관용 젖병에 라벨 붙이기(언제 짠 모유인지 라벨을 붙여서 시간에 맞게 먹이는 것이 아기의 생체리듬을 건강하게 맞춰주는 데 도움이 된다 – 옮긴이), 업무 책상을 창가 쪽으로 조금 옮기기처럼 매우 간단한 해결책도 있다.[8] 일주기 리듬과 조화를 이루며 산다고 만병이 치유되는 것은 아니지만, 이를 통해 훨씬 더 건강하고 풍요롭고 현명하게 살 수 있다.

우리는 지금 급격한 변화의 물결 앞에 서 있다. 이 변화가 개인과 사회에 얼마나 큰 영향을 미칠지는 우리가 자연과 시간과의 관계를 얼마나 진지하게 그리고 열린 마음으로 다시 바라보느냐에 달려 있다.

1부

빛이 설계한 몸속 시계

1장
시간을 잃어가는 사람들

계단을 한 걸음 내려설 때마다 공기는 차가워졌고 시야는 어두워졌다. 찌는 듯한 아칸소의 더위를 지나온 터라 서늘한 공기가 반가웠지만, 햇빛이 줄어드는 것은 왠지 아쉬웠다. 나는 중간중간 고개를 들어 콘크리트 계단에 둘러싸여 사라져가는 한낮의 하늘을 바라보았다. 숙소 입구에 거의 도착해 올려다본 하늘은 장난감 블록처럼 작게 보였다. 나는 남은 계단을 마저 내려가 30센티미터 두께의 파란색 강철 문 앞에 섰다. 내가 철제 손잡이를 움켜쥐었을 때 주인장이 말했다. "그냥 있는 힘껏 천천히 계속 당기세요. 참고로 무게가 제 트럭이랑 비슷합니다."

예고한 대로 문은 상당히 무거웠다. 나는 20초 가까이 안간힘을 써서 겨우 문을 열었다. 오른쪽으로 난 길고 휑한 통로 끝에 격납고가 있었다. 한때 9메가톤 핵탄두를 장착한 타이탄 II 대륙간

탄도 미사일을 보관하던 곳이었다. 왼쪽에는 또 다른 2.7톤짜리 강철 문 하나가 버티고 서 있었다. 나는 다시 한번 있는 힘껏 문을 당겼다. 문이 열리면서 나타난 짧은 통로 너머로 발사 관제 센터가 모습을 드러냈다. 땅속 깊이 묻힌 창문 하나 없는 이 공간이 바로 내가 앞으로 열흘간 머물게 될, 나만의 보금자리다.

나는 태양과 시계, 사람을 피할 수 있는 장소를 열심히 찾던 중 타이탄 랜치Titan Ranch(냉전 시대의 미사일 격납고를 개조한 숙소 - 옮긴이)라는 이름의 이 휴양 시설을 발견했다. 태양, 시계, 사람에 둘러싸여 사는 것은 지극히 정상적인 일이다. 사실 우리 삶은 이들을 중심으로 움직인다고 해도 과언이 아니다. 나는 거의 항상 햇빛을 쫓거나, 시간(주로 마감일)에 쫓기거나, 친구들과 어울리며 산다. 하지만 이번에는 내 몸의 리듬을 정확히 파악하기 위해 시간의 단서가 될 만한 모든 것을 피하고 싶었다. 빛과 어둠의 주기는 물론 노트북이나 전자레인지에 표시되는 시계마저 없어야 했다. 핵 공격에 대비하는 시설까지는 필요 없었지만, 나쁠 건 없었다. 에어비앤비 사이트에 표시된 '슈퍼호스트' 배지 덕분에 숙소가 더욱 안전해 보였다.

시애틀에 있는 가족과 친구들은 내 결정에 가감 없이 우려를 표했다. 계획의 안전성을 의심하는 이도 있었고, 실험 이후의 내 정신 상태를 염려하는 이도 있었다. 걱정할 필요 없다고 큰소리쳤지만, 사실 나도 괜찮을지 확신할 수 없었다. 결국 나는 타이탄 랜치의 소유주이자 숙소 주인인 GT 힐GT Hill에게 도움을 받기로 했다.

모든 것은 생체시계와 관련 있다

공군 출신인 힐은 아칸소에 머물며 실리콘밸리의 IT 기업에서 원격근무 중이었다. 그는 자신이 '괴짜'라는 사실을 인정했다. 힐은 100평 규모의 발사 관제 센터가 딸린 지하 3층짜리 폐쇄 핵 미사일 시설을 매입해, 50만 달러를 들여 10년 동안 틈틈이 리모델링했다. 공사 과정에서 우여곡절도 많았다. 굴삭기를 타고 내려가 처음으로 침수된 시설을 열었을 때 쏟아져 나온 250톤의 물에 휩쓸릴 뻔한 적도 있었다.

1962년부터 1986년까지 이곳 관제 센터에는 책상과 배전반을 비롯해 미국에서 가장 거대한 탄두를 운용하기 위한 온갖 집기가 들어차 있었다. 숙소에는 미사일을 발사할 때 사용했던 열쇠 구멍과 열쇠 한 쌍이 전시되어 있었다. 두 사람이 하나씩 꽂고 거의 동시에 돌려야 작동하는 방식이었다. 관제 센터에는 24시간 교대 근무를 하는 직원들을 위한 간단한 취사 시설과 휴게 공간도 마련되어 있었다. 거기에 힐의 손길이 더해져 관제 센터는 더욱 멋진 공간으로 탈바꿈했다. 144인치짜리 프로젝션 스크린 TV, 대형 냉동고와 내장형 오븐을 갖춘 넓은 주방, 냉장고 두 대, 큐리그사社의 커피머신 두 대, 공중에 떠 있는 듯한 디자인의 킹사이즈 침대와 비데까지. 솔직히 나는 실험하는 동안 불편하게 지낼 생각은 없었다.

힐은 일찍부터 아내와 함께 검은색 포드 트럭을 타고 리틀록까지 나를 마중 나왔다. 우리는 북쪽으로 45분을 이동해 빌로니아에 도착했고, 점점 좁아지는 도로를 따라 아칸소의 시골 지역을 내달렸다. 푸른 구릉과 소 방목지가 한참 동안 이어지다 어느 순간 자갈로 뒤덮인 미사일 기지 도로가 나타났다. 이곳은 구글 지도에서 위성사진으로 보면 특별한 장소처럼 보이지 않는다. 성조기와 창고 옆에 놓인 흑백의 타이탄 랜치 간판, 그리고 바닥에 난 네모나고 까만 구멍이 벙커의 존재를 알려줄 뿐이다.

이처럼 인공 시계도 평소에는 눈에 잘 띄지 않다가 피하려 하면 그제야 보이기 시작한다. 우리 몸 곳곳에 생체시계가 퍼져 있듯이 인공 시계 역시 우리 일상 전반에 스며 있다. 나는 벙커로 떠나기 전에 노트북과 아이폰, 킨들을 몇 시간 동안 만지작거리면서 시계를 없애보려 했지만 결국 실패했다. 하는 수 없이 검은색 절연테이프로 시계를 가리기로 했다. 힐도 테이프를 준비해 내가 도착하기 전에 미리 숙소를 정비해줬다. 숙소에 있는 조명 제어용 태블릿 세 대와 전자레인지, 오븐에 달린 디지털 화면에 테이프가 붙어 있었다. 힐과 함께 숙소 내부를 둘러보다 세탁기와 건조기에서도 디지털시계를 발견해 테이프로 가렸다.

나는 도착하기 몇 주 전부터 힐과 함께 '유선 전화로 음성 메시지 남기기', '메모 써서 교환하기', '각 층의 조명을 태블릿으로 조작해 신호 전달하기' 등 여러 가지 소통 방법을 마련해뒀다. 힐은 시계를 볼 수 있는 어떤 단서도 주지 않으면서 내 상태를 확인할 방법을 찾았다. 지하에서 보내는 열흘 동안 단 한 번이라도 시간을 알게 되면 실험이 어그러질 수 있었기 때문이다.

실험을 위해 몇 가지 장비를 추가로 마련했다. 마찬가지로 시간이 나타나는 부분에는 절연테이프를 붙였다. 나는 지하에 머무는 동안 하루 루틴과 기분, 허기, 각성도, 협응력, 인지능력의 변화를 기록하는 것 말고도, 신체의 생리적 리듬에 관한 데이터를 다양한 방법으로 수집하고 싶었다. 그래서 양쪽 손목과 한 손가락에 심박수, 활동 상태, 수면 시간 등을 측정할 수 있는 웨어러블 장치를 착용하고 셔츠에는 광센서를 달았다. 복부에는 작은 바늘로 혈당을 측정하는 연속혈당측정기를 부착했다. 또 몸 곳곳에 테이프로 소형 온도 센서를 붙였다.

원형 건전지만 한 크기의 온도 센서는 캘리포니아대학교 샌디에이고 캠퍼스UCSD의 데이터 과학자인 벤저민 스마르Benjamin Smarr에게 빌린 것이었다. 그는 내가 다른 장치로 수집한 데이터도 함께 분석해주기로 했다. 스마르가 우편으로 보낸 노란 봉투 안에는 온도 센서 6개와 실험용 장갑 한 뭉치가 들어 있었다. 그는 만약 내가 원한다면, 장갑의 손가락 부분을 잘라 센서 중 하나를 몸 '내부 깊숙한 곳'에 착용해보라고 권했다. 나는 내 안전과 안위를 고려해 심부(내부 장기) 온도는 측정하지 않기로 했다.

시계를 맞추는 데 필요한 햇빛이나 다른 주기적 신호를 받지 못하면, 우리 몸속에 흩어져 있는 생체시계는 자체적으로 시곗바늘을 움직인다. 하지만 생체시계가 하루를 정확히 24시간으로 측정할 확률은 거의 없다. 그래서 우리 몸의 '하루'는 24시간이 아니라 '약 하루', 즉 일주기circadian에 해당한다. 라틴어로 circa는 '대략', dies는 '하루'를 뜻한다. 생체시계가 안정적인 시간 신호를 받지 못하면, 졸음부터 근력 향상에 이르기까지 다양한 생리 작용들이 제각각의 주기를 따라 작동하기 시작한다. 이 상태가 지속되면 일주기 리듬이 어긋난다. 간에 있는 시계들끼리는 박자가 맞아도 피부, 코, 심장에 있는 시계와는 맞지 않을 수 있는 것이다. 신체 부위가 서로 다른 박자를 연주하기 시작하면, 우리는 시차와 비슷한 증상을 경험하게 된다. 모순된 신호는 두통, 소화 불량, 집중력 저하 등 여러 불쾌한 증상을 유발할 수 있다.

생체시계는 서로에게 의존한다. 스마르는 이를 다음과 같이 설명했다. "생체시계는 동시에 움직이기를 원합니다. 그래서 모두가 제 위치에 있는지 알고 싶어 하죠. 하지만 이들은 서로를 볼 수 없어요." 축구에서 좌측 미드필더는 우측 공격수가 4초 뒤에는 '골대에 더 가까이 있을 것이다'라는 식으로 예측해, 그쪽으로 패스하여 득점률을 높인다. "패스한 위치에 선수가 없으면 경기가 제대로 안 풀리겠죠." 스마르가 말했다. 우리 건강도 이와 마찬가지다.

단순히 벙커에서 시간이 잘 가고 안 가고의 문제가 아니었다. 내 생체시계의 팀워크는 완전히 무너질 것이다. 그로 인해 체온, 혈당, 수면, 심박의 조절 리듬이 흐트러질 수 있다. 스마르는 내 몸이 '분열 증세'를 경험하게 될 거라며 겁주듯이 말했다. "누가 알겠어요. 열흘 중에 하루 이틀쯤은 미칠지도 모르죠."

그래도 나는 운이 좋은 편이다. 내 리듬에 어떤 문제가 생겨도 이는 오래가지 않을 것이다. 나는 다행히 교대 근무자도 아니고, 수면 리듬을 거슬러 일어나야 하는 고등학생도 아니다. 게다가 운 좋게도 나는 볕이 잘 들고, 침실에 가로등 불빛이 비치지 않는 집에 살고 있다.

스마르는 통화를 마치기 전, 화장실 가는 시간도 기록하라고 당부했다. 그것마저도 일주기 리듬의 영향권에 있었다. 점점 분명해졌다. 우리 몸의 거의 모든 것이 생체시계의 영향을 받았다. 실험이 끝나면 생각보다 많은 부분에 재조정이 필요할 듯했다.

내가 벙커에서 멀리하려 한 것은 태양, 시계, 사람뿐만이 아니었다. 나는 벙커로 떠나기 전, 인간의 생체시계에 영향을 가장 적게 주는 색상[1]이 붉은색이라는 사실을 알아냈다. 나는 숙소에 있는 디지털 조명의 색을 붉은색으로 바꾸고, 밝기는 계단에서 구르지 않을 정도로 밝으면서도 수면에 방해되지 않을 만큼 어둡게 설정했다. 따로 붉은빛이 나는 헤드램프와 주황빛 독서용 조명, 전기 양초도 챙겼다. 하지만 짐을 정리하다가 더 이상 자연이 품은 무지갯빛 색깔을 볼 수 없게 됐다는 사실을 깨달았다. 이제 내 눈에 보이는 것은 붉은색과 분홍색, 갈색과 회색의 다양한 음영뿐이었다. 다른 모든 색은 사라졌고, 실험을 위해 빌린 타자기의 은은한 파란색조차 보이지 않았다.

짐을 풀고 먹을거리를 정리한 다음, 고급스러운 욕실에서 첫 샤워를 마치고 시간을 확인했다. 분홍빛을 내는 종이를 타자기에 넣고 이 장의 초안을 작성하기 시작했다. 기분 좋은 타건 소리가 콘크리트 기둥과 벽에 부딪혀 울려 퍼졌다. 기계적인 멜로디에 타자기가 내는 '땡' 소리가 경쾌함을 더했다. 그 소리는 줄이 끝나기 전에 나르개를 앞으로 밀어 새 줄을 시작하라는 신호였다. 가끔은 땡 소리가 너무 일찍 나기도 했는데, 이는 1970년대에 만들어진 KMart 300 디럭스 12 모델의 고질적인 문제였다.

    몇 단락을 쓰고 난 뒤 손목에 차고 있던 분홍색 핏비트Fitbit를 흘깃 보았다. 임시로 시간을 확인할 수 있게 남겨둔 유일한 시계였다. 밤이 깊어가고 있었다. 오후 11시 15분, 마지막 시계를 절연 테이프로 가림과 동시에 나는 시간을 잊은 사람이 되었다. 그렇게 실험이 시작됐다. 나선형 철제 계단을 두 바퀴 돌아 침실로 향하는 동안, 머릿속에 수많은 질문이 떠올랐다. 내일 밤, 아니 앞으로는 하루를 끝낼 시점을 어떻게 정해야 할까? 그때가 밤이기는 할까? 이제 나는 손목시계나 다른 외부 장치를 통해 시간의 경과를 알아낼 수 없다. 온전히 내 안의 시간 유지 시스템에 기댈 수밖에 없다. 과연 나의 생체시계들은 40년 넘게 유지해온 하루의 경계를 지켜낼 수 있을까? 아니면 남은 여백을 제대로 가늠하지 못하는 저 마흔 살 먹은 타자기처럼 나의 하루를 너무 일찍 혹은 너무 늦게 시작하게 할까?

시간을 알 수 없는 벙커 안에서의 실험

벙커에서의 첫 번째 아침, 나는 피곤함에 절은 채 눈을 떴다. 그건 익숙한 느낌이었다. 하지만 시계나 휴대폰으로 시간을 확인하지 못하는 건 낯선 일이었다. 방은 여전히 어두웠고 커튼 주위로 스며드는 빛도 없었지만, 해가 떴을 가능성을 배제할 수는 없었다.

그대로 침대에 누워 얼마간의 시간을 흘려보내다, 간신히 몸을 일으켜 더듬더듬 계단을 따라 주방으로 내려갔다. 커피머신에 흰색 머그잔을 올려놨다. 원두를 넣고 커피를 내린 다음 귀리 우유를 조금 부었다. 이렇게 완성된 커피와 함께 아침을 먹으며 책을 읽는 것이 이후 내 아침 일과가 되었다. 이때 처음으로 녹음한 예상 시각은 '오전 9시 10분'이었다. 나중에 타임 스탬프를 확인해보니 실제 시각은 오전 9시 39분이었다. 시작이 나쁘지 않았다.

예상이 단 9분 빗나간 적도 있었다. 둘째 날, 상태 보고를 위해 힐에게 전화를 걸어 음성 메시지를 남겼을 때였다. 나는 그때를 오후 1시쯤으로 예상했다. 나중에 힐에게 들어보니, 실제 시각은 오후 1시 9분이었다.

시간 감각은 오래가지 않았다. 그래도 처음 며칠 동안은 가려진 시계들이 몇 시를 가리키고 있을지, 내 몸 안의 시계들이 변치 않는 풍경에 어떻게 반응하고 있을지 궁금했다. 온도와 습도, 조도는 일정했고, 공기의 흐름은 정체되어 있었으며, 눈에 보이는 빛깔에는 변함이 없었다. 결국 넷째 날부터는 일기 제목을 '세 번째 수면 다음 날' 같은 식으로 붙이기 시작했다. 당시 남자친구는 벙커에서 읽으라며 꽁꽁 싸맨 쪽지를 건네줬다. 쪽지에는 번호가 매겨져 있었고 각 번호 뒤에는 '단계phase'라는 말이 붙어 있었다. 내 시간이 느리게 갈까 봐 걱정됐는지 14개나 있었다.

 나는 책을 읽고, 글을 쓰고, 저글링을 하고, 하모니카를 불며 시간을 보냈다. 벙커는 하모니카라는 취미를 시작하기에 최적의 장소였다. 그곳에서는 다른 사람에게 청각적 고통을 선사하지 않고 맘껏 연습할 수 있었다. 사흘 정도 연습하고 나니 자신감이 붙어, 지인들이 볼 수 있게 설치해둔 보안 카메라 앞에서 공연까지 펼쳤다. 나는 저글링 공을 등 뒤, 다리 아래로 통과시키는 간단한 기술과 공 3개를 한 방향으로 이동시키는 고급 기술을 선보였고, 하모니카 버전으로 단순하게 편곡된 〈성자들의 행진〉을 연주했다. 사람들의 반응이 바로 보이지 않아서 부담이 덜했다. 그 뒤로도 몇 번 더 공연을 펼쳤고, 끝에 가서는 루이 암스트롱의 〈왓 어 원더풀 월드〉까지 레퍼토리에 추가했다. 나중에 집으로 돌아오는 공항에서 남자친구와 통화를 하다가 공연 후기를 듣게 됐다. 그는 내 실력이 시간대에 따라 달랐다며, 밤이 되면 선보이는 기술의 난도가 급격히 떨어졌다고 이야기했다. 실험 초반에는 우리의 하루가 엇비슷하게 흘러갔을 테니 그때는 나에게도 밤이었을 것이다.

 집중력, 사고력, 기분, 불안 수준도 시간대에 따라 달라졌다. 녹음된 기록에 따르면 일어나서 한두 시간 동안 나의 상태는 '행복함', '의욕적임', '긍정적임', '신남'이었다. 그러다 '오후' 중반쯤이 되면 분위기가 달라졌다. 실제로 나는 그 시간대가 되면 우울하고 외로웠고, 책이 눈에 들어오지 않아 같은 문단을 여러 번 반복해 읽기도 했다. 벙커에서 처음 읽은 책은 인간과 야생 동물이 만나는 곳, 더 정확히는 부딪치는 곳을 다룬 메리 로치의 《퍼즈Fuzz》였다.

관제 센터의 원래 출구였던 해치를 지나 계단을 절반쯤 올라갔을 때, 주방 입구에 놓인 철제 캐비닛에서 파리채 한 쌍을 발견했다. 파리채에 그려진 위장 무늬가 빨간 조명을 받아 주황색과 갈색으로 보였다.

세 번째로 맞은 '아침'에야 나는 파리채의 쓸모를 알게 됐다. 숙소에는 나만 있는 게 아니었다. 언제부턴가 밥을 먹고 책을 읽고 글을 쓸 때마다 작은 파리들이 머리 주변을 맴돌기 시작했다. 내가 하모니카를 불 때만 자취를 감추는 듯했다. 누가 그들을 비난할 수 있겠는가. 괘씸하지만 그렇다고 파리채를 들 수는 없었다. 그들의 사촌인 검정파리와 비교하면 초파리는 상당히 점잖은 편이다. 나는 곧 얌전해 보이는 초파리 한 마리와 자주 어울렸다. 그 파리는 늘 조용하고 차분했으며, 시끄럽게 윙윙대는 법이 없었다. 나는 새 친구의 이름을 '퍼Per'라고 지었다. 인간 친구들의 걱정이 기우가 아니었음이 밝혀진 듯하지만, 특수한 상황이었으니 이해해주길 바란다.

2021년 9월, 생체주기 과학계에 기념비적 사건이 일어난 지 정확히 50년이 되는 해였다. 1960년대 후반 일주기 리듬이 내인성, 즉 체외가 아니라 체내에서 기원한다는 증거가 동물계 전반에서 쏟아졌다. 하지만 생체시계의 정확한 위치와 그 작동 원리를 아는 사람은 아무도 없었다. 이후 캘리포니아 공과대학의 과학자 시모어 벤저Seymour Benzer와 로널드 코놉카Ronald Konopka가 이룩한 획기적인 발견을 통해 생체시계의 비밀이 드러나기 시작했다.

두 사람은 병 속에 작은 초파리 수천 마리를 기르고 번식시켰다. 벤저 연구실의 대학원생이었던 코놉카는 유전변이를 유발하는 독에 초파리를 노출시킨 뒤, 초파리의 행동 변화를 유심히 관찰했다. 그는 시간 감각이 왜곡된 세 종류의 돌연변이를 발견했는데, 첫 번째는 하루의 주기가 아예 사라졌고, 두 번째는 약 19시간으로 줄었으며, 세 번째는 약 28시간으로 늘어났다. 게다가 놀랍게도 이 셋은 모두 같은 유전자에서 발생한 돌연변이였다.[2] 과정은 알 수 없었지만, 어쨌든 하나의 유전자가 파리의 하루 주기를 결정하고 있었다. 코놉카와 벤저는 이 유전자를 '피리어드(period, 줄여서 per)'라 명명했고, 1971년 9월 연구 결과를 세상에 발표했다.

유전학자 조너선 와이너는 저서 《초파리의 기억Time, Love, Memory》에서 코놉카가 "생체시계의 중심으로 곧장 떨어졌다"[3]라고 표현했다. 초파리의 시간, 번식, 기억을 제어하는 유전자에 관한 연구 과정을 연대기 형식으로 기록한 책 《초파리의 기억》은 내가 벙커에서 《퍼즈》 다음으로 읽은 책이었다. 코놉카의 우연한 발견으로부터 수십 년이 지나, 세 명의 일주기 과학자가 일주기 리듬을 제어하는 분자 메커니즘을 다수 해독하는 데 성공하여 노벨상을 거머쥐었다. 이들은 연구 과정에서 피리어드와 함께 작동하는

2개의 생체시계 유전자 '타임리스timeless'와 '더블타임doubletime'을 추가로 발견했다. 이후 다른 연구자들은 파리의 생체시계에서도 추가적인 구성요소를 찾아냈다. 겉모습은 달라도 파리와 인간은 상당량의 생체시계 유전자를 공유하고 있었다. 수십 년에 걸친 연구가 밝혀낸 놀라운 진실이었다. 초기 유기체는 진화 과정에서 내부 시계 장치를 만들어냈고, 그 강력한 생존상의 이점이 장치의 미세한 톱니바퀴를 오늘날까지 돌려온 것이다. "시계를 발명한 것은 태초의 생명 활동 중 하나였을 것이다"라고 와이너는 썼다.

벙커에서 와이너의 책을 읽다가 초파리에 관한 불필요한 지식을 습득하고 말았다. 초파리속의 학명인 '드로소필라Drosophila'는 '이슬을 좋아하는'이라는 뜻이었다. 다시 말해, 초파리는 아침형 동물이었다. 순간 나는 걱정이 되기 시작했다. 퍼가 아침에 가장 활발하다면, 그것이 내게 시간을 알려주는 단서가 되지는 않을까? 태양과 시계를 피해 이 깊은 곳까지 내려왔는데 새로 사귄 친구 하나 때문에 모든 걸 망칠 수는 없었다. 결국 나는 평생을 벙커 안에서 지낸 퍼의 생체시계가 태양과 연동될 리가 없다고 스스로 합리화했다. 우리의 우정은 그렇게 계속될 수 있었다. 퍼가 내 귤이나 바나나에 올라타 벙커로 따라 내려왔을 확률이 더 높다는 사실은 다행히 몇 주가 지나서야 생각났다.

리듬이 깨질 때 나타나는 문제

내 리듬은 실험 중반부터 완전히 꼬여버렸다. 나중에 스마르와 함께 데이터를 살펴보면서, 다섯 번째 수면 이후에 몸의 여러 리듬이 어긋나기 시작한 것을 확인했다. 정확히 스마르가 예상한 대로였다. 이후 녹음에서는 "뱃속에서 천둥소리가 난다", "기분이 가라앉는다", "답답하다"라는 말이 자주 등장했고, '멍한', '어지러운', '무기력한' 느낌을 호소하기도 했다. 갑자기 덥다거나 춥다고 말하기도 했다. 종일 실수를 연발한 날도 있었다. 그날은 저글링 공뿐만 아니라 녹음기와 킨들, 하모니카까지 바닥에 떨어트렸다. 그런데 좀 심하기는 했어도 그런 증상이 낯설지는 않았다. 얼마 전 베트남으로 휴가를 떠났을 때도 처음 며칠간 몸이 따로 노는 느낌을 받았다. 내가 겪은 증상은 시차와 비슷했다.

당연하지만, 나는 생체시계가 엉망이 되는 경험을 한 첫 번째 사람이 아니었다. 실험을 위해 태양과 사람들로부터 처음으로 스스로를 격리한 사람들은 따로 있었다. 이는 일주기 탐험가들에게 오랜 전통 같은 일이었다. 1938년 6월 4일, 시카고대학교 연구원이었던 너새니얼 클라이트먼Nathaniel Kleitman과 브루스 리처드슨Bruce Richardson은 켄터키주의 매머드 동굴 깊숙한 곳으로 들어갔다. 그들은 지하 36미터 깊이의 작은 동굴에서 32일간 머물렀다. 클라이트먼과 리처드슨은 빛, 온도, 소리의 변화를 차단한 채 동굴 속에서 손전등 불빛에 의존해 책을 읽고, 근처 호텔에서 미리 준비한 치킨과 햄, 식사로 끼니를 때웠다. 쥐를 쫓기 위해 침낭 주변에는 직접 만든 덫을 설치했다.

클라이트먼과 리처드슨은 동굴에 알람 시계도 가져갔다. 알람 시계를 이용해 32일을 28시간으로 나눠 약 '27일'을 보낸 뒤, 인체가 적응하는지 확인하려 했다. 나이가 어렸던 리처드슨은 28시간 주기로 하루를 보내는 데 성공했다. 하지만 클라이트먼의 하루 주기는 24시간 즈음을 벗어나지 못했다. 이는 매우 흥미로운 결과였지만 당시에는 큰 관심을 받지 못했다. 이 실험이 재조명된 것은 수십 년이 지나서였다. 과학자들은 결국 클라이트먼의 수면-각성 행동과 체온 변화가, 28시간짜리 시간 단서만이 존재하고 햇빛을 포함한 지구의 어떤 신호가 없는 상황에서도 거의 정확히 24시간 주기를 따랐다는 점에 주목했다. 시애틀 워싱턴대학교의 안과학 교수이자 일주기 리듬 전문가인 러셀 반 겔더Russell Van Gelder는 이 실험 결과를 두고 이렇게 말했다. "클라이트먼은 생체시계가 외부 영향을 받지 않고 자체 리듬을 유지하는 '자유가동주기free-running period, FRP'를 발견한 겁니다. 단지 그 사실을 몰랐을 뿐이죠."

그로부터 20여 년이 지나, 프랑스 지질학자 미셸 시프르Michel Siffre가 또 다른 실험을 시작했다. 1962년 7월 16일,[4] 스물세 살의 시프르는 남알프스 산맥에 있는 114미터 깊이의 빙하 동굴로 들어갔다. 영하의 기온, 98퍼센트에 달하는 습도, 머리 위로 떨어지는 암석과 얼음덩어리 등 실험 환경은 매우 열악했다. 게다가 그는 완전히 혼자였다. 거미라도 보이면 상자에 넣어 기르려 했지만, 그

조차도 없었다. 시프르 역시 친구를 찾으려 했다는 사실을 알고 나니, 초파리를 친구로 삼은 일이 조금은 덜 부끄럽게 느껴졌다. 하지만 내가 머문 3층짜리 숙박 시설의 안락한 침대와 인공 벽난로, 널찍한 욕실과 온도 조절 장치는 왠지 조금 부끄러웠다. 시프르가 지낸 공간의 넓이는 10제곱미터에 불과했다. 그는 그 비좁은 공간에 의자와 탁자, 스탠드 선반과 캠핑용 침대를 놓고, 침대 머리맡에 동여맨 전구의 희미한 불빛에 의존해 생활했다.

    시프르가 한 달이 조금 지났다고 생각하고 동굴 밖으로 나왔을 때, 실제로는 63일이 지나 있었다. 시간을 너무 복잡하게 계산한 탓이었다. 51번째로 잠에서 깨어난 날, 시프르는 동굴에 들어온 지 52일이 지났다고 기록했다. 하지만 그는 자신의 하루 주기가 14시간밖에 되지 않는다고 믿고 있었기 때문에 자신이 추정한 시간을 24시간 기준으로 약 32일쯤으로 환산했다. 그리고는 '아직 한 달이나 남았구나'라고 생각하며 깊이 낙담했다. 비록 그의 뇌는 시간의 흐름을 제대로 인지하지 못했지만, 몸은 거의 정상에 가깝게 수면-각성 패턴을 유지했다. 시프르가 수집한 데이터를 바탕으로 계산한 그의 평균 하루 주기는 24시간 31분이었다. 이는 인간에게도 일주기 리듬이 존재하며, 그 주기가 24시간에 가깝기는 하나 정확히 24시간은 아닐 수 있다는 또 하나의 증거였다.

    시프르가 동굴에 있을 무렵, 독일 바이에른의 한 시골 마을에 세워진 벙커에서도 비슷한 실험이 진행됐다. 일주기 과학 연구의 선두 주자였던 독일 막스플랑크연구소의 위르겐 아쇼프Jürgen

Aschoff는 조류, 설치류, 곤충을 비롯한 다양한 동식물을 대상으로 생체시계의 작동 원리를 연구했다. 그는 모든 곳에서 리듬을 찾아냈지만, 아직 조사하지 못한 한 가지 대상이 있었다. "동료들과 나는 인간에게도 생체시계가 존재하는지 궁금해졌다"라고 아쇼프는 기록했다.[5]

처음에 아쇼프는 뮌헨 병원 지하실에서 인체 실험을 시작했다. 하지만 곧 생체시계의 동력원을 정확히 파악하기 위해서는 외부의 시간 단서가 하나도 없는 공간이 필요하다는 사실을 깨달았다. 라디오, 텔레비전, 시계, 전화는 물론 기온, 햇빛, 소음, 진동처럼 변화를 감지할 수 있는 환경 신호도 없어야 했다. 아쇼프의 연구팀은 자연에서 동굴을 찾는 대신 직접 만들기로 했다. 이들은 수제 맥주로 유명한 안덱스 수도원 언덕 아래에 1미터 두께의 철근 콘크리트 벽으로 된 창문 없는 방을 지은 것이다. 이후 그들은 사람들을 끈질기게 설득하여 이 작은 벙커 아파트 두 곳에 임시로 거주할 입주자까지 모집했다. 대부분 참가자는 조용하게 공부할 공간을 찾고 있던 학생들이었다.

연구팀은 참가자들에게 벙커에서 하루 세끼 식사를 챙겨 먹고, 잠이 오면 자러 가는 등 규칙적으로 생활해달라고 요청했다.[6] 참가자들에게는 매일 신선한 음식과 각종 생필품, 안덱스 맥주 한 병이 지급되었다. 맥주 정도는 충분히 받을 만했다. 실험 참가자들은 직장(항문) 체온계로 체온을 측정해야 했고, 소변 샘플도 주기적으로 제출해야 했다.

실험 마지막 날, 연구팀은 방문 목적을 알리지 않은 채 벙커에 한번 들르겠다는 메모를 남겼다. 그들은 벙커에 들어가자마자 참가자들에게 요일과 시간을 맞혀보라고 했다. 정답을 맞힌 사람은 아무도 없었다. 참가자 85퍼센트의 평균 '하루'는 24시간보다 길었다. 한 참가자는 극단적으로 벙커에서 5주를 보내고도 3주밖에 지나지 않았다고 생각했다. 그의 수면-각성 주기는 무려 50시간이나 달라져 있었다. 그는 벙커를 떠나면서도 2주를 잃었다며 아쉬워했다.

　　연구팀은 또 한 가지 특이한 점을 발견했다. 참가자들 다수는 수면-각성, 체온 변화, 소변 배출 등 각종 신체 활동 주기가 어긋나 있었다. 체온은 25시간 주기로 오르내리는데 수면-각성 리듬은 33시간 주기로 반복되는 식이었다. 아쇼프의 연구팀은 이를 보고 생체시계가 **여러 개**일 가능성을 염두에 두기 시작했다.

　　하버드 의대와 브리검 여성병원의 수면 및 일주기 연구자 찰스 체이슬러Charles Czeisler는 수면, 활동, 식사, 심지어 자세까지 엄격하게 통제하여 광범위한 건강 지표를 수집하는 실험법을 설계하고, 이에 따라 실험을 진행했다.[7] 이 연구의 목적은 진짜 일주기 리듬의 영향을 행동이나 환경이 주는 직접적인 영향과 구분해내는 것이다. 일부 강도 높은 실험에서는 몇몇 참가자에게 11시간, 28시간, 심지어 43시간에 이르는 하루 일정을 부여하기도 했다. 그는 사람의 생체주기가 24시간에서 크게 벗어날 수 없으므로, 이들의 생체주기가 결국 인간 본연의 일주기로 돌아갈 것이라고 기대했다.

체이슬러는 이 실험을 통해 건장한 성인의 평균 일주기를 가장 정확하게 측정한 수치로 알려진[8] '24시간 9분'을 계산해냈다. 그는 또한 정상 시력을 가진 사람의 보통 일주기가 23시간 30분에서 24시간 30분 사이라는 것도 밝혀냈다. 이는 아쇼프가 바이에른 벙커에서 계산한 것보다 훨씬 좁은 범위로, 벙커에서는 실험 참가자들이 전등을 조작할 수 있어 일주기에 영향을 미친 것으로 보인다. 보통 일주기가 24시간보다 훨씬 짧으면 종달새형morning lark, 즉 아침형 인간이 되고, 24시간보다 훨씬 길면 올빼미형night owl, 즉 저녁형 인간이 된다. 데이터에 따르면 아침형보다 저녁형이 더 많고, 대부분 사람은 그 중간에 속한다.

태양의 주기에서 벗어난 삶

앞선 모든 실험에서 가장 중요한 성과는 인간의 자연스러운 일주기 범위를 밝혀냈다는 것이다. 오늘날 스마르 같은 연구자들은 사회 전반에 퍼져 있는, 간과된 불평등의 한 형태에 주목하고 있다. 전통적인 학교와 직장 시간표는 생체시계가 빠른 사람들에게 맞춰져 있어, 올빼미들과 시계가 느린 사람들의 하루를 고달프게 만든다. 내가 벙커로 떠나기 전, 스마르는 이렇게 말했다. "우리는 사람을 생물학적으로 차별하고 있어요. 눈에 보이지 않는 부분이라도 차별해서는 안 됩니다."

여덟 번째 수면 다음 날 밤, 나는 이미 저녁으로 먹으려 했던 통조림 콩, 냉동 팟타이, 카레를 모두 먹어치운 상태였다, 하지만 뱃속에는 아직 팬케이크가 들어갈 공간이 남아 있었다. 나는 평소에도 아침에 먹을 법한 메뉴를 저녁에 먹는 것을 좋아했다. 프라이팬에 반죽을 한 국자 떠 넣고 냉동 블루베리를 듬뿍 얹었다. 붉은 조명 때문에 블루베리가 까만 콩처럼 보였다. 한입 베어 물기 전, 나는 예상 시간을 녹음했다. "지금 시각은 오후 5시."

비슷하지도 않았다. 내가 팬케이크를 먹기 시작한 실제 시각은 오전 6시쯤으로, 그야말로 아침 식사 때였다. 이때쯤 내 수면-각성 리듬은 완전히 역전되어 있었다. 나는 수십 년 전 냉전 시대 때 관제 센터를 운영했던 요원들처럼, 그리고 오늘날 수많은 사람들처럼 야간 근무조로 일하고 있었다.

물론 나도 순진하게 내가 추측한 시간이 정확하리라 생각지는 않았다. 내 몸의 혼란을 느낄 수 있었다. 또 비행기를 탔을 때만 이와 비슷한 느낌을 받은 것이 아니었다. 평소에 두 발을 땅에 딛고 있을 때도 이처럼 어긋난 느낌을 받고는 했었다. 나는 곧 깨달았다. 우리 대부분이 실내 중심의 생활, 24시간 돌아가는 사회, 첨단 기술에 둘러싸여 매일 왜곡된 리듬 속에서 살아가고 있다는 사실을. 우리는 인간이 만든 시간 개념에 익숙해지면서, 지구와 태양이 만들어내는 자연의 리듬과 점점 멀어졌다. 그 결과는 개인과 사회 모두에게 실제로 심각한 영향을 미치고 있다.

물론 이것이 반드시 현실이 되는 것도, 지금 당장 현실이 된 것도 아니다. 블루베리 팬케이크의 마지막 한 조각을 먹으며 나는 제임스 코플랜드를 떠올렸다. 내가 저녁 식사를 마치고 아홉 번째 밤을 마무리하던 그 순간, 불과 몇 미터 위의 캠핑카 안에서 그가 하루를 시작하고 있을 줄은 꿈에도 몰랐다.

타이탄 랜치에 도착했을 때 나는 코플랜드를 처음 만났다. 그는 주차된 캠핑카에서 숙식을 해결하고 있었다. 코플랜드는 일손을 거들지 않을 때면 스물 몇 살이라는 어린 나이답지 않게 수집한 타자기로 라디오 대본을 작성하곤 했다. 내게 타자기를 빌려준 것도 코플랜드였다. 녹색 줄무늬가 그려진 위네바고Winnebago 캠핑카와 그 안에 있는 8인치 흑백 TV를 비롯한 거의 모든 물건이 족히 40년은 된 것들이었다. 그의 발에 신겨진 검은색 컨버스 올스타도 그런 분위기와 잘 어울렸다.

옛것을 좋아하는 그의 취향을 반영이라도 하듯, 코플랜드는 보통의 현대인들과 달리 태양의 주기에 맞춰 하루를 살았다. 매일 비슷한 시간에 세끼를 먹고, 매일 오후 10~11시 사이에 잠들어 오전 7시쯤 일어났다. 밤에는 어머니가 손수 만드신 암막 커튼을 쳐서 차창으로 새어드는 빛을 막았다. 낮에는 같은 창으로 햇빛을 듬뿍 받았다. 내부가 좁은 덕분에 그는 차창에서 멀리 떨어질 수도 없었다. 또 지하에서 일하는 시간을 제외하고는 대부분 야외에서 시간을 보냈다. 저녁에는 라디오를 듣고 책을 읽으며 하루를 마무리했다. 코플랜드는 잠자는 데 어려움을 겪는 날이 거의 없었다. 여러 면에서 그는 태양과 함께 살아가던 과거의 생활 방식을 그대로 옮겨놓은 듯한, 일주기 친화적인 삶의 본보기와도 같았다. 도대체 우리는 어디서부터 잘못된 것일까?

벙커 안에서 몇 가지 단서를 발견할 수 있었다. 힐의 섬세한 손길에서 인간이 자신의 생체시계를 어떻게 망가뜨려왔는지가 드러났다. 먼저 눈에 들어온 것은 냉장고였다. 힐은 항상 손님들을 위해 주방 냉장고에 탄산음료를 가득 채워놓았다. 내가 방문할 때는 특별히 콜라와 마운틴듀 몇 캔을 빼서 열흘 치 식량을 넣을 자리를 마련해주었다. 침대 옆에 간이냉장고도 있었다. 서구 사회는 설탕과 카페인, 끊임없는 음식 섭취에 익숙해져 있다. 현대사회의 식단은 무엇을 언제 먹는지에 따라 생체시계에 인공조명만큼 강한 영향을 미칠 수 있다. 이 둘이 동시에 공격을 가하기도 한다. 한밤의 냉장고 불빛은 수면을 방해하기에 충분하다. 나는 이 사실을 알고 있었기에 지하에 머무는 동안 이 공격은 피할 수 있었다. 냉장고 안에 뭐가 어디에 있는지 대략 기억해뒀다가 눈을 감고 주변을 더듬어 원하는 것을 찾았다. '귤은 위에서 세 번째 칸, 달걀은 왼쪽' 이런 식이었다. 화장실 조명도 문제였다. 침실에 있는 개방형 화장실 거울 위에는 끌 수 없는 화려한 조명이 달려 있었다. 나는 각각의 조명 위에 수건을 얹어놓고 지내야 했다.

하지만 힐은 자신도 모르게 신기술이 일주기 리듬을 구하는 데 도움이 될 수 있음을 보여주기도 했다. 기술이 우리를 과거로 돌려보내 조상들처럼 혹은 코플랜드처럼 살게 해줄 수는 없지만, 우리 몸의 생체시계들을 동기화하고 태양 주기에 맞추는 데 도움을 줄 수 있다. 힐의 숙소에 설치된 가변형 조명(조절 가능한 조명)이 바로 그 예시다. 광자光子가 일주기 리듬에 미치는 영향은 빛의 강도와 색상, 빛을 보는 시기와 시간에 따라 달라진다. 따라서 이러한 요소를 정밀하게 조절할 수 있는 조명 시스템을 사용하면, 생체시계를 더 쉽게 재설정할 수 있다. 또한 힐은 보통 호텔에서 흔히 하는 것처럼 침대 머리맡에 디지털 알람 시계를 두지 않았다. 불필요한 디지털 조명은 수면을 방해하고, 알람 기능은 그 자체로 최적의 리듬을 깨트릴 수 있다. 물론 내게 알람이 꼭 필요한 날에는 힐이 다른 방법으로 시간을 알려주기로 했다.

마지막 날에는 금방이라도 알람이 울릴 것 같아 하루 종일 불안했다. 내 일주기가 극도로 짧아진 게 아니라면 벙커에서의 시간은 분명 끝나가고 있었다. 생체주기가 전날보다 약간 재조정되어, 오전 2시 30분경에 저녁 식사를 마쳤다. 식사를 마치고 얼마 지나지 않아 잠이 쏟아졌다. 결국 오전 4시 30분까지 버티다 침대로 향했고, 녹음기에 오후 8시쯤이라고 예상 시간을 녹음한 뒤 잠이 들었다.

2시간 30분 후, 힐은 약속한 대로 약 50미터 떨어진 그의 집에서 벙커의 조명을 디지털로 조작해 환하게 밝혔다. 눈이 번쩍 뜨였다. 갑작스레 광자의 맹공격이 쏟아지자 심장박동이 빨라졌다.

첫째 날 아침처럼 나는 눕자마자 바로 깬 듯한 기분을 느끼며 멍한 눈으로 침대에 누워 있었다. 하지만 이번에는 내 의심을 확인해볼 수 있었다. 나는 실험 데이터를 서버로 전송하기 위해 항상

켜두었던 스마트폰을 집어 들었다. 열흘 만에 스마트폰 화면을 다시 보는 순간이었다. 절연테이프를 떼어내고 스마트폰 시계를 확인한 다음, 녹음기에 찍힌 타임 스탬프를 확인했다. 역시 예상한 대로, 나는 잠든 지 약 2시간 15분 만에 일어난 상태였다.

붙여놨던 절연테이프를 모두 떼어내고, 벙커 조명의 밝기를 최대로 높이고 색상을 풀 스펙트럼full-spectrum으로 설정했다. 온 세상이 빛과 색을 되찾았다. 시계도, 문자 메시지도, 이메일도, SNS 알림도 기다렸다는 듯이 한꺼번에 밀려들었다. 이제 남은 건 인간과의 재회뿐이었다.

나는 벙커 주방에서 힐과 그의 가족을 만나 실험 이야기를 나누었다. 힐은 나를 보더니 대뜸 "혹시 피보나치수열을 아세요?"라고 물었다. 앞에 나온 숫자 2개를 더해 다음 항의 숫자를 구하는 수학 패턴을 말한 것이다. 예상했던 대화 주제는 아니었지만, 한순간 현실로 돌아온 내 상황과 잘 맞는 것 같아 잠자코 그의 다음 말을 기다렸다. 힐은 내가 음성 메시지를 남길 때 이야기한 추정 시간과 실제 시간의 차이가 "거의 피보나치수열"을 이뤘다고 말했다. "시간 차이가 3시간, 4시간, 7시간으로 벌어졌어요. 잠깐 6시간 차이로 줄었다가 다시 13시간 차이로 벌어졌죠. 실제 시간보다 앞선 적은 단 한 번도 없었어요. 항상 늦었습니다."

나는 강철 문을 힘껏 밀고 밖으로 나왔다. 머리 위로 열흘 전에 봤던 작은 빛의 조각이 다시 나타났다. 실눈을 뜨고 올려다보다가 왼팔로 눈을 가리며 재빨리 고개를 숙였다. 눈물이 차오르기 시작했다. 어둠에 익숙해진 눈이 밝은 빛에 반사적으로 반응한 것이었겠지만, 아마 한두 방울은 다시 빛을 보게 된 기쁨과 안도감 때문이었을 것이다. 나는 보라색으로 물들인 선글라스를 끼고 빛을 향해 52개의 계단을 올랐다. 들어올 때와 반대로 머리 위의 네모난 빛 조각이 조금씩 커졌다. 훗날 시프르가 알프스 동굴을 빠져나와 지상으로 올라온 순간을 묘사한 기록을 읽을 때 나는 이 경험을 떠올렸다. 시프르는 "매우 짙은 색으로 물들인" 거대한 선글라스와 고글을 겹쳐 쓰고 있었다.

하마터면 눈 상태가 더 나빠질 뻔했다. 벙커에 있을 때는 햇살을 그리워하며 하모니카로 〈푸른 하늘〉을 연주하곤 했지만, 그날 아침에는 하늘이 시애틀답게 흐려줘서 고마웠다. 힐은 내가 응원하는 풋볼팀 시애틀 시호크스가 지난 일요일에 승리를 거뒀다는 소식도 전해주었다. 그도 역시 그 풋볼팀의 팬이었다. 내가 보안 카메라로 집에 있는 가족과 친구들에게 시호크스의 승리를 기원하는 응원 메시지를 보냈을 때는 이미 경기가 끝나고 한참이 지난 뒤였다.

이후 며칠간은 혼돈 그 자체였다. 어지럼증이 몇 시간 동안 계속됐다. 너무 피곤했던 탓인지, 아니면 햇빛과 사람, 바람과 색깔을 다시 만나 기뻤던 탓인지 알 수 없었다. 아주 우울하고 무기력해지기도 했다. 뱃속은 며칠간 내내 부글거렸다. 체온은 몇 번이나 비정상적으로 오르내리기를 반복했다. 자야 할 시간에도 잠이 오지 않았다. 예상한 대로 내 생체시계는 큰 혼란을 겪고 있었다. 이제 그

톱니바퀴를 자세히 들여다보고 원인을 파악해야 할 시간이었다.

빛 결핍으로 인한 대가

"데이터가 정말 예쁘네요."

스마르의 이메일 제목을 읽는 순간, 나는 얼굴이 붉어졌다. 벙커에서 나온 지 몇 주가 지난 뒤였다. 나는 그에게 온도 감지 센서를 다시 보냈고, 그는 수집된 내 데이터를 처음으로 분석해 보낸 것이었다. 그는 내 데이터를 '교과서'라고 불렀다. "리듬이 완전히 가라앉았다가 밖으로 나오자마자 되살아났어요."

나는 벙커 안팎에서 무질서해진 내 몸의 리듬을 바로잡기 위해 스마르를 비롯한 여러 전문가에게 도움을 받았다. 2022년, 플로리다주 아멜리아섬에서 열린 생체리듬연구협회SRBR의 격년제 콘퍼런스에서 나는 스마르와 워싱턴대학교의 일주기 리듬 과학자 에단 부어Ethan Buhr를 만났다. 플로리다의 햇살은 주제에 적합했지만, 창문 없는 회의실은 그렇지 못했다. 우리는 호텔 밖 안락의자에 앉아 오후의 햇살을 맞으며, 무겁고 습한 공기 사이로 간간이 스치는 바람을 온몸으로 느꼈다. 스마르와 부어는 내 데이터에서 체온 측정치를 유심히 살펴보고 있었다.

우리 몸은 잘 시간이 가까워지면 심부 체온(우리 몸 안쪽 깊은 곳의 체온-옮긴이)을 낮추고 피부 온도를 높여 체외로 열을 방출한다. 데이터는 열흘간 내 피부 온도가 매일 어떻게 오르고 내렸는지 그래프로 보여주었다.

"시작을 아주 잘하셨네요." 내 데이터를 보고 부어가 말했다.

"고맙습니다." 데이터로 칭찬받는 것도 꽤 괜찮은 경험이었다.

하지만 그는 4, 5일 뒤의 데이터를 보고는 "엉망이 됐군요"라고 덧붙였다. 처음에는 뚜렷했던 봉우리와 골짜기가 점차 야트막해졌고, 시간이 갈수록 조금씩 뒤로 밀려났다. 과학자들은 일주기 리듬뿐 아니라 인체에서 파동성을 가진 모든 것을 위상, 주기, 진폭으로 정의한다. 위상phase이란 리듬의 마루, 골 등 특정 시점의 위치나 상태를 나타낸다. 주기는 같은 지점으로 돌아오는 데 걸리는 시간, 즉 진동을 한 번 완료하는 데 걸리는 시간이다. 진폭은 파동에서 마루의 높이와 골의 깊이를 가리킨다. 스마르와 부어가 말한 대로, 보통은 일주기 리듬이 건강할수록 파동의 진폭이 커진다.

하지만 8일째가 됐을 때, 내 체온 리듬은 좋은 것과는 정반대로 고점과 저점이 거의 구분되지 않았다. 시애틀로 돌아와 다른 사람들처럼 낮에 활동하며 주행성의 삶을 살았지만, 체온 변화의 진폭은 여전히 낮았고 패턴도 일정하지 않았다. 심박수도 마찬가지였다. 벙커에서 처음 며칠 동안은 최대 심박수와 최저 심박수가 깨어 있을 때나 잠들었을 때나 비슷하게 유지됐지만, 이후부터는 따로 놀기 시작했다. 데이터는 내가 몸으로 느낀 혼란을 고스란히 보여주었다.

스마르와 부어는 내 체온과 심박수, 혈당이 오르고 내리는 시간대를 살펴보며 서로의 관계를 분석했다. 나의 생체리듬은 수면-각성 주기를 포함해 모든 주기가 24시간보다 길었다. 하지만 체온의 변화 주기는 심박수의 변화 주기보다도 길었다. 둘은 태양뿐 아니라 서로에게서도 멀어져 있었다. 마찬가지로 내 체온과 혈당 리듬 사이의 초기 조화도 약 나흘 만에 빠르게 무너졌다. "처음에는 함께 시작하지만, 결국 제멋대로 흩어지게 되죠." 스마르는 내 데이터를 보고 그렇게 말했다.

나의 신체 부위는 제각기 자기만의 리듬을 연주했다. 스마르가 우리 몸의 네트워크를 축구팀에 비유했다면, 부어는 이를 오케스트라에 비유했다. "모든 단원은 자기가 맡은 부분을 연주할 줄 압니다. 생체시계는 굉장히 훌륭한 음악가예요. 하지만 서로를 볼 수 없고, 소리도 들을 수 없고, 지휘자마저 볼 수 없다면 어떻게 될까요? 박자가 어긋나서 연주는 엉망이 될 겁니다." 6일 차쯤 됐을 때, 내 생체시계들은 합주 능력을 잃었다. 몸 상태는 그야말로 엉망이었다. "하지만 새 지휘자가 투입되고, 단원들이 그를 볼 수 있게 되면 박자가 다시 비슷해집니다"라고 부어는 덧붙였다. 다행히 시애틀로 돌아오고 나서 일주일쯤 지나자 내 시계들도 다시 박자를 맞추기 시작했다.

응용수학자이자 아카스코프Arcascope(미국 웨어러블 데이터 분석 기업) 대표인 올리비아 월치가 일주기 과학을 기반으로 개발한 모바일 앱은, 데이터를 다양한 도식으로 표현하여 내가 느낀 내면의 혼란을 시각화하는 데 도움을 줬다. 알록달록한 이미지들은 내 리들의 문제점을 강조했다. 체온, 심박수, 수면 일정, 걸음 수에 따른 활동량 등 어느 것을 봐도, 내 리듬에는 무질서한 패턴과 약한 진폭이 비슷하게 나타났다. 실험 막바지에는 낮과 밤의 수치가 거의 구분되지 않았다. 이런 패턴이 만성적으로 이어지는 것은 좋지 않은 신호다. 최근 연구에 따르면, 일주기 리듬의 낮은 진폭은 건강 문제, 질병 위험을 나타내는 여러 지표와 관련이 있다. 생체시계가 제대로 작동하려면 여러 리듬이 잘 맞춰져 있는 동기화와 그 리듬이 얼마나 뚜렷한지도 중요한 것 같다.

다시 말하지만, 현대사회가 생체시계에 가하는 공격은 지하에서 살아가는 것과 비슷하다. 어쩌면 그보다 더한 문제를 일으킬 수 있다. 우리는 어리석게도 생체시계와 반대로 삶의 방향을 설정하고 살아간다. 말하자면, 시간을 거슬러 '반시계 방향'으로 움직이는 셈이다. 그리고 이제야 그 결과를 조금씩 깨닫는 중이다.

2장
시곗바늘을 움직이는 힘

　　식물 이름 중에는 이상하고 생뚱맞은, 심지어는 좀 너무하다 싶은 이름도 있다. '험블 플랜트humble plant(미모사)', '호어하운드horehound(쓴박하)', '스니즈위드sneezeweed(재채기풀)'가 그런 경우다. 한편, 해바라기는 이 기분 좋은 이름을 아주 손쉽게 쟁취했다. 커다랗고 동그란 노란 꽃잎은 마치 햇살처럼 퍼져 있다. 이 꽃이 해를 쫓아 움직인다는 사실 또한 그 이름을 얻는 데 크게 한몫했다.

　　따스한 7월의 어느 날, 나는 해바라기 수십만 송이와 오붓한 시간을 보내기 위해 해가 지기 전 북동쪽으로 40킬로미터를 달려, 워싱턴주 킹 카운티에 있는 도시 듀발Duvall의 한 계곡 마을로 향했다. '로라 리의 어메이징A-Maze-Zing 해바라기 농장'의 주인인 로라 리 윅스는 그녀의 갈색 농가 앞에서 나를 맞이했다. 곧이어 남편과 두 아들이 강아지처럼 보이는 동물을 데리고 따라 나왔다. 인사를 하려고 다가가자 그제야 동물의 정체를 알아볼 수 있었다. "강아지가 아니군요?" 밤색과 흰색이 얼룩덜룩하게 섞인, 태어난 지 2주 된 데이지라는 이름의 새끼 염소였다. 어미가 젖 물리기를 거부한 탓에 사람 손에서 자라고 있었다. 윅스의 어린 아들 디트리히가 데이지를 품에 안고 환하게 웃으며 자기가 우유를 먹였다고 자랑스레 말했다.

나는 윅스의 집 뒤편으로 따라가 닭장과 어미에게 버림받은 새끼 오리 네 마리가 사는 커다란 사육장, 금어초·백일홍·달리아·꽃완두가 줄지어 핀 꽃밭을 구경했다. 우리는 튀어나온 블랙베리 덤불을 피해 무릎 높이까지 자란 개꽃아재비와 사초를 헤치고 좁은 흙길을 따라 걸었다. 윅스는 "제가 잡초 키우는 데 소질이 있거든요"라며 미안하다는 듯이 말했다. 태양이 서쪽 하늘에서 언덕 위로 떨어지고 있었다. 우리는 잡초를 넘기 위해 슬리퍼 신은 발을 높이 들며 걸었다. 마침내 너른 잔디가 나타났고, 그 뒤로 농장 최고의 명소가 모습을 드러냈다. 거대한 해바라기밭에 곧은 녹색 줄기가 빼곡히 들어차 있었다. 키는 약 1미터 정도 돼 보였고 대부분은 우리를 등지고 있었다.

우리는 해바라기 뒤로 살금살금 다가가 볼록하게 맺힌 녹색 꽃봉오리를 살펴보았다. 봉오리의 크기는 골프공만 했다. 봉오리 위쪽으로 살짝 삐져나온 꽃잎들은 한데 모여 서쪽을 가리켰다. 몇몇은 이미 꽃잎이 다른 방향으로 흩어지기 시작했다. "일주일 안에 꽃이 필 거예요." 윅스가 말했다. 그녀는 미로 개장 시기를 다음 주

주말쯤으로 예상하고, 웹사이트에서 미리 홍보하고 있었다. 미로를 개장한 지 2년밖에 되지 않았던 때라 웍스는 몹시 들뜬 상태였다. 그녀는 아들 디트리히와 남편 에드가 만든 구불구불한 미로를 구경시켜줬다. 그마저도 해바라기 모양이었다.

나는 웍스와 함께 염소 우리까지 걸어가서 야영 준비를 하기 전에 데이지를 안아봤다. 야영 장소는 해바라기밭 뒤편에 있는 풀밭이었다. 해 질 녘 밝은 주황빛과 분홍빛으로 물들었던 하늘은 몇 시간에 걸쳐 황혼의 짙은 보랏빛과 푸른빛으로 변해갔다. 멀리서 소 울음소리가 들렸다. 머리 위 새들은 밤에 쉴 곳을 찾아 떠나는지 시끄럽게 지저귀며 무리 지어 날아갔다. 가을, 겨울철 집 근처 공원에 매일같이 모여들던 수백 마리 까마귀 떼가 떠올랐다. 까마귀들은 보통 해 지기 몇 시간 전부터 울음소리를 낸다. 해가 완전히 기울면 그들은 북동쪽으로 약 13킬로미터를 날아가 1만 6000마리 이상의 새가 모여드는 지역의 거점 보금자리로 이동한다. 웍스네 농장에서 본 동식물들도 떠올랐다. 잡초, 달리아, 새끼 오리, 데이지, 웍스의 진짜 반려견 '주주'까지, 그들은 모두 일정한 패턴으로 하루를 산다. 해바라기도 이들과 마찬가지다.

해가 완전히 저물어 별이 모습을 드러냈을 때, 나는 다시 한 번 꽃밭을 바라보았다. 시간은 오후 10시 30분쯤이었다. 해바라기들은 몸을 더 곧게 세운 채 헤르쿨레스자리와 작은곰자리를 찾으려는 듯 고개를 젖혀 하늘을 바라보고 있었다. 달은 초승달에 가까웠고 하늘은 구름 한 점 없이 맑았다. 나는 텐트 안으로 기어들어가 가만히 누워 해바라기처럼 별을 감상했다. 그리고 시계의 알람을 오전 3시로 맞췄다.

모든 생명은 태양을 따라 움직인다

생명체는 인공 시계가 등장하기 훨씬 이전부터 시간의 흐름을 추적해왔다. 생명은 하늘을 가르는 태양의 하루 궤적, 계절의 변화, 달의 위상, 조수 등 일정한 환경 주기와 조화를 이루며 성장했고, 그 결과 생명체는 진화를 거쳐 이 주기에 한발 앞설 수 있는 생물학적 시간 유지 장치를 만들어냈다. 생명체는 이를 통해 변화에 대응하는 것이 아니라 미리 대비하게 되었고, 본능적으로 어떤 일을 하기에 유리한 때와 불리한 때를 구분할 수 있게 되었다. 물론 최적의 타이밍은 종의 활동 시간대에 따라 달라진다. 한 예로 태초의 포유류는 원래 야행성이었다. 이들은 주행성인 냉혈 공룡이 잠을 자는 시간대에 주로 활동했다. 하지만 오늘날 포유류는 시간과 공간 모두에서 원하는 영역을 차지하고 있다.

먹이를 찾을 때, 소화할 때, 저장할 때도 타이밍은 매우 중요하다. 천적과 DNA에 해를 가하는 자외선을 피할 때도 그렇고, 길을 찾고 서식지를 옮기고 자손을 생산하는 등의 생명 활동을 할 때도 마찬가지다. 호주 필립섬에는 유디프툴라 마이너*Eudyptula minor*(쇠푸른펭귄)라는 푸른색 깃털을 가진 작은 펭귄이 살고 있다.

이 쇠푸른펭귄은 매일 같은 '태양시'가 되면 바다에서 빠르게 헤엄쳐 나와 자기가 사는 동굴로 돌아간다. 이들은 일몰 직후, 즉 낮과 밤이 교차하는 시간대를 정확히 알고 있다. 이 시간대에 돌아오면 펭귄에게 여러모로 유리하다. 물고기를 사냥할 시간을 극대화할 수 있고, 굴까지 가는 길을 볼 수 있을 만큼의 빛도 확보할 수 있으며, 범고래·갈매기·살쾡이 같은 야행성 포식자의 먹잇감이 될 확률도 줄일 수 있기 때문이다. 10분만 늦어도 결과는 치명적이다.

필립섬은 이 예측 가능한 '펭귄의 행렬'을 관광 산업에 이용하고 있다. 관광청 웹사이트에서 1년 365일 펭귄의 예상 귀환 시간을 확인하고 관람 티켓을 구매할 수 있다. 비싸긴 해도 티켓을 구매하면 지하 관람 시설에 입장해 펭귄의 행렬을 더 가까이서 볼 수 있다. 2022년 10월에 방문한 운 좋은 관람객들은 무려 5440마리의 펭귄이 해안가로 몰려들어 집으로 돌아가는 장면을 목격하기도 했다.

수면병을 일으키는 기생충인 트리파노소마 브루세이*Trypanosoma brucei*(브루스파동편모충)를 보려고 돈을 내는 사람은 아마 없을 것이다.[1] 하지만 이들 역시 매우 예리한 시간 감각을 지니고 있다. 사하라 이남 아프리카에서 유행하는 이 기생충은 생애 주기를 이행하는 과정에서 시간 유지 메커니즘을 이용한다. 이들은 체체파리Tsetse fly를 매개로 삼아 인간과 다른 동물에게 전파되어 혈액을 타고 이동한 뒤, 숙주의 일주기 리듬을 망가트린다. 감염된 환자들이 이상한 시간에 잠을 자는 증상을 보여, '아프리카 수면병'이라는 이름으로 불리게 되었다.

꿀벌의 '8자춤waggle dance'은 더욱 흥미롭다. 밖에서 먹이를 채집해 집으로 돌아온 일벌은 춤추듯이 몸을 흔든다. 자세히 보면 8자 모양을 그리면서 움직이는데, '8'의 위쪽 동그라미와 아래쪽 동그라미의 중간 부분을 지날 때 일자를 그리면서 배를 흔든다. 배를 흔드는 시간은 꽃까지의 거리를 의미하고, 선의 방향은 태양을 기준으로 했을 때 맛있는 꿀이 있는 방향을 가리킨다. 신기한 점은 이뿐만이 아니다. 태양의 위치가 시시각각 변하기 때문에 동료들에게 올바른 정보를 전달하려면 안무를 계속해서 수정해야 한다. 벌에게 생체시계가 없었다면 이토록 정교한 안무를 구현할 수 없었을 것이다. 마찬가지로 벌의 수분 활동을 최대로 활용하려면 꽃이 피는 식물에도 생체리듬이 필요하다.

인간의 생체시계 네트워크는 호르몬에 의한 체내 항상성 유지, 혈압 및 심박수의 상승과 하락 등 규칙적인 리듬은 물론이고, 행동에도 규칙적인 패턴을 만들어낸다. 생체시계는 소화기관과 대사 체계를 미리 준비시켜 매일 비슷한 시간에 들어오는 음식물을 효율적으로 처리하고, 골격근이 가장 많이 사용되는 시간대에 최대 힘을 발휘할 수 있도록 대비한다. 우리는 보통 해 질 무렵에 근력이 가장 세진다.[2] 아마 이때쯤 우리 조상은 밖에서 사냥한 식량을 들쳐메고 집으로 돌아왔을 것이다.

어떤 면에서 보면 우리의 하루는 여전히 초기 인류의 하루와 비슷하다. 초기 인류는 절벽에서 떨어지거나 야행성 포식자의 먹이가 되는 일을 피하려고 해가 있을 때만 수렵채집 활동을 했다. 우리 일주기 체계는 여전히 해 질 무렵이 되면 뇌의 송과선(내분비샘)에 멜라토닌을 분비하라고 지시한다. 멜라토닌이 분비되면 우리의 신체는 어둠이 내렸음을, 주행성 동물로서 쉴 시간이 되었음을 인지한다. 멜라토닌은 직접 졸음을 유도하는 대신 졸음을 유발하는 다른 생리작용을 일으킨다. 꼼꼼한 생체시계는 우리가 배설 욕구를 느끼지 않고 푹 잘 수 있도록, 신장의 소변 생성 속도를 늦추고 방광의 저장 용량을 늘린다. 아침이 되면 부신(콩팥 위쪽에 있는 한 쌍의 내분비샘 – 옮긴이)을 자극해 코르티솔을 분비하여 우리 몸에 활력을 불어넣는다. 우리의 수면, 기분, 식욕, 면역 반응, 성욕, 체온은 모두 일주기 리듬의 지시에 따라 오르고 내린다. 그 영향을 받는 신체 작용은 셀 수 없이 많다.

생체시계는 지구와 함께 회전하면서 빛과 어둠의 교차를 비롯한 환경 신호를 통해 일주기를 24시간에 가깝게 유지한다. 펭귄도 기생충도 인간도 적절한 시기에 적절한 행동을 취하려면 반드시 태양과 연결을 맺어야 한다. 극지방에서 발생한 생물 종도 1년간 변화하는 태양의 궤적을 주시한다. 생명체에게 해가 길어지거나 짧아지는 것은 계절이 바뀌고 있다는 신호로, 이는 곧 다가올 환경의 변화와 함께, 생존을 위해 무엇을 먼저 해야 할지도 알려주는 중요한 단서가 된다.

일주기 리듬은 하루의 시간뿐 아니라 한 해의 시기도 알려준다.[3] 낮 길이가 짧아지면 수컷 혹등고래는 겨울 번식지인 남쪽으로 이동하여 구애의 노래를 시작한다. 북극여우와 산토끼는 계절 변화에 대비해 털 색깔을 바꾼다. 토끼털은 여름에는 갈색이었다가 해가 짧아지는 겨울이 되면 흰색으로 바뀐다. 하지만 지금은 기후변화가 빠르게 진행되면서 봄철 눈이 훨씬 일찍 녹아 문제가 생기고 있다. "이러한 시기 불일치로 흰 털을 가진 토끼가 갈색 숲속에 놓이는 상황이 생기고, 그로 인해 포식자들의 손쉬운 먹잇감이 될 수 있어요"라고 환경정의 단체 위액트WE ACT의 감염병 생태학자인 미카엘라 마르티네즈는 경고했다.

일정한 일조 시간의 변화는 염소를 비롯한 많은 동물에게 번식기를 알리는 신호가 되기도 한다. 요즘 일부 농부들은 인공조명을 이용해 이런 생물학적 반응을 속여서, 자연적으로는 번식하지 않는 시기에도 번식률을 높이고 있다. 이는 고대 일본의 요가이 yogai 풍습과 비슷하다. 당시 일본에서는 새가 노래하는 시기를 앞당기기 위해 새장에 해가 드는 시간을 인공적으로 늘려 새의 성숙을 유도했다.[4]

식물은 어떻게 시간을 알까

나는 회전하는 밤하늘의 별빛 아래 텐트 벽을 살며시 흔드는 바람을 느끼며 금세 잠이 들었다. 야영할 때는 왜 그렇게 잠이 잘 오는 걸까. 편하기로 따지면 울퉁불퉁한 바닥에 깔린 휴대용 매트보다 집에 있는 1500달러짜리 고급 매트리스가 훨씬 더 편하다. 또 이 펄럭대는 가림막보다 우리 집의 단열벽과 두꺼운 커튼이 산만한 광경과 소음, 냄새도 훨씬 더 잘 막아준다.

어쩌면 내 몸은 잠시나마 그런 장벽들이 없어져 환호했을지도 모른다. "산업혁명 이후로 사람들은 자기 자신을 자연환경과 분리해서 생각하기 시작했어요"라고 마르티네즈는 말했다. 그녀는 일주기 리듬이 인간과 자연이 연결되어 있다는 증거이며, 이 관계가 인류 건강에 매우매우 중요하고 이를 더 깊이 깨달을수록 우리는 환경을 더 아끼고 사랑하게 될 거라고 강조했다. 환경에 대한 배려는 우리 자신에 대한 배려이기도 하다.

중의학에서는 수천 년 동안 인체와 자연, 우주 사이의 연결을 강조해왔다. 중의학은 시기적 조화를 건강의 기본으로 여긴다. 본질적으로 생물학적 리듬이란 자연의 주기를 따라 일어나는 몸의 지속적인 상태 변화를 의미한다. 중의학에서는 '기氣'라 불리는 생명 에너지가 두 시간마다 다른 기관으로 이동하며 몸 전체를 순환한다고 말한다. 예를 들어 심장의 에너지 흐름은 오전 11시에서 오후 1시 사이에 최고조에 달한다. 이 학문에서는 낮과 밤 혹은 계절의 주기에서 벗어나면 재앙이나 질병이 닥칠 수 있다고 경고한다.

고대 그리스인들 역시 자연의 주기와 그 중요성을 인지하고 있었다. 그들은 시간을 표현하는 데 두 가지 단어를 사용했다. '크로노스Chronos'는 사건의 경과, 즉 모래시계나 시계의 초침으로 측정할 수 있는 시간의 흐름을 의미한다. 반면에 '카이로스Kairos'는 좀 더 주관적인 시간 개념이다. 파종 시기, 식사 시기, 복약 시기처럼 어떤 일을 하기에 좋은 때를 나타낸다. 명시적으로 표현하지는 않았지만, 그들은 그 **적절한 때**를 알아내려면 시간의 경과를 추적해야 할 뿐만 아니라 시계를 현지 태양시에 맞춰야 한다는 사실을 알고 있었던 듯하다. 기원전 8세기, 그리스 시인 헤시오도스는 "적절한 때를 지켜라. 세상만사에 제때를 아는 것보다 중요한 일은 없다"라고 말했다. 그는 이보다 더 유명한 "집이 최고다"라는 격언을 남기기도 했다.

기원전 4세기, 그 최고라는 집을 떠나 모험을 하던 한 그리스인이 시기를 맞춰 적절한 장소에 도착했다. 타소스섬 출신인 안드로스테네스는 인도를 여행하고 돌아오는 길에 지금의 바레인에 해당하는 틸로스섬에 들르게 됐다. 그는 틸로스섬의 타마린드 나뭇잎이 밤에 오므라들었다가 아침에 다시 펼쳐지는 것을 발견했다. 이는 일주기 리듬을 관찰하고 기록한 최초의 사례였다. 비슷한 시기에 그리스 철학자 아리스토텔레스는 저서 《동물지》에서 벌들이 밤에 꾸준히 잠을 잔다는 기록을 남겼다. 그는 이렇게 썼다. "촛불을 밝혀도 벌들은 여전히 깊이 잠들어 있다."

이후 수 세기 동안 과학자들은 이와 비슷한 관찰을 이어갔다. 하지만 일주기 리듬을 주제로 한 최초의 정식 실험을 진행한 인물은 18세기가 되어서야 등장했다. 프랑스 천문학자 장 자크 도르투드 메랑Jean-Jacques d'Ortous de Mairan은 찬장 한구석 어두운 곳에 미모사 화분을 두어도, 미모사 잎이 밤-낮의 주기에 따라 오므라들었다 펼쳐진다는 것을 발견했다.[5] 드 메랑은 이를 보고 "미모사는 태양을 보지 않고도 어떤 식으로든 태양을 감지한다"라고 결론지었다. 당시 드 메랑은 유명 인사였다. 그는 계몽주의 철학자 볼테르의 인정을 받았고, 이후 태양이 북극광에 영향을 미친다는 가설도 처음으로 제시했다. 훗날 그의 이름은 달 분화구와 와인 농장에도 붙게 되었다. 나와는 달리, 그는 어둠 속에서 식물이 느릿느릿 움직이는 모습을 가만히 지켜보는 데 그치지 않고 좀 더 나은 일을 했다. 1729년 드 메랑은 짤막한 소논문을 게시해 연구 결과를 발표하고, 미모사의 특이 행동을 연구하기 위한 후속 실험을 제안했다. 그는 동료에게 대신 써달라고 부탁한 논문을 마무리하면서, 자신은 여기서 물러나니 다른 식물학자와 과학자들이 연구를 이어가 달라는 말을 남겼다. 많은 이들이 그의 제안을 받아들여 그 뒤를 이어 연구를 계속했다.

몇 년 후, 스웨덴 식물학자 칼 폰 린네Carl von Linné는 꽃들이 일정한 시간대에 피고 진다는 사실을 발견하여 이름을 알렸다. 그는 18세기 중반, 이들 꽃이 피는 시간의 차이를 이용하면 '흐린 날에도' 시간을 추정할 수 있다고 주장했다. 린네는 더 나아가 43종의 꽃을 새벽 3시부터 오후 8시까지의 시간을 가늠할 수 있도록 배열한 '꽃 시계'를 설계하기도 했다. 알프스 민들레나 패랭이아재비가 피는 시각은 오전 9시였고, 꽃양귀비가 오므라드는 때는 오후 7시였다. 쇠채아재비꽃 봉오리가 열리는 때는 새벽 3시였다.

해바라기는 태양을 쫓는 게 아니었다

해바라기밭에서 새벽 3시에 맞춰둔 알람은 쓸모가 없었다. 나는 불행히도 알람이 울리기 전에 동물이 울부짖는 소리를 듣고 잠에서 깼다. 몇백 미터 거리에 도축장이 있었다. 두려웠지만 마음을 다잡고 빨간빛을 내는 헤드램프를 머리에 쓰고 해바라기 미로 안으로 조심스레 발걸음을 옮겼다. 처음 들어갈 때보다 훨씬 더 떨렸다. 공포 영화 속으로 걸어 들어가는 기분이었다. 고개를 돌릴 때마다 잎과 줄기, 움튼 해바라기 봉오리 사이로 붉은빛이 요동쳤다. 선홍색이 섬뜩함을 한층 고조시켰고, 어둠 속에서 이들이 움직이고 있다고 생각하니 왠지 더 오싹하게 느껴졌다.

해바라기는 저녁에 봤을 때와 정반대 방향을 보고 있었다. 얼굴이 동쪽으로 돌아가 지평선 위에서 희미하게 빛나는 은하수를 향했다. 잎사귀가 가리키는 방향도 달라졌다. 앞쪽에 달린 잎은 아래로 굽어져 윗면이 동쪽을 향하고 있었다. 반대로 뒤쪽에 달린 잎은 같은 원리로 위쪽을 향해 서 있었다. 꽃들은 벌써 태양을 다시 맞을 준비를 끝낸 듯했다. 하지만 나는 새로운 날을 맞을 준비가 전혀 되어 있지 않았다. 나는 거기서 더 깊은 곳으로 들어가지 않고 곧장 텐트로 되돌아갔다.

들판에서는 무슨 일이 있었던 것일까? 해바라기가 밤사이 움직였다 해도, 태양 광선에 반응한 것일 리는 없었다. 그렇다면 해바라기는 태양을 **쫓는** 게 아니란 말인가?

해바라기 농장을 방문하기 전날, 나는 캘리포니아대학교 데이비스 캠퍼스의 식물학자 스테이시 하머를 찾아갔다. 해바라기에 숨겨진 힘을 이해하는 데 도움을 구하기 위해서였다. 도대체 무엇이 해바라기를 동쪽에서 서쪽으로 움직이는 것일까? 과학자들은 이 질문의 답을 쉽게 찾아내지 못했다. 하머는 내게 1898년에 발표된 논문 하나를 보여주었다.[6] 논문에는 해바라기가 움직이는 원리를 알아내기 위한 저자의 엄청난 노력이 담겨 있었다. 그도 처음에는 드 메랑과 다른 식물학자들처럼 햇빛, 온도, 바람과 같은 외부 요인을 하나씩 제거하면서 실험을 진행했다. 그러다 해바라기의 머리까지 제거하기에 이르렀고, 그 상태에서도 남은 줄기가 앞뒤로 구부러지는 것을 발견했다. 고개를 돌리는 것이 해바라기의 대표 동작이었지만 춤추는 부위는 머리만이 아니었다.

어린 해바라기가 밤사이에 방향을 바꾼 것은 생체시계가 관여한다는 증거였다. 하지만 당시 사람들은 대부분 땅에 박힌 생물과 그 위에 존재하는 모든 생물이 주변 환경의 신호에 따라 움직인다고 생각했다. 빛이나 온도의 변화가 아니더라도, 자연에서 변동하는 또 다른 요소가 있을 거라고 믿었다. 그로부터 100년이 넘는 시간이 지나, 하머의 연구팀이 해바라기의 비밀을 파헤치기 시작했다. 연구팀은 어린 해바라기를 화분에 심어놓고 여러 가지 실험을 진행했다. 먼저 낮에는 해를 따라 동쪽에서 서쪽으로 돌아가도록 내버려 두고, 일몰 직후에 몇 개를 180도 회전시켜 밤 동안 방향을 알 수 없도록 만들었다. 작전은 먹혀들었다. 이들 해바라기 역시 밤새 고개를 돌려, 아침이 됐을 때 동쪽이 아닌 서쪽을 바라보고 있었다. 또 연구진은 해바라기가 들판에서 보고 있던 방향을 화분에 표시한 다음, 형광등이 있는 방으로 옮겨 48시간 동안 내버려 두었다. 광원이 고정되어 있음에도 불구하고 해바라기의 고개는 계속해서 돌아갔다.

2016년 하머의 연구팀은 24시간 동안 해바라기의 계속된 움직임을 설명할 수 있는 것은 생체시계 메커니즘밖에 없다고 결론지었다.[7] 나는 미로 속에서 해바라기들이 태양을 쫓는 것이 아니라 오히려 앞장서서 고개를 돌리는 모습을 목격했다. 하머의 연구를 통해 해바라기 역시 일주기 리듬에 따라 움직이는 유기체 목록에 이름을 올리게 되었다.

그런데 해바라기는 왜 스스로 움직이도록 진화했을까? 왜 단순히 햇빛에 반응하도록 진화하지 않았을까? 몇 가지 연구 결과에서 그 이유를 찾을 수 있었다. 첫째로, 꽃의 머리는 태양을 따라 움직일 때보다 먼저 움직일 때 더 빨리 데워진다. 따뜻한 얼굴은 더 많은 수분 매개자를 끌어들인다. 장점은 이뿐만이 아니다. 직사광선은 해바라기 꽃잎에 있는 자외선 표시를 밝혀 꿀벌이 볼 수 있게 만든다. 아침 햇살을 보면 해바라기의 씨앗이 더 크고 무거워질 뿐만 아니라 벌을 끌어들일 꽃가루도 아침 일찍 방출할 수 있다. 생체시계가 이끄는 대로 움직이는 것이 실제로 더 유익한 셈이었다.

윅스네 해바라기밭에서 본 벌들은 유달리 이르게 핀 해바라기를 찾아 이리저리 옮겨 다녔다. 미로 여기저기에 이르게 핀 꽃들이 보였는데, 이들은 한창 성장 중인 다른 해바라기들보다 한참 웃자란 상태였다. 북쪽에 있는 다른 밭에서도 듬성듬성 노란 점이 찍혀 있었다. 이들은 소위 말하는 자생식물로, 작년에 떨어진 씨앗이 저절로 싹을 틔운 것이라 나중에 심은 꽃보다 키가 웃자란 것이었다. 윅스는 이 해바라기들의 일탈 행동을 걱정했다. 첫날 저녁, 나는 근처 밭에서 이미 황금빛으로 피어 있는 해바라기들을 보았다. 키 큰 잡초를 헤치고 넘어, 마찬가지로 그녀가 운영하는 크리스마스 나무 농장의 묘목들을 조심스레 지나자 문제의 해바라기들이 나타났다. 몇 송이는 이미 수명을 다해 검게 변한 꽃잎을 축 늘어뜨리고 있었다. 하지만 윅스가 걱정한 것은 꽃이 일몰을 등지고 있다는 점이었다. 그녀는 이렇게 말했다. "이 아이들은 해를 따라가지 않아요. 도대체 뭐가 문제인지 모르겠어요."

하머는 이 문제의 답도 알고 있었다. 해바라기는 자라는 동안 생체시계 유전자의 지시에 따라 낮에는 줄기 동쪽을, 밤에는 줄기 서쪽을 더 빨리 성장시키면서, 꽃의 머리를 앞뒤로 흔든다. 성장을 마치고 꽃을 피우면, 무거운 머리를 지탱하기 위해 줄기가 굳어지면서 머리의 움직임도 서서히 줄어든다. 하지만 해바라기는 얼굴을 아무 방향으로 향한 채 줄기를 굳히지 않는다. 성숙한 해바라기는 꽃을 해 뜨는 동쪽으로 고정한 채 줄기가 단단해진다. 그래서 다 자란 해바라기는 항상 석양을 등지고 있어 노을 지는 풍경을 볼 수 없다.

시간 감각에 영향을 주는 빛

주의를 기울이기 시작하자 모든 곳에서 리듬이 보였다. 침낭에 누워 올려다본 하늘에는 독수리자리만 홀로 빛났다. 이 시간대의 밤하늘이 유난히 고요한 이유는 진짜 새들이 공동 둥지에서 잠을 자고 있기 때문이다. 나는 계곡과 텐트 주변에 흐르는 한층 더 시원해진 공기를 온몸으로 느꼈다. 모기가 한창이던 저녁 시간에 주변에서 윙윙대는 소리를 들은 탓인지 괜히 간지러운 것 같기도 했다. 내 청력이 조금만 더 좋았다면 해바라기가 위로, 옆으로 뻗어나가는 소리까지 감지했을지도 모른다. 식물은 낮 동안 흡수한 에너지와 양분을 통해 밤늦게 더 빨리 성장한다. 헨리 데이비드 소로도 밤사이에 옥수수가 무럭무럭 자라는 소리를 언급한 적이 있다. 농부들은 그 소리가 실제로 들린다고 말한다. 귀에 들리는 딱딱 소리는 식물이 늘어나고, 부러지고, 회복하고, 다시 성장하는 과정에서 내는 작은 파열음이 분명하다.

생명체 내부의 시간과 관련된 현상을 연구하는 시간생물학자들도 그 최전선에서 비슷한 과정을 겪었다. 이들 역시 반복되는 리듬을 보고 듣기 시작한 이후, 주변에서 수많은 사례를 수집해나갔다. 찰스 다윈 역시 드 메랑의 제안에 화답하여 스스로 '잠자는 식물'이라 불렀던 미모사를 연구했다. 다윈은 1800년대부터 식물 잎의 움직임이 그 안에 내재한 메커니즘에 기인한다고 믿었던 소수 과학자 중 한 명이었다. 1900년대 초, 과학자들은 초파리, 쥐, 원숭이, 인간 등의 동물에서 나타나는 반복적인 패턴 역시 기록하기 시작했다.

20세기 중반에 이르러 대부분 과학자는 동식물이 정기적인 재조정만으로 지구의 자전 주기와 동기화를 유지할 수 있는, 자율적인 내부 시간 유지 시스템을 가지고 있다고 확신하게 되었다. 유기체의 생체시계를 외부 시간 신호와 분리했을 때, 일주기가 24시간보다 약간 길어지거나 짧아진다는 것이 핵심 근거였다. 주변의 지구물리학적 힘에만 영향을 받는다면 일주기는 정확히 24시간이어야 했다. 내인성 리듬이 24시간에서 다소 벗어난다는 개념은 1959년 내과 의사 프란츠 홀버그Franz Halberg에 의해 체계화되었다. '일주기'라는 용어를 처음 창시한 인물도 홀버그였다. 일주기는 종마다 다르다. 앞서 본 것처럼 미모사와 생쥐의 생체시계는 다소 빠른 편이라 일주기가 24시간보다 짧지만, 인간의 생체시계는 그보다 느린 편이라 일주기가 24시간보다 약간 더 길다.

그러나 의심론자들은 빈틈을 파고들었다. 가장 큰 쟁점은 온도였다. 생체시계는 특정 외부 신호에 민감하게 반응하여 지구의 24시간 주기와 연결을 유지해야 하지만, 시곗바늘의 진동수는 환경의 영향을 받지 않도록 보호해야 한다. 온도는 이 부분에서 문제가 됐다. 신체 대사 과정을 포함한 대부분의 생화학 반응은 온도에 비례하여 빨라지고 느려진다. 인공 시계 역시 처음에는 비슷한 이유로 정확도가 떨어졌다. 기온이 상승하면 진자가 길어져 시계가 느려졌기 때문이다. 기온은 하루 동안 혹은 1년에 걸쳐 계속 오르고 내리는데, 생체시계는 어떻게 거의 24시간에 가까운 주기를 유지할 수 있을까? 따뜻한 여름에 꿀벌의 시계가 빨라진다면 웍스네 해바라기도 위험해지지 않을까?

스탠퍼드대학교와 프린스턴대학교에 일주기 생물학과를 설립한 콜린 피텐드리히Colin Pittendrigh는 초파리의 일주기가 온도에 매우 둔감하다는 사실을 증명함으로써 이러한 우려를 해소했다. 그의 유명한 실험에서 피텐드리히는 초파리 한 무리를 버려진 변소에 넣고, 또 다른 무리는 압력솥에 넣어 로키산맥 개울에 담갔다. 빛과 어둠의 주기를 볼 수 있는 초파리는 한 마리도 없었다. 예상대로 두 그룹의 초파리는 모두 평소와 비슷한 생체리듬을 유지했다. 두 환경 간의 온도 차이가 매우 컸음에도 불구하고 두 그룹의 리듬은 크게 다르지 않았다. 이로써 '온도 보상temperature compensation'은 생체시계의 속성 중 하나로 학계에 널리 받아들여졌다. 피텐드리히의 영향으로 '시계'라는 비유도 생체리듬을 설명하는 데 널리 사용되기 시작했다. 하지만 생명체 내에서 온도 보상이 **어떻게** 작동하는지는 아직 정확히 밝혀지지 않았다.

1960년대 중반이 되자 시프르는 시계 없이 동굴을 탐험했고, 아쇼프는 시간을 알 수 없는 바이에른 벙커로 사람들을 초대했다. 이후 이 신비한 자율적 시계 장치에 대한 증거는 계속해서 발견됐다. 하지만 과학자들은 그 존재를 증명할 수 있는 더 확실한 증거를 원했다. 이 똑딱거리는 시계 혹은 시계들은 어디에 있는 것일까? 과학자들은 샅샅이 수색하기 시작했다.

빛이 시간 감각에 영향을 미치는 것은 분명했기에, 연구자들은 동물의 뇌에서 시각 정보를 받는 영역을 집중적으로 조사했다. 이들의 초기 연구 대상은,[8] 내가 조사 과정에서 마주치지 않아 천만다행이었던 쥐와 바퀴벌레였다. 바퀴벌레의 시신경을 절단하자 명암 주기와의 연결이 끊어지면서 생체시계가 제멋대로 흐르기 시작했고, 일주기가 24시간에서 점점 멀어졌다. 볼티모어 골목에서 잡혀 와 사육된 쥐들은 더 극단적인 결말을 맞았다. 쥐의 시상하부에서 일부 영역을 파괴하자 쥐들은 아예 리듬을 잃어버렸다.

과학자들은 포유류에서 이러한 기능을 담당하는 기관에 더욱 집중하여, 망막에서부터 뇌의 중심부까지 추적해 들어갔다. 시상하부 바로 앞 시각교차 구역 바로 위에는 시신경교차상핵 suprachiasmatic nucleus, SCN이라는 신경 구조물이 있다. 설치류의 뇌에서 이 작은 구조물에 손상을 가하자 다른 것은 다 정상이었지만, 특정 주기에 맞춰 반복하던 행동을 하루 중 아무 때나 하기 시작했다. 과학자들은 한발 더 나아가 SCN이 없는 동물에게 다른 동물의 SCN을 이식하는 실험을 진행했다. SCN을 이식받은 쥐는 SCN을 기증한 쥐의 리듬을 그대로 물려받았다. 비슷한 실험 결과가 계속해서 보고됐다. 동물의 뇌 깊숙한 곳에 있는 SCN이 중추 시계 역할을 한다는 증거는 명확했고, 이는 인간의 뇌에서도 마찬가지였다.

SCN은 약 2만 개의 뉴런으로 이루어진 좁쌀만 한 크기의 신경세포 다발로, 두뇌 안쪽에 한 쌍으로 존재한다. 보통 사람의 두 뇌에 860억 개의 뉴런이 있다는 점을 감안하면 시간을 맞추는 데는 상대적으로 적은 자원이 드는 셈이다. 하지만 이 작은 다발은 그 속에 숨겨진 놀라운 힘으로 과학자들을 매료시켰다. 여러 과학자가 SCN을 '초카리스마적 핵'이라고 일컬었다. 중추 시계는 약 24시간 주기의 리듬을 생성해, 카리스마를 발휘하는 능력은 물론 체온, 소화, 신진대사 등 수많은 생리 기능의 변화를 조율한다.

이 시기까지 일주기 과학은 하루 주기의 리듬이 존재한다는 사실을 확인하고, 그 리듬이 외부 환경이 아닌 몸 안에서 비롯된다는 내인성을 밝혀냈으며, 나아가 생체리듬을 조율하는 중추 시계의 위치를 찾아내는 큰 발전을 이루었다. 하지만 중추 시계의 작동 원리, 조력자의 존재 여부는 여전히 수수께끼였다. 신경과학자들이 중추 시계의 위치를 파악하는 동안, 다른 과학자들은 이미 생체 시계의 부품을 찾아 조립하고 있었다.

생체시계의 분자 메커니즘에 관한 최초의 연구 기록은 1971년 코놉카와 벤저가 발표한 논문에서 찾아볼 수 있다. 두 사람이 초파리에서 발견한 세 가지 유전 이상은 모두 비정상적인 생체리듬으로 발현되었고, 놀랍게도 모두 같은 유전자, 즉 '피리어드period 유전자'에 연결되어 있었다. 이는 유전자가 생체시계를 제어한다는 최초의 증거였다. 동시에 유전자가 모든 종류의 행동에 영향을 미칠 수 있다는 최초의 증거이기도 했다. 연구자들은 이후 수십 년 동안 관련된 유전자를 추가로 찾아냈고, 이들이 일주기 리듬을 생성하기 위해 어떤 식으로 연동하는지 밝혀냈다. 이들의 생물학적 톱니

바퀴와 기어, 스프링을 제어하는 데는 복잡하게 얽힌 일련의 피드백 루프가 관여하고 있다. 이 과정에서 per(피리어드) 유전자와 다른 유전자에 의해 생성된 단백질은 분해되고 결합하고, 억제되고 활성화되고, 반발하고 협응한다.[9] 이렇게 밀고 당기는 과정이 아직 풀리지 않은 고대의 시간 처리 과정에 따라 약 24시간 주기로 반복된다.[10]

초파리가 주 연구 대상이 된 것은 단순히 유전자 구조, 짧은 수명, 다른 동물과의 상당한 유사성 때문이었다. 하지만 분자시계의 기본 구성이 밝혀지면서, 과학자들은 햄스터부터 인간에 이르기까지 모든 유기체에서 각 부품에 해당하는 구성요소를 식별할 수 있게 되었다. 거의 모든 생명체 속에서 이 미시적 움직임이 일어나고 있음은 점점 더 분명해졌다. 초파리의 유전자 혹은 단백질과 종류는 조금 다를지라도, 지금 우리 몸 곳곳에서도 같은 움직임이 일어나고 있다.

우리 몸속의 세포는 우리가 시간이라는 개념을 인식하기 훨씬 전, 심지어 시계라는 물건의 존재를 인지하기 전부터 이미 시간을 읽는 법을 알고 있었다. 비록 갓 태어난 아기는 수면이나 식사 등에 명확한 주기가 없어 초보 부모들을 수면 부족에 시달리게 하지만, 일주기 체계는 태아 때부터 발달하기 시작한다.[11] 처음에는 우리 몸의 시간 체계가 24시간에 구속되지 않는다. 일주기 체계는 달의 위상과 계절의 변화를 감지할 뿐만 아니라 하루 동안 시간, 분, 초 단위로 반복되는 초주일 리듬_{ultradian rhythm}도 추적한다. 최근 피츠버그대학교 연구진은 뇌에서 12시간 주기를 따르는 유전자를 찾아냈다. 또한 조현병 환자의 뇌에는 이러한 리듬 중 다수가 없거나 변형되어 있다는 사실을 발견하여, 조현병의 위험 인자와 치료법에 대한 실질적 단서를 제공했다.[12]

일주기 과학이 밝혀낸 사실

생체시계를 통제하는 분자 메커니즘의 중요성은 2017년, 일주기 과학자 마이클 영Michael Young, 제프리 홀Jeffrey Hall, 마이클 로스배시Michael Rosbash가 노벨생리의학상을 수상하면서 마침내 널리 알려졌다. 이들의 발견과 다른 수많은 공동 연구자들의 노력은 생체시계의 비밀을 파헤치고, 지구상 모든 생물의 공통분모를 이해할 수 있는 돌파구를 마련하는 데 힘을 보탰다.

모든 생체시계가 같은 모체에서 기원한 것인지, 아니면 여러 유기체가 각자 시계를 만들어 말하자면 쓸데없는 일을 반복한 것인지에 대해서는 과학자들끼리도 의견이 분분하다.[13] 하지만 마이클 영은 어느 쪽이든 "시간 감지 수단을 마련하고자 하는 선택압은 그보다 훨씬 오래전부터 작용해왔습니다"라고 말했다. 시계는 생명체의 필수품이 되었다. 심지어 과학자들은 외계 생명체의 징후로서 일주기 리듬의 증거를 찾아야 한다고 주장하기도 한다. 2005년 한 논문의 저자는 "다른 행성에 생명체가 존재한다면,[14] 그들이 해당 행성의 자전 주기에 대해 비슷한 진화적 선택을 했으리라 보는 것이 합당합니다"라고 주장했다. 연구진은 화성 탐사선 바이킹호가 1976년 보내온 데이터에 담긴 '일주기 활동의 흔적'을 증거로 제시했다. 캘리포니아대학교의 일주기 과학자 캐리 파치 Carrie Partch는 "분명 다른 곳의 생명체도 '현지 시각'에 맞춰 적응했을 것"이라고 말하며 이 주장에 동의했다.

지구에서는 최소 10억 년 전에 남세균이 최초의 생체시계를 발명했을 것으로 추정한다. 이 단세포 생물은 다세포 식물이 태양으로부터 에너지를 얻기 위해 사용하는 광합성 색소, 즉 엽록소를 함유하고 있다. 이들은 살아남기 위해 하루에 일정 시간 동안 햇빛을 받아야 하지만, 직사광선에 타버리는 일은 피해야 한다. 아마도 초기 남세균은 한낮의 강렬한 태양을 피해 수심 깊은 곳에 잠수하고, 일출과 일몰 무렵에 수면 가까이 올라오는 방식으로 진화하면서, 축적한 에너지로 치명적인 자외선에 대한 방어 물질을 생산하기 좋은 타이밍을 습득했을 것이다.

오늘날 남세균은 독소를 내뿜는 조류로 알려져 미움받고 있지만, 일주기 연구실에서는 다른 이유로 사랑받고 있다. 고대 유기체의 생체시계는 그 구조가 비교적 단순해서, 이를 활용해 모든 생명체에 통용되는 일주기 리듬의 근본 메커니즘을 조사할 수 있다. 2005년 일본 연구진은 시험관 속 3개의 남세균 단백질이 서로 협력하여 시간을 추적하는 것을 확인했다. 2021년 또 다른 연구팀은 이 시험관 시계에 새로운 기능을 추가했다. 초기 버전으로도 시간은 알 수 있었지만, 정보를 출력하거나 남세균과 시간 정보를 주고받을 수단은 없었다. 연구팀은 초기 버전에 단백질 3개와 DNA 조각을 추가하여 시간을 나타내는 '바늘'까지 갖춘 완전한 시계 장치를 완성했다.[15]

재구성된 이 생체시계는 일주기 리듬의 세 가지 속성을 모두 보여주었다.

첫째, 외부 신호 없이도 자체적으로 작동하고,

둘째, 환경으로부터 정보를 얻어 시간을 재조정할 수 있으며,

셋째, 외부 온도의 변화에도 일정한 리듬을 유지했다.

연구팀의 일원인 파치는 새로운 시계 덕분에 실시간으로 리듬을 연구할 수 있게 되었으며, 생체시계가 유전자 발현을 어떻게 제어하고 내부적으로 어떻게 생리 기능을 유발하는지 같은 질문을 더 많이 할 수 있게 되었다고 말했다.

초파리, 설치류 연구와 마찬가지로 이들이 남세균 연구에서 찾은 답은 인간과 해바라기뿐만 아니라 생체시계를 가진 모든 생명체에 적용될 수 있다. 적용 대상은 하나하나 열거할 수 없을 정도로 많다. "모든 생명체는 시계를 갖고 있어요. 빵에 핀 곰팡이까지도요"라고 파치는 말했다. 그녀는 땅에서 자라는 것에 특히 관심이 많다. "저는 식물에 완전히 빠져 있어요. 식물은 일어나지도, 움직이지도 못하잖아요. 1700년대부터 연구가 시작됐지만, 아직도 식물의 시계에 대해서는 별로 밝혀진 게 없어요." 실제로 과학자들은 2016년이 되어서야 세상에서 가장 흥미로운 식물의 수수

께끼를 풀어냈다.

오전 6시, 나는 해바라기밭 옆에서 잠시 졸다가 새들이 지저귀는 소리에 눈을 떴다. 텐트 지퍼를 내리자 위쪽에서 응결된 물방울이 주르르 흘러내렸다. 막 해가 뜬 직후여서 짙은 안개가 자욱했지만, 언뜻 보기에도 해바라기의 봉오리와 잎은 지난밤에 확인했을 때와 별반 다르지 않았다. 해바라기는 몇 시간 전부터 자리를 잡고, 나와 태양이 있는 쪽을 바라보며 안개 사이로 스미는 햇빛에 몸을 녹이고 있었다. 이들은 조만간 노란 꽃잎을 활짝 펼치고, 아침부터 뜨거운 머리를 들어 친애하는 수분 매개자를 환하게 맞이할 것이다.

내가 아침 늦게 미로에 도전할 때도, 어린 꽃봉오리는 여전히 동쪽을 향해 고개를 숙이고 있었다. 해바라기를 나침반으로 써도 좋겠다고 생각했지만, 해바라기보다 내 키가 더 컸기 때문에 딱히 필요하지는 않았다. 몇 번의 시도 끝에 '엄마와 아빠의 잡화점'이라고 써 붙여진 입구 앞에서 미로를 빠져나왔다. 이후 무성한 잡초를 헤치고 돌아와 야영지를 정리했다. 커피 생각이 간절했다. 내 생체시계가 애를 써봤지만, 잠들지 않는 해바라기를 관찰하느라 부족해진 잠은 어쩔 수가 없었다. 배에서 꼬르륵 소리가 나는 걸 보니 몇몇 시계는 지금이 아침 식사 때라고 생각하는 듯했다.

수많은 과학적 발견이 그렇듯, 생명체는 하나 이상의 생체시계를 가지고 있으며, 그 시계들이 거의 모든 기관과 조직에 존재한다는 사실도 우연히 밝혀졌다. 이 우연이 일어난 곳은 스위스 제네

바대학교 생물학자 율리 쉬블러Ueli Schibler의 연구실이었다.

　1990년 쉬블러의 연구실에 소속된 박사후연구원은 쥐의 간에서 새로운 단백질을 발견하는 놀라운 성과를 거뒀다. 하지만 이후 연구실의 다른 박사 과정 학생은 해당 단백질을 다시 찾는 데 실패했고, 쉬블러는 이 때문에 몇 날 며칠을 잠 못 이루며 고민에 빠졌다. 대학원생이 추출한 표본에는 그 단백질의 흔적이 없었다. 쉬블러는 자신의 연구실에서 발간하여 세간의 주목을 받은 논문을 철회해야 할 수도 있다는 두려움에 휩싸였다. 무엇보다 자신의 박사후연구원이 결과를 조작했을 것이라는 사실을 믿기 어려웠다. 쉬블러는 결국 자신이 직접 쥐의 간에서 표본을 채집해보기로 했다. 이번에는 그 단백질이 기적적으로 모습을 드러냈다. 쉬블러의 우려는 곧 혼란으로, 이내 호기심으로 바뀌었다. 그리고 마침내 밝혀진 이유는 이러했다. "두 연구원이 정반대인 게 하나 있었는데, 그건 바로 일하는 시간대였어요." 처음에 단백질을 발견한 선배 연구원은 올빼미족이었다. 그는 연구실에 늦게 출근해 오후 2시가 지나 표본을 채취했다. 반면에 농부의 아들이었던 후배 대학원생은 소를 돌보기 위해 일찍 일어나는 데 익숙한 아침형 인간이었다. 그는 아침 일찍 연구실에 나와 표본을 채취했던 것이다. 쉬블러는 점심시간이 지나 표본을 채취했고, 이는 선배 연구원이 표본을 채취하던 시간대에 가까웠다. 이후 연구원들은 이 행복한 사고를 조사하기 위해 4시간 간격으로 표본을 채취했다.[16] 그 결과, 시간대에 따라 단백질 수치가 300배 이상 차이 난다는 사실을 발견했다.

그렇게 쉬블러의 연구팀은 또 하나의 더욱 놀라운 발견을 과학계와 공유하게 되었다.

일주기 과학 연구의 선구자 중 한 명인 마이클 메나커Michael Menaker와 몇몇 과학자들은 더 나아가 독립적으로 활동할 수 있는 온전한 조직과 장기에 일주기 리듬이 존재한다는 사실을 밝혀냈다.[17] 이제 우리는 약 10조 개에 달하는 유핵세포[18] 대부분이 시계를 품고 있다는 사실을 알고 있다. 또한 각 장기의 세포 시계가 같은 시간을 유지하기 위해 함께 작동하고, 생리 기능을 유지하기 위해 실제로 작동해야 하는 하류 유전자와 단백질의 주기적인 발현을 지시한다는 사실을 알고 있다. 세포의 시계 유전자[19]는 하루 동안 일정한 주기로 켜지고 꺼지면서, 체내 비시계 유전자의 약 절반에 해당하는 1만 개 이상의 유전자 활동을 제어한다. 일주기 리듬은 두피의 모낭에서부터 발끝까지 우리 몸 곳곳에 존재한다. (남성의 수염은 주간에 더 빨리 자라기 때문에, 늦은 오후가 되면 턱 주변이 거뭇거뭇해진다. 하지만 밤늦게 수염을 깎으면 이른 오전까지 수염이 올라오지 않는다). 심지어 코에도 일주기 리듬이 있다. 이들 시계는 서로 간에 또 뇌의 중추 시계와도 특별한 관계로 연결되어 똑딱거린다.

SCN에 있는 2만 개의 뉴런 세포[20]도 각자 리듬을 생성한다. 뉴런 네트워크는 부분합 이상의 힘을 발휘한다. 한 연구자는 내게 설치류의 뇌에서 채취한 SCN 조각을 타임랩스로 촬영한 영상을 보여주었다. 시계 유전자 중 하나에 반딧불이를 빛나게 하는 효소인 루시페레이스luciferase를 결합시켜 해당 유전자가 발현될 때마다 뉴런이 밝게 빛나도록 만든 것이었다. 세포들은 24시간 동안 함께 밝아졌다 어두워지며, 마치 하나의 몸처럼 동시에 나타났다 사라졌다. 리듬의 진폭도 강했다. 다른 영상에서는 SCN의 뉴런이 따로따로 페트리 접시 위에 담겨 있었다. 이들 세포는 서로 연결되어 있지 않았다. 영상을 재생하자 밤하늘의 별처럼 여기저기서 불이 깜빡거렸다. '별' 하나만 놓고 보면 분명 일정한 주기로 깜빡였지만 '하늘' 전체로 봤을 때는 주기성을 전혀 느낄 수 없었다. 이는 진폭이 전혀 없는 리듬이었다.

마찬가지로 SCN과 온몸에 분포한 말초 시계peripheral clocks를 연결하는 광범위한 네트워크가 없으면 뇌, 간, 폐, 근육, 기타 장기 및 신체 기관의 세포는 협응력을 잃게 된다. 과학자들은 아직 신체가 어떻게 신경망, 혈관, 기타 수단을 통해 생체시계 동기화 메시지를 전달하는지 알아내지 못했다. SCN에서 나온 일주기 신호가 뇌척수액까지 도달한다는 주장도 제기되고 있다.

앞서 보았듯이, 말초 시계 오케스트라의 지휘자는 SCN이다. 하지만 SCN이 단독 지휘자가 아닐 수 있으므로, 빛이 항상 주요 신호여야 하는 것도 아니다. (나는 여기서 광선검을 지휘봉으로 쓰는 지휘자를 떠올렸다). 처음에 과학자들은 빛이라는 주요 신호가 뇌에 이르는 경로를 따라 중추 시계를 찾아내는 데 집중했지만, 이제는 다른 신호가 다른 시계를 조정할 수 있음이 분명해졌다. 간의 시계는 음식이 들어오는 시간을 주시하고, 골격근의 시계는 우리가 운동하는 시간을 기록한다. 몸 안에도 조직 체계가 있어서 보통은 중추 시계가 지휘를 맡지만, 생물학적 이점이 있을 때는 말초 시계에게 단독 행동을 허락한다. 물론 식물의 경우 이야기가 완전히 다를 수 있다. 머리 잘린 해바라기 실험에서 유추할 수 있듯이, 식물은 중추 시계가 없는 것으로 알려져 있다. 대신 식물의 각 조직과 기관에 분포된 국소 시계들이 복잡한 네트워크를 형성해 서로 소통하고 협응하는 것으로 추정된다.

일주기 리듬 연구의 초점은 생체시계의 작동 원리를 파악하는 데서 생체시계가 무엇을 제어하는지, 그 제어권을 언제 행사하는지 밝히는 것으로 옮겨갔다. 이 정보는 매우 실용적이다. 우리는 이 정보를 근거로 식사하기 가장 좋은 때나 뇌가 해바라기 미로와 같은 문제를 풀기에 가장 적합한 때 등을 추정할 수 있다.

해바라기 꽃봉오리와 밤을 보내고 난 지 몇 주가 지나 나는 만개한 미로를 체험하기 위해 친구네 가족과 함께 해바라기 농장을 다시 찾았다. 물론 데이지도 다시 보고 싶었다. 작은 뿔이 돋아난 데이지와 인사를 나눈 후, 깔끔하게 정비된 길을 따라 미로로 향했다. 수천 송이 해바라기가 황금빛 얼굴로 우리를 맞이했다. 우리는 길을 따라 늘어선 인파 행렬에 합류해 다른 사람들의 말소리에 우리 목소리를 보탰다. "또 막다른 길!" "여기가 어딘지 모르겠어!" "아니야, 이쪽으로 가야 해!" 허리춤까지 왔던 해바라기들은 이제 내 키만큼 자라 있었다. 꿀을 빠는 벌들의 행복한 날갯짓 소리가 공기를 가득 채웠다. 가끔 그 사이로 겁먹은 아이들의 비명이 튀어나왔다. 벌들이 집으로 돌아가 기쁨의 춤을 추며 엉덩이를 흔드는 모습이 그려졌다.

　우리 일행은 오후에 도착했다. 몇 주 전만 해도, 이 시간쯤이면 어린 해바라기들의 꽃봉오리들이 서쪽을 향해 흔들리고 있었을 것이다. 이제 거의 다 자라 머리가 무거워진 해바라기는 동쪽을 바라보고 있었다. 다시 만난 로라와 에드는 이웃이 만든 해바라기 미로가 방향이 잘못되었다고 이야기했다. 미로 입구 쪽 해바라기가 손님들을 등지고 있다는 것이었다. 그것은 내가 이곳 농장을 처음 방문했을 때 본 어린 해바라기들의 모습과 비슷했다. 하지만 윅스네 농장에서 부부가 손수 뒤집은 것은 미로 끝의 구불구불한 길로 만든 'A-Maze-Zing'이라는 문구 속 'Z'자뿐이었다.

3장
리듬에 맞는 딱 좋은 시간

제프 윌콕스는 저녁을 먹다가도 까무룩 잠이 들곤 했다. 상사와 회의하는 자리에서도, 공연장과 영화관 맨 앞자리에서도 졸았다. 심지어 흥행에 성공한 공포 영화 〈블레어 위치 프로젝트〉를 보러 가서는 코까지 골며 잠들었다. 윌콕스는 이렇게 말했다. "사람들이 왜 그리 소리를 지르는지 알 수가 없었어요. 자꾸 잠을 깨워서 언짢아질 뿐이었죠."

건설업과 부동산업에 종사하다 은퇴한 후 캘리포니아주 오클랜드에 사는 윌콕스는 오후 7시 30분 이후에 깨어 있는 것이 평생의 숙제였다. 그는 오후 7시 30분만 되면 '누가 몸에서 전원 코드를 뽑는 기분'이 들었다고 말한다. 반대로 새벽 4시 이후에 눈을 감고 있는 것 역시 어려웠다. 지난 수십 년 동안 윌콕스에게는 이런 생활이 일상이었다. 그러던 2019년 어느 날 아침, 그는 《뉴욕타임스》에서 '가족성 전진성 수면 위상familial advanced sleep phase, FASP'증후군이라는 드물지만 **그렇게** 드물지는 않은 병에 관한 기사를 읽었다. 기사에는 캘리포니아대학교 샌프란시스코 캠퍼스에서 인간의 생체시계 속도와 관련된 유전변이를 연구하는 박사의 이름이 언급되어 있었다. 루이스 프타체크라는 그 박사가 발견한 유전자는 생체시계의 속도를 높여 생체주기를 24시간보다 훨씬 짧게 만들었고, 이는 보통 사람보다 일찍 자고 일찍 일어나는 증상으로 발현됐다. 모든 설명이 딱 들어맞았다. 윌콕스는 프타체크에게 전화를 걸어 자신의 이야기를 들려주었다.

프타체크는 윌콕스에게 자신의 독특한 수면 패턴을 문제로 느끼는지 물었다. "꼭 그렇지는 않아요"라고 윌콕스는 답했다. 고등학생 시절, 그는 아침형 인간이라는 특이한 특성을 활용해 등교하기 전에 운동을 하곤 했다. 대학생 때는 주로 오전 수업을 들었는데, 거의 항상 어렵지 않게 출석했다. 친구들은 함께 놀러 나가지 않는 윌콕스를 이해하지 못했지만, 덕분에 그는 쓸데없는 문제에 휘말리지 않았다. 윌콕스는 나중에 사업가가 되어서도 극단적 아침형 인간의 이점을 누렸다. 그는 아침에 방해받지 않고 많은 일을 처리할 수 있었다. 문제가 된 것은 올빼미형인 지금의 아내를 만났을 때였다. 처음에는 '문제'를 성공적으로 숨겼다. 데이트하기 전에 미리 낮잠을 자두었고, 집으로 돌아올 때는 졸음운전을 피하기 위해 스스로 뺨을 때리기도 했다. 하지만 영원히 숨길 수는 없었다. 지금 부부가 된 그들은 서로 정반대의 일정으로 생활한다.

윌콕스의 아내는 보통 새벽 2시쯤 잠자리에 든다. "아내가 자러 들어온 티를 내는 날에는 나는 그때부터 일어나 하루를 시작합니다"라고 윌콕스는 말했다. 두 사람은 킹사이즈나 풀사이즈 침대를 살 필요가 없다며 트윈 침대면 충분하다고 농담을 던졌다.

잠을 빼앗긴 사람들

전체 인구의 약 300분의 1이 FASP를 앓는다. 일찍 자고 일찍 깨는 수면위상전진장애advanced sleep phase disorder를 겪는 사람은 이보다 훨씬 더 많다. 이들은 모두 정상적인 일주기 리듬보다 수면 위상, 즉 잠드는 시간과 깨어나는 시간의 위치가 비정상적으로 앞당겨 나타난다.

프타체크는 1990년대 후반, 유타에 사는 한 여성의 독특한 수면 패턴에 관한 이야기를 듣고 FASP의 존재를 처음 알게 되었다. 베시 토머스는 오후 5시에 잠자리에 들어 새벽 2시쯤 일어나는 생활을 했다. 그녀는 새벽 4시에 고요한 슈퍼마켓에서 장보기를 나름 즐겼지만, 윌콕스와 달리 생활에 불편함을 느꼈다. 토머스의 딸과 손녀뿐 아니라 다른 가족도 같은 증상을 보였다. 하지만 그때까지 만난 의사들은 그녀의 걱정을 심각하게 받아들이지 않았다. 토머스의 사례에 주목한 것은 해당 분야에 정통한 전문가들이었다. 그녀는 내가 벙커에서 한 것보다 훨씬 더 강도 높은 실험을 진행하는 데 동의했고, 창문과 시계가 없는 공간에서 20일 넘게 혼자 지냈다. 실험 결과를 바탕으로[1] 도출한 토머스의 일주기는 보통 사람보다 거의 1시간 짧은 23.3시간이었다. 이후 연구팀은 토머스의 가족 구성원을 대상으로 DNA 검사를 진행했고, 일주기 리듬의 속도를 바꾸는 최초의 인간 유전자를 찾아냈다. 이 시간 조절 유전자 'per2'의 돌연변이는 이후 여러 가족의 FASP 사례에서 원인으로 지목됐다.

인간의 per2 유전자 변이는 초파리의 per 유전자(32쪽 참고)에서 나타나는 주기 단축 돌연변이에 해당한다. per 단백질을 조절하는 효소와 또 다른 유전자 per3 역시, 극단적인 아침형 인간부터 극단적인 저녁형 인간에 이르기까지 다양한 생체주기 유형과 밀접한 관련이 있다. 캐리 파치는 인간을 비롯한 포유류가 진화 과정에서 "파리에게는 하나뿐인 per 유전자를 셋으로 분화시킨 것"이라고 설명했다.

프타체크는 FASP가 오랫동안 주목받지 못한 이유로 이 질환을 가진 사람들이 "당장 쓰러져 죽지는 않기 때문"이라고 설명했다. 나는 이것이 조용하고 미묘하면서도 삶에 큰 영향을 미치는 일주기 장애와 일주기 교란의 본질이라고 생각했다. 얼마 후, 인간 유전학자인 잉후이 푸가 프타체크의 연구에 합류했다. 두 사람은 FASP와 관련된 유전자 변이를 추가로 발견했고 앞으로 더 많이 찾아낼 것으로 본다. 생체시계를 구성하는 데 많은 유전자가 필요하고, 시계 유전자가 아닌 다른 유전자들도 그 작동에 중요한 역할을 하므로 오류가 발생할 여지는 충분하다.

연구가 계속되면서 일주기 리듬이 기분과 신진대사를 조절하는 방식, 일주기 리듬과 질병의 상관관계 등 생체시계에 관한 수수께끼가 조금씩 풀리고 있다. 하지만 여전히 수면만큼 일주기 리듬을 잘 보여주는 생리현상은 없다.

잠은 생명에 필수적이다. 거의 모든 생명체가 잠을 자지만, 개중에는 잠을 자는 게 맞나 싶은 동물도 있다. 예를 들어, 상어는 두 눈을 크게 뜨고 잔다. 어떤 새는 날면서 잠을 자고, 북극 순록은 되새김질하면서 잠을 잔다. 턱끈펭귄은 하루에 수천 번을 졸면서 몇 초씩 미세수면microsleep을 취해 총 11시간 가까이 잠을 잔다. 생명체에 따라 필요한 수면 시간도 다르다. 아프리카코끼리나 코끼리물범은 하루에 2시간만 자도 충분하지만, 작은갈색박쥐나 코알라는 20시간을 자야 할 때도 있다. 보통 성인에게는 7~9시간의 수면이 필요하다. 하지만 수면의 양이 전부는 아니다. '언제' 자느냐도 얼마나 자느냐만큼 중요하다.

수면 시간과 수면 시점은 체내에서 복잡하게 얽혀 있는 두 가지 조절 메커니즘, 즉 수면 항상성sleep homeostat과 일주기 리듬에 의해 조절된다. 가령 《시계태엽 오렌지》에 관한 학기 말 과제를 쓰느라 밤을 꼬박 새웠다고 해보자. 두 조절 메커니즘이 당신을 침대로 이끌려 했지만, 당신은 어둠의 유혹에 굴복하지 않았다. 이들은 멜라토닌 분비를 증가시키고, 심박수를 낮추며, 중심 체온을 떨어뜨려 졸음을 유도했지만, 당신은 그 모든 생리적 신호를 견뎌냈다.

오히려 동틀 무렵에는 활기를 되찾았다. 오전 9시, 당신은 마침내 보고서를 제출하고 침대로 직행한다. 너무 피곤해서 어디든 머리만 대면 몇 시간은 잘 수 있을 듯하다. 하지만 몸속 분자들은 우리가 바라는 대로 움직여주지 않는다.

 수면 항상성은 수면 압력, 즉 졸린 정도를 조절한다. 이 최면 마술에는 아데노신adenosine이라는 분자가 사용되는데, 아데노신은 우리가 깨어 있을 때 혈액에 축적되고 자는 동안 분해된다. 축적된 아데노신이 뇌의 특정 수용체와 결합하면 두뇌 회전이 느려지고 눈꺼풀이 무거워진다. 이론적으로, 밤을 새운 뒤에는 체내에 수용체와 결합해 졸음을 유발하기에 충분한 양의 아데노신이 축적되어 있다. 하지만 오전 9시의 생체시계는 우리 몸에 모순된 지시를 내린다. 생체시계는 당신을 깨우기 위해, 각성 효과가 있는 코르티솔의 분비를 촉진하고 수면을 유도하는 멜라토닌의 생성을 멈추도록 신체에 신호를 보낸다. 생체시계의 반대를 이겨내고 잠이 든다 해도 양질의 휴식을 기대하기는 어렵다. 렘REM수면에 들 만큼 깊이 잠들지 못해,《시계태엽 오렌지》에서 영감받은 내용을 꿈으로 꿀 수도 없을 것이다. 그만큼 타이밍이 중요하다.

 프타체크와 잉후이는 수면의 질을 개선하면 삶의 질을 끌어올릴 뿐만 아니라, 치매 같은 만성 질환의 위험을 낮추거나 최소한 그 발병 시기를 크게 늦출 수 있다고 강조한다. 오늘날 성인 기준 하루 평균 수면 시간은 7시간 미만으로, 조부모와 증조부모 세대가 살았던 1940년대보다 약 1시간 줄어들었다. 어떤 사람은 잠들기 힘들어하고, 어떤 사람은 푹 자지 못해 괴로워한다. 그렇다고 세상 모든 사람이 부족한 잠을 채우기 위해 침대에서 10시간 이상 보낼 만큼 여유가 넘치는 것도 아니다.

수면의 영향은 광범위하다. 미국에서 한 해 불충분한 수면으로 발생하는 경제적 손실은 4110억 달러에 육박한다. 이러한 손실은 사회 전반에서 고르게 발생하지 않는다. 연구에 따르면 성인의 경우, 흑인이 백인보다 수면의 질이 낮고 수면 시간도 더 짧다. 미국에서 가장 가난한 도시인 디트로이트와 버밍햄에서는 성인의 약 절반이 극심한 수면 부족에 시달린다. 건강한 먹거리를 구하기 어려운 지역을 '식량 사막(food desert)'이라고 부르듯, 이제는 충분한 수면의 양과 질을 확보하기 어려운 지역을 '수면 사막sleep desert'으로 인식한다. 수면 사막은 소음, 빛 공해, 냉난방 시설 부족, 불규칙한 근무 일정, 높은 범죄율로 인한 불안 등 주민들이 통제할 수 없는 이유로 생겨난다. 또 흑인에게 더 많은 영향을 미치는 수면 장애 요인인 폐쇄성 수면무호흡증(수면 중에 상기도가 좁아져 10초 이상 일시적으로 호흡이 정지된 상태 – 옮긴이)은 생체시계 유전자에 손상을 입혀 일주기 교란을 일으킬 수 있다.

과학자들은 우리에게 몸의 리듬을 듣고 이해하고, 가능한 한 몸이 원하는 시간에 맞게 수면 패턴을 조정하라고 조언한다. 적절한 시간에 7시간을 자는 것이 잘못된 시간에 8시간을 자는 것보다 나을 수 있고, 모든 사람이 정확히 8시간을 자야만 하는 것도 아니다. 인간은 항상 한 번에 길게 자는 방식을 고집하지는 않았다. 기록에 따르면 중세 시대 사람들은 잠을 한 번에 몰아서 자지 않았다. 대신 '첫 번째 잠'과 '두 번째 잠'으로 나누어 자는 것이 일반적이었고, 두 잠 사이의 시간에 집안일을 하거나 이웃과 담소를 나누거나 부부간 친밀한 시간을 보내기도 했다. 물론 연구에 따르면 한 번에 길게 자고, 오후 중반에 짧은 낮잠이나 시에스타로 잠을 보충하는 것이 수면의 질에는 더 좋다고 한다.[2]

최적의 수면 시점과 수면 시간을 파악하고 싶다면, 휴가 때나 한가한 날에 몸의 자연스러운 욕구에 주의를 기울여보라. 언제 잠자리에 드는가? 알람 없이 몇 시에 일어나는가? 이 정보를 바탕으로 일주일 내내 그 시간을 지키려면 일정을 어떤 식으로 조정해야 하는지 생각해보라.

다양한 수면 추적기를 이용해 1년 이상 데이터를 수집한 결과, 나는 밤에 9시간가량을 침대에 누워 있어야 했다. 그사이에 7시간 반 정도를 자면 컨디션이 좋았다. 알람 없이 일어나는 것은 물론이고 정신도 금세 차릴 수 있었다. 최적의 수면 패턴은 계절마다 달라지겠지만, 내가 자가 진단을 진행했던 1월에 나의 이상적인 취침 시간과 기상 시간은 각각 오후 11시와 오전 8시였다. 이듬해 나는 생체리듬을 강화하면서 몸이 원하는 시간대를 좁혀나갔고, 비로소 잠에서 깬 뒤 누운 채로 날려버렸던 아까운 시간을 되찾을 수 있었다.

아침형 인간과 저녁형 인간의 과학적 기준

모든 사람의 일주기 체계는 지구의 24시간 주기를 따르는 고유한 리듬을 갖는다. 이는 각자의 생체주기와 생체시계가 빛과 어둠 같은 환경 신호에 반응하는 힘의 강도에 따라 달라진다. 이로 인해 사람마다 취침, 기상 등 다양한 행동 시점을 앞당기거나 늦추려는 성향이 나타나는데, 이를 그 사람의 일주기 유형, 일명 크로노타입chronotype이라 부른다. 당신은 해가 떴을 때 몸을 일으키는가? 아니면 이미 일하고 있거나 활동하는 중인가? 밤 11시, 당신의 몸은 쉴 준비를 하는가, 아니면 한두 시간 혹은 그 이상 활동할 준비를 하는가?

발 크기처럼 일주기 유형은 사람마다 다르다. 하지만 사회는 일주기 유형을 신발 치수처럼 다양하게 구분하지 않는다. 우리는 보통 아침형 종달새족과 저녁형 올빼미족, 이 두 가지만 이야기한다. 루트비히 막시밀리안 뮌헨대학교LMU 명예교수이자 시간생물학 자문위원인 틸 뢰네베르크Till Roenneberg는 그 중간에 해당하는 약 75퍼센트의 사람들을 위해 세 번째 범주인 '비둘기형dove'을 추가했다. 뢰네베르크는 "그들의 수가 매우 많지만, 길거리에서 흔히 보는 집비둘기pigeon라고 부르고 싶지는 않았어요"라고 말했다.

특정 도구를 사용하면 생체시계의 시곗바늘을 읽어 자신의 일주기 유형을 추정할 수 있다. 생체시계의 시간을 읽을 때 사용하는 기준 표지자는 '멜라토닌 분비 시작점dim light melatonin onset, DLMO'

이다. 취침 시간대에 희미한 빛 조건에서 일정 간격으로 혈액, 소변 혹은 타액을 채취하면 체내에서 멜라토닌이 자연스레 증가하는 시점을 파악할 수 있다. 보통은 평상시 잠드는 시간에서 두세 시간 전이다. 멜라토닌 분비 시작점은 SCN에 의해 결정되며, 이를 통해 수면 리듬의 시간적 위상을 파악할 수 있다.

2000년대 초반 뢰네베르크는 이보다 조금 더 느슨하지만, 훨씬 간단하게 개인의 일주기 유형을 측정할 수 있는 '뮌헨 일주기 유형 설문지'를 개발하는 데 참여했다. 뢰네베르크는 이 설문지를 통해 일주기 유형을 일곱 가지 범주로 세분화하여, 극단적인 아침형 인간부터 극단적인 저녁형 인간까지 보다 정밀하게 분류했다. 그는 물론 일곱 가지로도 충분치 않다고 했다.

산업화 사회의 일주기 유형 정규분포곡선은 약간 오른쪽으로 치우쳐 있다. 윌콕스 같은 극단적 아침형보다는 극단적 저녁형이 더 많다. 대부분 사람은 가운데 구간에 해당한다. 어쩌면 진화가 이러한 분포를 의도했는지도 모른다. 단 몇 명이라도 깨서 적군이나 야생 곰의 침략을 감시하고 있으면, 다수가 생존할 확률이 높아지기 때문이다. 인공조명이나 냉난방 장치 없이 살아가는 마지막 부족 중 하나인 탄자니아의 하드자족Hadza은 부족원 전체가 동시에 잠든 시간이 하루에 18분밖에 되지 않았다고 한다.[3]

뮌헨 설문지에서 일주기 유형을 파악하는 핵심 수단은 '수면 중앙시각sleep midpoint'이다. 한가한 날 다시 한번 본인의 수면 패턴을 생각해보라. 예를 들어 당신이 발리에서 3주 동안 환상적인 휴가를 보내며 매일 밤 10시 30분에 자고 오전 6시 30분에 일어났다고 해보자. 이때는 수면중앙시각이 오전 2시 30분이므로 당신은 아침형 인간에 해당한다.

뢰네베르크는 수면중앙시각이 자정 근처인 극단적 아침형부터 오전 9시 30분인 극단적 저녁형까지 분류하여, 수십만 명의 일주기 유형을 정규분포곡선으로 나타냈다. 내 수면중앙시각은 계절에 따라 조금씩 달라지긴 하지만 대략 오전 3시 30분이었다. 나는 분포곡선의 정중앙에 위치해 비둘기형으로 분류됐다. 집비둘기로 불리지 않게 해줘서 뢰네베르크에게 고마웠다. 하지만 그가 내 일주기 유형을 보고 '세상에서 가장 특색 없고 평범한 유형'이라고 했을 때는 그리 고맙지 않았다.

그런데 나는 어떻게 곡선 중앙에 위치하게 된 것일까? 부모님께 물려받은 유전자 때문일까? 아니면 환경이나 습관 때문일까? 뢰네베르크는 아침이나 저녁을 선호하는 경향이 평생 유지된다고 말했다. 그는 이러한 내적 성향이 "흔히 말하는 훈련이나 의지로 바뀌지 않는, 매우 생물학적인 특성"이라고 말했다.

당신이 아침형이라면, 이는 아마 사촌인 네안데르탈인 덕분일 것이다. 한 연구에 따르면 호모 사피엔스가 아프리카 북쪽에 있는 유라시아로 이주해 현지 네안데르탈인과 교배했을 때, 네안데르탈인은 이미 계절에 따라 일조 시간이 크게 변하는 고위도 지역에 적응한 상태였다고 한다. 이러한 다른 종 간의 교류는 네안데르탈인의 유전자 변이가 호모 사피엔스에게 전달되는 결과를 낳으며, 그로 인해 일주기 리듬이 더 빨라지고, 생체시계가 외부 자극에 더 민감한 반응을 하게 된 것으로 보인다. 이주민들은 생체시계의 변화를 통해 태양이 빨리 뜨는 북반구의 여름에 적응해나갔을 것이다. 그리고 쌍둥이들의 일주기 리듬이 일, 육아 등 외부 요인의 영향을 적게 받는 생애 초기와 말기에 특히 유사하게 나타난다는 연구 결과는, 일주기 유형이 생물학적 특성을 기반으로 한다는 또 다른 중요한 근거다.

하지만 앞서 본 것처럼 일주기 유형은 유전자로만 정해지지 않는다. 주변 환경과 행동이 매우 큰 영향을 미친다. 자연의 빛과 어둠은 우리의 생체주기를 밀고 당겨, 결국 지구 자전의 하루 주기에 가까워지게 만든다. 하지만 현대사회의 어두운 낮과 밝은 밤은 자연스러운 빛과 어둠의 대비를 줄이고, 우리 몸의 가변성을 증폭시킨다. 이는 일주기 유형 분포곡선의 위치와 모양을 인위적으로 바꾸었다. 인공조명이 없는 곳에서는 극단적 아침형과 극단적 저녁형의 생활 시간대가 단 몇 시간 차이 날 뿐이지만, 도심지에서는 12시간이나 차이가 난다.

현대인의 일주기 유형 분포곡선은 좌우로 넓게 퍼져 있는 데다 저녁형 쪽으로 불균형하게 치우쳐 있다.[4] 조상 세대와 같은 유전자를 가진 사람이라도 오늘날에는 더 늦게 잘 확률이 높다. 다만 예외적으로 극단적인 아침형 인간들은 현대 생활의 낮과 밤이 뚜렷하지 않은 환경 속에서 오히려 취침 시간이 더 앞당겨질 수 있다. 산업화 이전에는 수면중앙시각이 자정에 가까웠다. 오늘날 산업화된 도시 지역의 평균 수면중앙시각은 새벽 4시다. 자정은 이제 한밤의 중간이 아니다. 이것이 벙커 안에서 자정 가까이 잠들고, 일주기가 24시간보다 늘어났는데도 내가 여전히 평균적인 범주 안에 있는 이유를 어느 정도 설명해준다.

다른 검사들도 내 일주기 리듬을 해독하는 데 도움이 됐다. 나는 늦은 시간까지 시험관에 침을 뱉어가며 DLMO를 측정했고, 머리카락을 뽑아 독일로 보내서 모낭에 있는 유전자의 활성 리듬을 분석했으며, 뢰네베르크가 빌려준 정밀한 시계를 착용하고 약 한 달 동안 활동량, 수면 시간, 빛 노출에 관한 데이터를 모았다. 그리고 모든 정보를 종합했다. 그동안 모든 데이터와 과학 지식을 바탕으로, 벙커에 있을 때 내 일주기가 24시간보다 훨씬 길어졌음을 확인했다. 그런데 지상으로 다시 올라와 내 몸의 빛 감지 체계가 낮과 밤의 대비를 경험하면서 생체시계를 극단적인 유형이 아닌, 속칭 '평범한 유형'으로 돌려놨다는 결론에 이르렀다. 물론 그 과정엔 네안데르탈인 사촌에게서 물려받은 유전자의 영향도 컸을 것이다.

태양으로부터 규칙적인 동기화 신호를 받지 못하면 누구나 일주기 리듬이 특정 한도 내에서 조금씩 흐트러진다. 우리의 행동은 이러한 현상을 심화시킬 수 있다. 낮 동안 부족하게 빛을 받으면 시계의 속도가 느려지는 것뿐만 아니라 특정 시간대에 빛에 노출되면 시곗바늘의 위치가 달라질 수 있다. 일부 전문가는 이를 '넷플릭스 효과'라고 부른다. 우리 대부분은 외부의 낮밤 신호가 차단되었을 때 일주기 리듬이 본래 24시간보다 약간 더 길어지는 경향이 있다. 그래서 우리는 매일 밤 본능적으로 조금 더 늦게까지 깨어 있으려는 성향을 보인다. 넷플릭스를 보거나, 친구와 메시지를 주고받거나, 책을 읽으면서 밤늦게까지 인공조명을 받는다. 이 때문에 SCN이 실제 시간을 더 이른 시간으로 착각해 잠들기가 어려워진다. 늦게 자면 다음 날 아침에 늦게 일어나, 몸속 시계를 다시 맞추는 데 필요한 빛을 놓칠 가능성도 커진다. 이로 인해 SCN이 더욱 혼란스러워지면 밤에 잠들기는 더 힘들어지고, 결국 또 늦게까지 넷플릭스를 보게 된다. 물론 넷플릭스 효과를 역으로 이용할 수도 있다. 윌콕스는 겨울보다 여름에 자신의 생체시계를 속이기가 더 쉽다고 말했다. 그는 여름이 되면 일부러 밝은 저녁에 개를 데리고 산책을 나간다. 이로써 취침 시간을 1시간 정도 미뤄, 아내와 조금 더 비슷한 시간에 잠들기 위해서다. 늦은 오후의 빛은 저녁 시간에 깨어 있기 어려워하는 고령층에게도 도움이 된다.

핵심은 일주기를 양방향으로 조정할 수 있다는 것이다. 넷플릭스 효과와 반대로, 대부분 사람은 일찍 일어나 더 많은 햇빛을 받으면 일주기 리듬이 당겨져 다음 날 더 일찍 잠들 수 있다. 콜로라도 오지에서 실험한 결과, 참가자들은 조명이나 전자기기 없이 단 며칠간 야영했을 뿐인데도[5] 생체시계가 눈에 띄게 재조정돼 아침형과 저녁형의 시간 격차가 크게 줄어들었다. 겨울에는 참가자의 멜라토닌 생성량이 오지로 떠나기 전보다 평균 2시간 30분 더 일찍 증가하기 시작했다. 연구자들은 그 원인으로 인공조명의 부재와 태양의 존재를 지목했다. 참가자들은 평소 겨울에 집에서 받던 것보다 약 14배 더 많은 햇빛에 노출됐다.

해당 실험을 진행한 콜로라도대학교 볼더 캠퍼스의 일주기 과학자 케네스 라이트Kenneth Wright는 실내 환경의 약한 조명이 우리의 생물학적 차이를 인위적으로 증폭시키는 반면에, 수렵채취인이었던 우리 조상과 야영객이 경험한 자연의 밝은 낮과 어두운 밤이라는 매우 강력한 신호는 그 개별 격차를 줄여준다고 말했다. 하지만 매일 밤 텐트를 치는 것은 대부분 현대인에게 불가능한 일이다.

일주기와 일주기 유형이 고정되어 있지 않다는 점은 문제를 더욱 복잡하게 만든다. 대부분 사람은 여름에 일주기 리듬이 앞당겨진다. 또한 일주기 유형은 생애에 따라서도 달라진다. 유년기 때는 비교적 일찍 자고 일찍 일어나다가, 대개 청소년기가 되면 수면 시간이 한두 시간 이상 뒤로 밀린다. 성인기에는 취침 시간과 기상 시간이 일정하게 유지되고, 노년기에 접어들면 다시 앞당겨진다. 어르신들이 '조조할인' 같은 이른 시간대 혜택을 선호하는 이유이기도 하다.

중장년기에는[6] 수면, 체온, 코르티솔, 멜라토닌 리듬이 정점에 도달하는 시점이 빨라진다. 그러나 이러한 변화는 각 리듬마다 진행 속도가 다르기 때문에 나이를 먹을수록 리듬 간의 동기화가 무너지며 생체 시스템의 불균형 위험이 커질 수 있다. 활동성, 수면 패턴, 일주기 리듬의 진폭도 약해지고, 낮과 밤의 경계도 흐려진다. 아이들은 보통 낮에 신나게 뛰어놀고 밤에 곤히 자지만, 할아버지들은 낮에 의자에 앉아 꾸벅꾸벅 졸고 밤에는 잠이 오지 않아 뒤척거린다.

뢰네베르크는 나이를 먹으면서 변하는 것은 일주기 유형만이 아니라고 했다. 상대적으로 수면 항상성의 영향력이 더 강해질 수 있다. 뢰네베르크는 이렇게 비유했다. "어릴 때는 항상성이 '나 자러 가고 싶어'라고 말하면 생체시계가 '조용히 해. 나 지금 안 잘 거야'라고 대꾸합니다. 하지만 나이가 들면, 항상성의 목소리가 더 커져요."

생체시계는 성별에 따라서도 다르게 흐른다. 여성 호르몬인 에스트로겐 수치가 높을수록 일주기 리듬은 더 강하게 유지되는 경향이 있다. 한편 남성 호르몬인 테스토스테론은 일주기를 늦추고, 생체시계가 빛에 더 민감하게 반응하도록 만든다. 중년 이전에는 여성이 남성보다 일주기 유형이 더 이른 경향을 보이는 것을 비롯해, 우리가 겪는 일주기 리듬의 변화 중 일부는 일생에 걸쳐 변화하는 성호르몬의 영향 때문일 수 있다.

나이와 성별을 막론하고, 사람들은 오랜 세월 동안 생체시계를 거스르며 살아간다. 알람 시계가 바로 그 증거다. 통계를 보면 약 80퍼센트의 학생과 노동자가 알람 시계를 사용한다. 아마 대부분 알람 시계는 생체시계가 울리기 한참 전에 울릴 것이다. 많은 사람이 쉬는 날에 부족한 잠을 보충하려고 한다. 뢰네베르크와 동료들은[7] 이 익숙한 부조화를 '사회적 시차social jet lag'라고 일컫는다.

자기 삶이 일주기 리듬과 얼마나 어긋나 있는지 알아보려면, 일정이 있는 날과 없는 날의 수면중앙시각을 비교해보라. 연구에 따르면 산업화 국가에서는 인구의 약 70퍼센트가 1시간 이상, 나머지가 2시간 이상의 만성적 시차를 겪는다. 이는 금요일 저녁에 여러 시간대를 건너 서쪽으로 날아갔다가 월요일 아침에 다시 동쪽으로 돌아오는 것과 같은 영향을 미친다. 이런 일을 매주 반복하면 생체시계들끼리 시간을 맞추기가 매우 어려워진다.

이러한 행위의 결과는 누적된다.[8] 사회적 시차가 커질수록 비만이나 과체중 위험이 증가한다. 또한 사회적 시차는 흡연 가능성과 카페인 및 알코올 섭취량 증가, 불안장애·우울증·심혈관 질환 및 대사 장애 발병률 증가, 인지 기능 및 학업성취도 저하와도 관련이 있다. 사회적 시차는 종달새형보다 올빼미형에게 더 많이 나타나는데, 이는 분명 사회가 그들의 자연스러운 일주기 리듬에 어긋나는 일정을 강요하기 때문일 것이다.

가장 생산적인 시간은 사람마다 다르다

가장 극단적인 저녁형을 가리키는 명칭은 따로 있다. FASP보다 조금 더 흔하게 볼 수 있는 바로 '수면위상지연증후군delayed sleep phase syndrome, DSPS'이다.[9] FASP는 수면 시점을 앞당기지만, DSPS는 생체시계의 속도를 늦추거나 빛에 대한 민감도를 조작하는 방식으로 수면 시점을 뒤로 미룬다.

애슐리는 인터넷에서 DSPS에 대한 설명을 접하고, 자신이 DSPS라고 확신했다. 나는 애슐리가 바라던 일자리를 얻은 직후에 줌Zoom에서 만나 대화를 나누었다. 애슐리는 드디어 생체리듬과 딱 맞는 일을 찾았다며 좋아했다. 그녀는 수의병리학자로 이른 저녁부터 호주 현지에 있는 파충류 환자를 원격으로 살핀다. 이른 아침에 업무가 끝나면 몇 시간 뒤에 잠이 들었다가 오후에 일어나 다시 하루를 시작한다. 애슐리는 특별한 일이 없으면 일주일 내내 같은 일정으로 생활한다. 그녀는 이제 알람도 거의 맞추지 않는다.

새로운 직장을 찾기 전까지 애슐리의 삶은 부조화의 연속이었다. 고등학교 통학 버스는 그녀에게 지극히 부자연스러운 시간인 오전 6시 30분에 집 앞에 도착했다. 대학, 의과대학, 전공의, 직장 모두 오전 8시나 9시까지 도착해야 했기 때문에 힘들기는 마찬가지였다. 밤에는 잠들기 위해 항히스타민제와 멜라토닌을 복용했고, 낮에는 깨어 있기 위해 카페인 알약과 에너지 음료에 기댔다. "그렇게 해도 늘 피곤했어요"라고 애슐리는 말했다. 충분히 잔 날에도 불안과 만성 두통이 그녀를 괴롭혔다.

애슐리는 이제 예전보다 커피를 훨씬 덜 마신다. 카페인에 기대지 않아도 일과에 지장이 없다. 그녀는 생활하기에는 지금이 훨씬 좋지만, 사교 활동에는 확실히 지장이 있다고 말했다. 친구들을 만나거나 데이트할 때 시간대를 맞추기가 쉽지 않다. 윌콕스와 다른 사례에서도 드러나듯 이는 애슐리만의 문제가 아니다. TV 시리즈 〈모던 러브Modern Love〉의 한 시즌에는 '밤 소녀가 낮 소년을 만나다The Night Girl Finds a Day Boy'라는 제목의 에피소드가 있다. DSPS를 겪는 여성과 평범한 시간대를 사는 남자의 실제 사랑 이야기를 다룬 에피소드다. 두 사람은 끝까지 사랑을 지켜내지만, 일주기 유형이 다른 커플이 행복한 결말을 맞기란 그리 쉽지 않다. 캐리 파치는 과거 한 연구생이 "시간생물학적으로 맞지 않아요"라며 남자친구와 헤어진 일을 떠올렸다. 유명 데이트 앱인 틴더Tinder에는 자기소개에 아침형 인간, 저녁형 인간, 특이 패턴을 표시할 수 있는 선택 목록까지 있다.

애슐리의 가족 중에는 자신처럼 수면 습관이 특이한 사람이 없었다. 그러던 중 토지 측량사인 남동생이 하루 중 대부분 시간을 야외에서 보낸다는 사실을 알게 됐다. 유전 특질이 일조량에 가려질 수 있을까? 실제로 그런 사례가 있었다. 노벨상 수상자 마이클 영은 DSPS 관련 유전자 변이를 보유한 사람들을 조사하던 중, 일주기 리듬이 정상에 가까운 사람들을 발견했다. 이들은 모두 낮에 햇빛을 아주 많이 보는 사람들이었다. 영은 특히 한 건설 노동자에 대해 '매우 정상적인 수면 패턴'이라고 기록했다. 이처럼 유전자와 환경 모두 우리 일주기에 영향을 미칠 수 있다.

나는 애슐리와 윌콕스에게 일주기 리듬을 사회적 기준에 맞게 밀거나 당길 수 있는 약이 개발되면 복용할 생각이 있는지 물었다. 둘은 각자의 고충에도 불구하고 선뜻 긍정하지 못했다. "제가 이 일을 택한 이유는 좋아해서이기도 하지만, 그들이 이 시간대에 일할 사람을 정말 필요로 해서예요"라고 애슐리는 말했다. 두 사람은 가장 생산적인 시간대에 방해받지 않을 수 있다는 것도 장점으로 꼽았다. 현재 애슐리의 근무 시간은 그녀의 업무 효율이 극대화되는 자정 시간대에 걸쳐 있다. 윌콕스는 자신이 오전 6시에 최대 출력을 발휘한다고 말했다. 윌콕스는 그래도 그런 약이 나오면 쓰임새가 있을 거라며 "공연을 보러 가거나 할 때는 먹을 수도 있겠네요"라고 답했다.

생체리듬과 최적의 타이밍

당신이 극단적 아침형이든 극단적 저녁형이든 평범한 중간형이든, 오전 6시와 오후 6시의 당신은 같은 사람이 아니다. 앞서 말했듯이, 인간의 장기와 조직에 존재하는 수조 개의 세포는 대부분 자기만의 생체시계를 가지고 있다. 이 시계들은 우리 몸의 생명활동을 계획하고, 수면 주기뿐 아니라 각자의 생리적·정신적 변화 패턴을 만들어낸다.

생체시계는 일종의 자율 에너지 보존 시스템이다. 신체는 우리가 섭취한 음식에서 얻은 에너지를 저장해뒀다가, 적절한 시간에 이를 이용해 정해진 작업을 수행한다. 시계에 의해 제어되는 수많은 리듬이 음식 소화에서부터 세포 복구, 물리력 행사에 이르기까지 다양한 에너지 집약적 과정을 제어한다. 모든 일을 24시간 내내 할 수는 없다. 이 주기적 재분배를 명확히 보여주는 지표가 바로 우리 육체와 정신의 에너지 수준이다.

보통 사람의 각성도는 깨어나서 한두 시간 후에 최고조에 달했다가, 몇 시간 뒤 악명 높은 식곤증이 찾아오면 급락한다. 탄수화물 위주의 점심 식사가 졸음을 더욱 심화시킬 수는 있지만, 그 근본 원인은 서로 연결된 두 가지 생물학적 현상에 있다. 체내의 수면 항상성과 일주기 리듬은 상호작용을 통해 낮에는 각성 상태를 유지하고, 일과 시간 이후에는 휴식할 준비를 하며, 밤에는 숙면에 적합한 몸 상태를 조성한다. 수면을 유도하는 아데노신은 우리가 깨어 있는 동안 축적되므로, 일주기 체계는 이를 상쇄하기 위해 다른 생리적 리듬을 일으킨다. 하지만 이 메커니즘은 완벽하지 않다. 일주기 체계는 오후 중반에 높아지는 수면 압력을 완전히 억제하지 못한다. 식곤증은 누구에게나 나타날 수 있지만, 충분한 수면을 취하고 일주기 리듬이 잘 동기화되어 있다면 그 증상을 크게 줄일 수 있다. 일주기 체계는 보통 초저녁쯤이 되면 그때까지 축적된 아데노신을 상쇄할 수 있는 리듬을 만들어낸다. 그 결과 에너지를 되찾았다가 취침 시간이 되면 다시 수면 욕구가 강해진다.

신체가 시간마다 다른 기능에 에너지를 투자하기 때문에, 우리의 능률도 시간에 따라 오르고 내린다. 수학 시험 치기 좋은 시간, 면접 보기 좋은 시간, 피아노 연주하기 좋은 시간, 수술하기, 책 쓰기, 파스타 먹기, 달리기, 아이 낳기 좋은 시간이 모두 다를 수 있다. 심지어 과학적으로 화상을 입지 않고 햇볕을 쬐기 좋은 시간도 따로 있다. 보통 저녁보다는 아침 햇살이 더 안전하다.

최적의 시간이 있는 만큼 최악의 시간도 있다. 대부분 사람은 오전 2~5시 사이에 일주기 리듬이 저점을 지나고, 중심 체온 역시 이 시간대에 가장 낮아진다. 내가 만난 어느 과학자는 이때가 되면 "사람이 멍청해져요"라고 말했다. 실제로 1989년 태평양 한복판에서 일어난 엑손 발데즈호의 원유 유출 사고, 1979년 스리마일섬과 1986년 체르노빌의 원전 사고, 1984년 인도 보팔에서 발생한 유니온카바이드 가스 누출 사고는 이 시간대의 인적 오류와도 관련이 있을 가능성이 크다.

나는 벙커에 있을 때 수십 킬로미터 떨어진 아칸소주 다마스쿠스의 다른 타이탄Ⅱ 미사일 기지에서 발생한 1980년도의 사고를 다룬 〈커맨드 앤 컨트롤Command and Control〉이라는 다큐멘터리를 시청했다. 공군 소속 정비팀은 긴 교대 근무가 끝나갈 무렵에 미사일 상태를 점검하러 기지를 방문했다. 작업자는 점검 중에 렌치로 잡고 있던 소켓을 놓쳤고, 이는 몇 층 아래로 떨어져 미사일 측면부로 튕겨 나가, 얇은 표면에 구멍을 냈다. 밤새 새어 나온 연료는 이른 아침의 폭발로 이어졌다. 다행히 핵탄두 자체가 폭발하지는 않았지만, 이 사고로 한 명의 사망자와 스무 명의 부상자가 발생했다.

수면 항상성과 일주기 리듬의 작용을 따로 떼어내어 말하기는 어렵다. 수면 부족은 시간대를 막론하고 이러한 비극의 원인이 될 수 있다. 다시 말하지만, 일주기 리듬과 수면 항상성의 이원성은 강력하다. 일주기 체계가 각성도를 제때 높여 축적된 수면 압력을 보상하지 못하면 의료 과실도 증가할 수 있다. 야간 근무자에게는 이른 아침이 문제의 시간이다. 평범한 시간대에 근무하는 사람들에게는 식곤증이 찾아오는 오후 2~4시 사이가 가장 위험한 시간이다. 미국자동차협회 교통안전재단에서 발표한 자료에 따르면, 4~5시간 수면한 운전자는 7시간 이상 수면한 운전자보다 사고 위험이 네 배 정도 더 높다. 이는 음주 운전자의 사고 위험과 맞먹는 수치다. 사상자를 낸 교통사고 5건 중 1건은 졸음운전과 관련 있다. 도로 교통사고의 대부분은 일주기 과학이 예견한 대로 오후 중반과 이른 아침에 가장 많이 발생한다.

모든 생체시계는 각기 다른 리듬을 연주하기 때문에, 좋고 나쁜 시간은 사람에 따라, 계절에 따라, 시기에 따라 자연스럽게 달라진다. 자신의 생체시계 읽는 법을 익히면 수면을 개선할 수 있을 뿐만 아니라 더 안전하고 건강하게 살 수 있다. 거기서 끝이 아니다. 새롭게 밝혀지는 일주기 과학을 이용해 하루 일정을 조정하여 생산성과 능률을 높일 수도 있다.

한 예로 SAT나 수학능력시험 같은 표준화 시험standardized tests을 들 수 있다. 연구 결과를 보면, 초등학생들은 오후보다 오전에 시험 성적이 더 좋다. 하지만 아이들이 저녁형에 가까워지는 고등학생, 대학생이 되면 이러한 경향은 사라진다. 볼로냐대학교의 경제학자 데니 토마시Denni Tommasi는 대학생을 대상으로 실험하다가 눈에 띄는 추세를 발견한 후, 일주기 리듬에 흥미를 갖게 되었다.

대학생들은 오전 9시, 오후 4시 30분에 치러진 시험보다 오후 1시 30분에 치러진 시험에서 평균적으로 훨씬 더 높은 성적을 기록했다. 특히 이과 과목의 경우, 오전에 본 시험 성적이 떨어지는 경향이 훨씬 더 두드러졌다.[10]

하루 동안 일어나는 일주기 리듬의 변화[11] 중 인지능력의 변화는 20~40퍼센트를 차지한다. 인지능력의 변화는 학업성취도는 물론 업무 수행 능력에도 영향을 미친다. 나는 나의 일주기 유형을 파악하고 리듬의 고점과 저점에 좀 더 주의를 기울였다. 그 결과, 내 각성도와 정신력이 늦은 아침과 저녁 식사 이후에 최고조에 달한다는 사실을 알아냈다. 이는 평범한 일주기 유형과 비슷하다. 내 생산성은 오전 시간대에 가장 높아진다. 하지만 신체 활동에 쓸 수 있는 활력이 넘치는 때는 저녁인 듯하다. 최근 나는 활동 및 수면 패턴을 분석해 리듬의 변화를 미리 보여주는 '라이즈RISE'라는 앱을 스마트폰에 설치했다. 표시된 결과는 내 느낌과 늘 일치했다. 이제 나는 오전이나 늦은 오후에 글을 쓰고, 오후 중반에는 거의 쓰지 않는다. 그 시간에는 주로 이메일 회신이나 식기세척기 비우기 같은 좀 더 단순한 일을 처리한다.

여기서 한 가지 유의해야 할 점이 있다. 수학 시험처럼 고도의 집중력을 요구하는 인지 과업을 수행할 때는 각성도가 높은 것이 유리하다. 또 각성도가 높을 때는 도덕적으로 행동할 확률도 증가한다.[12] 하지만 예술 작품을 만들거나 추상적인 개념을 다루는 활동을 할 때는 고삐를 살짝 늦추는 게 나을 수도 있다. 다니엘 핑크는 저서 《언제 할 것인가》에서 무의식중에 우리 머리를 스치는 '섬광flash of illuminance'[13]에 대해 이야기했다. 머릿속 생각의 밀도가 낮아야 통찰과 창의로 가는 장벽도 낮아진다. 나는 그런 이유에서 저녁까지 일할 때면 와인 한 잔을 마시곤 한다. 물론 일주기 리듬상 '아하 모먼트'를 만나기 유리한 시간 역시 따로 있다. 다른 유형은 몰라도 이른 아침에 가장 분석적 사고를 하는 우리 중간 유형들은 오전보다 오후에 아하 모먼트를 마주칠 확률이 더 높다.

정신보다 신체적 노력이 더 필요한 과업은 다른 리듬을 따른다. 수영이나 농구처럼 육체적 기량이 중요한 활동은, 힘과 속도가 최고조에 달하는 늦은 오후나 저녁에 수행하는 것이 가장 좋다. 건강을 위해 운동하는 경우라면, 그에 맞는 시간대 역시 따로 있다.[14] 아침 운동은 심장병과 뇌졸중 위험을 낮추는 데 좋을 뿐 아니라, 지방을 태우는 데도 효과적이다. 여기에 단백질 섭취와 근력 운동을 병행하면 근육도 적절하게 늘릴 수 있다. 한편 혈당 수치를 개선하는 데는 오후에 하는 운동이 더 효과적이다.

경쟁에서 조금이라도 우위를 점하고자 하는 운동선수와 지도자들은 신체 상태가 시간대에 따라 변한다는 사실에 특히 주목한다. 운동선수의 신체 능력이 시간대에 따라 최대 26퍼센트까지 달라질 수 있다는 연구 결과에 그들이 얼마나 흥미를 느꼈을지는 짐작이 갈 것이다.[15] 참고로 2016년 하계 올림픽 남자 자유형 100미터 경기에서 4위를 차지한 선수와 금메달을 획득한 선수의 기록 차이는 0.5퍼센트(0.24초)에 불과했다.

경기력과 리듬의 놀라운 관계

포틀랜드 오리건보건과학대학교의 과학자 앤드루 맥힐Andrew McHill은 스포츠광이다. 그는 특히 농구팀 포틀랜드 트레일블레이저스, 풋볼팀 시애틀 시호크스, 야구팀 시애틀 매리너스를 가장 좋아한다. 하지만 항상 그를 언짢게 하는 것이 하나 있다. 그가 응원하는 팀의 연고지가 모두 미국 북서쪽 구석이어서 시즌 중에 다른 농구, 풋볼, 야구 팀들보다 더 먼 거리를 이동해야 한다는 점이다. 자기 일을 사랑하는 일주기 과학자이기도 한 맥힐은 자연스럽게 시간대를 넘나드는 이러한 이동이 선수들의 일주기 리듬과 실력에 어떤 영향을 미칠지 관심을 갖게 되었다. 상위권 팀이 대륙을 가로질러 하위권 팀과 맞붙는다면, 시차로 인해 두 팀의 실력 차이가 좁혀질까? "저는 매리너스가 오랫동안 성적이 형편없었던 이유가 그 때문은 아닐까 항상 생각했어요"라고 맥힐은 말했다. 나 역시 수십 년간 팀에 실망해온 터라 그의 가설에 믿음이 갔다.

맥힐은 수년 동안 스프레드시트에 데이터를 모았다. 하지만 상대 팀을 향한 홈 관중의 야유 등 다른 요소가 실력에 미치는 영향과 장거리 이동의 영향을 분리하기는 쉽지 않았다. 맥힐은 거의 포기하기 직전이었다. 바로 그때 코로나19가 전 세계를 강타했다.

2020년 7월, 미국 프로농구 상위 22개 팀이 플로리다주 월트 디즈니 월드 리조트에 모였다. 이들은 외부와의 접촉을 차단하고 바이러스 확산을 막기 위해 이른바 '버블Bubble' 안에서 시즌을 마무리했다. 농구 연맹이 이 같은 계획을 발표했을 때, 맥힐은 이것이 "역대 최고의 자연 실험"이 되리라 생각했다. 팬데믹 이전에는 전국을 돌아다니며 경기를 치렀던 선수들이 홈 관중, 여행 피로, 시차와 같은 외부 요인이 없는 곳에서 맞붙게 된 것이다. 이제 경기 시간은 양 팀의 생체시계에 공평하게 작용했다. 맥힐은 마침내 장거리 이동과 실력이라는 요소를 분리할 수 있게 되었다.[16]

맥힐은 시즌 동안 다시 한번 승패, 공격력, 방어력 관련 상세 지표를 포함해 다양한 데이터를 모았다. 버블 이전에 치러진 경기 데이터를 보면, 시간대를 넘나들며 이동한 원정팀보다 홈팀이 통계적으로 유의미한 우위를 보였다. 선수의 슛 성공 횟수처럼 정밀한 지표들은 더 많은 시간대를 이동한 팀일수록 하락하는 경향을 보였다. 평균적으로 선수들은 같은 시간대 내에서보다 2개의 시간대를 넘나들며 이동할 경우 슛 성공률이 약 2퍼센트 낮아졌다. 하지만 리바운드 횟수처럼 순발력과 관련된 지표는 약간의 이동만으로도 나빠졌다. 순발력에는 수면의 질이 아주 큰 영향을 미치는 듯했다.

데이터를 깊이 들여다볼수록 더욱 흥미로운 결과가 드러났다. 팬데믹 이전에 서쪽으로 이동한 팀은 동쪽으로 이동한 팀보다 더 나쁜 성적을 거뒀다. 시차는 보통 동쪽으로 이동할 때 더 심해지기 때문에 시차는 원인이 될 수 없었다. (대부분 사람의 일주기는 24시간보다 길어서 더 늦게 자고 늦게 일어나는 환경에 더 잘 적응한다). 맥힐은 그 대신 선수들의 신체 상태가 최고조에 이르는 시간과 실제 경기 시간 사이의 간극에 주목했다. 일반적으로 늦은 아침부터 오후까지는 혈류, 혈압, 체온이 상승한다. 근육은 이완되었다가 수축하고, 대사 반응과 신경 신호의 전달 속도도 빨라진다. 순발력에 도움을 주는 에피네프린과 노르에피네프린의 분비도 증가한다. 이러한 신체리듬을 종합해보면 운동선수의 신체 능력이 오후 늦게나 이른 저녁에 가장 정점에 달하는 이유를 알 수 있다.

포틀랜드에서 오후 7시에 농구 경기가 시작됐다고 가정해보자. 뉴욕 닉스가 트레일블레이저스와 경기하기 위해 서쪽으로 이동했다면, 닉스에 더 불리할 것이다. 생체시계 입장에서는 오후 10시에 경기가 시작된 셈이다. 게다가 경기는 이른 아침까지 계속된다. 모든 선수가 저녁형이라면 이렇게 늦은 시간에도 괜찮은 경기를 펼칠 수 있겠지만 그럴 가능성은 희박하다. 닉스가 포틀랜드에서 치러진 60번의 경기에서 15번밖에 이기지 못한 데는 이런 요인도 한몫했을 것이다.

하지만 모든 팀이 버블로 이동하면서 무게중심의 위치도 바뀌었다. 맥힐은 수평 상태의 운동장, 아니 농구 코트에서 치러진 경기를 보고 "모든 선수가 자기 홈에서 뛰는 것과 같았다"라고 이야기했다.

이듬해 NBA 일정은 6개월 동안 전국을 돌며 82회의 홈경기와 원정경기를 치르는 원래 방식으로 돌아왔다. 시즌이 끝나면 NBA 플레이오프가 시작되는데, 상위권 팀은 하위권 팀과 맞붙으며, 7판 4선승제로 경기를 치르는 동안 서로의 도시를 최대 다섯 번 오가야 한다. 2022년에는 동부의 보스턴 셀틱스와 서부의 골든 스테이트 워리어스가 결승에서 맞붙어 해안 도시 간의 대결이 성사됐다. 워리어스는 대륙을 세 번 가로질러 여섯 번의 경기를 치른 후 우승 타이틀을 거머쥐었다. 그때까지 셀틱스는 대륙을 네 번이나 횡단했다.

긴 시즌 동안 수면 부족과 일주기 리듬 교란이 NBA 선수들에게 미치는 영향은 '스포츠 업계에서 가장 공공연한 비밀'로 불린다. 캘리포니아대학교 휴먼퍼포먼스센터의 수면 연구원인 셰리 마 Cheri Mah는 보건 전문가로서 선수의 건강과 신체 능력을 고려해 경기 일정을 조정하라고 NBA와 다른 스포츠 리그에 촉구한다. 마는 ESPN과 함께[17] 경기 일정을 바탕으로 NBA 팀의 승패를 예측하는 프로젝트를 진행했다. 이들은 각 팀의 전력을 고려하지 않은 채 이동 거리, 시간대 이동 횟수, 회복 시간(또는 부족한 회복 시간)만을 근거로 결과를 예측했고, 정확도는 78퍼센트에 육박했다.

2010년대 중반, 마는 이미 올스타의 반열에 올라 있던 워리어스 소속의 농구 선수 안드레 이궈달라를 도와 그의 생활 습관을 교정했다. 이궈달라는 바른 생활 사나이와는 거리가 멀었다. 밤늦게 젤리류 간식을 즐겨 먹었고 새벽 4시까지 비디오 게임을 했다. 서너 시간 눈을 붙인 뒤 농구 연습을 하고, 다시 두세 시간 낮잠을 잤다. 그러고는 같은 일과를 반복했다. 마는 취침 시간과 식사 시간을 정하고 카페인과 알코올 섭취량을 제한해, 이궈달라가 수면의 양과 질을 모두 개선할 수 있도록 도왔다. 샤워실과 침대 시트의 온도를 조정하라고 조언하기까지 했다. 효과는 확실했다. 이궈

달라는 8시간 이상 수면한 뒤부터 3점 슛 성공률이 두 배 이상 높아졌고, 분당 득점은 29퍼센트 상승했으며, 자유투 성공률은 9퍼센트 증가했다. 마는 "수치를 보고 놀라서 기절할 뻔했다"라면서 이궈달라 역시 수면 기록과 경기 지표를 나란히 놓고 살펴본 후에 그 상관관계를 이해했다고 말했다. 향상된 지표는 그에게 건강한 생활 습관을 유지할 동기를 부여했다.

생체주기의 영향은 메이저리그MLB, 내셔널하키리그NHL, 미식축구리그NFL 등 다른 종목의 리그에서도 확인된 바 있다. MLB 팀을 대상으로 한 연구에 따르면,[18] 동쪽으로 이동한 팀은 서쪽으로 이동한 팀보다 훨씬 더 많은 홈런을 내줬다. 해당 연구는 경기 지표에 대한 분석을 바탕으로, 시차에 적응하지 못한 투수를 원인으로 지목했다. 또 다른 연구에서는 시간대가 다른 두 지역팀 간의 경기를 5000건 이상 조사했는데, 생체주기상 이점을 가진 팀이 이길 확률은 52퍼센트였다. 생체주기상 3시간이 유리할 경우, 승률은 61퍼센트로 증가했다. 마가 공동 저자로 참여한 40년간의 NFL 경기 검토서에도 비슷한 추세가 나타났다. 마와 동료들은 동부권 팀과 서부권 팀이 저녁에 치른 경기를 집중적으로 조사했다. 서부 지역팀은 상당한 우위를 점했고, 동부 팀보다 라스베이거스 포인트 스프레드(팀이 특정 점수 차로 승리할 것에 돈을 거는 스포츠 베팅의 한 유형-옮긴이)를 두 배 더 자주 달성했다. 서부 지역 팀은 예전부터 리그의 대표적인 주간 경기인 먼데이 나이트 풋볼Monday Night Football에서 더 유리한 것으로 알려져 있다. 이 경기는 전국 시청자를 고려해 동부 표준시 기준 오후 8시 이후에 시작되는데, 이는 서부 팀 선수들에게 상대적으로 더 이른 저녁 시간대에 해당해 생체리듬 측면에서 유리한 조건이 된다.

NFL은 지난 20년간 야간 경기를 꾸준히 늘려왔고, 이는 서부권 팀에게 비슷한 이점으로 작용해왔다. 정말 이것이 나와 맥힐이 응원하는 시애틀 시호크스의 승률이 상승한 요인일까. 표준적인 일요일 경기 시작 시간은 홈팀 기준으로 오후 1시인데, 이는 동부 지역 원정팀에게는 생체리듬상 가장 최적인 초저녁 시간이다. 반면, 서부 지역 팀인 시호크스는 늦은 오전과 이른 오후 사이, 즉 생체적으로 아직 몸이 완전히 깨어나지 않은 시간대에 경기를 치르게 되는 셈이다.

내 고향 대학팀들 역시 비슷한 불리함을 계속 겪게 될 것 같다. 2023년 말, 미국 서부의 주요 대학 스포츠 콘퍼런스 팩-12Pac-12에 속한 10개 팀이 각각 빅 텐Big Ten, 빅 12Big 12, 애틀랜틱 코스트 콘퍼런스에 선정됐다. 이들 세 콘퍼런스는 이제 미국 전역, 동서 해안을 아우르는 대학들로 구성되어 있다. 선수들은 같은 시간대 안에서 남북으로 이동하기보다 대륙을 가로질러 동서쪽으로 이동하는 경우가 더 많다. 이 횡단을 두고 수십 명의 과학자가 시차와 수면 부족이 운동과 학업에 미칠 불가피한 영향에 대해 우려를 표하고 있다. 그중 한 명인 워싱턴대학교 일주기 생물학자 호라시오 이글레시아Horacio de la Iglesia는 앞으로 운동장이 더 기울어져 동부권 팀이 유리해질 수 있다고 말했다. 당시 워싱턴 허스키 풋볼팀은 내셔널 챔

피언십에 참가해 팩-12 일원으로서 마지막 시즌을 보내고 있었다.

전 세계에는 수백 가지 스포츠가 있고, 각 종목에 필요한 정신적·신체적 능력 또한 모두 다르다. 어떤 종목은 속도, 힘, 지구력을 더 많이 필요로 하고, 또 어떤 종목은 문제 해결 능력, 반사 신경, 유연성을 더 많이 필요로 한다. 또 모든 능력이 같은 일주기 리듬을 따르는 것도 아니다. 하루 동안 운동선수의 신체 능력을 관찰해보면 마라톤 선수나 다른 지구력 운동선수가 역도 선수보다 변동이 훨씬 적다. 일단 내가 아는 한 지금까지 무술가, 당구 선수, 캔들핀 볼링 선수의 운동능력 변화를 연구한 사람은 없었다.

여기서도 유의해야 할 점이 있다. 운동능력은 보통 늦은 오후나 이른 저녁에 최고조에 달하지만, 이는 정규분포곡선의 중간 지점에 해당하는 평균값일 뿐이다. 연구자들이 일주기 유형별로 조사한 결과에 따르면[19] 아침형은 정오 무렵에, 중간형은 오후 4시쯤에, 저녁형은 오후 8시경에 운동능력이 최고조에 달했다. 또한 골격근의 시계는 운동 시점에 따라 앞당겨지거나 뒤로 밀릴 수 있다. 예를 들어 중간형도 오전에 꾸준히 훈련하면, 오전 시간대의 운동능력이 향상될 수 있다.

꼭 경쟁에서 이기기 위해서가 아니더라도, 규칙적인 신체 활동은 생체시계를 조율하고 건강한 일주기 리듬을 유지하는 데 도움이 된다. 운동은 일주기 리듬을 바로잡는 데 도움을 줄 수 있는 여러 행동적·환경적 신호 중 하나다. 물론 그중에서도 단연 으뜸은 태양이다.

4장
우울도 불면도 햇빛이 약

　나는 해가 들지 않는 곳을 찾아 여행을 떠나, 아칸소 벙커에서 햇빛을 피했다. 그 경험이 나를 얼마나 망가뜨렸는지 보여주는 기억과 데이터가 있다. 하지만 반대로 빛이 영원히 계속된다면 내 일주기 리듬은 어떻게 반응할까? 나는 어둠이 부족할 때의 영향이 어떤지 직접 체험해보기 위해 완전히 다르고 훨씬 더 매력적인 여정을 떠나기로 했다. 목적지는 바로 햇살 가득한 여름의 알래스카였다. 그곳에서는 하지 무렵이면 태양이 지평선 뒤로 넘어가지 않는다. 그래서 완벽한 어둠이 내려앉지 않는다.

　나는 한밤의 태양을 찾아 북쪽 여행을 계획하면서 앵커리지 알래스카대학교의 일주기 과학자 크리스토퍼 융Christopher Jung과 이야기를 나눴다. 그는 알래스카주에서 일주기 리듬을 연구하는 몇 안 되는 과학자 중 한 명이었다. 나는 고위도가 일주기 리듬에 엄청난 영향을 미친다고 생각했기 때문에, 이 사실을 알고 내심 놀랐다. 융은 1년간 알래스카 사람들의 수면 패턴이 어떻게 변하는지 연구해왔다. 그의 실험에서 참가자들의 수면 시간은 예상대로 해가 빨리 뜨는 봄보다 겨울에 더 길어졌다. 그 결과는 암막 커튼을 쳤을 때도 달라지지 않았다. 융은 내게 여행 팁뿐 아니라 더 좋은 것도 내주었다. 그는 6월 말에 현지 친구들(클린트, 션, 스티브, 래리, 반려견인 오스트레일리언 셰퍼드 스카우트)과 함께 데날리 국립공원에서 래프팅과 캠핑을 즐길 예정이라며, 내게 함께할 것을 제안했다. 머리 위를 가리는 지붕이 없으면 밤낮으로 햇빛을 받는 것도 가능했다. 그야말로 완벽한 기회였다.

몇 주 후 나는 알래스카 항공과 철도를 이용해 데날리 국립공원에 도착했다. 정오 무렵, 나는 해를 받아 밝게 빛나는 눈 덮인 산맥에 둘러싸여 있었다. 한참 동안 산을 타다 늦은 저녁을 먹었다. 태양은 미동도 하지 않았다. 우리가 3번 고속도로 옆에 있는 울퉁불퉁한 흙밭에 자리를 잡았을 때도, 해는 여전히 하늘 높이 떠 있었다.

우리는 짐을 풀고 위스키를 마셨다. 서로 이야기를 나누는 동안, 새 친구들은 여행 중에 곰과 무스를 마주쳤던 살 떨리는 경험담을 들려주었다. 이는 내가 알래스카 모험을 계획할 때 미처 대비하지 못한 부분이었다. 밤이 흐르는 동안, 태양은 지평선 위를 둥실둥실 떠내려갔다. 어느 순간 주황빛 구슬은 알래스카산맥 산등성이 너머로 가라앉을 만큼 낮은 곳까지 내려왔다. 6월 24일 밤

11시 58분, 구슬의 빛은 빠르게 사라지고 있었다. 나는 자정의 태양을 보기 위해 이곳에 왔다. 무슨 수를 써서라도 자정의 태양을 봐야만 했다.

더 높이 올라가면 보일까 싶어 클린트의 캠핑카 지붕 위로 올라갔다. 클린트는 다른 사람들보다 좀 더 편한 방식으로 캠핑을 즐기고 있었다. 캠핑카 역시 1970년대에 나온 위네바고가 아니라 신식 미니 위니Minnie Winnie였다. 내 분홍색 핏비트에 표시된 디지털시계가 자정으로 바뀌었을 때, 산꼭대기 위에는 여전히 희미한 빛 조각이 반짝였다. 위에 낀 옅은 구름 때문에 이글거리는 붉은빛이 더욱 도드라졌다. 나는 융에게 위스키를 건네받아 자축의 의미로 한 모금을 들이켰다.

지평선 위의 빛은 끝내 사라지지 않았다. 일행은 노을과 어스름을 몇 시간 더 즐기다 새벽이 찾아오자 밤을 이기지 못하고 잠이 들었다. 나도 자보려고 했지만 잠이 오지 않았다. 텐트의 주황색 나일론이 햇빛을 받아 환하게 빛났다. 오전 2시 45분, 새들이 지저귀는 소리가 들렸다. 머릿속의 시끄러운 목소리도 잠재우기 어려웠다. 그래도 볼일 보러 숲에 갔을 때는 그 거슬리는 햇빛 덕분에 산처럼 쌓인 무스 똥 더미를 피해 갈 수 있었다.

다음 날 아침, 나는 융의 말에 격하게 공감했다. "몇 시간은 더 잘 수 있을 것 같아. 망할 SCN 같으니라고." 한편 클린트는 자는 동안 캠핑카 창문에 걸어둔 수건이 떨어지는 바람에 이른 아침부터 햇빛이 들이닥쳤다며 불만을 토로했다. 텐트에서 잠을 잔 일행들은 아무도 그를 불쌍히 여기지 않았다.

　알래스카에서 보낸 5일 동안 어둠은 단 한순간도 찾아오지 않았다. 그리고 지루한 순간도 없었다. 무스를 다섯 번이나 목격하고, 5등급 급류 타기 경험도 했으니 말이다. 우리는 작은 보트에 몸을 맡긴 채 네나나강의 리듬을 따라 흘러갔다. 짙은 푸른색 강물은 이따금 흙탕물로 바뀌었고, 넓은 계곡과 좁은 협곡을 지나며 느려졌다 빨라지기를 반복했다. 나는 2회차 때 보트에 고정되어 있던 주황색 접이식 의자에 앉았다. 겉보기에는 위태로워 보였지만, 의자는 우리가 부르던 대로 견고한 '왕좌' 같았다. 숙련된 가이드 션이 물살의 변화를 예의 주시하며 방향을 조정하는 동안 나는 아무런 방해 없이 풍경을 감상했다. 션은 상황 변화에 대응했을 뿐 아니라, 마치 잘 조율된 생체시계처럼 물살의 움직임을 예측해 다음에 만날 굽이나 바위를 무사히 지날 수 있도록 미리 대비했다. 션은 내가 언제 편하게 맥주를 마셔도 되는지, 언제 왕좌를 꼭 잡고 버텨야 하는지까지 시기적절하게 알려줬다.

지구 시간과 생체시계의 진화

　약 45억 년 전, 태양계가 형성되는 동안 수많은 충돌과 붕괴가 일어나면서 지구는 규칙적인 공전 주기와 자전 주기를 갖게 되었다. 초기의 원시 지구는 약 6시간에 한 번씩 자전축을 중심으로 회전했다. 그러다 서서히 느려져 오늘날처럼 약 24시간 동안 동쪽으로 한 바퀴를 회전하게 되었다. 지구는 자전하는 동시에 1년 동안 태양 주위를 공전한다. 지금은 원시 지구에 화성 크기의 행성이 충돌하면서 달이 형성되었고, 그 충격으로 지구의 축이 약간 기울어졌으며, 그로 인해 북반구와 남반구에 계절이 생기면서 낮 길이가 달라졌다는 이론이 정설로 받아들여지고 있다. 달의 중력은 지구의 기울어진 축을 비교적 안정적으로 유지하는 역할을 했고, 음력에 따라 조류를 바꾸며 규칙적으로 밀물과 썰물을 일으켰다.

지구가 출현한 지 10억 년이 채 지나지 않아 생명체는 이 피할 수 없는 하루, 보름, 계절, 한 해 주기에 맞춰 진화하기 시작했다. 생존하려면 지구의 주기적인 변화를 받아들이고 활용해야 했다. 자연스럽게 유기체는 규칙적인 리듬을 생성할 수 있는 내부 시계를 만들어냈다. 유기체는 지구의 주기에 동조함으로써 변화에 반응하기보다 다가올 변화를 예측하고 대비했다. 덕분에 적당한 때에 적절한 행동을 할 가능성이 커졌다. 그뿐 아니라 계절에 따라 달라지는 해의 길이에 맞춰 그 '적당한 때'를 조정할 수 있게 되었다. 이는 특히 적도에서 멀리 떨어진 곳에 사는 생명체에게는 꼭 필요한 능력이었다.

다시 말하지만, 진화가 우리에게 준 생체시계는 정밀한 시계처럼 시간이 딱 맞지 않는다. 거의 항상 24시간보다 조금 느리게 가거나 더 빠르게 간다. 마치 할아버지의 낡은 시계처럼, 우리 뇌 속의 중추 시계와 몸 전체에 흩어져 있는 말초 시계는 자연스럽게 조금씩 틀어지기 때문에 주기적으로 시간을 맞춰줘야 한다. 다행히 이 작업에는 시계공이 필요하지 않다. 우리에게 필요한 것은 '차이트게버zeitgeber'뿐이다. '시간 제공자'를 뜻하는 독일어 차이트게버는 우리 주변에서 주기적으로 일어나는 현상 중에 생체시계와 지구 시간을 가깝게 유지할 수 있게 해주는 신호 역할을 하는 것들을 가리킨다. 그중에서도 가장 강력한 차이트게버는 일출과 일몰 그리고 그에 따라 달라지는 빛의 색과 강도 변화인데, 이 모두는 지구 자전으로 생겨나는 현상이다.

수천 년 동안 낮에는 태양의 밝은 청백색 빛이, 밤에는 저녁노을이나 모닥불이 내는 은은한 호박색 빛이 우리의 생체시계를 맞춰왔다. 하지만 과학자들은 2000년대 초반이 되어서야 일련의 발견을 통해 우리 눈을 깊이 들여다보게 되었고, 그곳에서 오랫동안 빛의 힘을 빌려 생체시계에 강력한 영향을 미쳐온 생물학적 기관을 찾아냈다.

나는 이 일주기 퍼즐의 한 조각을 살펴보기 시작하면서 1990년대 중반에 보던 고등학교 생물학 교과서를 꺼내 들었다. 표지에 베이지색과 녹색이 들어간 닐 캠벨의 《캠벨 생명과학》 4차 개정판에는 예상대로 우리 눈의 광수용체 중 두 가지인 간상체(rods, 막대 세포)와 원추체(cones, 원뿔세포)만이 언급되어 있었다. 이 세포들이 망막 바깥층에서 광자를 포착해 그 에너지를 전기 신호로 변환하면, 뇌는 이 신호를 이미지로 만들어 우리에게 시각을 제공한다. 이름처럼 길쭉하게 생긴 막대 세포는 빛과 어둠, 형태와 움직임의 미묘한 변화를 포착하고, 우리가 희미한 빛에서도 시야를 확보할 수 있도록 돕는다. 원추체는 이름에서 짐작할 수 있듯이 원뿔 모양이며, 충분한 빛이 있을 때 색각을 제공한다. 원뿔세포는 선호하는 광자의 색깔에 따라 적색, 녹색, 청색 등 세 종류로 구분된다. 색맹이거나 붉은색 조명이 가득한 벙커에 있지 않은 이상, 세 가지 원뿔세포가 함께 작동하면 모든 색을 식별할 수 있다.

내가 고등학생이었을 때와 비교하면 많은 것이 달라졌다. 나는 그 사실을 거의 매일 체감한다. 하지만 내가 과학 시간에 배운 기본 원리가 낡은 것이 되어버렸다는 사실은 다소 충격이었다. 세 번째 광수용체는 우리 눈 뒤쪽에 웅크리고 있었다. 이 특별한 세포는 '감광성 망막 신경절세포intrinsically photosensitive retinal ganglion cell, ipRGC'라는 길고 복잡한 이름을 갖고 있다. 우리가 귀를 통해 소리를 듣기도 하고 평형감각을 유지하기도 하는 것처럼, 눈의 간상체와 원추체는 주로 시각을 제공하는 반면, ipRGC는 다른 기능을 수행한다. 이 시세포는 간상체와 원추체로부터 별도의 입력을 받아 빛의 성질과 광자의 양을 감지하고, 그 정보를 시신경을 통해 시상하부의 작은 거인 '시신경교차상핵SCN'에 은밀히 전달한다. 중추 시계는 이 정보를 읽고 해독해 우리 몸의 세포 시계들을 지휘하여, 몸속의 리듬이 서로의 리듬과 외부 환경에 적절히 대응해 오르고 내리도록 조율한다. 즉, 우리의 시각 체계가 그려낸 3차원 물리 공간에 일주기 체계가 '시간'이라는 네 번째 축을 더하는 것이다.

몸속 시계의 비밀은 '제3의 눈'에 있다

ipRGC의 발견은 눈먼 생쥐와 보호색을 띠는 개구리에서 시작되었다. 1920년대, 당시 하버드대 대학원생이었던 클라이드 킬러는 야생 쥐를 잡아 기숙사에서 기르는 취미가 있었다. 그는 '생쥐 애호가mouse fanciers' 커뮤니티의 일원이었으며, 이들은 다양한 털 색깔과 특성을 가진 생쥐 품종을 마치 사람들이 야구 카드를 교환하듯이 주고받았다고 버지니아대학교 생물학자 이그나시오 프로벤시오는 내게 말했다. 킬러는 이후 학교 과제를 위해 기르던 생쥐의 눈을 갈랐다가, 막대 세포와 원뿔세포가 거의 없다는 사실을 발견했다. 사실 그가 기르던 생쥐는 대부분 앞을 보지 못했다. 쥐들 사이에는 심각한 망막 변성을 일으키는 돌연변이가 퍼져 있었다. 하지만 시력을 잃었음에도[1] 눈에 빛을 비추면 동공은 여전히 수축했다. 망막에 빛을 감지하는 제3의 세포가 존재한다고밖에 달리 설명할 길이 없었다. (다만 킬러는 살아남은 막대 세포나 원뿔세포가 빛을 감지해 반사작용을 일으켰을 수도 있다고 언급했다.) 시계공의 아들이었던 킬러는 자신이 발견한 것이 생체시계의 태엽을 감는 데 핵심 부품이라는 사실을 미처 알지 못했다.

사람들은 이 흥미로운 발견을 찬양하기보다 비웃었고, 이후 60년 동안 방치했다. 그리고 마침내 한 연구팀이 킬러의 주장을 다시 살피기 시작했다. 당시 옥스퍼드대학교 신경과학자였던 러셀 포스터Russel Foster는 해당 연구팀의 일원이었다. 포스터와 동료들은 킬러의 연구를 재현하고 확장하여, 망막 변성으로 시력을 상실한 쥐가 빛에 정상적인 생체 반응을 보인다는 사실을 증명해냈다. 하지만 이번에도 역시 격렬한 회의론에 부딪혔다. 공전하는 것은 태양이 아니라 지구라는 갈릴레이의 주장처럼, 제3 광수용체의 존재[2]는 과학계의 패러다임을 뒤흔드는 개념이었다. 포스터와 동료들을 막아선 것은 가톨릭교회가 아니었다. 그들을 가로막은 건, 자신들의 오랜 이론을 대대적으로 수정하는 것도, 그에 따라 수많은 고등학교 교과서를 바꾸는 것도 받아들일 준비가 되지 않은 구세대 과학자들이었다.

1990년대, 포스터의 연구팀[3]은 한발 더 나아가 막대 세포와 원뿔세포가 없는 생쥐를 만들어냈다. 생쥐는 여전히 자신의 생체 리듬을 빛과 어둠의 주기에 동기화했다. 이번에는 남아 있는 막대 세포나 원뿔세포가 원인이 될 수 없었다. 눈으로 보는 것이 시각적 심상만이 아니라는 증거가 쌓이고 있었다.

이후 포스터와 브리검 여성병원의 찰스 체이슬러를 비롯한 과학자들은[4] 간상체와 원추체가 없는 시각장애인들이 무의식적으로 빛을 감지해 일주기를 유지하는 사례를 발견했다. 87세의 한 여성은 빛이 전혀 보이지 않는다면서도 정상적인 수면-각성 리듬을 유지했다. 그녀는 밝은 빛조차 보지 못한다며 실험에 참여하지 않으려 했지만, 포스터와 동료들은 그녀를 설득해 검사를 진행했다. 연구팀은 그녀를 빛과 어둠, 혹은 어둠과 빛에 10초 간격으로 번갈아 노출시켰다. 그녀는 실험 도중 하늘색 조명이 켜졌는지를 맞혀

보라는 요청을 받았고, 40번의 시도 중 무려 33번이나 성공했다.

무의식적으로 빛을 감지해 시간을 알아내는 것의 정체는 무엇이고 또 어디에 있을까? 과학자들이 SCN을 발견한 위치는 포유류의 뇌에서 눈으로부터 신호를 받는 부위였다. 또한 조류, 파충류 등 포유류가 아닌 척추동물 역시 생체주기를 조절하는 장치가 뇌 속에 존재한다는 사실이 밝혀졌다. 이들에게는 머리 꼭대기에서 빛을 직접 감지하는 이 장치가 '제3의 눈'[5]이나 마찬가지였다. 버지니아대학교에서 연구에 몰두하던 일주기 과학자 마이클 메나커는 참새가 눈이 제거된 상태에서도 빛과 어둠의 주기에 따르는 것을 발견했다. 그의 연구팀이 눈먼 새의 정수리에서 깃털을 제거하자, 새들은 달빛보다 약한 일광에도 빠르게 동조했다.

하지만 이러한 현상을 설명할 수 있는 감광 세포나 광흡수 분자를 찾아낸 사람은 없었다. 노력이 부족한 탓은 결코 아니었다. 이그나시오 프로벤시오는 포스터 교수의 연구실에서 박사 과정을 밟으면서 생쥐의 망막에서 새로운 광수용체를 찾아 헤맸다. "결과는 대실패였어요"라고 그는 말했다. 프로벤시오는 박사후연구원 때부터 아프리카발톱개구리라는 조금 더 끈적한 동물을 연구하기로 했다. 아프리카발톱개구리는 피부를 통해 햇빛을 흡수한 뒤 어둡게, 밝게, 혹은 얼룩덜룩하게 색을 바꿈으로써 주변 환경의 색을 모방한다. 1990년대 후반, 프로벤시오와 동료 마크 롤랙은 이 개구리의 변장술을 연구하던 중 새로운 광색소를 발견했다.

두 사람은 올챙이 피부에서 멜라노포어melanophore(멜라닌이라는 어두운 색소를 주로 포함한 세포-옮긴이)라는 색소 세포를 추출해 배양액에 넣고, 세포 내부의 색소 과립이 빛에 어떻게 반응하는지 관찰했다. 어두운 곳에서는 세포 안에 있는 작은 색소 알갱이(과립)들이 세포핵 주위로 몰려들어, 세포 안쪽의 세포질 대부분에는 어두운 알갱이가 없게 되므로 세포 전체가 밝은색으로 보였다. 밝은 곳에서는 색소 알갱이가 세포질 곳곳으로 흩어져 세포 전체가 어두운색으로 보였다. 프로벤시오는 이러한 진화적 특질이 나타난 이유를 다음과 같이 추측했다. "올챙이는 개울 바위나 낙엽 밑에 몸을 숨길 때 꼬리를 숨기기가 어려웠을 거예요. 꼬리에 햇빛이 닿으면 색을 어둡게 바꿔 개울 바닥처럼 위장하려 했을 겁니다." 하지만 멜라노포어가 어떻게 빛을 감지하고, 그 정보를 과립(알갱이)의 움직임으로 바꿔낼 수 있었을까?

프로벤시오와 롤랙은 멜라노포어를 조사한 끝에 그 주체인 광색소를 찾아냈고, 해당 광색소가 빛에 민감한 '옵신opsin'이라는 단백질을 포함한다는 사실을 밝혀냈다. 프로벤시오는 이 광색소에 '멜라놉신melanopsin'이라는 이름을 붙였다[6](송과선에서 분비되는 호르몬인 '멜라토닌'과 혼동하면 안 된다). 연구팀은 개구리의 피부뿐만 아니라 뇌와 눈에서도 멜라놉신을 발견했다.

시세포가 없다고 알려진 개구리 망막의 신경절 세포층에서 멜라놉신을 발견했을 때, 프로벤시오는 자신이 먼 길을 돌아 마침내 제3 광수용체를 발견했음을 깨달았다. 연구팀은 생쥐의 망막 신경절 세포층에서도 같은 광색소를 찾아냈고, 이로써 킬러의 주장은 사실로 입증되었다. 이 광색소는 원숭이와 인간에게서도 마찬가지로 발견되었다.

다른 과학자들은 이런 단서를 쫓아[7] 일주기 체계에서 빛 감지를 담당하는 멜라놉신 함유 광수용체 세포, 즉 ipRGC를 정확히 찾아냈다. 과학계는 드디어 이 사실에 주목하기 시작했다. 이후 막대세포와 원뿔세포의 광색소와 ipRGC의 멜라놉신이 각각 하루의 시간을 알려주는 광자를 흡수한다는 사실이 점차 분명해졌다. 이들이 밝은 하늘을 보고 동시에 흥분하면, ipRGC는 SCN을 포함한 뇌의 여러 영역에 메시지를 전달한다. SCN이 메시지를 받으면 중추 시계에서 일련의 화학 반응이 일어난다. 밤을 알리는 생화학적 신호, 즉 송과선의 멜라토닌 분비를 억제하는 것도 이로 인한 효과다. 당신의 일주기 체계가 건강하게 잘 작동한다면, 날이 저물고 취침 시간이 가까워짐에 따라 송과선의 스위치가 다시 켜지면서 멜라토닌이 분비될 것이다.

시간 감각이 엉망이 된 이유

데릭 네이스미스 역시 30대 초반까지는 이러한 일련의 과정을 당연하게 여겼다. 그는 매일 비슷한 시간에 잠자고 일어났으며 구름에 가려진 햇빛도 볼 수 있었지만, 그 의미를 깊게 생각해본 적은 없었다. 그러던 1986년 여름, 영국 에든버러에서 불꽃놀이 행사 준비를 돕던 서른세 살의 네이스미스에게 끔찍한 일이 일어났다. 그는 날아온 폭죽에 얼굴을 맞았고 결국 심각하게 손상된 두 눈을 제거해야 했다.

얼마 안 가 수면에 문제가 생기기 시작했다. 처음에 네이스미스는 여러 차례의 재건 수술과 염증 때문이라고 생각했다. 그는 불의의 사고를 겪고 시력을 잃은 것으로도 모자라 회사에서 꾸벅꾸벅 졸고, 집에 있는 아내와 두 아이의 생활 리듬과도 점차 맞지 않는 자신을 발견했다. 한 달 동안, 아침에 일어나는 시간도 밤에 잠드는 시간도 점점 늦어졌다. 네이스미스는 시각과 함께 시간 감각도 잊어갔다. 그는 태양시에 맞춰 생체시계를 주기적으로 재설정하는 능력을 잃어버렸다.

1990년대 중반, 네이스미스는 게시판에서 벽보 하나를 발견했다. 영국 길퍼드의 서리대학교에서 박사 과정을 밟고 있던 스티브 로클리Steve Lockley가 수면 연구에 참여할 시각장애인을 모집하기 위해 붙인 글이었다. 네이스미스는 서리에게 연락했고, 곧 자신의 시간 감각이 엉망이 된 이유를 찾을 수 있었다.

안구를 제거한 네이스미스에게는 막대 세포도, 원뿔세포도, ipRGC도 남아 있지 않았다. 빛 공급 수단을 모두 잃은 SCN은 자체적인 주기에 따라 작동하기 시작했다. 송과선의 멜라토닌 생성을 비롯해 SCN이 조절하는 모든 리듬이 거의 25시간 주기로 순환했다. 나중에 네이스미스가 앓던 증상에는 '비 24시간 수면-각성 증후군non-twenty-four-hour sleep-wake rhythm disorder'이라는 이름이 붙여졌다. 당시로서 빛의 도움 없이 SCN을 동기화할 수 있는 유일한 방법은 24시간마다 합성 멜라토닌을 복용해 시간 신호를 대체하는 것이었다. 네이스미스는 서리 연구 프로그램의 하나로 로클리에게서 이 치료법을 소개받은 이후 "세상이 다시 살 만해졌어요"라고 말했다.

나는 지금 더 감사한 마음으로 창밖을 보고 있다. 저 아침 햇살의 광자는 망막 뒤편까지 들어와 오늘 밤 나를 잠들게 할 것이다. 눈 속의 다양한 광수용체 덕분에 나는 이렇게 거대한 상록수, 그린 호수에 반사된 푸른 하늘, 아래쪽 지붕에 내려앉은 작은 새를 볼 수 있다. 새는 다음 먹잇감을 찾는지 쉴 자리를 찾는지 붉은 머리를 휙휙 돌리고 있다. 적당한 때를 기다리고 있는 게 분명하다. 벙커에 다녀온 후로 색에 대한 나의 감상은 깊어졌고, 이는 한층 더 고조될 예정이었다.

생체시계를 움직이는 것은 빛의 색일까, 밝기일까

시애틀 니츠연구소Neitz lab 사무실 앞 복도에는 눈알 스티커로 장식된 크고 동그란 M&M 자판기가 있다. 유리병 안에는 약 3만 개 정도의 빨간색, 초록색, 파란색 사탕이 인간 눈의 세 가지 원뿔세포와 비슷한 비율로 들어 있다(개인적인 입맛에는 파란색 사탕이 너무 부족하다). 제이와 모린 니츠 부부는 색각(색채 시각) 분야의 권위자들로, 최근에는 일주기 리듬 연구까지 그들의 전문 영역에 포함시켰다. 이들은 두 분야의 관점을 모두 활용해, 눈과 생체시계가 동시에 어떻게 진화해왔는지를 추적하고 있다.

여기서 잠깐 과학 교과서로 돌아가 아직 유효한 부분을 살펴보자. 빛 에너지의 광자는 미세한 파동을 타고 이동한다. 파동의 마루부터 마루까지의 거리를 '파장'이라고 하고, 파장은 곧 색을 나타낸다. 파장이 짧을수록 가시광선 스펙트럼에서 보라색과 파란색에 가까워지고, 파장이 길수록 주황색과 빨간색에 가까워진다. 막대세포든, 원뿔세포든, ipRGC든 광수용체는 각기 다른 광색소를 가지고 있고, 광색소는 저마다 다른 파장대의 빛을 선호한다. 우리가 적색과 청색을 구분할 수 있는 이유는 특정 원뿔세포의 광색소가 적색보다 청색 광자를 혹은 청색보다 적색 광자를 더 많이 흡수하기 때문이다. 우리의 시각 네트워크는 흥분한 광수용체에서 나오는 신호의 강도를 비교한다. 팔레트에서 물감을 섞는 것처럼, 이 스펙트럼 정보를 배합해 우리가 인지할 수 있는 수백만 가지 색상을 만들어낸다. 예를 들어 580나노미터의 파장이 적색과 녹색 원뿔세포를 비슷한 수준으로 자극하면, 시각 체계는 뇌에 지금 보고 있는 색상이 노란색이라고 알린다. 또 어떤 광수용체는 빛에 반응하여 현지 시각에 대한 단서를 뇌에 전달하기도 한다.

하지만 제이 니츠를 가장 흥분시키는 것은 그보다 한 단계 앞선 광색소의 진화 과정이다. 적색과 녹색 원뿔세포의 광색소 유전자 배열은 서로 매우 비슷하지만, 청색 원뿔세포의 유전자 배열과는 크게 다르다. 니츠는 유전자 가계도에서 이 광색소가 처음 개별 분자로 등장한 시기를 확인했다. 약 10억 년 전이었다. 니츠는 큰 충격을 받았다. 왜 그 옛날 고대 생명체는 파장을 구분하려 했을까? 그 당시 지구의 생명체는 대부분 단세포 유기체였고, 육지는 대부분 물로 덮여 있었다. 니츠는 초기 생명체가 아직 눈을 갖기 전부터 원시 광색소를 이용해 주변 환경의 색을 인식했으며, 이를 통해 색을 **보려** 한 게 아니라 시간을 가늠하려 한 것으로 보고 있다. 청색 파장의 빛은 다른 파장대의 빛보다 더 깊이 물속으로 침투하여 바다를 푸른빛으로 보이게 만든다. 유기체는 이 청색광을 신호로, 치명적인 태양 복사를 피해 더 깊은 곳으로 헤엄쳐 내려갔다. 그러다 일출과 일몰 때 수심 투과율이 낮은 주황빛 대역의 파장이 늘어나면, 청색광이 줄어든 수면으로 올라와 조금 더 안전한 빛으로 광합성을 했다.

니츠는 이때 날마다 물속에서 일어난 수직 이동을 최초의 일주기 리듬으로 본다. 물론 이는 단순히 빛에 대한 반응이었다. 하지만 남세균과 다른 수중 생물들은 이러한 이동 과정에서 태양의 위치를 예측해 경로를 최적화하여 빛을 적절히 피하거나 받기 위해, 식량을 구하거나 포식자로부터 몸을 숨기기 위해 내부 시계의 발명을 서둘렀을 것이다. 모든 형태의 생명체는 주기와 색상에 기초한 삶의 방식을 근거로 진화를 거듭해 시계 장치를 만들어냈다. 일출과 일몰 근처에 낚시가 잘되는 것도, 많은 사람이 아침과 저녁에 활력을 느끼는 것도 같은 이유로 설명할 수 있다.

색상은 여전히 하루의 시간을 파악할 수 있는 믿음직한 지표다. 지금도 한낮의 하늘은 심해 깊은 곳까지 침투하는 청색광을 내뿜는다. 청색광에는 멜라놉신을 가장 효과적으로 자극하는 약 480나노미터의 짧은 파장[8]이 포함되어 있다. 니츠는 원뿔세포와 ipRGC가 관여하는 망막 내의 특별한 회로를 찾아 연결하는 데 기여했다. 과학자들은 이 회로가 낮과 밤의 극적인 색 변화에 민감하게 반응한다고 보고 있다. "제가 하늘이 주황색이라고 말하면, 당신은 몇 분 안에 시간을 추측할 수 있을 거예요." 니츠가 말했다.

하지만 니츠처럼 일광의 역동적인 색 변화에 주목하는 과학자는 많지 않다. 내가 만난 과학자들 대부분은 푸른빛이 멜라놉신을 자극한다는 사실을 알고 있었지만, 생체시계에 훨씬 더 중요한 시간 신호는 빛의 강도라고 말했다.

니츠연구소 위층에 있는 러셀 반 겔더의 사무실을 방문하던 날, 하늘은 태평양 북서부의 여느 날처럼 흐릿했다. 반 겔더의 책상은 유니언호수가 내려다보이는 커다란 창을 마주 보고 있었다. 수면에 흐린 하늘이 반사되어 호수는 짙은 잿빛으로 보였다. 그는 이렇게 흐린 날에도 하늘의 파장 범위는 맑은 날과 비슷하다고 했다. 선뜻 믿기지 않았다. 내 눈에는 창밖의 칙칙한 풍경이 부모님의 오래된 제니스 흑백 TV 화면처럼 보였다. 하지만 반 겔더는 단지 그 수가 적을 뿐, 청색 광자는 여전히 저 구름 사이로 들어오고 있다고 다시 한번 말했다.

우리는 럭스lux라는 표준 단위로 빛의 양을 측정한다. 결국 럭스는 우리가 인지하는 사물의 밝기를 나타낸다. 럭스를 계산할 때는 다른 색보다 녹색과 같은 중간 파장 대역의 빛에 더 큰 가중치를 부여한다. 그 이유는 나중에 살펴보겠다. 기술적으로 1럭스는 촛불 하나가 1미터 거리의 1제곱미터 면적을 비추는 밝기를 의미한다. 밝고 화창한 날의 밝기는 약 10만 럭스, 흐린 날의 밝기는 1000~1만 럭스 사이다. 보름달 빛은 1럭스 미만이지만, 눈이 적응하면 책을 읽는 것도 가능하다. 대부분 실내 밝기는 약 25~250럭스 사이다.

반 겔더는 시각 체계가 빛의 강도 차이를 압축하도록 진화해, 극심한 대비와 변화에 빠르게 적응할 수 있게 되었다고 설명했다. 초기 인류는 집이나 사무실에서 종일 머물지는 않았지만, 그들 역시 동굴과 그늘을 드나들며 생활했다. 막대 세포와 원뿔세포가 빠르게 반응하도록 적절히 진화하지 않았다면, 안팎을 살피거나 드나들다가 시력을 잃었을 것이다. 그랬다면 인간은 지금처럼 날아가는 원반을 잡을 수도, 시속 160킬로미터로 날아가는 강속구를 잡을 수도 없을 것이다. 막대 세포와 원뿔세포는 그만큼 빠르게 작동한다.

한편 멜라놉신은 장기전이 주특기다. 멜라놉신은 빛에 훨씬 더 느리게 반응하지만, 한번 움직이기 시작하면 멈추지 않는다. 반 겔더는 멜라놉신을 에너자이저에 비유하며, 이들은 빛을 받는 한 "신호를 보내고, 보내고, 또 보낸다"라고 말했다. 막대 세포와 원뿔세포에 있는 매우 민감한 광색소와 달리, 제3 광수용체에 있는 멜라놉신은 그보다 수천 배 더 강한 빛을 받아야 반응한다. "멜라놉신은 저 빛에 반응할 거예요"라며 반 겔더는 창밖을 가리켰다. 그러고는 사무실 안쪽을 가리키며 "이 빛에는 반응하지 않을 거고요"라고 말했다. 야외에서는 하늘이 흐려도 제3 광수용체가 낮이라는 것을 인식한다. 실내의 일반적인 조명은 일광을 전혀 대체하지 못한다. 밝기도 훨씬 어두울 뿐 아니라 파장도 제한적이다. 시각 체계는 실내조명에 흔히 사용되는 중간 스펙트럼의 파장에도 잘 반응하지만, 일주기 체계는 그보다 더 짧은 약 480나노미터 대역의 푸른빛을 훨씬 선호한다. 우리가 놓치고 있는 건강한 빛은 이뿐만이 아닐 것이다. 요즘 출시되는 전등에는 존재하지 않는 파장이나 에너지 효율이 높은 창문에 의해 차단되는 파장의 빛들도 우리 생물학에 상당한 영향을 미칠 수 있다.

신시내티 아동병원 의료센터의 기초 과학 연구원인 리처드 랭Richard Lang은 보라색을 감지하는 뉴롭신neuropsin 광색소가 시력 발달, 상처 회복, 신진대사에 중요한 역할을 할 수 있다는 증거를 발견했다. 안타깝게도 보라색 파장 역시 실내 공간에서는 얻기 어렵다. 자색광의 파장은 약 380나노미터로, 가시광선 스펙트럼의 맨 아랫부분에 해당한다. 최근 이 자색광에 대한 노출 부족이, 주로 어린 시절에 시작되는 안구 질환인 근시의 급증 원인으로 지목되고 있다. 근시가 생기면 이후 다양한 형태의 실명 위험도 더 커진다. 예전에는 근시가 비교적 드물었다. 지금은 전 세계적으로 약 25억 명이 근시를 앓고 있으며, 일부 동아시아 국가의 도심 지역 청년층에서는 근시 비율이 90퍼센트에 이를 정도로 크게 늘어났다. 반대로 아르헨티나 시골 마을에는 '사실상 근시가 없는' 곳도 있다. 영장류에 가까운 나무두더지와 어린이를 대상으로 한 연구[9]에 따르면 시력 발달 과정에서 자색광으로 안구를 자극했을 때 근시를 유발하는 수정체의 형태 변화가 억제되는 것으로 나타났다.

뉴롭신은 말초 시계의 리듬을 동조하는 데도 영향을 미칠 수 있다. 반 겔더와 에단 부어는 설치류의 망막과 노출된 피부에서 뉴롭신을 발견했고, 해당 부위에서는 SCN이 보낸 빛의 간접적인 메시지보다 뉴롭신에서 직접 받은 빛의 시간 신호를 더 따른다는 사실을 밝혀냈다. 이는 태양 광선으로부터 피부를 더 신속하게 보호하는 데[10] 도움이 될 수 있다. 과학자들은 이미 생쥐를 대상으로 한 실험에서 하루 중 자외선을 받는 시간대에 따라 화상 정도와 피부암 발병률이 크게 달라질 수 있음을 밝혀낸 바 있다.[11]

한편 다른 광색소 역시 특이한 능력으로 주목받는다. 눈뿐만 아니라 뇌에서도 발견되는 엔세팔롭신encephalopsin은 약 430나노미터 파장의 청색광을 받았을 때 가장 효과적으로 활성화된다. 이 광색소는 생체리듬이나 기분, 호르몬 조절 등 생리현상에 다양한 방식으로 관여하는 것으로 추정된다. 내가 랭을 만났을 때, 그는 자청색 파장의 결핍이 비만, 당뇨, 기타 대사 장애의 유행을 조용히 주도하고 있다는 과학적 증거를 수집하고 있었다. 연구는 아직 예비 단계로 동물 실험에 의존하고 있어, 인간에게 적용되리라는 보장은 없다. 하지만 랭은 뉴롭신과 엔세팔롭신이 각각 얼마나 자극받는지를 통해 몸이 시간대를 파악하고, 어떤 대사 활동이 필요한지를 결정하는 데 도움을 줄 수 있다고 추측한다.

우리는 이제 막 신체가 광자를 어떻게 수집하는지, 발생한 신호가 체내 어느 곳으로 이동하여 일주기 리듬에 영향을 미치고, 다른 신체 작용에 어떤 변화를 일으키는지 파악하기 시작했다. 우리 몸은 동틀 무렵의 색 변화를 신호로 신진대사 속도를 높이고, 해질 녘의 색 변화를 신호로 긴장을 풀고 휴식할 준비를 한다. 랭은 새벽녘과 황혼 무렵에 자청색 파장이 특히 풍부하다고 강조했다. 이들 광자에 민감하게 반응하는 것 역시 생명체가 하루 동안 일어나는 환경 변화를 활용하기 위해 고안해낸 또 하나의 전략일 수 있다. 하지만 실내에서는 이 모든 전략이 무의미하다.

아침과 저녁, 빛이 다르게 작용한다

조명 기술이 모닥불과 촛불, 따뜻한 색의 백열전구, 차가운 색의 형광등을 거쳐 지금의 발광 다이오드LED로 발전하면서 우리는 빛을 조작하는 데 점점 능숙해졌다. 하지만 꼭 나아졌다고만 볼 수는 없다. 광자는 마치 약물과 같다. 단일 광자라도 신체와 여러 가지 방식으로 상호작용할 수 있으며, 그 색상과 강도가 중요하다. 또한 광자는 약물처럼 신체에 닿는 시점에 따라 다양한 효과를 낼 수 있다. 빛을 받는 시점이 빛의 파장이나 광자의 수보다 중요하다고 볼 수는 없지만, 그보다 덜 중요하다고 볼 수도 없다.

일주기 체계는 상황에 따라 이중 잣대를 적용한다. 우리가 낮에 어두운 영화관에서 영화를 보고 밖으로 나올 때 시각 체계는 밝은 빛에 빠르게 반응하지만, 일주기 체계는 이를 갑자기 밤에서 아침으로 바뀌었다고 받아들이지 않는다. 같은 이유로 내가 이른 오후에 반 겔더의 사무실 안팎에서 받은 빛은 내 일주기 리듬의 위상에 큰 영향을 미치지 않았다. 하지만 같은 빛을 저녁 늦게 받았다면, 생체시계의 시곗바늘이 크게 움직였을 수도 있다. SCN은 ipRGC로부터 빛 신호를 받을 때만 유독 까다롭게 군다. 반 겔더는 이렇게 설명했다. "우리는 하루 중 특정 시간에 특정한 종류의 빛을 받도록 진화해왔어요. 그 시간에 그 빛을 받지 못하거나, 전혀 다른 빛을 받게 되면 우리의 생리 기능이 흐트러집니다." 현대인은 이 때문에 곤란을 겪기도 한다. 하지만 인공조명이 등장하기 전까지는 생체시계의 이러한 방침은 모든 생명체에 잘 맞는 규칙처럼 보였다.

반 겔더는 빛이 생체시계에 미치는 영향이 시간에 따라 어떻게 달라지는지 알고 싶다면, 날다람쥐 논문을 살펴보라고 말했다. 그가 이야기한 것은 위스콘신 매디슨대학교의 시간생물학자였던 고故 퍼트리샤 드코시Patricia DeCoursey가 진행한 연구였다.[12] 1960년, 드코시는 야행성 동물의 빛 민감도에 대한 일주기 리듬을 설명하는 획기적인 논문을 발표했다. 날다람쥐는 빛을 포착하는 거대한 눈알 덕분에 빛과 어둠의 주기에 따라 리듬이 놀라울 정도로 급변한다. 드코시는 날다람쥐를 어두운 곳에 두었다가, 밤낮 구분 없이 다양한 시간대에 단 10분만 강한 빛을 보게 했다. 특정 시간대에 빛을 받은 다람쥐는 활동성이 더 일찍 증가했고, 다른 시간대에 빛을 받은 다람쥐는 활동성이 더 늦게 증가했다. 또한 빛을 받은 시점에 따라 활동성 증가 시점의 변화 폭 역시 달라졌다. 드코시는 날다람쥐 연구에서 수집한 데이터를 2차원으로 표현해, 오늘날 일주기 리듬 연구의 표준 도구로 쓰이는 포유류 최초의 위상 반응 곡선phase response curve을 완성했다.

이후 과학자들은 주행성 동물인 인간을 대상으로 다양한 위상 반응 곡선을 만들어냈다. 이 위상 반응 곡선을 통해 아침에 빛을 쬐면 생체시계가 앞당겨져 저녁에 더 일찍 졸리게 되고, 저녁에 빛을 많이 받으면 생체시계가 늦춰져 밤늦게까지 잠이 오지 않게 된다는 사실을 밝혀냈다. 따라서 하루의 시작과 끝에 빛을 받는 것은 우리의 생체시계를 태양의 움직임과 안정적으로 맞추고, 계절에 따라 달라지는 낮의 길이에 정확히 조율되도록 돕는다. 하지만 인공 빛은 이를 속일 수 있다. 예를 들어 중추 시계가 일몰 이후에 ipRGC로부터 예상치 못한 빛 신호를 받으면, 시간을 착각하고 행성의 자전과 공전궤도를 거스르려 하면서 지연이 발생한다. 흔히 일어나는 일은 아니지만, 만약 태양이 뜰 것으로 예상되는 시간보다 더 이른 시각에 비정상적인 빛 신호를 받는다면 생체시계가 앞당겨질 수 있다. 그러나 같은 빛이라도 한낮에는 우리 몸이 이미 그 빛을 예상하고 있기 때문에, 생체시계에는 거의 영향을 주지 않는다.

일출을 본 뒤에 혹은 필요한 만큼의 일광을 받고 난 뒤에 실내에 숨어 있으라는 말이 아니다. 과학 현상이 대개 그러하듯, 우리가 받는 빛도 상황에 따라 다르게 작용한다는 의미다. 예를 들어 주간에 생체시계를 자극하는 빛을 많이 받으면 리듬의 진폭이 강해지고 주기가 짧아질 뿐 아니라, 저녁에 빛을 봐도 위상 지연 반응이 덜 일어난다. 연구에 따르면, 대학생들의 수면 일정에 가장 큰 영향을 미치는 요소는 시간대에 상관없이 낮 동안 빛을 본 총 시간이었다.[13] 해당 연구를 진행한 워싱턴대학교의 호라시오 이글레시아 교수는 "햇빛을 덜 받을수록 저녁형 인간이 되기 쉬워요"라고 말했다. 즉, 맑은 날이든 흐린 날이든 낮에 야외에서 긴 시간을 보내면, 밤에 받는 청색광으로부터 크게 보호받을 수 있다는 것이다.

앞서 보았듯이 생체시계는 빛을 받으면 색상, 강도, 시점, 지속 시간 등 최대한 많은 정보를 수집하려 한다. 하지만 빛은 단순히 세상을 밝히고 우리에게 시간을 알려주는 것에 그치지 않는다. 빛은 시각 체계나 일주기 체계를 거치지 않고도 우리에게 직접적인 영향을 미칠 수 있다. 빛은 낮과 밤을 구분하는 유용한 신호이기 때문에, 광수용체에 '추가 임무'가 주어진 것이라고 반 겔더는 말했다. 밝혀진 바에 따르면 일광에는 즉각적으로 각성도를 높이고, 기분을 개선하고, 인지능력을 높이는 효과가 있다. 빛은 우리의 행동과 생리학에 직접적으로 관여하여 일주기 리듬과 수면 항상성의 작용을 보완하고, 환경 변화에 좀 더 빠르고 적절하게 대응할 수 있도록 돕는다. 하지만 예상치 못한 때에 빛이 들어오거나 사라지면 일주기를 교란할 뿐만 아니라 일주기 리듬의 모양이 급격하게 바뀔 수 있다. 2024년 4월에 일식이 일어났을 때, 야외에 있던 동물들에게 이러한 현상이 나타났다. 해가 가려지면서 어둠이 내려앉자 일부 야행성 동물은 활력을 되찾았고, 일부 주행성 동물은 잠잘 준비를 했다.

미국 국립정신건강연구소의 일주기 과학자인 사메르 하타르 Samer Hattar는 일주기 리듬과 수면 항상성에 영향을 미치는 빛이 들어오는 또 다른 경로가 있을 것으로 추측했다. "직사광선이 SCN과 무관하게 인체에 큰 영향을 미친다는 것은 분명한 사실입니다"라고 하타르는 말했다. 우리는 자연계에서 이용 가능한 신호를 포착하기 위해 중복되기도 하는 다양한 전략을 몸에 장착하며 진화한 듯하다. 그렇게 수집된 신호들이 모여 우리의 생체시계를 밝히고 태양과 결합된 생리 기능을 미세하게 조정한다.

햇빛이 귀한 알래스카에서의 생활

북위 48도 근처에 있는 시애틀은 적도보다 북극에 더 가깝다. 12월엔 약 8시간만 햇빛을 보고, 16시간은 어둠 속에서 지낸다. 반대로 6월에는 그 비율이 뒤바뀐다. 겨울에는 해가 있는 8시간마저도 구름과 태양의 낮은 고도 때문에 어둑해지기도 한다. 절기상 동지冬至 때는 태양의 고도가 20도에도 못 미쳐 낮은 각도까지만 떠오른다. 게다가 태양 빛은 태평양 북서부의 무성한 산과 언덕, 상록수에 쉽게 가로막힌다. 내가 대학 시절 머물렀던 미네소타의 추운 겨울이 그립다고 말하면, 가족과 친구들은 좀처럼 믿지 못한다. 미네소타는 시애틀보다 남쪽에 있고 지대가 평평해서, 광활한 하늘이 곳곳에 햇살을 비춘다. 눈 덮인 땅은 그 효과를 증폭시킨다. 그래도 그립지 않은 점을 하나 꼽자면, 그 엄청나게 눈부신 햇빛과 얼어붙는 속눈썹 때문에 교정을 걷는 내내 실눈을 뜨고 다녀야 했던 일이다.

 나는 생체시계를 알면 알수록 일조 시간의 커다란 변화 폭이 일주기 리듬에 어떤 영향을 미치는지 궁금해졌다. 이 질문에 답하기 위해 실제로 반 겔더와 부어는 생쥐를 대상으로 실험을 진행한 적이 있었다. 부어는 시애틀의 1년을 4개월로 압축해 재현할 수 있는 조명 환경을 구축하고, 쳇바퀴로 생쥐의 활동성을 측정했다. 반 겔더의 사무실을 방문했을 때, 그는 내게 컴퓨터에 저장된 실험 결과 데이터를 보여줬다. 그는 "이 친구가 주인공이에요"라고 말하면서 어느 생쥐의 활동 패턴 그래프를 펜으로 가리켰다. 낮이 12시간일 때는 쥐의 활동에 아무 문제가 없었다. 야행성 동물답게 한밤중에 활동성이 가장 증가했다. 하지만 낮이 길어지고 밤이 짧아지면서 쥐의 활동성은 감소하기 시작했고, 이런 추세는 밤이 가장 짧아지는 6월 21일까지 계속되었다. "쥐에게는 최악의 날이었을 겁니다. 쥐는 긴 낮을 싫어하니까요. 긴 밤을 좋아하죠"라고 반 겔더는 말했다. 이때부터 생쥐는 쳇바퀴를 멀리하고 우리 구석에 앉아 줄곧 먹이를 먹더니 체중이 불기 시작했다. 반 겔더는 결과를 보면서 이렇게 말했다. "온몸으로 '몰라, 난 이제 끝났어'라고 말하고 있어요. 계절성 우울증이랑 완전 판박이죠."

부어와 반 겔더는 실험을 시작할 때 해당 생쥐의 멜라놉신에 조작을 가했다. 멜라놉신 유전자의 변이는 인간에게도 계절성 정동 장애seasonal affective disorder, SAD를 일으키는 위험 인자로 알려져 있다. SAD는 우울증의 일종으로 해가 짧은 가을과 겨울에 주로 발병한다. 이는 왜 일부 사람들이 SAD에 취약한지, 왜 SAD가 북위에서 더 흔하게 발생하는지에 대한 답이 될 수 있다.

부어는 언젠가 시애틀의 낮이 더 짧아지고 어두워지면 '자연에 맞서서' 생체시계를 자극하는 다양한 첨단 LED 조명을 사용해 자신만의 긴 낮을 창조해낼 거라고 말했다. 부어가 이야기한 조명은 책의 후반부에서 살펴보겠다. 인공조명으로 빛을 보충하는 과정에서 일주기에 문제가 생길 수 있으므로 상황에 맞게 적절히 사용해야 한다. 부어는 오전 시간대를 더 밝고 길게 만들 계획이다. 알래스카의 과학자 크리스토퍼 융은 해를 늘리기 위해 더 먼 거리를 이동했다. 그는 데날리 여행을 떠나기 전까지 겨울철 대부분을 극지방이 아닌 하와이와 애리조나에서 근무하며 보냈다.

6월 중순, 더 북쪽에 있는 위도 63도의 알래스카로 떠날 채비를 할 무렵, 시애틀의 해는 빠르게 길어지고 있었다. 데날리행 기차를 타기 위해 페어뱅크스로 떠나기 전날 밤, 시애틀의 일몰 시각은 오후 9시 11분이었다. 똑같은 밤이었지만 데날리에서는 새벽 12시 28분에 해가 졌고, 약 3시간 후에 다시 해가 떠올랐다.

정오쯤 페어뱅크스에 도착하자마자, 페어뱅크스 수면 센터의 클레이 트리플혼Clay Triplehorn 박사를 찾아갔다. 그는 극단적으로 짧아졌다가 길어지는 해가 알래스카 사람들에게 미치는 영향을 일선에서 목격하고 있다. 여름철과 겨울철에 알래스카 사람들의 상태는 얼마나 나쁠까? 트리플혼은 간단히 말해서 그냥 나쁘다고 했다. 길게 말하면, 알래스카 사람들의 생체시계가 사실상 1년 내내 혼란을 겪는다고 말했다. 사실, 최악은 환절기였다. 해가 급격히 길어지는 4, 5월과 급격히 짧아지는 8, 9월에 환자가 크게 늘었다. 지역 경찰서의 데이터에 따르면 해당 기간에는 가정 폭력 발생률 역시 증가했다. 같은 수치는 한여름에도 증가하는데, 트리플혼은 해가 길어지면서 수면 시간이 감소한 탓일 거라고 했다. 수면 부족은 강박적인 행동과 감정 조절의 어려움을 유발한다. 불안장애, 우울증, 자살률 증가 등 겨울은 계절 특유의 문제를 동반한다. "일조 시간은 우리가 생각하는 것보다 훨씬 더 많은 것에 영향을 미칩니다"라고 트리플혼은 말했다.

데날리 여행 마지막 날, 태양은 약 21시간 동안 지평선 위에 머물렀다. 우리 일행이 다시 모닥불 주위에 둘러앉았을 때 하늘에는 황혼이 깃들어 있었다. 아니면 동틀 무렵이었으려나? 해 질 무럽인지 아니면 해 뜰 무렵인지 모호하게 느껴졌다. 그 둘 사이에는 여전히 가는 경계선 하나만이 남아 있었다. 우리는 션이 직접 만든 무스 육포와 치즈를 나눠 먹으며 남은 위스키를 마셨다. 일행들은 알래스카에서의 삶에 관해 이야기를 나누었다. 여행 초반에 클린트는 낮이 짧은 겨울에도 해를 보며 자전거를 타고 싶어 근무 시간이 유연한 직장을 택했다고 말했다. 그는 마지막 날 밤, 알래스카 사람만이 아는 그 고충을 다시 언급했다. "9시에 출근해서 5시에 퇴근하는데, 사무실에 창문이 하나도 없다고 생각해보세요. 아니면 자리에서 창문이 보이지 않거나요." 클린트가 덧붙여 말했다. "대부분 사람이 그래요. 햇빛 한 점 못 보는 사람이 너무나 많습니다."

겨울에는 소중한 햇빛을 1분이라도 더 봐야 한다는 압박감을 느낀다. 비슷한 압박은 여름까지 계속된다. "이 순간을 잠시도 놓치고 싶지 않아요." 클린트가 둘러앉은 일행과 어두워지지 않는 하늘을 가리키며 말했다. "여기 살면 해가 뜨는 순간부터 해를 쫓게 됩니다. 해가 지는 순간의 그 옅은 빛까지 쫓게 되고, 그 시간은 점점 더 늦어지죠. 그러다 보면 6월 말쯤에는 이렇게 농담 따먹기를 하면서 새벽 1시에도 둘러앉아 있게 되는 거예요." 우리는 몸이 허락하는 동안 몇 시간 더 웃고 떠들었다. 빛의 다채로운 효과를 몸소 체험하는 기분이었다. 빛은 우리의 시야를 밝히고, 기운을 불어넣고, 멜라토닌을 억제하고, 생체시계를 속였다. 일행들은 알래스카의 겨울과 여름에 관해 이야기하면서 '우울증'과 '조증'이라는 단어를 자주 사용했다. 클린트는 알래스카에서의 삶을 '계절성 조울증'에 비유했다.

광치료의 효과와 메커니즘

1982년에 재발성 겨울 우울증을 치료하는 데 밝은 빛을 이용한 최초의 과학적 사례[14]에 대한 보고서가 발표되었다. 치료 대상은 '계절적 변화 주기'를 가진 조울증 환자였다. 계절성 정동 장애, 즉 SAD라는 용어가 생기기 전이었다. 현재 오리건 보건과학대학에서 정신건강의학과 교수로 재직 중인 알프레드 루이Alfred Lewy는 당시 국립보건원에서 근무하고 있었다. 어느 날 보고서에 언급된 환자 허브 컨이 루이를 찾아와 도움을 요청했다. 당시 루이는 밝은 빛이 멜라토닌을 억제하는 과정에 대한 연구를 마친 뒤 동료들과 함께 논문을 정리하던 시점이었다.

당시에는 빛이 다른 동물들과 달리 인간의 생체리듬이나 멜라토닌 수치에 영향을 주지 않는다는 것이 통념이었다. 사람들은 우리의 생체시계는 사회적 신호에 가장 많이 의존한다고 믿었다. 하지만 루이는 호주에서 2주를 보내고 다시 동부 표준시로 돌아와 자신의 오전 시간 멜라토닌 수치를 측정한 뒤 생각이 바뀌었다. 지구 반대편에서 거의 밤낮이 바뀐 생활을 하고 돌아왔음에도 돌아온 첫날 아침 멜라토닌 수치는 비교적 낮은 편이어서 크게 놀랐다.

햇빛이 멜라토닌 수치를 억제한 걸까? 지금까지의 과학적 통념이 틀렸던 걸까?

컨을 괴롭혔던 계절성 기분 장애는 겨울철 짧은 일조 시간 때문이었다. 루이는 빛으로 멜라토닌 수치를 조작하면 겨울의 짧은 해를 인위적으로 늘릴 수 있을지도 모른다고 생각했다. SAD가 발견된 시기는 루이가 안정적인 치료법을 처음 시험한 시기와 일치했다. 루이는 적정한 해의 길이를 13시간으로 정하고, 컨에게 열흘 동안 오전 6~9시, 오후 4~7시 사이에 2000럭스의 빛을 쬐도록 했다. 컨은 3, 4일 후부터 반응을 보이기 시작했고, 10일 후에는 감정 상태가 훨씬 더 좋아졌다.

엄밀히 따지면, 인간이 처음으로 계절성 질환을 치료하기 위해 광치료 light therapy(밝은 빛 치료)를 이용한 것은 약 100년 전이다. 내가 탁상용 조명을 선물한 쇄빙선 선장 윌리엄 보이티라는 2022년 1월 남극으로 이동하면서 이 역사에 대한 힌트를 주었다. 이메일에서 그는 줄리언 생크턴의 《미쳐버린 배》를 방금 다 읽었다며 한번 읽어보라고 권했다. 이 책은 2년 넘게 이어진 초기 남극 탐험대의 여정을 담고 있다. 프레더릭 쿡 Frederic Cook은 1897년 출항한 벨기에의 남극 탐험선 벨지카호의 선원이자 의사였다. 보이티라가 말한 대로 '그들은 남극에서 겨울을 난 최초의 인류'였다. 그곳에서 쿡은 스스로 겨울나기 증후군이라 이름 붙인 질환의 증상을 최초로 기록했다.[15]

해가 급격히 짧아지면서 선원들은 몇 달간 끝없는 밤을 겪었고, 배의 분위기는 한없이 가라앉았다. 모두가 처진 기분을 느꼈지만, 몇몇은 특히 더 힘들어했다. 처음에는 "갑판에서 몸을 단장하고, 저녁 식사 때 사람들 밑에서 가르랑거리고, 밤에 사람들 품에서 몸을 말던" 턱시도 고양이 난센조차 적대적으로 변했고, 고통 속에 생을 마감했다. 쿡은 사라진 태양을 원망하며 이를 대체할 방법을 궁리했다. 생크턴은 "쿡은 벨지카호를 빛으로 데려갈 수 없었기에, 벨지카로 빛을 불러들이려 했다"라고 적었다. 쿡은 선원들에게 옷을 벗고 불 앞에 서서 빛을 쬐라고 지시했고, 이를 '열치료 baking treatment'라고 불렀다. 치료는 효과를 보였다. 선원들의 기분 상태는 개선되었고 신체 증상도 완화됐다. 물론 불꽃에서 나오는 빛은 정식 치료에 사용되는 빛만큼 밝지도 않고, 광치료의 필수 요소인 청색 파장도 포함하고 있지 않았다. 하지만 빛의 효과에 대한 쿡의 예감은 틀리지 않았다.

바젤대학교 명예교수이자 시간생물학자인 애나 비르츠 저스티스Anna Wirz-Justice는 1980년대에 SAD 치료를 위해 최초의 현대식 조명을 손수 제작했다. 조명은 8겹의 형광등으로 이루어졌다. "너무 무거워서 차 트렁크까지 옮기는 데 두 사람이 필요했어요"라고 그녀는 말했다. 비르츠 저스티스는 이후 10년 동안 동료들과 빛 노출의 강도와 지속 시간에 따른 반응 정도, 즉 용량-반응 관계를 연구했다. 연구 결과, 오전에 1만 럭스의 빛을 단 30분만 쬐어도 SAD 증세가 완화되었다. 후속 연구에서 환자 개인의 일주기 리듬에 맞춰 빛을 쬐는 시점을 조정하자 효과는 더욱 크고 빠르게 나타났다.

빛을 치료법으로 연구하기 훨씬 전부터 비르츠 저스티스는 한 가지 명백한 모순처럼 보이는 현상에 주목해왔다. 바로 단 하룻밤 잠을 자지 않는 것만으로도 중증 우울증 환자의 기분을 몇 시간 만에 개선할 수 있다는 점이었다. 최근 밝혀진 바에 따르면, 수면 부족은 생체시계를 빛에 더 민감하게 만들어, 아침에 받는 빛이 생체리듬을 더 강하게 조율할 수 있도록 한다.

"우리는 이 비약물요법이 놀라울 정도로 효과적이라는 걸 알고 있습니다." 하지만 환자에게 밤새 깨어 있으라는 처방도, 밝은 빛을 비추는 치료도 특허를 낼 수 없다. 그녀는 이런 이유로 관련 치료법에 관한 규정과 연구가 부족하다고 설명했다. 기금이 부족해서 대규모 임상시험을 진행하기도 어렵다. 비르츠 저스티스는 이렇게 덧붙였다. "그래도 효과가 워낙 좋아서 35명만 있어도 원하는 결과를 얻을 수 있어요. 반면에 어떤 항우울제는 효과가 너무 미미해서 위약과 차이를 보려면 3000명이 필요하지요."

40년 동안 연구가 계속되었지만 유전, 짧은 낮, 빛 부족 중 정확히 어떤 요소가 결합하여 SAD를 유발하는지, 광치료가 정확히 어떻게 작용하는지는 아직 수수께끼로 남아 있다. 우리는 청색 스펙트럼의 빛이 SCN의 중추 시계와 관련된 계절적 주기를 재설정하고, 송과선의 멜라토닌 분비를 조절하며, 각성도와 기분, 인지능력에 직접적인 영향을 미치는 등 다양한 방식으로 우리의 생리와 행동에 변화를 일으킨다는 사실을 알고 있다. 하지만 과학자들은 여전히 일주기 리듬 강화에서부터 질병 위험 감소에 이르기까지 광치료의 잠재적 이점을 추가로 발굴하면서 더 자세한 내용을 파헤치고 있다. 치료용 조명의 파장을 적절히 조합하면 밝기가 아주 강할 필요가 없다는 연구 결과도 보고되고 있다. 결국 중요한 것은 청색광이 부족하면 우울감이 그 빈자리를 채울 수 있지만, 인공조명이 많은 이의 우울감을 달래줄 수 있다는 점이다.

SAD의 유병률은 전체 인구의 약 1~10퍼센트에 이른다. 경미한 증상은 이보다 더 흔할 수 있으며, 저위도에서 고위도로 이동한 사람들과 여성들이 특히 SAD에 취약하다. 우울증에 걸린 생쥐와 다른 증거에서도 알 수 있듯이 유전적인 영향도 분명히 존재한다. 역사적으로 각기 다른 시점에 핀란드로 이주한 사미족과 핀족 집단은 SAD 유병률에서 차이를 보인다. 또한 저녁형은 아침형보다 SAD나 다른 형태의 우울증에 걸릴 확률이 훨씬 더 높다.

비르츠 저스티스는 비싼 조명이 있든 없든, 스스로 SAD라고 생각하든 아니든, 누구나 낮에는 더 많은 빛을, 밤에는 더 깊은 어둠을 추구해야 한다고 조언했다. "이보다 더 쉬운 처방이 또 있을까요?"라고 그녀는 말했다.

한 가지 문제는 우리가 눈으로 생체시계를 자극하는 빛이 얼마나 들어왔는지 정확히 감지하지 못한다는 것이다. M&M 파란색과 빨간색 맛을 구별할 수 있다고 착각하는 것처럼 이 역시 감지하고 있다고 착각할 수도 있다. 하지만 앞서 말했다시피, 우리의 시각 체계가 빛의 양과 질을 인식하는 방식은 다른 생물학적 체계와 다르다.

우리의 시각 체계는 빛을 1차원이 아니라 3차원으로 받아들여, 주변에 존재하는 다양한 강도의 빛을 처리한다. 광원의 밝기가 여덟 배 증가해도 우리는 두 배만큼만 밝아졌다고 느낀다. 또 우리 뇌는 인공조명이나 디지털 화면이 구현해낸 색의 파장을 구별하지 못한다. 특정 색으로 보이는 것도 다른 파장 대역의 빛을 혼합해 그 '색상'으로 지각되게 만든 것일 수 있다. 두 빛은 겉보기에는 같아도 일주기 체계에는 매우 다른 영향을 미칠 수 있다.

또한 사람마다 빛에 대한 반응에서도 큰 차이가 있다. 실험에 따르면, 한 참가자는 6럭스의 빛에도 수면을 촉진하는 멜라토닌 생성량이 절반으로 줄어들었지만, 다른 참가자는 350럭스의 빛을 봐야 같은 수준으로 감소했다. 평균은 약 25럭스였고, 10에서 50럭스 범위의 빛이 실험 참가자들의 멜라토닌 분비 시점을 22분에서 최대 109분까지 늦춘다는 결과가 나왔다. 내가 인터뷰한 한 과학자는 눈동자가 밝은 사람은 어두운 눈동자보다 생체시계를 활성화시키기 위해 더 적은 양의 청색광만으로도 충분할 수 있다고 추측했다. 어린이는 중장년층보다 빛에 더 강한 일주기 반응을 보이는데, 상대적으로 수정체가 더 맑고 동공이 더 크기 때문이다. 백내장과 나이가 들면서 눈의 수정체가 자연스럽게 누렇게 변하는 현상은 제3 광수용체에 도달하는 청색광의 양을 줄이는 원인이 된다. 45세가 되면 일주기 체계의 빛 수용 능력이 청년기의 절반 수준으로 감소한다. 75세에는 약 17퍼센트로 낮아진다. 치매 환자는 낮 동안 충분한 일주기 자극을 얻기가 훨씬 더 어렵다. 치매가 생체시계를 제어하는 뇌 영역의 신경세포를 손상시킬 수 있기 때문이다. 최근에는 반대로 일주기 교란이 치매를 유발할 수 있다는 증거도 발견되고 있다.

이처럼 내 몸만 가지고 내가 받는 빛을 측정할 수 없다는 사실을 깨닫고 코펜하겐에 본사를 둔 일주기 조명 기업인 LYS 테크놀로지LYS Technologies의 도움을 받기로 했다. 나는 벙커로 떠나기 전 LYS에서 웨어러블 광센서를 구매했다. 반투명한 시침과 분침이 달려 있어 얼핏 시계처럼 보이는 동전만 한 크기의 이 검은색 장치는 센서에 도달한 광자의 개수와 종류를 측정한다. 나는 벙커에 머문 기간을 포함해 이후 몇 달 동안 셔츠와 스웨터에 센서를 달고 다녔다. 센서가 머리카락에 가리지 않게 하고, 외투를 입을 때는 위치를 바꿔 달려고 신경 썼는데, 나름대로 성공적이었다. 센서가 내장된 안경이나 콘택트렌즈를 착용했다면 ipRGC가 수집해 SCN으로 전송한 정보를 더 정확히 볼 수 있었겠지만, LYS 센서와 연동된 스마트폰 앱으로도 충분히 유익한 정보를 얻을 수 있었다.

몸이 영양분을 원할 때 우리는 허기를 느낀다. 하지만 몸이 빛을 갈망할 때, 우리는 그에 상응하는 신호를 받지 못한다. LYS를 비롯한 일주기 조명 업계는 그 빈틈을 메우려 한다. LYS의 스마트폰 앱은 하루 동안의 조도를 시간별 그래프로 보여주고, 주요 파장을 반영하여 파란색과 주황색 사이의 음영으로 표시한다. 맨 위에 있는 막대 차트는 '자연스럽고 건강한 빛에 노출된 시간'을 보여준다. 2시간은 '양호함'으로 분류된다. 야간에 해로운 청색광에 노출된 시간을 보여주는 차트도 있다. 여기서는 2시간이 '고위험'이다. 한눈에 봐도 집 밖을 나서지 않은 날은 빛 성적이 나빴다. 하지만 몇 가지 항목은 예외였다. 어느 날 오후, 아침 해가 기울면서 내 책상 옆 창문으로 햇살이 들이치자 앱에 표시된 '주간' 조도가 양호함에 한 칸 가까워졌다. 나는 블라인드를 내려 컴퓨터 화면에 반사되는 빛을 줄이고픈 유혹을 꾹 참았다. 대신 하던 일을 멈추고, 잠시 볕을 즐겼다.

그래프에는 일출과 일몰 시각도 표시되어 있었다. 알래스카로 떠나기 전, 내 기상 시각은 오전 7시 30분이었고 일출은 그보다 한참 앞서 있었다. 앱을 쓰다 보니 낮 길이의 변화에 부쩍 신경을 쓰게 됐다. 한동안은 커튼 틈으로 스며드는 아침 햇살에 잠을 깼다. 하지만 여름이 되고 나서는 이른 새벽에 뜨는 해를 거의 보지 못했다. 나는 그 부족한 빛을 알래스카에서 채웠다.

빛 다음으로 중요한 리듬 조절자

해가 24시간 떠 있어도 융의 반려견 스카우트는 꼬박꼬박 저녁 식사 시간을 알렸다. 스카우트는 정확히 오후 6시가 되면 축축한 혀를 길게 늘어뜨리고 우리 주위를 맴돌았다.

빛이 중요한 차이트게버인 것은 맞지만, 일주기 시계가 따르는 것은 태양만이 아니다. 낮과 밤의 급격한 빛 변화를 예측하기 위해 태초의 시계가 등장한 이후, 후속 모델에는 보충적인 데이터를 수집하는 기능이 추가됐다. 일주기 체계는 취할 수 있는 모든 정보를 취한다. 일어나서 처음 받는 빛이 뇌의 시계를 재설정하는 것처럼, 처음 먹는 한 입은 장기의 시계를 재설정할 수 있다. 동물이든 사람이든 매일 일정한 시간에 식사하면, 생체시계는 그 시간에 맞춰 미리 몸에 지시를 내려 혈당을 낮추고 배고픔 호르몬hunger hormone의 농도를 높인다. 불규칙한 식사, 특히 밤늦게 하는 식사는 일주기 리듬을 둔화시키고 몸에 잘못된 신호를 전달한다. 과학자들은 일주기 체계에 빛 노출 다음으로 중요한 차이트게버가 음식 섭취 시점이라고 말한다.

신체 활동 역시 중요한 신호다. 연구에 따르면[16] 운동은 근골격뿐 아니라 신체 전반의 리듬을 재정렬하고 강화하는 데 도움이 된다. 오전 7시 혹은 오후 1~4시 사이의 운동은 일주기 리듬의 위상과 멜라토닌 상승 시점을 크게 앞당겼고, 오후 7~10시 사이의 운동은 지연시켰다. 또한 매일 같은 시간에 운동하면 골격계의 시계와 SCN의 협응력이 높아져, 뼈와 관절의 건강을 보호하는 데 도움이 되는 것으로 나타났다.

온도는 좀 더 복잡한 차이트게버다. 통찰력 있는 생물학자 콜린 피텐드리히가 차가운 개울과 어두운 변소에서 증명한 것처럼 생체시계는 본업을 처리하기 위해 외부 온도를 보상해야 한다. 그러나 온도를 항상 무시하는 것은 아니다. 특히 빛과 어둠의 주기가 없는 곳에서 일부 생물 종은 아주 작은 온도 변화에도 생체주기를 동조시킨다. 한 예로, 벌은 벌집 내부의 온도 주기를 통해 하루의 시간을 파악한다. 지구가 자전하는 동안 빛과 어둠뿐 아니라 온기와 냉기도 순환하기 때문에[17] 온도 변화 역시 보조적인 신호가 될 수 있다. 한편 SCN은 낮 동안 중심 체온을 상승시키고 저녁에는 조금씩 떨어트린다. 이러한 체내의 온도 변화 자체가 다른 생체시계에는 시간 신호가 될 수 있다.[18]

지구 바깥의 주기도 많은 단서를 제공한다. 달이 인간의 신체 작용과 행동에 영향을 미친다는 설은 고대 그리스와 로마 때부터 존재했다. 여성의 월경 주기가 달의 주기를 따른다는 설은 그중에서도 특히 유명하다. 실제로 월경을 뜻하는 단어 '멘시즈menses'는 그리스어로 달을 상징하는 '메네mene'와 관련이 있다. 이러한 달의 힘은 근대 문화에서 전면적으로 부정당했다. 하지만 달이 월경과 수면 및 각성, 조울증 주기에 영향을 미친다는 증거가 등장하면서 옛 설화는 신빙성을 얻었다.

달은 태양을 중심으로 어디에 있는지에 따라 밝기가 달라진다. 약 29.5일 동안 초승달에서 보름달로, 보름달에서 다시 그믐달로 모양도 바꾼다. 달의 중력이 지구를 끌어당기는 힘[19] 또한 달의 공전궤도에 따라 규칙적으로 변한다. 2021년에 발표된 소논문은 여성의 월경 주기가 달의 움직임에 간헐적으로 동기화된다고 밝혔다. 저자들은 "고대에는 인간의 생식 활동이 달의 주기를 따랐지만, 현대에는 인공조명에 더 많이 노출되는 생활 방식으로 인해 이 관계가 바뀌었음을 검증하고자 한다"라고 언급했다. 2024년에 발표된 연구 결과도 생명체가 달의 은근한 인력과 빛을 주기적으로 받으면서 체내 월주기circalunar 리듬을 교정했고, 이러한 달의 주기를 예측할 수 있도록 시간 유지 메커니즘을 진화시켜왔다는 증거를 제시했다. 이 분야의 연구는 아직 초기 단계이지만, 과학자들은 이를 통해 언젠가 불임을 비롯한 다양한 질환을 치료할 새로운 해법이 마련되기를 기대하고 있다.

추가로 양극성 장애 환자의 기분 변화가 태양과 달의 중력 주기와 관련이 있다는 연구 결과와 보름달이 뜨는 주에 자살률이 급증한다는 연구 결과가 있다. 셰익스피어의 말이 떠오른다.

"보름달이 저지른 실수구나. 달이 평소보다 지구에 더 가까이 오면 사람들을 미치게 하지."●

한편 워싱턴대학교의 호라시오 이글레시아는[20] 시애틀 도심에서든, 아르헨티나 시골에서든, 보름달이 뜨기 전 며칠간은 사람들의 취침이 늦어지고 수면 시간이 짧아진다는 것을 발견했다. 그는 달이 차오르면서 밝아지는 빛이 원인일 가능성은 작다고 했다. 왜냐하면 시애틀의 도시 불빛이 보통 달빛을 압도해버리기 때문이다. 그는 달이 만들어내는 중력 혹은 지자기장(지구의 내부에서 태양풍과 만나는 곳까지 뻗어 있는 자기장 – 옮긴이)의 변화를 유력한 원인으로 꼽았다. 이글레시아는 인간이 달빛으로 시야를 확보할 수

● 《오셀로》, 김민애 옮김, 더클래식, 2017.

있는 시간을 최대한 활용하기 위해, 이 미세한 힘의 변화를 감지하는 능력을 발달시켜온 것으로 추정한다.

자기장[21]이 인간의 일주기 리듬에 영향을 미친다는 주장은 오래전부터 제기되어왔다. 상대습도의 감소, 페로몬 냄새와 같은 다른 환경 신호 역시 일부 종의 일주기에 미세한 영향을 미친다는 연구 결과가 있다.[22] 고립감, 성교, 두려움 같은 사회 행동적 요인도 후보로 꼽힌다. 소리도 일주기에 영향을 미치는 요인으로 볼 수 있는데, 단순히 소음이 수면을 방해하기 때문만은 아니다. 한 소논문에 따르면 참가자들은 밤에 새소리와 클래식 음악을 들었을 때도 멜라토닌 분비와 심부 체온 감소 시점이 늦춰져 더 오래 깨어 있는 경향을 보였다.

데날리에서의 긴 연휴가 끝날 무렵 적절치 않은 시간에 새소리를 들으며 나는 시애틀행 비행기에 몸을 실었다. 오후 10시가 조금 지나 남쪽으로 어느 정도 내려오자 황혼이 밤으로 바뀌었다. 나는 다른 승객들처럼 비행기의 작은 창밖으로 어둠의 귀환을 지켜보았다. 시애틀에 착륙하기 전, 비행기 안에서 번쩍이는 파랗고 하얀 불빛을 보자 짜증이 밀려왔다.

실내 생활과 고위도 지역으로의 이동에서부터 우리가 놀고, 먹고, 일하는 불규칙한 생활 습관까지 현대사회의 다양한 일주기 교란 요소들은 우리의 생체시계를 정확하게 맞춰주는 차이트게버들과의 연결을 끊어버릴 수 있다. "인간의 본질은 두 발 달린 시계"라고 노스웨스턴대학교의 일주기 과학자 조셉 배스Joseph Bass는 말했다. "동물은 자연에 순응하고, 내부 시계의 명령에 따라 행동합니다. 인간은 끊임없이 정해진 타이밍을 어긴다는 면에서 참 독특한 종이에요."

우리의 그 독특한 생활 방식이 예상치 못한 결과를 낳고 있다.

2부

빛을 잃은 삶, 고장 난 시계

5장
인공조명 아래, 어두운 낮

"계속 찾아보세요." 런던 구시가지를 따라 함께 이동하면서 안드레아스 빌먼이 내게 말했다. 바비칸 지하철역 앞에서 만나 이동하는 동안 우리는 12개가 넘는 '장식용 창blind window'을 발견했다. 사실 대부분은 빌먼이 찾아낸 것이었다. 생김새 때문에 눈으로 보고서도 지나치기가 쉬웠다. 장식용 창은 건물과 한 몸처럼 보였다. 게다가 빛도 공기도 들이지 않기 때문에 하나씩 놓고 봐도 창문의 사전적 정의에 부합하지 않았다.

창문에는 오랜 역사가 있다. 초기 주거 양식, 특히 기후가 추운 북방 지역의 집들은 창문이 없었다. 빛을 들이고 연기를 내보내기 위해 벽 위쪽이나 지붕에 작은 구멍을 뚫는 정도가 고작이었다. 시간이 지나면서 사람들은 다양한 재료로 이 구멍을 덮기 시작했다. 동물 가죽, 천, 나무, 종이 그리고 마침내 유리로 가렸다. 적어도 이때까지 벽돌로 막는 경우는 거의 없었다. 유리창은 사회적 지위의 상징이 되었다.[1] 하지만 그 이후에는 골칫거리로 전락했다. 전쟁, 도난, 추위, 열 손실 등 여러 측면에서 취약한 요소로 작용했기 때문이다.

1696년부터 1851년까지[2] 영국은 창문에 세금을 부과했다. 이는 창문의 수를 재산과 부富의 수준을 가늠하는 조잡하지만 간편한 기준으로 삼았기 때문이다. 윌리엄 3세 국왕이 이 조세제도를 처음 도입했을 당시, 영국은 전쟁 비용과 새로운 주화 제조 비용을 충당할 재원이 절실한 상황이었다. 그보다 먼저 시도한 정책은 대부분 실패했다. 난로세hearth tax의 경우, 조세 사정인이 집 안으로 들어가 난로와 오븐의 개수를 세야 했기 때문에 사람들이 달가워하지 않았다. 하지만 '창문 염탐꾼window peeper'들은 사유지를 침범하지 않고 밖에서 창문의 개수 세는 일을 마칠 수 있었다. 공무원들은 염탐꾼이 헤아린 창문 개수에 따라 창문세를 차등 부과했다. 이들은 집에 창문이 많을수록 집주인의 재산도 많다고 간주하여 더 무거운 세금 기준을 적용했다.

이 방식은 안정적이고 심지어 영리해 보였다. 하지만 새로운 조세제도 역시 불완전하기는 마찬가지였다. 일부 건물주는 세금을 내는 대신 벽돌과 몰탈(시멘트, 석회, 모래, 물을 섞은 혼합물 – 옮긴이)로 창문을 막아버렸다. 가장 악독한 자들은 가난한 세입자를 어둠 속에 방치한 임대인들이었다. 이후 건축가들은 집을 설계할 때 유리로 된 창을 인색하게 사용하기 시작했고, 돌출형 창은 아예 피했다. 한때 유행했던 건축 자재는 값이 천정부지로 치솟았다. 정부가 유리 자체에 세금을 부과하면서 이러한 흐름은 계속 이어졌다.

곧 도시와 마을에는 벽돌 안에 벽돌을 덧대 창문 모양으로 홈을 낸 건물로 가득해졌다. 그 건물들 대부분이 오늘날까지 남아 있다. 빌먼과 나는 치스웰 거리에서 그중 하나로 보이는 18세기 양조장을 발견했다. 건물에는 총 12개의 장식용 창이 나 있었다. 양조장에 걸린 명판에도 창문세가 있던 시절에 조지 3세와 샬럿 왕비가 맥주를 마시러 들른 적이 있다고 적혀 있었다.

이 양조장의 원래 주인인 새뮤얼 휘트브레드는 1829년에 창문세 폐지를 청원했다. 그에게는 든든한 지원군이 있었다. 창문세는 저명한 비평가들의 공분을 샀다. 영국 소설가 헨리 필딩의 18세기 소설《업둥이 톰 존스 이야기》에서 등장인물은 이렇게 호소한다. "막을 수 있는 곳은 다 막았습니다. 정말이지, 집이 장님이 된 것 같아요." 유명 작가 찰스 디킨스 역시 "창문세가 도입된 이후로는 공기도 빛도 공짜가 아니다. 자연이 모두에게 풍족하게 내어준 것도 한 해에 얼마씩, 창문당 얼마씩 대가를 치러야 얻을 수 있다. 이제 그 비용을 치를 수 없는 가난한 사람들은 생활에 꼭 필요한 햇빛과 공기마저 아껴야 한다"라고 비판을 쏟아냈다.

최근 메릴랜드대학교 칼리지파크 캠퍼스의 경제학자 월리스 오츠Wallace Oates와 로버트 슈왑Robert Schwab은 창문세가 시행되던 시기의 자료를 발굴해 분석한 결과, 창문세가 부동산 소유주들의 의사 결정을 왜곡했다고 결론지었다.[3] 두 경제학자는 정부가 창문세를 개정하기 전후의 기록을 중점적으로 살펴보았다. 한번은 과세 구간을 창문 개수 10개, 15개, 20개로 나누자, 이후 염탐꾼의 기록에서 창문이 9개, 14개, 19개인 건물이 불균형적으로 증가했다. 1766년 개정으로 창문이 7개 이상인 주택으로 조세 범위를 확대하자, 영국과 웨일스에서 창문이 정확히 7개인 주택이 거의 3분의 2로 줄어들었다. 이 데이터를 뒷받침하는 비공식 기록도 존재한다. 런던목수협회 회장이 의회에 보낸 전갈에는, 소호 콤튼 거리의 거의 모든 집이 그를 고용해 창문을 가리고 있다는 내용이 담겨 있다.

독특한 조세제도를 활용한 것은 영국만이 아니었다. 프랑스, 네덜란드, 스코틀랜드, 아일랜드 역시 '빛'에 대한 다양한 형태의 세금을 도입했다. 1767년 영국 의회가 찻잎 등의 상품뿐 아니라 유리에도 세금을 부과하자, 창문은 미국 식민지 주민들 대부분이 살 수 없는 사치품이 되었다. 프랑스는 1798년에 창문과 문에 세금을 부과하는 법을 제정하여 1926년까지 유지했다. 프랑스는 세금을 산정할 때 창문의 크기와 개수를 모두 고려했다. 자연스럽게 이후 프랑스 건축가들은 특히 빈곤층을 대상으로 한 주택을 설계할 때 창문의 크기와 개수를 줄이기 시작했다. 어떤 건설업자들은 아예 창문 없는 집을 짓기도 했다.

빌먼은 코로나19 팬데믹 기간에 자전거를 타고 런던을 돌아다니다가, 그 기이한 창문을 처음 목격하게 되었다. 이에 영감을 받은 빌먼은 장식용 창을 소재로 '날강도Daylight Robbery'라는 제목의 사진 시리즈를 구상해 런던건축축제에 출품했다. 빌먼이 촬영한 장식용 창 중에는 진짜 창문세 시대의 유물도 있지만, 나머지는 순전히 건축적 대칭이나 다른 심미적 이유로 추가된 것들이었다. 나는 그 뒤에 굴뚝이나 계단을 숨겨놓은 집도 보았다. 벽돌 창문도 인기를 얻으면서 미국에서는 이를 고풍스러운 느낌을 내는 요소로 사용하기도 했다. 나는 이 유행을 도무지 이해할 수가 없다. 마치 예전에 애시드 워싱 청바지의 유행을 이해하지 못하는 것처럼 말이다. 물론 나도 한때는 그걸 입고 다녔지만.

나는 이후 런던과 케임브리지에서 더 많은 장식용 창을 발견했고, 빌먼이 알려준 방법을 활용해 진품 여부를 감별해봤다. 새로 추가된 벽돌은 건물 벽체의 원래 외장재와 비교했을 때 색깔이나 스타일이 따로 노는 경우가 있었다. 또 빌먼은 벽돌이 지저분할수록 '창문세 시대스러운' 것이라고 했다.

1851년 영국은 결국 창문세를 폐지했지만 불공평한 햇빛 강탈은 오늘날에도 계속되고 있다. 그 주범은 바로 인공조명이다.

점점 부족해지는 일조량

산업혁명이 일어나고, 곧이어 창문과 유리에 부과되던 세금이 사라지면서 건축가들은 많은 사람이 풍부한 햇빛을 받으며 일할 수 있도록 건물의 폭을 좁히고 창문과 채광창을 늘리기 시작했다. 그 햇살 가득하던 시대의 유물인 뉴욕의 플랫아이언 빌딩은 지금도 여전히 높고 가느다랗게 서 있다. 하지만 19세기 후반, 토머스 에디슨이 발명한 전구가 보급되면서 건물 설계는 다시 한번 변화를 맞았다. 곧 건축가들은 햇빛을 들이는 창문보다 조절할 수 있는 새로운 광원에 더 많이 의존하게 되었다. 건물의 폭은 넓어졌고, 내부는 전등으로 가득해졌다. 사람들은 그 안에서 하루의 대부분을 보내기 시작했다. 해가 진 후에도 계속 일할 수 있고, 사람을 만나기도 쉬워졌다. 낮은 밤의 영역을 조금씩 침범해갔다.

전기 조명이 등장한 지 약 150년, 진화의 역사에서 찰나에 불과한 그 짧은 시간 동안 인간은 지구의 일주기 신호와 결별했다. 그리고 우리는 뒤돌아보지 않았다. 오늘날 대부분 사람들은 하루 90퍼센트 이상을 실내에 머무르며, 창문이 보이지 않는 곳에서 많은 시간을 보낸다. 나도 첫 직장에서 4년을 그렇게 살았다. 우리가 실내에서 일할 때, 일조량은 최대 1000분의 1수준까지 떨어지고, 생물학적으로 필요한 파장은 부족해진다. 현대인은 일출과 일몰을 거의 보지 못한다. 사실상 하루 종일 희미한 땅거미 속에 머무는 셈이고, 그 결과 우리 몸의 시간 감지 능력은 점점 무뎌지고 있다.

아미시Old Order Amish는 낮과 밤의 자연스러운 연결을 중요시하는 소수 공동체 중 하나다. 아미시 공동체는 전력망에서 공급되는 전기를 사용하지 않기 때문에 집과 일터에서도 최소한의 조명만 사용한다. 디지털 화면도 흔치 않다. 과학자들은 펜실베이니아주 랭커스터의 아미시 공동체 사람들이 봄철과 겨울철에 받는 빛을 분석했다. 보통 사람들과 비교했을 때, 아미시 사람들이 낮과 밤에 받는 빛의 밝기 차이는 열 배에 가까웠다. 산업화되지 않은 탄자니아, 나미비아, 볼리비아 지역에서도 그 차이가 비슷하게 나타났다. 이들 지역의 생활 방식은 야외 활동이 주를 이룬다.

나는 ZGF 아키텍츠ZGF Architects의 조명 전문가인 마티 브레넌Marty Brennan과 함께 시애틀 도심을 걷기 전까지 이 대조의 극명한 차이를 체감하지 못했다.

우리는 퓨젓사운드Puget Sound 해안가의 링컨 공원을 거닐며 이야기를 나누기 시작했다. 브레넌은 내 LYS 광센서보다 훨씬 더 크고 정교한 새로운 분광기(물질이 방출하는 또는 흡수하는 빛의 스펙트럼을 관찰하는 장치 – 옮긴이)를 들고 있었다. 그는 몇 분마다 멈춰 서서 분광기로 주변의 빛을 측정했다. 내게 수집된 스펙트럼 데이터를 보여줄 때마다 브레넌의 눈이 반짝였다. 숲길의 밝기는 2811럭스, 바위 해변으로 나가는 길의 밝기는 7만 1584럭스였다. 나무의 파장은 대부분 녹색과 적색이었고, 물가에서는 청색 파장이 두드러졌다. 브레넌은 "제가 스펙트럼에는 좀 까다로운 편이에요"라고 털어놓으며 자신의 애장품을 소중하게 움켜쥐었다.

브레넌은 길을 따라 걸으면서 계속해서 바뀌는 빛의 색상과 강도, 야외에서 느끼는 온도, 습도, 바람, 소리, 냄새의 미세한 차이를 '신경적 즐거움'이라 일컬었다. 실제로 나는 해안에서 넘실대는 하얀 파도를 구경할 때보다 숲속 나무 사이에 서 있을 때 훨씬 더 시원하고 차분하고 조용하다고 느꼈다. 브레넌은 "그 모든 감각적 변화가 인간에게 강력한 영향을 미쳐요"라고 말했다. "엄격하게 통제된 실내 환경과 비교해보세요. 실내에서는 모든 게 일정합니다. 뇌에서 변화를 감지하는 부분이 작동할 일이 없죠."

우리는 공원을 떠나 1920~1950년대식 주택이 즐비한 인근 주택가를 지나 와일드우드 마켓으로 들어갔다. 브레넌은 와인과 음료수, 과자류가 진열된 통로 쪽으로 분광기를 들이댔다. 통로 위에는 긴 형광등 하나가 밝혀져 있었다. 측정된 밝기는 138럭스였고, 색상 스펙트럼은 대부분 적색과 녹색 사이에 분포해 있었다. 약 400미터 떨어진 산책로에서 측정했을 때와는 완전히 딴판이었다. 물론 조도가 낮았음에도 가게 내부는 밝게 느껴졌다. 나는 이때까지도 시각 체계가 우리를 어떤 식으로 속이는지 알지 못했다. 가게 내부의 조명은 시각 체계를 자극하기에 충분히 밝았지만, 중추 시계를 자극해 체내에 흩어진 세포 시계를 맞추고 조율하기에는 양적으로나 질적으로나 부족했다. "우리는 실내 환경에서 생물학적 어둠을 경험합니다"라고 브레넌은 말했다. 여전히 앞을 볼 수 있고, 발을 헛디디거나 넘어지는 일도 피할 수 있지만, 그러는 동안 우리 뇌의 아주 오래된 신경 회로는 어둠 속에 방치된다.

의학계는 창문세가 있던 1845년부터 부족한 일조량의 여파에 대해 경고해왔다.[4] 영국에서 창간된 세계적 의학저널 《란셋The Lancet》에 다음의 사설이 실렸다.

"빛은 인체의 완벽한 생장 환경에 공기와 음식만큼 필수적이다. 언제든 빛이 부족하면 건강 문제와 질환으로 이어질 수 있다. 이 기본적인 위생 상식은 그 중대성에도 불구하고 너무 쉽게 간과된다."

해당 사설은 또한 인공조명을 "자연광의 매우 나쁜 대체물"이라 표현했다. 이후 과학자들은 이 짙은 어둠이 인체에 미치는 영향을 구체적으로 밝혀내기 시작했다. 가장 널리 알려진 문제는 햇빛을 통해 합성되는 비타민 D의 결핍으로, 전 세계적으로 약 10억 명이 비타민 D 부족을 겪고 있는 것으로 추정된다. 하지만 연구에 따르면 이는 단순한 영양소 부족을 넘어 일주기 리듬과 수면, 신체적·정신적 건강 전반에 영향을 미칠 수 있다. 일조량이 부족하면 일주기 리듬이 약해지고, 각성도와 기분, 체력 모두 저하된다. 또한 우리는 밤마다 곳곳에 존재하는 인공조명이 만들어내는 생물학적 속임수에 더 쉽게 노출되기도 한다. 즉 인공조명이 뇌를 속여 아직 낮이라고 착각하게 만들고, 그 결과 멜라토닌 분비가 억제되어 수면을 방해받는다. 결국 우리 몸은 제대로 된 밤과 낮의 구분을 인식하지 못하게 된다.

나는 생산성과 성과 저하, 사고와 대사 장애율 증가에 관한 논문을 수도 없이 읽었다. 영국에서 8만 5000명 이상을 대상으로 진행한 연구 결과에 따르면, 주간의 빛 노출 부족과 야간의 빛 노출 과다는 주요 우울 장애와 외상 후 스트레스 장애PTSD, 여러 정신 질환에 영향을 미쳤다.[5] 다른 연구에서는 동물이 밤낮의 대비가 강한 곳에서 지낼 때보다, 밤낮의 대비가 약한 곳에서 지낼 때

알츠하이머병의 주요 원인인 베타아밀로이드의 축적이 증가하는 것으로 나타났다.[6] 관련 논문의 수는 계속해서 늘어나고 있고, 그 결론은 대부분 약 2세기 전의 경고를 반복하고 있다. 같은 사설에는 이 같은 말도 적혀 있다.

"빛의 부족은 (…) 정신에 심대한 영향을 미치고, 기분을 우울하게 하며, 지적 에너지를 떨어트린다."

시각 체계와 일주기 체계(생체시계)를 자극하는 데 필요한 빛의 양은 현저히 다르다. 이로 인해 요양원부터 교실에 이르기까지 시각에는 충분하지만 생체시계를 거의 고려하지 않은 조명 환경이 흔하게 만들어졌다. 하버드 의과대학 및 브리검 여성병원의 수면 의학과 교수 샤다브 라흐만Shadab Rahman은 일반적인 사무실 환경에서 사람들이 받는 빛의 양이 수평 시선에서 측정했을 때 대개 50~100럭스에 불과하다고 말했다. 이는 대부분 천장 조명에 의존하는 사무실에서 흔히 나타나는 수준이다. 다른 연구팀은 사무직 노동자들에게 내가 착용한 LYS 센서와 비슷한 장치를 달게 하여 그들이 실제로 얼마나 많은 빛에 노출되는지를 측정했다. 그 결과 참가자의 거의 절반이 오전 시간대에 생체시계를 자극할 만큼의 빛을 받지 못한 것으로 나타났다. 이는 거의 모든 사람이 책상에서 권장 기준인 300럭스 이상의 빛을 받았음에도 불구하고 나온 결과였다.

문제는 역사적으로 대부분의 조명 권장 기준과 에너지 규정이 가시성·안전성·에너지 효율만을 고려해 산출되었다는 것이다. 이제 빛을 평가하는 방식을 손봐야 하지 않을까?

실내조명의 한계

지금 종이책을 보고 있다면, 글을 보기 위해 빛에 의존하고 있을 것이다. 책을 광원에 가까이 가져가면 책장이 밝아지면서 표면 밝기의 표준 측정 단위인 럭스 값이 증가하는 것을 볼 수 있다. 럭스 값, 즉 조도는 광원까지의 거리와 광원에서 방출되는 빛의 양에 따라 결정된다. 광원에서 방출되는 빛의 양은 루멘lumen(인간의 눈이 느끼는 밝기 - 옮긴이)이라는 별도의 단위로 광원에서 직접 측정한다. 물론 지금 햇빛에 의존해 책을 보고 있다면, 약 1억 5000만 킬로미터 거리에 있는 엄청나게 밝은 광원에 몇 뼘 더 다가간다고 차이가 생기지는 않을 것이다. 하지만 당신은 실내에서 전등에 의존하고 있을 가능성이 크다.

이제 생물학적 관점에서 모든 빛이 똑같지 않다는 사실을 깨달았을 것이다. 인간의 눈은 목적에 따라 다른 파장의 빛을 선호한다. 청색 원뿔세포는 약 420나노미터 이하의 청색 파장을 선호하고, 빛의 밝기는 크게 상관하지 않는다. 하지만 원뿔세포의 반응은 빠르고 짧기 때문에 청색 원뿔세포가 일주기 체계에 주는 영향은 일출이나 일몰 때처럼 긴 파장의 빛과 함께 나타나는 명암 대비가 있을 때 가장 강하다. 우리는 시선을 움직여 시시각각 달라지는 풍경을 받아들임으로써, 회로를 갱신해 뇌에 반복 신호를 보낼 수 있다. 한편 앞서 말했듯이 ipRGC의 멜라놉신은 480나노미터 대역에 집중된 매우 밝은 청색광을 일정 시간 동안 받았을 때 일주기 체계로 신호를 보낸다. 파장이 달라도 같은 효과를 낼 수 있다. 단지 훨씬 더 많은 양의 빛이 필요할 뿐이다. 이렇듯 청색광은 다양한 경로로 제3 광수용체를 자극해 지금이 지구 시간상 어느 정도의 시점인지를 생체시계에 전달하는 역할을 한다.

우리의 시각 체계는 책을 읽거나 주변 세상을 볼 때, 약 555나노미터 대역의 파장을 선호한다. 니츠연구소의 M&M 자판기에서 보았듯이, 우리 눈에는 청색 원뿔세포보다 녹색과 적색 원뿔세포가 훨씬 더 많다. 녹색과 적색 원뿔세포는 각각 530, 550나노미터 대역의 파장에 가장 큰 자극을 받는다. 두 세포의 민감도 합은 555나노미터의 황록색 파장에서 극대화된다. 이것이 약 100년 전, 국제조명위원회가 실내조명의 조도와 광속의 기준을 정할 때 555나노미터 파장 대역에 가중치를 부여한 이유다.

조명 설계자들은 아직도 건물 내부에서 특정 조도 기준을 만족하는 광속을 계산할 때, 녹색 파장에 가중치가 적용된 수식을 사용한다. 문제는 이러한 광속에 대한 정의 때문에 짧은 파장의 청색광과 긴 파장의 적색광이 불필요한 에너지로 취급된다는 점이다. 그 결과, 우리가 주로 시간을 보내는 실내 공간에서는 스펙트럼에서 중요한 일부 파장이 사라지게 되었다.

오리건주 포틀랜드에 있는 태평양 북서부 국립연구소의 조명연구가 나오미 밀러Naomi Miller를 비롯한 다수의 전문가는 에너지 효율 기준을 정할 때, 가시성 이외의 부분도 고려해야 한다고 강력히 주장했다. 이들은 특히 생체시계가 선호하는 파장을 반영한 새로운 조명 기준을 마련해야 한다고 입을 모았다. 이러한 파장들은 지금까지 조명 설계에서 거의 무시되어왔고, 실내 환경에서는 거의 찾아볼 수 없다. 밀러는 이렇게 말했다. "우리 몸은 일광의 거의 모든 스펙트럼을 어떤 식으로든 활용하도록 진화했습니다. 루멘을 계산하는 데 유리한 파장만 쓰는 건 이치에 맞지 않아요."

2022년 한 일주기 연구팀은[7] 관련 자료를 분석하여, 빛의 비시각적 효과를 반영할 수 있는 새로운 조명 지표인 '멜라노픽 등가 일광 조도Melanopic equivalent daylight illuminance'(이하 멜라노픽 EDI)를 기준으로 권장안을 마련했다. 멜라노픽 EDI는 멜라놉신을 자극하는 빛을 측정하기 위해 최근 몇 년 사이 고안된 대체 지표 중 하나로, 빛의 강도와 색상을 모두 고려하여 계산한다. 조도와 광속 같은 전통적인 지표를 구할 때는 빛의 녹색 스펙트럼에 가중치를 부여하지만, 멜라노픽 EDI는 빛의 청색 스펙트럼에 가중치를 부여한다.

과학자들은 실내에서 주간 권장 멜라노픽 EDI와 다른 기준을 만족하기 위해 자연광과 새로 나온 조절형 LED를 활용할 것을 권장한다. 권장안에서 제시하는 주간 최소 멜라노픽 EDI는 눈높이 기준으로 250럭스다. 이 수치를 만족하면 체내에서 낮과 밤의 구분이 뚜렷해져 일주기 리듬 강화, 주간 각성도 상승, 수면 개선 같은 효과를 볼 수 있다. "전구는 인간이 만든 가장 놀라운 발명품입니다. 우리 삶을 완전히 바꿔놓았으니까요." 새로운 권장안을 마련하는 데 일조한 콜로라도대학교 볼더 캠퍼스의 케네스 라이트가 말했다. "하지만 알다시피 그 변화에는 몇 가지 부작용도 뒤따

랐습니다."

연구가 계속됨에 따라 권장안의 내용도 달라질 것이다. 각 지표의 권장 수치는 건강에 이상이 없는 보통 성인을 기준으로 계산되었다. 우리 중에 정확히 평균에 해당하는 사람은 거의 없다. 요양원의 고령 환자는 빛에 대한 민감도가 낮아서, 같은 효과를 보려면 멜라노픽 EDI 수치가 더 높아야 할 수도 있다. 심지어 나이가 같아도 성별, 눈동자 색깔 혹은 어떤 미지의 요인에 따라 빛에 대한 민감도는 크게 달라질 수 있다. 또한 낮 동안 250럭스의 빛을 얼마나 쬐어야 하는지, 빛을 보는 시점이 얼마나 중요한지 등도 밝혀지지 않았다. 심지어 250럭스가 평균적인 사람에게 충분한 밝기 기준인지조차 확실하지 않다. 어떤 사실을 확신하기에는 아직 현실 세계에 대한 데이터가 충분하지 않다.

햇빛은 기본권이었다

영국을 여행하면서 벽돌로 막힌 창문뿐만 아니라 빛을 둘러싼 과거 분쟁의 흔적도 엿볼 수 있었다. 나는 런던 다리 근처에 있는 호스텔 앞을 지나던 길에, 1층 술집 옆 골목길에서 '오래된 빛 ANCIENT LIGHTS'이라는 문구가 적힌 표지판을 발견했다. 벽면에 걸린 표지판 양옆에는 크리스마스 조명과 청동 랜턴이 걸려 있었다. 술집으로 들어가 바텐더에게 표지판에 관해 물었지만 아는 게 없는 듯했다. 그녀는 그런 표지판이 있는 줄도 몰랐다. 이후 버킹엄 궁전 옆에 있는 숙소에서 불과 몇백 미터 떨어진 곳에 있는 초등학교에서 두 번째 표지판을 목격했다. 이후 케임브리지를 산책하다, 펨버턴 테라스 거리에 있는 주택가에서 낡은 퇴창에 걸린 표지판을 하나 더 발견했다. 같은 거리에서 나는 정면에 있는 7개 창문 중 5개가 막혀 있는 벽돌 건물도 보았다.

'오래된 빛'이라니 대체 무슨 뜻일까? 표지판 자체는 비교적 새것처럼 보였고, 주변에 사적처럼 보이는 전등 같은 것도 걸려 있지 않았다. 술집에 있던 반짝이는 청동 랜턴은 누가 봐도 빈티지 소품이었다. 하지만 이 표지판이 있는 곳 근처에는 모두 벽돌이 아니라 유리가 끼워진 진짜 창문이 있었다. 이는 1663년에 시작된 영국 재산법의 흔적이자 1832년부터 시행된 현행 법률에 따른 것이다. 이 법은 20년 이상 같은 창을 통해 자연광을 누려온 주택 소유주에게 그 '오래된 빛'을 계속 받을 권리, 즉 채광권ancient lights을 보장한다. 채광권이 인정되면 인접 토지를 소유한 사람은 빛의 경로를 방해하는 행위를 할 수 없다. 법적 보호를 받는 창문 앞에 벽을 세울 수도, 건물을 지을 수도, 심지어는 나무를 심을 수도 없다. 첼시 풋볼 클럽의 새 홈구장인 스탬퍼드 브리지Stamford Bridge는 2018년 런던의 한 가족이 거의 400년 된 이 법을 근거로 이의를 제기한 탓에 건설이 중단될 뻔한 적이 있다. 크로스와이트 씨 가족은 경기장 측이 돌발변수라고 묘사한 그들의 집에서 50년간 거주했다.

일조권 보호라는 개념은 훨씬 오래전부터 존재했다. 로마 황제 유스티니아누스는 난방이나 채광, 해시계 작동을 위해 사용되던 빛을 이웃이 가로막아서는 안 된다고 선언한 바 있다. 고대 그리스인들도 빛에 대한 인간의 권리를 인식하고 보호했으며, 햇빛을 최대한 활용할 수 있도록 거리와 건물의 배치를 계획했다. 같은 목적으로 18세기 덴마크에서는 건물 높이가 거리의 너비를 넘지 못하게 제한했다.

여전히 일부 국가에서는 빛에 대한 권리를 법으로 보호한다. 인도네시아 발리에서는 건물이 코코넛 나무의 키를 넘지 않도록 건물 높이를 15미터로 제한한다. 이 규제는 트럼프 그룹이 그 섬에 리조트 타워를 건설하려던 시도를 저지하는 데 일조했다. 중국은 인구수 50만 이상의 도시에 주거용 건물을 건축할 때, 절기상 대한大寒에 해당하는 1월 21일경에 일조 시간이 2시간 이상이 되도록 정하고 있다. 일본은 '니쇼켄nisshoken', 말 그대로 '햇빛에 대한 권리'를 제정하여 하루에 일정 시간 이상 다른 건물에 드는 햇빛을 가리지 않도록 건물의 모양과 높이를 규제한다. 파리는 신축 건물의 높이를 12층으로 제한함으로써 저층 도시로서의 역사적 지위를 굳건히 하고 있다. 스위스 취리히에서는 주거 지역의 건물을 수직으로 증축할 때 겨울철에 그로 인한 그림자가 2시간 이상 드리우지 않도록 법으로 규제하고 있다. 참고로 우울증 환자에게 아침 산책을 처방하는 나라도 바로 스위스다.

유럽의 오랜 도시들은 곳곳에 야외 공간을 배치하여 푸른 하늘을 도심 속으로 가져온다. 나는 몇 주 동안 런던, 코펜하겐, 암스테르담에 머무르면서 각 도시의 아담한 건물과 넓은 거리의 매력에 푹 빠졌다. 평소 시애틀에서 보던 것보다 더 많은 햇빛이 거리와 사무실, 카페, 집, 숙소로 쏟아져 내렸다. 구름이 드리운 날에도 비교적 밝고 따뜻했다. 코펜하겐의 생기 넘치는 낙엽수와 파스텔 색상의 건물도 분위기를 따스하게 만들었다.

시간이 흐르면서 대부분 지역에서 일조권에 대한 관심은 점차 사그라들었다. 런던과 상파울루처럼 오랫동안 그 권리를 지켜온 도시들도 고도 제한 완화 요구에 점차 굴복하고 있다. 어느 쪽을 택하든 기회비용은 따르기 마련이다. 많은 도시가 주거 비용 상승으로 몸살을 앓고 있고, 대개 건물 층수가 올라갈수록 임대료는 낮아지는 경향이 있다. 용적률이 높을수록 일조량은 감소하지만, 이런 문제를 논의할 때 햇빛은 공공연히 배제된다. 한 폴란드 건축가는 내게 이렇게 말했다. "햇빛이 무료라서 문제입니다. 사람들은 값을 치르지 않고 무언가를 얻으면 그 중요성을 쉽게 간과해버리죠."

전 세계적으로 더 많은 사람이 도시로 모여들고, 더 많은 집과 사무실이 좁은 공간에 밀집되면서 실내외를 막론하고 우리의 일광 접근성은 더욱 줄어들고 있다.

미국은 채광권을 법적 권리로 인정하지 않았다. 독립 당시에는 이 법을 받아들였지만, 1838년 뉴욕 법원의 판결을 시작으로 폐지 절차를 밟았다. 아래 판결의 이유에서 미국은 경제 성장과 사유재산을 더 우선시했음을 알 수 있다.

"영국에서는 이 법이 안정적으로 시행됐을 수 있다. 하지만 이 나라의 성장하는 도시와 마을에 이 법을 적용할 경우, 몹시 해로운 결과를 초래할 수밖에 없다."

20세기 초반, 모든 주의 고등법원이 이 판결을 인용해 채광권을 부정했다. 뉴욕시의 건축가이자 도시 계획자인 마이클 콰틀러Michael Kwartler는 당시 미국 법원의 무신경한 태도를 이렇게 요약했다. "여긴 미국이에요. 남아도는 게 땅덩인데 굳이 일조권이란 게 왜 필요하죠? 사람들이 건물을 그렇게 바싹 붙여 지을 리가 없잖아요, 안 그래요? 당최 이해가 안 되네."

20세기 들어 고층 건물이 미치는 영향에 주목하는 사람이 많아지면서 불씨가 되살아났다. 1913년 《뉴욕타임스》에는 "도시의 건축물 높이 제한으로 고층 건물이 인기를 얻지 못하는 유럽과 높이 제한이 없는 미국"이라는 제목의 기사가 실렸다. 보스턴, 볼티모어, 덴버, 로스앤젤레스 비롯한 주요 도시들이 "건축물과 거리는 단순한 사용성뿐 아니라 아름다움, 안전성, 건강 측면에서도 높은 기준을 만족시켜야 한다"라고 주장하기 시작한 이유를 기사에서 조명했다. 이후에도 뉴욕시는 건물의 높이를 제한하지는 않았지만, 건물을 지을 때 하늘을 가리지 않도록 거리와 이격을 둬야 한다고 명시한 용도지역 조례zoning law를 1916년에 제정했다. 엠파이어 스테이트 빌딩이 웨딩 케이크 모양으로 지어진 것도 이 법 때문이었다. 1930년대 초반 엠파이어 스테이트 빌딩이 건설되기에 앞서 1915년 맨해튼 남단에 에퀴터블 빌딩이 들어서면서 한 차례 논란이 불거졌다. 약 160미터 높이의 육중한 건물이 거리와 딱 붙어서 지어져 일대에 3만 제곱미터의 그림자를 드리웠다.

문제는 여전히 계속되고 있다. 2016년 뉴욕대학교 연구진의 조사에 따르면 맨해튼 대부분 지역이 하루에 반나절 이상 그림자가 드리운다. 도시의 거리와 도로, 공원까지 들이닥친 어둠은 한때 햇살이 비추던 집 앞과 정원, 잔디밭에서 보내던 시간을 앗아갔다. 이제 에퀴터블 빌딩은 맨해튼 남단의 시더 스트리트와 윌리엄 스트리트 교차로에 그림자를 드리우는 수많은 고층 건물 중 하나일 뿐이다. 이 지역은 뉴욕에서 가장 어두운 곳으로 손꼽힌다. 2021년 12월 뉴욕을 방문했을 때 교차로 모퉁이를 지나다 마주친 풍경은 기대를 저버리지 않았다. 하늘은 맑고 푸르렀고, 태양은 정오 무렵 거의 머리 위에 떠 있었지만, 지면까지 도달하는 빛은 거의 없었다. 선글라스는 줄곧 내 머리 위에 그냥 얹혀 있기만 했다.

거리와 도로가 어두운 곳에서는 거실과 침실도 어둡기 마련이다. 콰틀러는 내게 '불평 경계선grumble line'이라는 매우 적절한 영국식 표현을 알려줬다. 영국에서는 일조권을 측정할 때 공간 내에서 독서가 불가능해지는 지점을 기준으로 경계선을 긋는다. 콰틀러는 이 선이 바로 입주민의 '불평이 시작되는' 경계라고 설명했다. 콰틀러는 뉴욕에 처음 이사 왔을 때, 뉴욕 센트럴 파크의 북서쪽에 있는 연립 주택 1층 아파트에 살았다. 그는 당시를 회상하며 이렇게 말했다. "TV나 라디오를 켜기 전까지는 몇 시인지 알 수가 없었어요. 늘 똑같이 어둑했거든요. 늦게 자거나 너무 일찍 깨곤 했습니다. 그때는 정말 우울했어요."

뉴욕 사람들 사이에서 이런 일은 매우 흔하다. 그래서 많은 사람이 모두의 뒷마당과도 같은 센트럴 파크로 모여든다. 사진작가 앤드루 브루커 역시 1978년 뉴욕에 왔을 때부터 도심 속의 볕을 찾아 나서곤 했다. 그는 이제 센트럴 파크에서 볕을 쬐기도 예전만큼 쉽지 않다고 말했다. 2018년 11월 초, 브루커는 공원 남쪽 끝에 있는 너른 잔디밭을 지나다가 그곳에 드리운 '거대하고 불길한 그림자'를 발견했다. 그는 당시 촬영한 스마트폰 사진을 내게 보여주었다. 건축 중인 센트럴 파크 타워의 실루엣이 그 공원에 그림자를 드리웠고, 공원을 찾은 사람들은 어둠을 피해 그림자 양옆으로 나뉘어 잔디밭 위에 누워 있었다. 그 홀쭉한 마천루는 아직 공사 중이었고 더 높아질 예정이었다. 브루커는 "이제 공원을 가도 그쪽으로는 잘 가지 않아요"라고 말했다. 브루커는 유명 배우, 가수, 작가의 프로필 사진을 촬영하기도 하는데, 그들 중 일부가 지금 이 고급 타워나 인근 고층 건물에 살고 있을지도 모른다.

일조권의 사회적 불균형

내가 이 책을 쓰는 동안, 센트럴 파크 타워는 세상에서 가장 높은 주거용 건물에 등극했다. 건물은 약 472미터 높이에서 뉴욕시를 내려다본다. 이 건물의 주거 공간은 바닥부터 천장까지 통창으로 되어 있고, 상층부에서는 라과디아 공항으로 향하는 비행기나 철새 무리를 제외하면 햇빛을 가로막는 것이 전혀 없다. 나는 센트럴 파크 타워 웹사이트에서 검은색 가운을 입은 금발 여성이 침대에 앉아 햇볕을 쬐는 사진을 발견했다. 그녀의 거대한 다이아몬드 반지가 빛을 받아 반짝였다. 2000만 달러가 넘는 돈을 내면, 건물 상층부의 일부 공간을 차지한 집 한 채를 얻을 수 있다.

2021년 말에는 맨해튼 전역에 새 건물이 들어섰고, 특히 센트럴 파크 남쪽 끝에 있는 '억만장자 거리Billionaires' Row'에는 더 많은 건물이 올라가고 있었다. 건물 꼭대기에 있는 멋진 펜트하우스는 사방에서 쏟아지는 자연광으로 가득 채워졌다. 아래쪽에 있는 중저가 주택과 공원들은 고층 건물의 그늘 속에서 낮을 보내고, 인공조명의 공격을 견디며 밤을 보내야 했다. 상류층과 하류층의 삶은 위치적으로도 물질적으로도 하늘과 땅 차이였다.

낮의 어두운 그림자는 오랫동안 도시의 빈민들을 가장 무겁게 짓눌러왔다. 사진작가 제이콥 리스Jacob Riis는 1890년 저서 《다른 절반의 사람은 어떻게 사는가How the Other Half Lives》에서 당시 최신 기술이었던 플래시 촬영 기법을 사용해 뉴욕시 빈민층의 곤궁을 조명했다. 혼잡한 다세대 주택에 거주하던 주민들은 수많은 고통에 시달렸다. 영양실조, 질병, 극심한 일교차, 햇빛 부족까지. 리스는 우뚝 솟은 임대주택 건물 사이의 비좁은 거리와 골목길을 묘사하고, 어두운 계단과 복도, 침실에서 그가 느낀 감정을 기록했다. 당시 사회는 학생들에게 햇빛이 건강에 중요하다는 사실을 교리로 외게 할 만큼 인지하고 있었지만, 빈민가에는 그 귀중한 생필품이 거의 공급되지 않았다. 리스의 작업물을 통해 더 많은 사람이 빛과 공기를 공평하게 누릴 수 있어야 한다는 사회적 인식이 커졌고, 이후 약간의 개선이 이루어졌다. 하지만 그 짐은 끝내 완전히 덜어지지 않았다.

오늘날 전 세계에서 일조권 감소에 대한 우려의 목소리가 나오고 있다. 한쪽으로만 빛과 공기가 통하는 복도식 구조는 원래 오래된 임대주택에서 흔히 볼 수 있었지만, 지금도 대도시 곳곳에서 여전히 사람들이 거주하고 있다. 이런 주거 형태는 지하 아파트나, 나처럼 대학원생 시절 맨해튼에서 2베드룸 아파트를 네 명이 나눠 쓰는 것 같은 주거 방식과 함께 비교적 저렴한 선택지에 속한다.

뉴욕시 주거 건축법은 생활 공간 10제곱미터당 1제곱미터의 창문을 설치하도록 정하고 있다. 또한 모든 침실에는 반드시 창문이 있어야 한다. 물론 사람들은 창이 없는 거실이나 식당 공간을 침실로 개조하여 방 2개짜리 아파트에 세입자 네 명을 들이는 식의 편법을 쓰곤 한다. 한편 내 고향 시애틀의 건축법은 생활 공간 10제곱미터당 평균 조도가 107럭스인 인공조명 1개 혹은 0.8제곱미터의 창문을 설치하도록 요구한다. ZGF 아키텍츠의 건축가 마티 브레넌은 이 비율을 보고 "딱할 정도로 낮아요"라고 말했다. 그는 생활 공간 대비 창문 면적이 최소 12퍼센트는 되어야 한다고 주장했다.

대부분의 공공주택은 법에 명시된 최소 기준을 만족하는 데 그치지만, 민간 주택은 주택 구매자들이 바라는 채광 수준을 고려하여 설계된다. 브레넌은 시애틀의 새 주택단지에 있는 집들이 폭이 좁고 3면에 창이 난 구조라 채광 수준이 건축법상 최소 기준을 한참 넘겨, 최고가에 판매될 거라고 이야기했다. 물론 옆면뿐 아니라 천장에도 창을 낼 수 있는 교외 주택의 채광은 훨씬 더 좋을 것이다.

일터와 학교는 비슷한 불평등의 양상을 보인다. 독일을 비롯한 여러 국가에서는 사무직 노동자에게 일광을 제공하도록 권장하거나 심지어 의무화하기도 한다. 주로 임원들만 창문이 있는 사무실을 사용하는 미국에서는 찾아보기 힘든 사례다. 일광에 관한 권장안이 있어도, 공장이나 창고는 예외가 될 수 있다. 이는 학교도 마찬가지다.

캘리포니아주 산타크루즈에 거주하는 세계적인 일광 전문가 리사 헤숑Lisa Heschong은 저서 《건축의 시각적 즐거움Visual Delight in Architecture》에서 다음과 같이 적었다.

"1960년대에 창문이 학생들의 주의를 산만하게 한다는 의심스러운 연구 결과가 나온 이후, 창문 없는 교실이 보편화되기 시작했다."

당시의 논리에는 에너지 절약과 방공이라는 목적도 포함되어 있었다. 헤숑은 창문이 없으면 핵폭발이 일어났을 때 '날리는 유리 조각과 눈부신 빛'의 영향을 받지 않을 수 있다고 언급했다.

하지만 햇빛과 조망을 가리는 행위의 여파는 여러 세대의 아이들에게 고통을 안겨주었다. 1999년 헤숑이 초등학생을 대상으로 진행한 연구를 보면, 전등 아래서만 공부한 아이들보다 자연광에 충분히 노출된 아이들이 학습 속도도 더 빠르고, 표준 시험 성적도 더 우수했다. 이후 여러 연구를 통해 학교에서 짧은 파장의 빛을 충분히 받지 못한 학생들이 수면 부족을 겪는 등 창문 없는 교실의 다양한 문제점이 드러났다.

사무실, 학교 혹은 집에 볕이 잘 드는 창이 여러 개 있어도 건물 유리를 통과한 빛이 여전히 생체시계를 자극한다는 보장은 없다. 어째서인지 인간은 생체시계를 힘들게 만드는 방법을 계속해서 찾아낸다. 우리는 사생활 침해, 태양의 열기, 컴퓨터 화면의 눈부심을 막기 위해 블라인드를 내린다. 그리고 여기에 대부분의 사람들이 잘 모르는, 훨씬 더 보이지 않는 또 다른 장벽이 있다. 적어도 내게는 생소한 사실이었다.

생체시계를 위해 밖으로 나가라

헤숑은 창문이 가득한 산타크루즈의 오래된 집을 개조하면서 창문 일부는 교체하고, 일부는 그대로 두었다. 헤숑은 그 둘을 쉽게 구분하는 방법이 있다며, 새 창문 앞에서는 화분들이 '고전을 면치 못하고' 오래된 창 앞에서는 잘 자란다고 했다. 요즘 나온 에너지 효율 창문은 자외선과 적외선을 모두 반사하여 태양열을 차단한다. 그러나 대부분 식물은 광범위한 스펙트럼의 빛을 원한다. 그 식물을 돌보는 작은 곤충들도 마찬가지다. "생태계 사슬을 따라 올라가 보면, 논리적으로 볼 때 인간에게도 그 말이 들어맞을 가능성이 꽤 커요"라고 헤숑은 말했다.

1980년대 도입된 차세대 저방사 로이Low-E 코팅 유리는 세대를 거듭하며 투과되는 빛의 범위가 점점 더 좁아졌다. 그 결과 현재는 가시광선 영역, 특히 주간 시각에 최적화된 555나노미터 파장대 주변에 집중되도록 설계되고 있다. 시각적 성능을 극대화하고, 투과로 인한 에너지 손실을 최소화하기 위해서다. 건축법에서도 이러한 고효율 창문 사용을 의무화한다. 하나같이 다 좋은 의도에서 한 일이다. 기후변화 시대를 사는 우리에게 에너지 절약은 매우 중요한 문제다. 전구에서 빛을 낼 때와 마찬가지로, 창문을 투과하는 빛이 가시광선 대역에 집중되게 한 것도 합리적인 선택이었다. 하지만 지금 우리가 살펴보는 주제를 고려하면 다시 생각해 볼 여지가 있다.

나오미 밀러는 스펙트럼 양단의 빛이 소실되면서 많은 사람의 건강을 해칠 수 있다고 말했다. 과학자들은 짧은 파장의 청색광과 자색광이 우리 생리학에 미치는 강력한 영향뿐 아니라, 긴 파장의 적색광이 가져다주는 유익한 효과도 밝혀내고 있다. 이에 관한 연구는 1990년대 NASA의 과학자들이 적색 LED 아래에서 작물을 돌보는 동안, 손에 난 상처가 더 빨리 아물었다는 사실을 발견하면서부터 주목받기 시작했다. 적색 빛은 모발의 성장을 자극하는 것으로도 알려져 있다. 또한 동물 실험에서는 가시광선 스펙트럼 바로 너머에 있는 근적외선이 망막 질환, 알츠하이머병, 여러 노화 질환을 예방하는 데 효과를 보였다. 아직 해결해야 할 숙제가 많지만, 밀러는 과학자들이 이들 파장 대역의 더 많은 이점을 밝혀내 주기를 바란다. 밀러는 인간이 햇빛의 모든 스펙트럼과 함께 진화해왔음에도 오늘날에는 그 일부만을 받으며 살아간다고 거듭 강조했다. "지난 30년간 판매된 대부분의 유리창은 우리에게 필요한 빛을 차단합니다."

위스콘신주 라크로스의 창유리 기술자 겸 에너지 컨설팅 전문가인 토머스 컬프Thomas Culp는 내게 창유리의 종류를 확인하는 간단한 방법을 알려주었다. 스마트폰 플래시를 유리창 표면에 비췄을 때 앞면이나 뒷면에 연하게라도 색이 있는 빛이 반사되면, 그쪽 면에 로이 코팅이 적용된 거라고 했다. 집에서 책상 옆에 있는 창문에 플래시를 비춰보니 녹색 점 하나가 보였다. 유리 표면에는 사양도 새겨져 있었다. 컬프는 내가 찍어 보낸 사진을 보고 "운이 좋으시네요"라고 답했다. 바깥쪽 유리에는 은을 두 겹으로 씌우는 '더블 실버' 방식의 로이 코팅이 적용되어 있었고, 안쪽에 있는 투명 유리 사이에는 아르곤 가스가 채워져 있었다. 컬프는 이 정도면 합격이라고 말했다. 즉, 내 방에 청색광이 충분히 스며들고 있다는 뜻이었다. 로이 코팅은 청색 광자와 자색 광자를 약 절반에서 3분의 2 정도 걸러낸다. 이것만 해도 꽤 많은 양처럼 들린다. 하지만 컬프가 보여준 데이터에 따르면, 현재 시중에 나와 있는 최신 트리플 실버 로이 코팅 유리는 생체시계를 자극하는 빛을 70~85퍼센트가량 차단한다.

 이러한 장벽을 우회하는 가장 쉬운 방법은 실내에서 보내는 시간을 줄이는 것이다. 아침이나 점심을 밖에서 먹거나, 도보로 혹은 자전거로 출근할 수도 있다. 아이들에게도 야외 활동을 권장하고, 정 안 되면 수업 시작 전에 잠시나마 햇빛을 보면서 몸을 풀 수 있도록 학교에서 조금 떨어진 곳에 내려줄 수도 있다. 싱가포르와 호주에서는 아이들의 하루 최소 야외 활동 권장 시간을 2시간으로 정하고 있다. 중국은 근시율을 낮추기 위해 벽과 천장을 투명 플라스틱과 유리로 만든 교실을 실험적으로 도입해 햇빛이 더 많이 들도록 했다. 미국은 이런 추세와 반대로 2000년대 중반부터 약 40퍼센트에 달하는 교육구가 휴식 시간을 줄여왔다. 모든 학생의 학업성취도 향상을 위한 법안No Child Left Behind Act, NCLB과 관련된 학업 요구사항에 대한 압박도 이러한 변화에 영향을 미쳤다.

 일반 유리를 사용하거나 혹은 야외에 있어도 우리 눈에 닿는 빛의 양은 다른 요인으로 인해 줄어들 수 있다. 기후변화로 증가한 산불의 연기는 청색과 자색 광자를 빨아들인다. 그보다 좀 더 해결하기 쉬운 문제는 선글라스의 과도한 사용이다. 전문가들은 우리가 밖에 있는 동안 매번 '광 필터'를 착용하지 말라고 이야기한다. 해가 짧을 때 선글라스까지 쓰고 있으면 생체시계를 자극하는 빛을 충분히 받을 확률이 0에 가까워진다. 최근에는 블루라이트 차단 안경, 특수 코팅된 처방 렌즈와 콘택트렌즈의 인기가 높아지면서 새로운 장벽이 추가됐다. 전 NFL 쿼터백 톰 브래디가 고가의 블루라이트 차단 안경을 광고하는 모습을 보고, 블루블로커 BlueBlocker의 브랜드 홍보대사인 스타 쿼터백 짐 맥마흔이 떠올랐다. 어린 시절에 입은 눈 부상 때문에 줄곧 선글라스를 착용해온 맥마흔은 블루라이트 차단 선글라스의 열렬한 추종자를 양산해낸 수많은 유명인 중 한 명이다. 1990년대 초반에 제작된 블루블로커 광고 영상에서 래퍼 닥터 긱은 "내 이름은 긱, 엄청난 거 보여줄게. (…) 이 블루블로커 완전 마음에 들어"라고 프리스타일 랩을 하며, 자신이 쓴 선글라스가 자외선과 블루라이트를 100퍼센트 차단한다고 홍보한다. 물론 1990년대 초반에는 잘 몰랐을 수 있다. 제3광수용체가 발견되기 이전이었고, 교과서에도 간상체와 원추체만 나와 있었다. 하지만 오늘날은 블루라이트가 밤에는 문제일 수 있어도, 낮에는 건강에 필수라는 사실이 분명해졌다.

빛의 소중함을 재발견하다

'날강도' 시리즈를 촬영한 사진작가 안드레아스 빌먼은 팬데믹 봉쇄 기간에 벽돌로 막은 창문을 보고 묘한 공감대를 느꼈다. 역사적으로 두 시기 모두 빛과 공기에 대한 접근이 제한되었다. 동시에 그 소중함에 눈뜨게 된 시기였다.

팬데믹 기간에 사람들은 그 어느 때보다 오래 실내에 머물렀다. 그전부터 벽과 지붕에 둘러싸여 태양과 떨어져 있던 시간을 생각하면, 이는 시사하는 바가 컸다. 사람들은 지하실, 세탁실, 심지어는 옷장과 다락방을 개조해 사무실로 사용했다. 이러한 공간에는 전통적인 사무용 건물에 요구되는 일광 기준이 적용되지 않는다. 재택근무를 하면서 통근도 사라졌다. 사람들은 시간을 아낄 수 있어 좋아했지만, 출근하는 동안 대중교통에서, 인도에서, 도로에서 주기적으로 받던 건강한 빛을 잃게 됐다는 사실은 미처 깨닫지 못했다. 적어도 일반적인 사무직 노동자들은 일주기 체계가 일광을 받아들일 준비를 마친 아침 시간에 출근했을 것이다.

한 장소에서 일하고 생활한다는 것은 낮과 밤의 대비가 거의 없다는 뜻이기도 하다. 물론 예외는 있을 수 있다. 오히려 팬데믹 때 일정에 여유가 생겨, 산책이나 운동을 하며 야외에서 더 많은 시간을 보낸 사람들도 있다. 우리 집 근처에 있는 그린 호수 주변 산책로도 사람들로 붐볐다. 2021년 12월에 맨해튼에 갔을 때도 이상하리만치 많은 사람이 밖에 앉아 커피를 마시며 해를 쬐고 있었다. 그림자 사이로 해가 닿는 곳이면 어디든 사람들이 앉아 있었다.

팬데믹은 공원과 열린 공간에 드는 햇빛을 보존하는 것이 얼마나 중요한지 깨닫게 해주었다. 새로 들어선 건축물 때문에 햇빛을 빼앗긴 공원은 센트럴 파크만이 아니었다. 마이클 콰틀러는 브루클린 도심에 새로 조성되는 공원에 자문을 제공했는데, 그는 공원의 동남쪽과 서쪽에 자리한 거대한 건물 때문에 거의 종일 그늘이 드리워질 거라고 말했다. 그는 건물이 북쪽에 있었다면 그나마 괜찮았을 거라며 아쉬워했다. 그래도 콰틀러는 크라운 하이츠의 프랭클린 애비뉴 1960번지 같은 곳에서는 햇빛을 지킬 수 있기를 바랐다. 개발업자들은 해당 위치에 재키 로빈슨 놀이터와 브루클린 식물원 쪽으로 그림자를 드리우는 40층짜리 건물 두 채를 짓겠다는 계획안을 제출한 상태였다. 샌프란시스코에서는, 도시계획위원회가 미션 디스트릭트에 지어질 예정이었던 8층짜리 건물 계획을 기각했다. 근처 초등학교 운동장에 크게 그늘이 생길 것을 염려했기 때문이었다. 건설에 반대한 사람들은 늦봄과 초가을이 되면, 학교 운동장의 약 3분의 2가 이른 아침에도 어두울 거라고 경고했다. 그러나 개발업자들은 수년간의 소송 끝에 결국 그 계획안을 강행했다.

사람들은 팬데믹을 계기로, 건물 설계가 공중보건을 개선할 수 있다는 사실도 깨달았다. 창문이 많으면 환기와 채광에 유리하고, 이 두 가지는 병원균을 막는 데 효과적이다. 실제로 우리는 환기를 통해 바이러스의 확산을 막았고, 자연광으로 표면에 남아 있는 바이러스를 무력화했다. 또한 자연광은 일주기 리듬을 조절하여 우리의 면역 체계를 강화하는 데도 중요한 역할을 했다.

이는 새로운 발상이 아니다. 19세기 후반 플로렌스 나이팅게일이 선보인 혁신적인 병원 설계를 보면 환기와 채광을 위한 대형 창문이 포함되어 있었다. 그녀는 이렇게 기록했다.

"그동안 환자를 돌봐온 경험에서 확신하건대, 환자에게 신선한 공기 다음으로 필요한 것은 빛이다. 밀폐된 공간에서 이들을 가장 힘들게 하는 것은 방 안의 어둠이다. 이들에게는 다른 빛이 아니라 직접 볼 수 있는 햇빛이 필요하다."

현대 과학 역시 나이팅게일의 직관을 뒷받침한다.[8] 연구에 따르면, 채광과 조망이 좋은 병실에서 환자의 회복 속도가 빨라지고 약물 사용량도 줄었다.

리사 헤숑은 행복하고 건강하고 생산적인 거주 환경을 조성하려면, 병원균 없는 맑은 공기와 햇빛뿐 아니라 역동적이고 흥미로운 풍경을 볼 수 있어야 한다고 강조했다. 헤숑은 뇌가 미래 상황을 예측하는 방향으로 진화했기 때문에 흔들리는 잎사귀, 새벽녘과 해 질 녘에 달라지는 청색 파장의 비율, 줄어드는 해의 길이처럼 시간에 따라 바뀌는 정보에 가장 민감하다고 말했다. "뇌는 변화율을 파악해 미래를 더 잘 예측하려고 합니다." 우리 눈은 보통 실내에서 시선을 돌릴 때보다 창밖을 바라볼 때, 수십 배 더 많은 광자와 정보를 받아들인다. 또 우리는 흥미로운 경치가 있을 때 창밖을 더 자주 내다본다.

이 모든 잠재적 이점을 인지한 과학자와 건축가들은 인류의 건강이 희생되지 않는 더 나은 미래를 위해 환경 보호에 힘을 모으고 있다. 헤숑과 신시내티 아동병원의 의학자 리처드 랭은 창유리 업계 사람들을 만나 관련 연구에 주의를 기울여 코팅 방식을 변경해달라고 설득하고 있다. 랭은 개발자들이 에너지 효율과 생물학적 요구를 모두 만족시키는 기술적 솔루션을 개발 중이라고 했다. 한편, 일각에서는 세계보건기구WHO의 모든 사람을 위한 건강 정책과 유엔UN의 2030 지속 가능 개발 의제에 '일광 접근권 보호the protection of daylight access'에 관한 사항을 추가해달라고 요구하고 있다. 이들은 해당 정책과 의제에 명시된 목표 중 다수의 공통분모인 일광과 일주기 건강이 인권으로 인정되어야 한다고 주장한다. 어쩌면 청정에너지 사용, 기후변화 대응 차원에서 진행되는 탈화석 연료 전환이 일조권에 대한 관심으로 이어질지도 모른다. 많은 지역에서는 지붕에 태양광 패널을 설치한 주택 소유주의 일조권을 법적으로 보호하고 있다. 실제로 패널에 드리운 그림자 때문에 소송이 제기된 사례도 있다. 해당 사건에서 과실이 있는 쪽은 이웃집 삼나무였다.

유엔의 2030 의제에서 찾아볼 수 없는 또 하나의 문제는 빛 공해의 병적인 확산이다. 우리는 낮에 빛을 너무 적게 볼 뿐만 아니라, 밤에는 빛을 너무 많이 본다.

6장
너무 밝은 밤

높은 곳에서 내려다본 풍경은 인상적이고 아름답기까지 하다. 나는 애플TV의 화면 보호기가 보여주는 지구의 야간 항공 촬영 장면을 황홀하게 감상했다. 지정학적 경계가 보이지 않아도, 밝게 빛나는 해안 도시를 따라 대륙의 모양을 추적하는 일은 어렵지 않았다. 내륙에서는 더 촘촘한 빛 덩어리가 여러 도시와 마을을 굽이굽이 연결하고 있어 지역 전체가 환하게 보였다. 런던과 상하이, 로스앤젤레스도 금방 찾을 수 있었다.

다른 위성사진에서 시애틀을 발견했다. 워싱턴주 서부의 올림피아와 시애틀을 가로질러 에버렛까지 이어지는 I-5 고속도로가 통통한 반딧불처럼 보였다. 그래도 대륙 구석구석에 아직 어두운 부분이 남아 있었다. 나는 오리건주 중부에서 남동쪽으로 수백 킬로미터 떨어진 곳에 있는 새카만 지역을 목적지로 정했다. 그리고 인공광을 벗어나기 위한 이번 여정에 아버지를 초대하기로 했다. 예전에 함께 봤던 수많은 별빛을 다시 떠올릴 수 있기를 바라는 마음에서였다.

요즘은 완전히 어두운 밤하늘을 보기가 어렵다. 지금은 미국과 유럽 인구의 99퍼센트 이상이 빛 공해로 오염된 하늘 아래 살고 있다. 가로등, 전조등, 현관 조명, 광고판 등등이 도심과 교외 곳곳에 침투해 밤을 낮으로 바꾼다. 빛은 아스팔트,[1] 콘크리트, 눈, 구름에 반사되어 증폭된다. 시골 지역도 안전하지 않다. 수년 전 환경보건부 기자로 일하던 시절, 나는 수압파쇄법 사용 확대의 영향을 취재하기 위해 차를 몰고 펜실베이니아 시골 마을을 지나다가 하늘 높이에서 치솟는 거대한 불길을 목격했다. 여러 개 불꽃은 천연가스를 태우며 활활 타올랐다. 위성사진에서는 이런 곳도 선명하게 보인다.

지구 표면에서 빛과 어둠의 자연스러운 순환이 일어나는 영역이 명백히 줄고 있다. 줄어드는 속도 또한 매우 빠르다. 전 세계에서 5만 명 이상이 수집한 각 지역의 데이터를 분석한 결과, 2011년부터 2022년까지 밤하늘의 밝기는 매년 평균 약 10퍼센트씩 밝아졌다. 빛 공해[2]는 8년마다 약 두 배씩 증가하고 있다. 이 연구 결과를 발표한 논문의 저자는 "오늘 250개의 별이 보이는 곳에서 태어난 아기는 18년 뒤에 100개의 별만 볼 수 있을 것이다"라고 지적했다. 지금의 추세가 지속된다고 가정했을 때 이야기다. 다행히 빛 공해는 다른 환경문제와 달리 훨씬 더 쉽게 상황이 역전될 수 있다. 전 세계에서 사용되는 야외 인공광의 약 3분의 1은 제대로 쓰이지 않고 쓸데없이 낭비되고 있다. 한 과학자는 실제로는 그 수치가 두 배에 가까울 것이라고 말했다. 이러한 에너지 낭비를 줄이면 빛 공해뿐만 아니라 기후변화와 같은 난제를 해결하는 데도 도움이 될 수 있다.

하지만 이러한 반전은 아직 시작되지 않았다. 점점 더 많은 사람들이 점점 더 많은 조명을 사용할 뿐만 아니라, 사용하는 조명의 종류도 바뀌고 있다. 지난 10년간 국제우주정거장에서 촬영한 사진을 보면, 백열등과 고압 나트륨 가로등의 따뜻한 주황빛이 LED 조명의 차가운 푸른빛으로 얼마나 빨리 바뀌었는지 알 수 있다. 짧은 파장의 빛이 급증하면[3] 생체시계에 더 큰 혼란을 일으킬 수 있고, 눈부심 역시 위험한 수준에 이를 수 있다. 2012년에 촬영된 런던 사진에서 어지럽게 뻗어 있던 황금색 줄기는 2020년에 눈부신 청백색 거미줄로 바뀌었다.

어둠을 찾아 7시간을 운전한 끝에 대도시에서 250킬로미터 정도 떨어져 있는 오리건주의 고지대 사막에 도착했다. 아버지와 나는 프린빌 저수지 주립공원의 야영장으로 향했다. 그곳의 어둠을 보존하기 위해 최근 관계자들이 큰 노력을 기울인 덕분에 공원은 2021년에 국제 어두운 밤하늘 협회The International Dark-Sky Association, IDA로부터 영예로운 인증을 받았다. 국제 어두운 밤하늘 협회는 미국에 기반을 둔 비영리 단체로, 전 세계에서 빛 공해가 적은 공원, 보호 구역, 장소를 선정하여 밤하늘 보호 구역으로 지정한다. 저수지 옆 생선 손질 작업장은 빨간 조명으로만 밝혀져 있었다. 화장실 조명에도 동작 감지 센서가 달려 있어 이용하는 사람이 없을 때는 깜깜했다. 하지만 벙커에서 인공 시계를 피하기가 어려웠던 것처럼 밤하늘 보호 구역에서도 인공조명을 피하기는 쉽지 않았다. 어쨌든 우리가 있는 곳은 차량 캠핑장이었다. 이따금 선명한 LED 전조등과 차량 불빛, 다른 방문객의 손전등 불빛이 우리 야영지와 텐트 안으로 새어 들어왔다. 아이러니하게도 블루라이트 차단 안경을 가지러 차에 갔다가, 차량 실내등이 자동으로 켜져 깜짝 놀라기도 했다.

텐트 안에서 야영객들의 목소리가 잦아들고 달이 물러나 밤이 완전히 깊어지자, 흑막 위의 스타들이 밤하늘에 총출동해 약속했던 공연을 펼쳤다. 나는 캠핑용 의자에 앉아 머리를 뒤로 젖히고 별자리를 찾기 시작했다. 떠나기 전 바랐던 대로, 어린 시절 우리집 옥상에서 아빠와 함께 봤던, 상록수에 둘러싸인 밤하늘의 별빛이 떠올랐다.

집에서 밤하늘의 별을 볼 수 없는 사람이 많아지면서 이를 찾아 길을 나서는 사람도 늘고 있다. 미국 전역에서 어두운 밤하늘 관광이 증가하고 있다. 때로는 어두운 밤하늘이 직접 우리를 찾아와 우리가 무엇을 놓치고 있는지 알려주기도 한다. 1994년 로스앤젤레스에서 지진으로 인한 대규모 정전이 발생해 밤하늘이 어두워지자 하늘에 '거대한 은빛 구름'과 신비한 물체가 떠 있다는 신고 전화가 다수 접수됐다. 그 거대한 은빛 구름의 정체는 바로 은하수였다.

인공조명이 생체리듬을 망친다

생명체는 수십억 년 동안 어두운 밤을 겪으며 진화했다. 우리 조상이 마주했던 빛 공해의 유일한 원천은 달빛, 번개, 산불과 같은 자연이었다. 인간은 여기에 인공 불꽃을 추가했고, 이후 빛을 조작할 수 있는 능력을 계속해서 키워나갔다. 어둠에 대항하는 인간의 능력은 비약적으로 발전했다. 그 여파는 은하수를 볼 수 없는 데서 그치지 않았다.

해가 지면 곳곳에 있는 인공조명이 우리의 낮을 연장하고 신체 생리작용을 혼란스럽게 만든다. 빛은 지나가는 자동차에서도 우리 눈을 비춘다. 거리에서 창을 뚫고 들어오고, 실내조명과 디지털 화면에서도 뿜어져 나온다. 이 모든 빛이 수면을 준비하는 데 필요한 일주기 리듬의 진행을 방해한다. 내가 애플TV 화면 보호기를 보며 상하이 사람들은 도대체 어떻게 잘까 궁금해하는 동안, 내 몸은 화면에서 나오는 빛 때문에 잠 못 들었을 수 있다.

해 질 무렵 ipRGC가 색상 변화와 밝기 감소를 감지하면, 우리 몸은 자연스럽게 수면 호르몬인 멜라토닌의 생성을 늘리기 시작한다. 하지만 현대사회에서는 이 신호가 자주 약해지거나 지연된다. 호주에서는 전체 가구의 거의 절반이[4] 송과선의 멜라토닌 야간 분비량을 절반으로 줄일 만큼의 조명을 사용하는 것으로 조사됐다. 현대식 LED 조명을 사용하는 집은 백열등을 사용하는 집보다 멜라토닌 분비량 감소 폭이 더 컸다. 다른 논문들 역시 비슷한 결과를 보여준다. 워싱턴대학교의 호라시오 이글레시아와 동료들은 전기 설비 수준이 다른 아르헨티나의 두 마을을 대상으로 연구를 진행했다. 전기를 아예 쓸 수 없는 마을의 주민들은 조명이 어느 정도 들어오는 마을의 주민들보다 더 일찍 잠자리에 들고 약 1시간 더 오래 잤다. 대학 학부생들과 비교하면 수면 시간이 약 2시간 더 길었다. 물론 빛이 우리 몸에 미치는 영향은 밤을 늦추는 여러 요인 중 하나일 수 있다.

하지만 그 영향이 미치는 범위는 매우 넓다. 신체는 야간 신호에 의존하여 심부 체온을 낮추고 신진대사 속도를 떨어트리고, 식욕 억제 호르몬인 렙틴을 증가시키는 등 중요한 연쇄 반응을 일으킨다. 어둠이 내리지 않으면 많은 것이 잘못될 수 있다. 밤의 인공광은 우울증, 비만, 혈당 조절 불량, 정자의 질 저하, 조산 위험 증가, 감염병에 대한 취약성 증가 같은 다른 건강 문제와도 관련이 있다.[5] 또한 장내 미생물 구성과 미생물의 일주기 리듬에도 영향을 미칠 수 있는데, 이는 반대로 우리 몸 전체의 리듬을 바꿀 수 있다. 심지어 야간 조명의 강도와 코로나19 감염률 및 중증도 사이의 상관관계를 암시하는 연구 결과도 있다.[6]

2023년 말 출판 전 논문으로 공개된 한 연구에 따르면, 8만 8000명 이상의 고령자를 대상으로 한 조사에서 밤에 더 밝은 빛에 노출된 사람들이 그로부터 6년 동안 사망 위험이 더 증가하는 경향을 보였다. 조명이 밝지 않아도 문제를 일으킬 수 있다. 노인을 대상으로 한 다른 연구[7]에 따르면 TV 화면이나 복도 조명, 블라인드에 살짝 가려진 가로등 불빛 같은 약한 수준의 조명도 비만, 당뇨, 고혈압 위험을 증가시키는 것으로 나타났다. 우리는 이러한 영향을 인식하지 못할 수도 있다. 실험 참가자들은 조명을 켜놓고도 잘 잤다고 느꼈지만,[8] 조명을 끄고 잤을 때보다 수면 심박수와 오전 인슐린 수치가 더 높게 측정됐다.

우주에서 촬영한 사진 속의 사방으로 퍼지는 빛 덩어리는 마치 위성처럼 퍼져 나가는 악성 종양의 모습을 닮았다. 이는 적절한 비유일지도 모른다. 바르셀로나와 마드리드의 위성사진을 이용한 연구에 따르면,[9] 푸른색 빛 공해에 더 많이 노출될수록 전립선암 위험이 두 배 증가하고, 유방암 위험이 약 1.5배 증가했다. 마찬가지로 미국에서 진행된 또 다른 위성사진을 분석한 연구에서는,[10] 인공조명이 가장 밝은 주거 지역의 갑상선암 발병률이 최대 55퍼센트 더 높은 것으로 나타났다. 하지만 두 연구 모두에서 갑상선암은 여전히 드물게 발생하는 질환이었다. 실제로 미국에서 진행한 연구를 보면, 야간에 가장 강한 조명에 노출된 사람들조차도 13년 동안 갑상선암 발병률은 0.2퍼센트대에 그쳤다. 게다가 이러한 역학 연구의 결과는 언제든 쉽게 뒤집힐 수 있다. 지금까지의 증거만으로 야간 조명이 암을 유발한다고 단정 짓기엔 근거가 부족하다.

야간 인공광에 관한 모든 연구에서 부정적 영향이 발견되는 것은 아니다. 국제비전리방사보호위원회International Commission on Non-Ionizing Radiation Protection, ICNIRP는 2024년에 야간 인공광의 영향을 제대로 밝히기 위해 양질의 연구를 촉구하는 성명을 발표했다.

위원회는 일관되지 않은 빛 노출 측정 방법과 노출의 영향을 의식한 참가자의 잠재적 편견 등 해당 분야 연구의 오랜 한계를 강조했다. 과학자들은 새로운 측정 도구와 방대한 데이터를 무기로, 빛이 어떤 경로를 통해 인간의 일주기 리듬과 생리학을 변화시키는지 탐구하면서 동시에 이 둘의 연관성을 파헤치고 있다. 많은 이들이 아직 인과관계를 논하기에는 증거가 부족하지만, 예방적 접근을 할 만큼의 증거는 충분하다고 주장한다. 노스웨스턴대학교의 수면 의학과 학과장인 필리스 지Phyllis Zee는 이렇게 말했다. "대기 오염이 호흡기에만 영향을 주지 않는 것처럼 빛 공해도 이와 매우 유사합니다. 빛은 신체 곳곳으로 침투해 건강 전반에 영향을 미칩니다."

입원환자만큼 야간 조명에 취약하면서도 그 영향을 많이 받는 사람은 드물 것이다. 중환자실 환자에게 매우 흔하게 나타나는 섬망 증세는 일주기 교란과도 관련이 있다. 환자들에게는 호출음, 문 여닫는 소리, 시도 때도 없는 주사와 처치, 식사 같은 수면 방해 요인뿐만 아니라 주간의 부족한 일광과 야간의 과도한 인공광 역시 중대한 일주기 교란의 요인이 될 수 있다.

예일대학교 의과대학에서 수면과 일주기 리듬을 연구하는 멜리사 크나우어트Melissa Knauert 박사는 중환자실 환자들이 감내해야 하는 조명 시설에 불만을 토로했다. 그녀가 일하는 병동의 한쪽 면은 헬기 착륙장과 인접해 있다. 다른 쪽은 '아주 환한' 10층짜리 주차 타워를 바라보고 있다. 또 다른 쪽은 밤새 경기장 조명이 켜져 있는 지역 고등학교를 마주하고 있다. 그나마 나머지 한쪽은 병원 안뜰을 향하고 있지만, 이쪽에는 병상이 가장 적다. 각 병실에 설치된 TV를 환자들이 밤새 켜놓기도 한다. 어느 날 크나우어트는 병실에서 빛을 측정하다가 TV에서 광고가 나올 때 빛이 유난히 파랗게 변하는 것을 보고 깜짝 놀랐다. 또 이러한 빛과 소음만으로는 충분하지 않다는 듯이, 깜빡이는 LED 조명과 모니터가 환자들을 둘러싸고 있다. 모든 병실의 침대 옆에는 의료 기록용 컴퓨터가 한 대씩 놓여 있다. "화면 보호기가 켜진 모니터가 환자 옆에 있다는 뜻이죠." 크나우어트가 말했다. "환자를 비추지 않게 다른 쪽으로 돌려놓도록 직원들을 교육하는 데 정말 오래 걸렸어요."

수면 3시간 전 밝기의 기준

일주기 리듬은 같은 양의 빛이라도 낮보다 밤에 훨씬 더 민감하게 반응한다. 밤이 깊어지면 민감도는 위상 반응 곡선을 따라 증가한다. 그런데 밤에 얼마나 빛에 노출되면 멜라토닌 생성이 느려지고 생체리듬이 흐트러지는 것일까? 아이스크림을 찾으려고 가게를 잠깐 돌아다니는 정도도 문제가 될까? 스마트폰으로 SNS를 살짝 훑어보는 정도도 문제가 될까?

현재로서 가장 공신력 있는 지표는 주간 최소 기준을 정한 바로 그 문서에서 찾을 수 있다. 과학자들은 저녁 시간대에, 특히 취침 전 3시간 이내에는 멜라노픽 EDI를 10럭스 이하로 유지할 것을 권장한다. 10멜라노픽 럭스는 양초나 모닥불, 보름달보다 훨씬 밝은 수치로, 책을 읽기에도 충분한 밝기다. 하지만 전체 가구의 절반 가까이는 저녁에 집에서도 10멜라노픽 럭스 이상의 빛을 사용한다. 또한 집이 아닌 다른 장소에 있을 때는 훨씬 더 강한 빛에 노출된다.

대형마트 조명은 750럭스 이상의 밝기를 낼 수 있다. 한 조명 제조업체 관계자는 "750럭스 이상의 밝기가 고객의 구매욕을 자극해요"라고 말했다. 이를 알게 된 후로 나는 늦은 시간에 장 보는 일을 피하고 있다. 한편 분광기로 측정해보니, 스마트폰 화면이 내 눈에 비추는 빛의 멜라노픽 EDI는 60럭스였다. 어느 과학자가 한 말이 생각났다. "훗날 밤에 스마트폰 화면을 들여다보는 사람의 사진을 보면, 우리가 지금 옛날 사진 속 담배 피우는 사람들을 보는 것처럼 보게 될 거예요. '와, 저 시절 사람들은 그게 몸에 해로운 걸 왜 몰랐을까?'라고 말하겠죠."

디지털 화면은 우리가 인식할 수 있는 것보다 더 많은 청색광을 방출한다. 물론 모든 기기가 똑같이 나쁜 것은 아니다. 일부 전자책 리더기는 눈이 아니라 화면 쪽으로 빛을 비추는 전면 조명을 사용한다. 블루라이트 필터와 앱을 이용해 청색광을 줄일 수도 있다. 하지만 멜라놉신은 청색광의 짧은 파장에 가장 강하게 반응한다는 것이지, 그보다 긴 파장에도 반응한다. 다만 적색 스펙트럼으로 같은 반응을 일으키려면 훨씬 더 많은 광자가 필요할 뿐이다. 청백색 LED와 그보다 열 배 더 밝은 적색 LED가 있으면 적색 LED가 더 큰 영향을 미친다. 전문가들이 밤에는 밝기를 낮추는 데 집중하라고 강조하는 것도 이 때문이다.

취침 시간이 가까워질수록 기준은 더욱 엄격해진다. 자기 전에는 멜라노픽 EDI가 1럭스 이하여야 한다. 일주기 체계가 밤에 이처럼 약한 빛에도 반응하는 이유는 동공이 어둠에 적응하면서 확장되기 때문이다. 확장된 동공은 평소보다 더 많은 빛을 받아들인다. 특히 한밤중에 일어났을 때 효과가 극대화된다. 아무리 그래도 냉장고 문을 잠깐 여닫는 사이, 혹은 화장실에 다녀오는 그 짧은 순간에 들어오는 광자가 도대체 얼마나 되겠는가? 스탠퍼드대학교의 수면 및 일주기 전문가인 제이미 자이처Jamie Zeitzer는 이렇게 조언했다. "달빛보다 밝고 번개보다 오래 지속되는 빛이라면 어떤 것이든 당신과 당신의 일주기 체계에 영향을 미칠 수 있습니다." 맙소사!

호기심에 냉장고 내부 조명을 측정해보니 500멜라노픽 럭스에 가까운 수치가 나왔다. 내가 냉장고 선반을 둘러보는 속도는 확실히 번개만큼 빠르지는 않다. 자이처는 밝은 화장실에서 몇 분만 있어도 일주기 리듬과 수면이 영향을 받을 수 있다며, 천장 조명이나 화장대 조명 대신 은은한 야간 조명을 사용할 것을 권장했다. 나는 지금 화장실용 디스코 조명을 설치할까 고민 중이다. 좀 더 무난한 걸로 고른다면, 빨간색 야간 조명도 괜찮을 듯싶다.

주간 최소 권장값인 250럭스와 마찬가지로, 야간 최대 권장

값 역시 대략적인 평균 추정치다. 나이, 성별, 주간의 빛 노출 정도에 따라 이상적인 조도는 달라질 수 있다. 예를 들어 에스트로겐 수치가 낮은 노년 여성은 야간 조명의 영향을 더 크게 받을 수 있다. 또한 어린이에게는 제시된 권장 기준이 너무 밝을 수도 있다. 미취학 아동은 야간 조명에 특히 취약하고, 약간의 빛에도 수면을 크게 방해받을 수 있다. 콜로라도대학교 볼더 캠퍼스의 케네스 라이트 교수는 "아동의 수면과 일주기 리듬에 문제가 생기면 정상적인 발달에 지장을 줄 수 있어요"라고 말했다. 물론 아이들은 어둠을 두려워하고, 그 두려움 자체가 수면을 방해하는 요인이 될 수 있다. 이런 경우에는 야간 조명이 필요하다. 한 일주기 과학자가 아이들을 위해 개발한 적색광 수면 스탠드가 절충안이 될 수 있을 듯하다.

아버지와 내가 오리건주 고지대 사막에서 했던 것처럼, 낮에 충분한 빛으로 일광욕을 하면 야간 조명의 영향을 완충할 수 있다. 이뿐만 아니라 여러 가지 이유로, 전문가들은 과도한 야간 조명보다 부족한 일조량에 더 큰 우려를 표한다. 자이처는 다른 관점에서도 문제를 제기했다. 일몰 이후에 전자기기를 모두 끄고 산업화 이전으로 돌아가는 시도를 해볼 수도 있겠지만, 이는 사실상 불가능하다. 조명 문제에만 몰두하면 저녁 식사 이후에 마시는 커피나 침대에서 보는 인스타그램 등 다른 수면 도둑을 놓칠 수 있다. 어떤 사람들은 스마트폰에서 블루라이트 필터만 켜면 괜찮다고 생각한다. "그때부터 우리를 깨어 있게 하는 것은 화면에서 나오는 빛이 아니라 콘텐츠 그 자체"라고 자이처는 말했다. "당신에게 스트레스를 주는 것이라면, 그게 블루라이트가 아니라 레드라이트여도 안 좋기는 마찬가지예요. 반대로 빛에 조금 노출되더라도 마음을 편하게 해준다면 오히려 도움이 될 수 있어요." 이 말을 듣자마자 머릿속에서 귀여운 해달 영상이 재생됐다.

야생 동물 역시 인공조명의 영향을 받는다.[11] 먹이를 구하지 못하거나, 위장 시기를 놓치거나, 방향 감각을 잃거나, 짝짓기를 너무 일찍 혹은 너무 늦게 하거나, 먹이가 부족할 때 새끼를 낳거나 하는 일이 동물계 전반에서 일어날 수 있다. 이러한 혼란은 개체 수 감소를 초래하고, 더 크게는 생물 다양성 감소로 이어질 수 있다. 자정까지 해가 있는 알래스카의 새들처럼 인공조명의 영향을 받은 새들은 아침 일찍 노래를 시작한다. 새들은 인공조명에 속아 이동 경로를 벗어나기도 한다. 야간 조명은 눈이 없는 생물의 일주기에도 영향을 미칠 수 있다. 보름달 빛보다 약한 빛이 굴의 생체주기를 교란하여 껍질을 여닫는 데 문제를 일으킨다는 연구 결과도 있다.

빛 공해는 전 세계 곤충 개체 수 감소의 주요 요인이자 간과 요인이다. 불꽃에 이끌리는 나방처럼 많은 곤충이 빛에 치명적으로 이끌린다. 일부는 빛에 이끌려 튀겨지고, 일부는 몇 시간 동안 주변을 맴돌다가 지쳐 나가떨어진다. 살아남은 녀석들도 결국에는 길을 잃는다. 은하수를 보고 똥 묻을 곳을 찾는 남아프리카 쇠똥구리도 인공조명 때문에 길을 잃는다. 반딧불이들이 짝을 찾으며 내는 불빛도 인공조명에 묻혀버릴 수 있다. 연애편지는 미래의 연인에게 닿지 못하고 갈 곳을 잃는다.

곤충이 받은 영향은 생태계 전반에 파장을 일으키고, 이는 인간에게도 큰 여파를 미친다. 곤충은 폐기물을 분해하고, 해충을 방제하고, 인간이 먹는 농작물의 약 3분의 1을 수분한다. 빛 공해는 수분 매개자인 제왕나비의 일주기 리듬과 태양을 쫓는 나침반을 교란한다. 나방과 같은 야행성 수분 매개자에게는 더 큰 문제를 일으키기도 한다. 야행성 곤충의 눈은 어둠에 최적화되어 있어서 약한 빛에도 매우 예민하게 반응한다. 스위스 초원에서 진행한 실험에 따르면 밤에 인공조명을 켜둔 곳은 어두운 곳에 비해 식물을 찾는 곤충이 3분의 2가량 감소했다. 또한 가로등 불빛은 주행성 곤충의 숫자도 줄이는 것으로 확인되었다. 이는 야간 조명이 꿀벌과 같은 주행성 수분 매개자를 포함한 전체 수분 매개자의 생태계에 간접적으로 영향을 미칠 수 있음을 시사한다.

과학자들은 밤이 밝아질수록 매개체 전파 감염병vector-borne diseases과 계절성 알레르기도 증가할 수 있다고 경고한다. 뎅기열과 지카 바이러스를 옮기는 모기 종은 밤에 빛이 있는 곳에서 활발하게 흡혈 활동을 한다. 또한 도시의 빛 공해로 모기의 겨울 휴면이 지연되면 흡혈 기간이 가을까지 연장될 수 있다. 식물은 야간 조명의 영향으로 봄에 9일 더 일찍 잎눈을 틔웠고, 가을에는 약 6일 늦게 단풍을 들였다. 이는 기후변화가 식물에 미치는 영향과 같은 수준이다. 이제 사람들은 콧물, 재채기, 눈물 같은 알레르기 증상에 더 오래 시달릴 수도 있다. 더 나아가 야간 조명은 기후변화 자체와도 관련이 있다. 해안 지역의 야간 조명은 바다 생물의 탄소 흡수에 영향을 미칠 수 있다. 하루 동안 수직 이동을 하는 수많은 해양 생물은 수층 위아래로 움직일 타이밍을 정하기 위해 빛과 어둠의 주기에 의존한다. 이들은 해수면 근처에서 먹이를 먹고 해저로 내려가 호흡하고 배설하며 죽음을 통해 탄소를 해저에 격리한다.

캘리포니아대학교 로스앤젤레스 캠퍼스UCLA에서 환경문제와 지속 가능성에 관한 교육 프로그램을 진행하고 있는 트래비스 롱코어Travis Longcore 교수는 "인류의 안위만을 생각하는 사람도 이러한 영향을 무시하지 않는 게 신상에 이로울 것"이라고 말했다. "물론 야생 동물과 자연환경, 밤하늘의 별빛과 같은 환경적 유산까지 생각하는 사람이라면, 이를 지키는 일이 곧 인류를 위하는 일이니 당연히 함께할 겁니다."

청색 LED 조명의 두 얼굴

전 세계 사람들은 연말이 되면 야간 조명에 유독 열광한다. 모든 집이 영화 〈크리스마스 대소동National Lampoon's Christmas Vacation〉에 나오는 주인공 체비 체이스의 집처럼 2만 5000개의 조명을 늘어놓지는 않지만, 연말연시의 위성사진을 보면 미국 여러 도시가 최대 1.5배 더 밝아진다. 이러한 변화는 크고 작은 동물에게 영향을 미친다.

　텍사스주 킹스빌에 있는 텍사스 A&M대학교 연구팀은 학교 캠퍼스의 다람쥐를 대상으로 연구를 진행했다. 다람쥐는 교정에 밝은 백색 조명이 장식된 시기에 야행성이 증가했고, 포식자에게 잡아먹힐 확률 또한 증가했다. 해당 논문의 저자는 "전구의 수를 줄이거나 백색 LED 전구를 색깔 있는 LED 전구로 교체"하자고 제안했지만, 학교 측이 아직 받아들이지 않고 있다며 아쉬워했다. 솔직히 나도 하얀색, 파란색 전구를 가장 좋아한다. 하지만 이제는 야생 동물과 우리 자신을 위해 고전적인 빨간색과 초록색 조명을 선택해야 할 듯하다.

　지난 12월 뉴욕으로 향하던 비행기 안에서 JFK 공항에 도착하기 한참 전부터 맨해튼의 반짝이는 불빛을 볼 수 있었다. 저 아래 불빛의 바다 어딘가에는 록펠러센터 앞 크리스마스트리에 걸린 5만 개 넘는 알록달록한 LED 전구와 눈부신 흰색 스와로브스키 별도 빛나고 있었다. 점점 커지는 빛을 보니 위성사진을 크게 확대하면서 보는 것 같았다. 가까이서 보니 빛은 훨씬 더 밝았다. 나는 '잠들지 않는 도시'로 들어가기 위해 택시를 잡아타고, 현란한 광고판 행렬을 지나 눈부시게 빛나는 고층 건물 숲 한복판으로 들어갔다.

　도심지는 어두운 낮뿐만 아니라 불 밝힌 밤도 가장 잘 보여준다. 우주에서 찍은 지구의 초상에는 이 급속한 변화가 선명하게 담겨 있다. 도시들은 점점 더 거대해지고, 밝아지고 있다. 우뚝 솟은 마천루는 낮 동안 어두운 그림자를 드리우고, 밤에는 인간도 벌새도 피하기 힘든 밝은 조명을 내뿜는다.

나는 뉴욕에 사는 친구와 함께 축제 분위기를 즐기는 관광객들 틈에 섞여 타임스퀘어를 거닐었다. 스마트폰의 노출계 앱을 열고 티모바일 분홍, M&M 땅콩 초콜릿 노랑, 아메리칸 이글 초록, 아마존 뮤직 파랑 등 다채로운 빛을 발하는 거대한 LED 전광판을 하나씩 비추었다. 일부 전광판의 밝기는 5000럭스 이상으로 일광과 비슷한 수준이었다. 맨해튼에 가본 사람이라면 누구나 알겠지만, 이 근처에서는 낮과 밤의 경계가 희미해진다. 타임스퀘어에서는 시간을 잊게 된다. 나는 도시 계획가들이 이곳 광고판에 최소 광도를 규정했고, 이를 '타임스퀘어 밝기 측정 단위Light Unit Times Square, LUTS'라고 부른다는 사실을 나중에 알았다.

주택가에서 도시의 빛은 달갑지 않은 불청객이다. 친구네 부부는 집 앞에 있는 LED 가로등 때문에 골머리를 앓고 있었다. 친구의 남편은 가로등에 가림막을 설치해서 집 거실과 안방, 어린 딸이 자는 침실에 빛이 들지 않게 해달라고 뉴욕시 교통부에 민원을 냈다. 아무런 대응이 없자 그는 답답한 마음에 가로등 분전함을 열고 퓨즈를 빼버렸다. 하지만 잠시 고민하다가 퓨즈를 다시 원래 자리에 끼워놓았다. 연말이라 가로등 기둥에는 파란빛을 내는 눈꽃 모양의 LED 조명까지 걸려 있었다. 나는 뉴욕에서 160킬로미터 떨어진 곳에서도 이곳의 밝은 밤하늘이 보인다는 말을 믿어 의심치 않는다.

고압 나트륨 전구를 사용하던 10년 전이었다면, 어퍼웨스트 사이드Upper West Side의 가로등 불빛이 지금보다 덜 불쾌했을지도 모른다. 고압 나트륨 전구는 달빛과 비슷한 따뜻한 노란빛을 낸다. 하지만 내가 그곳을 방문한 2021년 12월에는 뉴욕뿐 아니라 세계 각국의 도시에서 에너지 효율이 좋은 LED 조명으로 업그레이드를 마친 상태였다. 일반적으로 LED 조명은 밝은 청색광을 대량으로 방출한다. 가로등 교체를 논의하는 과정에서 에너지부와 미국의학협회는 다소 상반된 의견을 내놓았다. 버락 오바마 대통령은 에너지부의 가로등 교체 사업을 적극적으로 지원했고, 미국의학협회는 그 이듬해인 2016년, 인간과 환경에 미치는 피해를 최소화하는 LED 선택을 촉구하며 지역 사회를 위한 지침을 내놓았다. 미국의학협회는 해당 지침을 통해 "가능한 한 청색광을 적게 방출하는 조명을 사용할 것"을 권고했다. 하지만 그 시점에는 이미 많은 도시에 표준형 고정식 청색광 중심의 LED 가로등이 설치된 뒤였고, 다른 도시들 역시 그에 대한 지침을 놓치거나 무시했다.

미국 에너지부는 2035년까지 LED 조명이 실내외 조명 설비의 80퍼센트를 차지할 것으로 전망한다. 물론 LED 조명으로 전환해서 얻는 이득도 있다. LED 조명은 가격이 저렴하고, 에너지를 최대 90퍼센트까지 절약할 수 있으며, 기존 전등에 비해 최대 25배 더 오래 지속된다. 현재 미국과 유럽에서는 일부 지역을 제외하고 백열등 판매가 사실상 금지되었다. 백열등이 새로운 에너지 효율 기준을 만족하지 못하기 때문이다. 효율 기준이 점차 강화되고 시장 압력이 더욱 높아지면, 소형 형광등과 고압 나트륨 전구는 머지않아 구시대의 유물이 될 것이다. 조 바이든 정부가 제시한 와트당 최소 120루멘을 만족할 수 있는 유일한 조명 기술은 현재로서 청색 계열 LED가 유일하다.

1990년대, 세 과학자가 LED 조명의 새 장을 여는 기술적 발판을 마련했다. 당시에도 적색과 녹색 다이오드는 있었지만, 적절한 백색 빛을 구현하려면 청색 다이오드가 필요했다. 세 과학자는 그 마지막 부품을 완성하는 기술을 발명했고, 그 공로로 2014년 노벨물리학상을 받았다.

세 명의 일주기 과학자가 노벨상을 거머쥐면서 일주기 과학에 대한 학계의 관심을 불러일으킨 것은 청색 다이오드의 발명으로 LED 조명이 부상하고 수년이 지난 뒤였다. 자연스럽게 초기 제조업자들은 청색 LED로 조명을 만들 때 제3 광수용체를 거의 신경 쓰지 않았다. 새로운 조명은 낮 동안 실내에 더 많은 청색광을 비추며 의도치 않게 우리 생체시계를 자극했다. 하지만 밤이 되면 실내등과 자동차 전조등, 가로등에서 나오는 밝고 푸른 광자가 오히려 생체시계에 위협을 가했다. 이는 지금도 마찬가지다. 영국 서리대학교 겸임교수로서 브리검 여성병원과 하버드 의과대학에서 일주기를 연구하고 있는 스티브 로클리는 공무원과 건물 관리자들이 에너지 절약을 목적으로 LED 조명을 설치할 때, 스펙트럼을 잘못 선택하는 경우가 많다고 한탄했다. "적절한 LED를 고르기만 하면 됩니다. 가격도 비슷하고 선택지도 다양합니다. 이제는 잘못된 조명을 쓰면서 '몰랐다'고 변명할 수 없는 시대입니다."

　기술이 발전하면서 빛의 색조와 강도를 건강하게 조절할 수 있는 LED를 생산하는 것도 가능해졌다. 시애틀을 비롯한 일부 도시는 현재 설치된 LED 가로등의 수명이 다하면 따뜻한 백색 계열의 LED로 교체하겠다는 계획을 발표했다. 하지만 2018년 시 당국이 인정했듯이, 교체에는 매우 오랜 시간이 걸릴 것이다. LED는 긴 수명이 큰 장점으로 꼽히지만, 그 덕분에 지금 설치된 조명이 수명을 다할 때까지는 건강에 더 이롭고, 더 쾌적한 조명으로 바꿀 수 있는 정당한 기회가 앞으로도 10년 이상은 오지 않을지도 모른다.

　2023년 새로운 조명 정책이 시행되기 몇 달 전, 미국 뉴햄프셔주의 한 남자는 1700달러를 들여 곧 판매가 중단될 백열전구 수천 개를 사들였다. 그는 LED의 강한 빛을 싫어했고, 백열전구의 따뜻한 빛을 평생 공급받기를 원했다. 비슷한 상황은 이전에도 있었다. 19세기 영국 소설가 로버트 루이스 스티븐슨은 가스등을 좋아했고, 당시 새로 등장한 전등을 싫어했다. 그는 이런 글을 남겼다.

　"이제 매일 밤 새로운 도시의 별이 인간의 눈에 끔찍하고, 기이하고, 불쾌한 빛을 비춘다. 램프를 보면 악몽을 꿀 것 같다!"

사회적 약자를 덮치는 빛 공해

영국의 작가 겸 언론인 조지 오웰은 그의 고전 소설《1984》에서 24시간 계속되는 빛을 고문 기술로 사용했다. 1990년 오리건주 연방 법원은[12] 이 같은 행위를 구금된 수감자에게 적용하는 것을 위헌으로 판결했다. 2018년[13] 트럼프 행정부의 무관용 이민 정책에 따라 미국 정부가 텍사스의 한 창고에 아이들을 가두고 끊임없이 조명을 비추던 당시, 세계적 의학저널《뉴잉글랜드 저널 오브 메디신New England Jounal of Medicine》은 지속적인 조명이 특히 아동의 두뇌 및 신체 발달에 미치는 심각한 영향을 경고하는 사설을 실었다. 브리검 여성병원의 찰스 체이슬러는 해당 사설에 이렇게 적었다.

"역설적이게도 전기조차 없는 가난한 지역에서 온 이민자들은 오히려 건강에 훨씬 더 이로운 환경 조건, 즉 자연스러운 낮과 밤의 주기를 떠나온 셈일지도 모른다."

이는 극단적 사례일 수 있지만, 밤의 어둠을 박탈당한 사람들은 세계 곳곳에 존재한다. 늘 그렇듯 저소득층과 소수민족 집단이 그 대가를 치른다. 눈부신 가로등과 전조등 불빛에서부터 술집과 주유소의 꺼지지 않는 네온사인, 가스 채굴장의 불꽃까지 밤에 쏟아지는 빛은 사회의 특정 계층에게 맹공을 퍼붓는다.

볼티모어 그린마운트 애비뉴의 낙후된 지역에서는 LED 가로등뿐 아니라 종종 경찰경광등도 볼 수 있다. 이곳은 단정하게 정비된 거리 위로 따스한 조명이 비치는 부촌에서 불과 3킬로미터 떨어져 있다. 볼티모어에 거주하는 일주기 과학자 사메르 하타르는 저소득 지역의 조명 환경이 불충분한 수면에서 실업에 이르기까지 불평등이 세대를 거쳐 대물림되는 원인이 될 수 있다고 우려했다. 이 지역의 주민들은 전기세를 아끼기 위해 실내조명을 적게 사용하지만, 밤에는 속수무책으로 가로등 불빛에 휩싸인다. 특히 낮을 어둡게 보낸 뒤에 보는 과도한 야간 조명은 주민들의 일주기 리듬을 크게 교란할 수 있다.

데이터 역시 하타르의 주장을 뒷받침한다. 미국 도심과 농촌에서 유색인종과 저소득층은 백인이나 부유층보다 밤에 훨씬 더 많은 빛에 노출되는 것으로 조사됐다.[14] 평균적으로 아시아계, 히스패닉계, 아프리카계 미국인은 백인과 비교했을 때 밤에 약 두 배 더 많은 빛에 노출됐다. 또한 수면 불량은 야간 조명의 강도와 광범위하게 연관되어 있으며, 그 연관성은 빈곤 지역에서 더 뚜렷하게 나타났다.

저소득층 가정의 밤을 밝히는 요인은 다양하다. 고급 주택의 침실은 거리에서 멀리 떨어져 있지만, 저렴한 주택은 좀 더 도로와 바싹 붙어 있고, 길가에 있는 방을 포함해 더 많은 공간을 침실로 사용하는 경향이 있다고 UCLA의 트래비스 롱코어 교수는 말했다. 암막 커튼을 살 형편이 안 되는 집도 있다. 또한 이들 가정에서는 보통 형제나 자매가 침실을 공유하기 때문에 한 명이 자려고 할 때 다른 사람이 불을 켜놓고 책을 볼 수도 있다. 또 어떤 이들은 잠을 잘 수 있는 안전한 공간을 찾는 데서부터 이미 난관에 부딪힌다.

건축사무소 크리에이트 스트리츠Create Streets의 수석 건축 설계자이자 프로젝트 관리자인 로버트 퀄렉Robert Kwolek은 과거 런던 남부 카울리 에스테이트Cowley Estate에 있는 사회주택 단지에 거주했다. 당시 그는 침실 창가에서 20개 넘는 불빛을 볼 수 있었다. 암막 커튼조차 그 빛을 모두 가리지는 못했다. 커튼 가장자리로 빛이 끊임없이 새어들었다. 퀄렉은 "좀 더 따뜻한 계열의 빛이었으면 그나마 괜찮았을 텐데, 굉장히 파랬어요"라고 말했다. 그는 사회주택에 사는 몇 년 동안 잠을 제대로 자지 못했다. 이후 침실 창이 길 반대편을 향한 다른 집으로 이사한 뒤에야 푹 잘 수 있게 되었다. "빛 공해는 가장 저평가된 형태의 공해"라고 퀄렉은 말했다. 그가 속한 크리에이트 스트리츠는 런던에 따뜻한 색 계열의 가로등을 설치하기 위해 노력하고 있다.

런던은 부촌으로 갈수록 조명 수가 줄고 불빛이 은은해진다. 나는 에어비앤비 숙소 근처인 웨스트민스터 거리의 잔잔한 노란빛 가로등 아래에서 여유롭게 시간을 보냈다. 그 빛에는 19세기 가스등 몇 개에서 나오는 은은한 불빛도 섞여 있었다. 당시 영국 의회는 오래된 조명을 LED로 교체하는 안건을 두고 논쟁을 벌였다. 웨스트민스터에서 멀지 않은 곳에 있는 또 다른 사회주택 단지는 배너 거리와 와이트크로스 거리에 늘어선 LED 조명에 포위되어 있었다. 거리와 보도 위, 건물 옆에 설치된 조명이 내뿜는 강렬한 빛은 퀼렉이 말한 그대로였다. 퀼렉은 그 빛을 받으면 "교도소 운동장을 걷고 있는 기분"이라고 내게 말했다. 뉴욕시의 몇몇 공공주택 단지를 걸을 때도 비슷한 답답함이 느껴졌다. 그 경험을 하고 나니, 친구 집 창문을 비추던 눈꽃 모양의 파란색 LED가 상대적으로 아무렇지 않게 느껴질 정도였다.

권력의 상징이자 무기로 사용되어온 조명

내가 모하메드를 만났을 때 그는 뉴욕시 주택국이 관리하는 이스트빌리지의 공공주택 단지인 리스 하우스Riis Houses에서 농구를 하고 있었다. 높은 기둥 위에 설치된 대형 LED 덕분에 야외 코트의 파란색과 초록색 페인트칠이 선명하게 보였다. 오후 9시가 다 된 시각이라 해는 이미 저물었지만, 자유투 라인 근처는 대낮처럼 환했다. 모하메드는 밤늦게까지 농구를 할 수 있어서 좋고, 밝은 조명 덕분에 밤길을 걸을 때도 안전한 느낌이 든다고 했다. 하지만 그 역시 일부 조명은 조금 과하다고 말했다.

최근 뉴욕시는 이 주택단지의 오래된 주황빛 조명을 도시 곳곳에 설치된 가로등과 같은 푸른색 LED로 교체하기 시작했다. 나는 단지 내 포장된 길을 따라 조명 사이를 통과해, 환하게 밝혀진 주차장을 지나갔다. LED 조명 쪽에서 바스락거리는 소리가 들려 돌아보니 일렬로 늘어선 쓰레기봉투 아래서 쥐들이 바쁘게 움직였다. 모하메드가 지적한 대로 새 조명과 예전 조명이 뒤섞여 색상과 밝기가 들쭉날쭉했다. 대부분 집은 창문을 가리지 않은 채 LED 조명이 내뿜는 빛을 그대로 받았다. 몇몇 집 창문에는 국기가 걸려 있었다. 하지만 그렇게 얇은 장막으로는 암막 커튼을 대신할 수 없다.

예전에는 도로 공사 현장에서 주로 사용하는 대형 투광등(넓은 범위를 강하게 비추는 조명 장치 - 옮긴이)까지 있었다. 경찰이 인근 주택단지로 옮기기 전까지 투광등은 리스 하우스 안뜰에 우뚝 솟아 있었다. 모하메드는 투광등에 매우 시끄러운 디젤 발전기가 달려 있었고, 근처에서 매캐한 냄새까지 났다고 했다. 나는 그날 밤 주변 단지를 둘러봤지만 비슷한 투광등은 찾지 못했다. 몇 주 후 모하메드는 근처 공원에서 투광 조명을 발견하고 사진을 찍어 보내왔다. 기둥 위에 달린 4개의 대형 스포트라이트는 스마트폰 화면으로 봐도 눈이 아플 정도로 밝은 빛을 내뿜고 있었다.

2014년 당시 뉴욕 시장이었던 빌 더블라지오Bill de Blasio는 어디에나 다 있다는 뜻의 '무소부재Omnipresence'라는 이름을 붙인 새로운 범죄 퇴치 방안을 가동했다. 곧 시 전역의 저소득 지역과 공공주택 단지에 수백 개의 이동식 고강도 투광등과 경찰이 배치됐다. 사람들은 이를 새로운 유형의 불심검문이라고 비난했고, 주민들은 불빛 때문에 잠을 잘 수 없다고 항의했지만, 정책은 지금도 유지되고 있다. 투광등의 주목적은 범죄를 억제하는 것이지만 그 불빛은 의도치 않게 멜라토닌까지 억제할 수 있다.

제대로 된 해결책을 마련하기 위해서는 '더 밝은 조명이 아니라 더 나은 조명'을 사용해야 하며 '공동체의 의견을 수렴해야' 한다고 라이트 저스티스Light Justice 운동 본부의 리더들은 말한다. 이들은 무소부재 정책이 최근의 사례일 뿐이며, 사실 백인들이 조명을 유색인종을 통제하고 억압하는 수단으로 사용해온 것은 전구가 발명되기 훨씬 전부터 있었던 일이라고 주장한다. 18세기 뉴욕시는 '랜턴법lantern laws'을 제정하여, 일몰 이후에 백인의 동행 없이 외출하는 흑인과 유색인종에게 랜턴을 지참하도록 요구했다. 랜턴 없이 외출했다가 적발되면 구타나 체포를 당할 수 있었다. 해당 법률은 유사한 차별 정책으로 이어졌다. 19세기 말에 등장해 1960년대까지 존재했던 일몰법sundown laws은 해가 진 뒤 유색인종이 수천 개에 달하는 마을에 머무는 것을 금지하는 인종차별적 규정이었다. 오늘날에도 많은 지역 사회에서 소외되고 방치된 사람들은 여전히 해가 진 후에 자신의 안위를 걱정해야 한다.

밝은 조명이 실제로 그 지역을 더 안전하게 만드는지에 대한 결론은 아직 나지 않았다. 이 모호함 때문에 정책 결정자들은 주기적으로 곤란을 겪는다. 현재 캘리포니아주 데이비스에서는 잇따라 발생한 흉기 사건을 계기로 시 차원에서 가로등 확대를 두고 논쟁이 벌어지고 있다.

조명을 늘리면 확실히 주민들이 느끼는 어둠에 대한 두려움, 일부에서는 진화적 특성이라 주장하는 이 공포가 확실히 줄어들 것이다. 실제로 빛이 부족하면 인체에 신경생물학적 변화를 일으켜 불안과 두려움을 유발할 수 있다. 특정 상황에서는 밤을 밝히고자 하는 이 생물학적 본능이 유익하게 작용할 수도 있다. 한 논문에서는 뉴욕시 주택단지에서 무소부재 정책이 시행된 후로 3년 동안 야간 범죄가 감소했다고 밝혔다.[15] 일몰 이후부터 일출 때까지 이동식 대형 LED를 켜둔 곳 근처에서는 범죄 발생 건수가 줄었다는 것이다. 하지만 해당 논문의 저자들은 이것이 특정 환경에 전술적으로 개입하여 얻어낸 결과이므로 널리 일반화할 수는 없음을 명확히 했다.

한편 도시 조명에 관한 다른 논문은 상반된 결론을 내놓았다. 시카고에서는 조명 설비가 강화된 이후 오히려 범죄 신고 건수가 증가했다. 잉글랜드와 웨일스 일부 지역에서는 밤에 일정 시간 동안 거리 조명을 차단하자, 해당 거리의 차량 절도가 절반으로 감소했다. 논문의 저자는 절도범들이 인근의 더 밝은 거리로 범행 장소를 옮겼을 것으로 추측했다. 중국에서는 야간 조명이 조금씩 밝아질수록 체포 건수와 기소 건수도 함께 증가했다. 여기에 내 개인적인 경험에서 얻은 데이터를 추가하면, 나는 최근 대형 LED 조명이 가득한 공영 주차장에 차를 댔다가 하룻밤 새 털리고 말았다.

안전해 보인다고 실제로 안전한 것은 아닌 듯하다. 그렇다면 왜 조명을 강화해도 범죄와 사고가 줄지 않을까? 나는 처음에 조명을 늘리는 것이 논리적인 대응이라고 생각했다. 하지만 조명이 밝을수록 빛 입자가 도달하는 곳과 그렇지 못한 곳의 대비는 커진다. 범죄자는 주차된 차량과 차량 사이처럼 짙고 어두운 그림자가 생기는 곳에 몸을 숨길 수 있다. 또 과도한 조명은 눈부심을 일으키고 사각지대를 만들어낼 뿐 아니라 사람이나 물건, 즉 범행 대상을 눈에 띄게 만든다. LED 전조등이 보편화된 이후에 차량을 운전해본 사람은 알겠지만, 눈부심은 운전자의 시야를 방해하여 사고 위험을 높일 수도 있다.

데이비스에서도 가로등 확대를 반대하며 그 역효과를 지적한 경찰관이 있었다. 그는 지역 뉴스에서 이렇게 말했다. "범죄에도 빛이 필요합니다. 한밤중에 손전등 불빛은 너무 눈에 띄거든요."

빛 공해를 줄이기 위한 노력

위성사진을 보면 전 세계에서, 심지어 오지에서도 수많은 조명에 불이 들어오고 있다. 태양광으로 구동되는 독립형 조명 설비의 보급으로 이러한 추세는 점점 더 빨라지고 있다. 여전히 많은 국가에서 인공조명의 도입은 경제력·안보·삶의 질 향상을 의미한다.

미국은 2015년 파리에서 열린 유엔 기후변화 회의에서 국제 파트너들과 함께 'LED와 같은 고효율·고품질·중저가 조명 제품'의 신속한 보급을 위한 '고효율 조명의 보급 확산Global Lighting Challenge' 프로그램에 동참하기로 했다. 이 프로그램은 전기 사용과 이산화탄소 배출량을 줄이는 한편 '수백만 개인에게 번영의 기회'를 제공하는 것을 목표로 했다.

개발도상국에서 빛 공해는 시급한 문제가 아니다. 이 때문에 다수 국가가 고효율 조명 중에서도 가장 저렴한 청백색 계열의 LED 조명을 선택한다. 청백색 계열 LED는 현재 전 세계 조명 시장에서 거의 절반을 차지한다.

과학자들은 에너지를 절약하고, 빈곤을 구제하고, 아이들에게 야간 학습 환경을 제공하는 것도 중요하지만, 생물학적 영향을 고려해 좀 더 똑똑하게 조명을 선택해야 한다고 목소리를 높인다. 일반적인 백색 LED와 빛을 조절할 수 있는 LED의 가격 차이는 줄어들고 있다. UC 데이비스 산하 연구기관인 캘리포니아 조명 기술센터의 소장 마이클 시미노비치Michael Siminovitch는 명확한 조명 표준을 마련하기 위해 국제 파트너들과 협력하고 있다. 그는 멕시코에서도 대부분 사람이 청색광을 과도하게 방출하는 저렴한 조명 기구를 사용하고 있다고 말했다. 전문가들은 개발도상국이 더 건강한 대안을 선택할 기회의 창을 놓칠 수 있다고 우려를 표한다. 시미노비치는 "사람들이 불을 미친 듯이 켜고 있어서 문제가 더 심각해요"라고 말했다. 그는 LED가 너무 효율적이라서 사람들이 불을 끌 생각조차 하지 않는다며 한탄했다. 사실 우리는 오랫동안 심지어 생사가 달린 순간에도 불 켜는 습관을 버리지 못했다.

2차 세계대전 중 아돌프 히틀러의 뒤를 이어 나치 독일의 지도자가 된 잠수함 지휘관 카를 되니츠는 미국 영토에서 '밝은 빛을 내는 불꽃'을 발견하고 기습을 감행했다. 도시의 빛은 나치에게 선물과도 같았다. 이들은 미 동부 해안에서 연합군 선박 수백 척을 침몰시키고, 수천 명의 상선 선원과 군 포수, 민간인을 살해했다. "나치 잠수함은 수 주 동안 해안가 조명에 실루엣이 드러난 미군 선박을 침몰시켰다"라고 1942년 4월 《뉴욕타임스》는 보도했다.

당시 공무원들은 시 관계자들과 시민들에게 밤에는 조명을 켜지 말라고 당부했다. 하지만 수개월이 지나도 지시를 따르는 사람은 많지 않았다. 1942년 8월, 미 육군은 서해안에서 최대 250킬로미터 내륙까지 등화관제(전시에 민간 시설 및 군사 시설의 등불을 통제하고 조명 사용을 제한하는 것 – 옮긴이)를 명하는 포고령을 발표했다. 불필요한 조명 사용은 금지됐고, 필수 조명도 최대한 가리고 숨겨야 했다. 사람들은 전조등 덮개를 사용해 빛의 범위를 좁히고 흐리게 만들었다. 검은색 테이프를 붙이거나 밀가루 포대 같은 재질의 천을 씌워서 비슷한 효과를 내기도 했다. 같은 달 《뉴욕타임스》 샌프란시스코 특파원은 "종전 시까지 금지된 야간 야구 경기가 마지막으로 치러졌다"라는 기사를 보도했다.

동부 해안 지역에서도 한발 늦게 이러한 조치를 시행했다. 한편 영국은 한참 전에 모든 준비를 마쳤다. 런던 시민들은 1차 세계대전 당시 공습에 대비하기 위해 조명 통제 명령lighting orders에 따라 불필요한 조명을 끄거나 밝기를 낮췄다. 시민들은 묵혀뒀던 오래된 촛대와 가스등을 다시 꺼냈다. 한 작가는 1914년 11월 런던의 풍경을 이렇게 묘사했다.

"불을 밝힌 가로등은 거의 없었고, 그나마도 가려져 있어 빛이 제 발치에만 간신히 떨어졌다. (…) 시계탑은 조용하고 밤이 되어도 문자판에 불이 들어오지 않는다."

영국은 1939년 독일에 선전포고하기 이틀 전부터 더 엄격한 등화관제를 실시했다. 민간인은 1년 전부터 등화관제용 암막 커튼을 만들고 정기적으로 소등 훈련에 참여했다.

군사 기술의 발달로 어둠은 더 이상 전쟁에서 보호막 역할을 하지 못한다. 하지만 오늘날 많은 국가에서 어두운 하늘의 소중함이 재평가되고 있다. 뉴질랜드에서는 마오리족 원주민들이 빛 공해를 줄여 어두운 밤하늘 협회로부터 국가 인증을 받기 위한 노력을 주도하고 있다. 마오리족의 관습과 신앙은 밤하늘을 관찰하는 데서 유래했다. 마오리족은 달의 변화를 따라 시간을 측정하며, 일몰에서 다음 일몰까지를 하루로 여긴다. 어둠을 보존하기 위한 이들의 투쟁은 문화적 말살에 맞서는 저항이기도 하다. 이 투쟁이 성공을 거둔다면, 뉴질랜드는 세계에서 두 번째로 어두운 하늘 국가라는 타이틀을 얻게 될 것이다. 최초의 어두운 하늘 국가라는 타이틀은 2020년에 지정된 뉴질랜드 북동쪽의 섬나라 니우에Niue가 차지했다.

프랑스, 슬로베니아, 대한민국을 포함한 많은 국가가 조명을 사용하는 시기, 장소, 방법에 관한 엄격한 법률을 채택하고 있다.[16] 하지만 미국은 여전히 빛 공해를 줄일 의지가 없어 보인다. 한 정부 관계자는 이렇게 말했다. "가용 에너지가 넘치다 보니 조명 제한의 필요성을 느끼는 사람이 거의 없습니다." 미국인들이 과거 건물의 높이 제한에 반대하며 내세웠던 논리와 비슷하게 들렸다. 그럼에도 희망적인 변화도 있다. 최소 19개 주와 워싱턴 D.C., 푸에르토리코에서는 야간 조명을 제한하는 법률을 제정했다. 철새 이동 시기와 바다거북이 산란기에 조명을 끄자는 지역 캠페인도 증가하고 있고, 동물 친화적인 긴 파장의 조명도 다양하게 출시되고 있다. "동물에게 좋은 일이 인간에게도 좋을 가능성이 크죠"라고 시미노비치는 말했다. 민간단체인 소프트라이트파운데이션Soft Lights Foundation은 식품의약국에 LED 제품에 대한 규제 마련을 요청하고, 사망 사고 증가를 근거로 들어 고속도로 교통안전국, 의회, 교통부에 '눈부심을 유발하는 전조등'을 금지해달라고 청원했다. 이 글을 쓰면서 새 차를 고르다 보니, 전조등 불빛을 조금이라도 피하려면 세단보다 운전석이 좀 더 높은 차량을 사야 하나 싶다. 자동 눈부심 방지 기능이 있는 백미러도 추가하고 싶어졌다.

빛 공해를 줄이는 데 가장 큰 동기를 부여하는 곳은 아마도 어두운 밤하늘 협회일 것이다. 어두운 밤하늘 협회는 2001년 애리조나주 플래그스태프를 밤하늘 보호 구역으로 처음 지정했다. 도시는 이를 관광 자원으로 활용하고 있다. 플래그스태프는 '다크 스카이 브루잉Dark Sky Brewing'이라는 양조장도 운영하고 있는데, 이곳에서 양조한 수제 맥주의 이름은 적절하게도 '일주기 리듬Circadian Rhythm'이다. 지금은 내가 방문한 프린빌 저수지 주립공원과 근처 선리버Sunriver 리조트 단지를 비롯해 전 세계 200곳 이상이 어두운 밤하늘 구역으로 등록되어 있다.

　어두운 밤하늘 운동가들과 과학자들이 이야기하는 빛 공해 최소화의 기본 원칙은 같다. 야간 조명은 필요할 때만, 공간과 시간을 제한하여, 약한 밝기로, 따뜻한 색조로 사용해야 한다는 것이다. 동작 감지 센서, 차폐막, 타이머, 조광기(조명의 명도를 낮추기 위해 사용하는 장치로 '디머dimmer'라고도 부른다 – 옮긴이)는 모두 이러한 목표를 달성하는 데 도움을 줄 수 있다. 실제로 선리버 리조트에서는 야외 조명을 위쪽이나 외부로 비추는 것을 금지하며, 눈부심을 줄이기 위해 조명에는 반드시 차폐막을 설치하도록 규정하고 있다. 선리버 오리건 천문대에서 만난 천문대 관리자 밥 그로스펠트Bob Grossfeld는 이것이 "모두를 승자로 만드는 전략"이라고 말했다. 그는 에너지 절약과 비용 절감, 별을 볼 수 있는 어두운 하늘, 동식물 친화적인 환경, 주민들의 일주기 리듬 강화 등 다양한 장점을 나열했다. 이제는 '잘' 밝히는 것이 '밝게' 밝히는 것보다 중요하다.

　나는 낮에 태양에너지를 흡수했다가 밤에 빛을 방출하는 야광 소재처럼 혁신적인 솔루션을 발견했다. 내 마음을 사로잡은 것은 출신 화가의 이름을 딴, 네덜란드 반 고흐 마을에서 진행된 프로젝트였다. 이 마을에는 움직임을 감지해 가로등 불빛을 조정하는 동작 감지 시스템이 설치되어 있다. 움직임이 없으면 밝기를 80퍼센트로 낮추고 사람이나 자전거, 자동차가 접근하면 밝기를 최대로 높인다. 사람의 이동 경로를 따라 동그란 빛도 함께 이동한다. 이와 비슷한 시스템을 실내에 설치하려는 사람들도 늘고 있다. 나는 시미노비치와 함께 비슷한 시스템을 테스트해봤다. 복도를 걷는 동안, 앞에 있는 조명이 하나씩 켜지고 뒤쪽에 있는 조명이 하나씩 꺼져서 걷는 내내 빛을 받을 수 있었다. 동작 감지 조명의 추가 장점은 마치 손전등처럼 범죄자에게 시선이 쏠리게 할 수 있다는 것이다.

동작 감지 조명과 같은 고급 설비는 설치 비용이 상당히 비싸다. 당연하게도, 어두운 밤하늘 협회가 지금까지 선정한 보호 구역에는 선리버와 같은 부촌이 훨씬 더 많이 포함되어 있다. 일부 국가에서는 여전히 인공조명을 번영의 상징으로 여기지만, 부유한 지역에서는 빛 공해 감소치를 반영해 그 반대로 생각한다. 이들에게는 이제 밤의 어둠이 유치하고 싶은 편의시설 같은 존재가 되었다.

협회 내에서도 어두운 밤하늘 운동에 형평성이 필요하다는 자성의 목소리가 나오고 있다. 어두운 밤하늘 운동의 기본 원칙을 따르는 데 항상 돈이나 기술이 필요한 것은 아니다. 전문가들은 어느 공동체든 의식과 의지만 있다면, 일단 간단한 것부터 실천하고 차차 재원을 마련해나갈 수 있다고 이야기한다. 우리가 도시의 조명 경관이나 이웃집의 진입로 혹은 현관 조명을 통제할 수는 없지만, 개인적으로 할 수 있는 일은 분명히 존재한다. 우리는 집 안팎의 조명을 조절하여 나 자신과 주변의 생명체를 보호할 수 있다. 최소한 밤에 불을 끄려고 노력할 수 있다. 그로스펠트는 이렇게 말했다. "사람들은 가진 것을 지키기 위해 집에 커다란 조명을 설치해야 한다고 생각합니다. 하지만 그건 사실이 아닙니다."

우리에게는 암막 커튼, 수면 안대, 블루라이트 차단 안경 등 집 안과 눈으로 침투하는 빛을 막아낼 수 있는 도구도 있다. 이때는 블루블로커 선글라스도 쓸모가 있을 것이다. 우리도 코리 하트 Corey Hart처럼 밤에 선글라스를 끼고 있다가 영감을 얻을지도 모른다(캐나다 싱어송라이터 코리 하트는 〈선글라스 앳 나이트Sunglasses At Night〉라는 노래로 히트를 기록했다 - 옮긴이).

조명 사용을 줄이면 어둠은 즉시 회복된다

과거 영국 시민들이 실내조명이 밖으로 새어 나가는 것을 막기 위해 사용했던 단순한 기술은, 실외조명이 실내로 스며드는 것을 차단하는 데도 널리 응용될 수 있다. 내가 만난 어느 수면 과학자는 가로등 근처에 사는 주민들에게 암막 커튼을 나눠주자고 제안했다. 우리도 경찰의 투광등에 시달리는 사람들에게 이 정도 조치는 해줄 수 있다. 비슷한 조치는 실제로 시행되고 있다. 영국 정부는 시끄러운 고속도로 근처에 사는 사람들에게 방음을 위한 보조금을 지원한다. 또 미국 연방정부의 프로그램은 공항 인근 지역의 소음을 줄이기 위해 별도 예산을 편성한다.

전쟁 중에 그랬듯이, 이러한 정책을 결정할 때 비용과 실익, 필요성과 실용성, 빛 부족과 빛 과다의 위험을 균형 있게 고려해야 한다. 2차 세계대전 당시 미국 전쟁부War Department(국방부의 전신 – 옮긴이)가 작성한 359쪽짜리 보고서[17]에는 수많은 현장 시험 내용이 빼곡히 기록되어 있다. 이들은 자동차 전조등, 가로등, 가게 진열장 조명, 교통 신호, 건물 창문, 산업용 투광등, 옥외 광고판 조명 등 다양한 조명이 밤하늘에 미치는 영향을 확인한 후, 이를 억제하고 연합군 함선을 보호하는 데 필요한 조광 정도를 결정했다. 엔지니어들은 포드, 셰보레, 플리머스 같은 승용차는 물론, 군용 차량과 30인승 버스까지 포함해 차량 조명이 만들어낼 수 있는 위험을 하나하나 시험했다. 그리고 보고서에서는 이런 질문도 다뤄 균형점을 맞췄다. '빛 공해를 줄이기 위해 조명을 어둡게 했을 때, 그로 인해 운전 위험이 더 커진다면 과연 그게 이득일까?'

1943년 10월《뉴욕타임스》는 적색과 녹색 신호등이 "밤에 잘 보이지 않고, 낮에도 잘 보이지 않는 얇은 십자가"로 변했다며, 지나친 조명 제한을 비판하는 기사를 보도했다. 기사는 희미한 신호등을 교통사고 증가의 원인으로 지목했다. 한편 영국 전역에서는 조명이 줄어들면 범죄가 급증할 것이라는 초기 우려가 있었지만, 결과적으로 그 걱정은 다소 과장된 것으로 드러났다. 다만, 소매치기 같은 경범죄와 적어도 한 명의 연쇄살인범은 예외였다. 그러나 도로 위에서의 사망자 증가에 대한 우려는 사실로 드러났다. 교통사고 사망률이 극에 달한 1940년에는 차량 200대당 한 명이 도로에서 목숨을 잃었다. 이는 전쟁 이전보다 거의 두 배에 가까운 수치였다. 그 시절 거리 곳곳에는 "정전 중에는 주의하세요. 눈이 어둠에 적응할 때까지 충분히 기다리세요"라는 경고 문구가 적힌 벽보가 나붙었다. 곧 안전 조치 차원에서 도로 연석부터 젖소까지 모든 곳에 흰색 페인트로 줄무늬가 칠해졌다.

빛과 공기가 부족했던 시대로 돌아갈까 봐 걱정하는 사람도 있었다. 두꺼운 커튼, 검은색 페인트, 골판지로 막아놓은 창문 때문에 실내는 한결같이 어두웠다. 벽돌로 막은 것이나 다를 바가 없었다. 하지만 어둠에도 이점은 있었다. 정전 조치로 수면과 일주기 리듬에 좋은 야간 환경이 조성됐다. 밤하늘의 별도 모습을 드러냈다. 라디오에서는 밖으로 나가 하늘을 보라고 독려하는 방송이 흘러나왔다.

2차 세계대전 이후 기술은 눈부시게 발전했다. LED 기술은 여러 문제를 초래할 수 있지만, 적절하게 사용하면 안전하고 건강하고 매력적인 실내외 조명 시설을 만들 수 있는 엄청난 잠재력을 가지고 있다. 새로 나온 LED는 이전보다 조작과 조정이 수월해서, 그간 LED 기술의 무분별한 사용으로 악화된 공중보건과 환경문제를 완화하는 데 도움을 줄 수 있다. 게다가 빛 공해는 줄이는 그 즉시 사라진다. 빛은 산업용 화학물질이나 기타 독성 오염 물질처럼 환경에 잔류하지 않는다. 화석 연료는 우리가 아예 사용을 중단해도 이후 수년 동안 대기에 해를 가하지만, 조명 사용을 줄이면 어둠은 그 즉시 회복된다.

아버지와 함께한 여행 동안 나는 빛 공해에서 잠시 벗어날 수 있었다. 돌아와서 다시 며칠간 밤마다 시간대별로 타액을 수집해 분석한 결과, 밝은 낮과 어두운 밤 덕분에 나의 야간 멜라토닌 상승 시점이 1시간 가까이 앞당겨졌다. 이번 여행에서 나는 빛 공해뿐 아니라 자동차, 비행기, 산업체에서 흔히 내뿜는 지구온난화와 대기오염의 익숙한 원인 물질에서도 벗어날 수 있었다. 하지만 마지막 날 아침, 떠날 채비를 하던 나는 지평선에서 피어오르는 갈색 연기를 발견했다. 지역 곳곳에서 발생한 산불이 우리가 있는 곳 근처까지 연기를 퍼트리고 있었다. 차에 짐을 실을 때쯤에는 나무 타는 냄새도 맡았다. 시애틀로 돌아오는 길에 차창 밖으로 타버린 숲과 짙은 연기가 한참이나 이어졌다.

    기후변화가 계속되면서 산불도 증가하고 있다. 산불로 인해 발생한 연기층과 대기오염은 마치 두꺼운 구름층처럼 낮 동안 지표면에 닿는 햇살을 줄이는 한편, 밤에 더 많은 인공광을 지표면으로 반사할 수 있다. 또한 미세먼지는 그 자체로 산업화 사회의 생체시계 교란자 목록에 이름을 올리고 있다. 몸에서 멀리하기 힘든 오염 물질에서부터 우리가 의도적으로 섭취하는 음료와 음식까지, 이들은 모두 현대사회의 생체시계 교란자들이다.

7장
생체시계 교란자들

국물 레시피에는 해조류, 동물성 플랑크톤, 모래, 낙엽 한 움큼과 우렁이, 브라이들 샤이너bridle shiner(담수에 서식하는 작은 물고기 – 옮긴이), 산골조개, 공벌레, 송사리가 포함되어 있었다. 미국 요리에 빠질 수 없는 소금도 들어 있었다. 하지만 누가 저녁상에 올리려고 만든 모양새로는 보이지 않았다. 소금도 식탁 한쪽에 놓인 곱고 하얀 소금이 아니었다. 눈 내리는 날 길바닥에 마구잡이로 뿌리는, 알갱이가 굵은 소금이었다.

뉴욕 렌슬리어 공과대학교의 환경 생물학자 카일라 콜드스노Kayla Coldsnow는 제설용 소금이 환경에 미칠 영향을 우려했다. 기온이 상승해 눈이 녹으면 대부분의 제설용 소금은 토양으로 옮겨가고, 주변 호수와 개울로 흘러들어 담수 생태계를 파괴할 수 있다. 일반적으로 이러한 생태계의 밑바닥에는 물벼룩*Daphnia*이라는 동물성 플랑크톤이 있다. 이 작은 유기체 역시 빛과 어둠을 따라 수층을 위아래로 오간다. 이들의 여정은 전 지구적 규모로 일어나는 일주 수직 이동의 일부로, 태양을 따라 동쪽에서 서쪽으로 물결치며 모든 연못과 호수, 바다를 가로지르는 거대한 생명의 파도를 일으킨다. 이 물결에 많은 것이 달려 있다.

콜드스노와 동료들은 염도 상승이 물벼룩에 영향을 미치는지, 이로 인해 먹이 사슬을 따라 연쇄적으로 문제가 발생할 수 있는지 확인하고자 했다. 연구팀은 들판에 1톤짜리 수조 여러 개를 놓고 일정량의 호숫물을 채운 다음 소금의 양을 조절했다. 이후 물벼룩의 행동을 가만히 지켜보았다.

염도가 상승하자 처음에는 물벼룩이 엄청나게 죽어나갔다. 하지만 얼마 안 가 개체 수가 회복되었다. 물벼룩의 짧은 수명 덕분에 과도한 염분에 대처할 수 있는 내성이 빠르게 진화한 듯했다. 그러나 선택에 따른 대가가 있었는지 개체 수의 증가 폭이 점차 줄어들었다. 물벼룩은 염분의 맹공격에서 살아남기 위해 무엇을 포기한 것일까? 이는 장기적으로 물벼룩의 개체 수와 물벼룩을 먹이로 삼는 다른 종에 어떤 영향을 미칠까?

해답을 찾기 위해 콜드스노와 그녀의 박사 과정 지도교수 릭 릴리아Rick Relyea는 일주기 과학자 제니퍼 헐리Jennifer Hurley에게 도움을 요청했다. 두 사람은 소금이 물벼룩의 생체시계를 손상시켰는지 확인하고 싶어 했다. 헐리는 속으로 고개를 갸우뚱했다. 이는 일주기 생물학의 기본 원칙에 어긋나는 추론이었다. 원칙에 따르면 생체시계는 온도와 염도의 급격한 변화 등 각종 환경적 교란을 완충, 즉 보상해야 한다. 하지만 헐리는 두 사람을 도와 확인해보기로 했다.

실험실에서 확인한 결과 헐리의 예상과 달리,[1] 물벼룩의 생체시계는 염분에 의해 망가져 있었다. 염도가 높을수록 생체시계의 힘이 약했다. 염도가 특정 수준에 이르자, 시계 유전자 발현의 진동이 아예 멈췄다. 물벼룩은 시간 감각을 완전히 상실했다.

수조에서 일어난 일은 단순히 물벼룩과 이를 먹이로 삼는 생태계에만 영향을 미치지 않는다. 물벼룩의 생체시계 작동 방식은 인체의 생체시계가 제어되는 방식과 매우 유사하다. 인간은 치명적 수준의 염도에 노출될 일은 적지만, 환경과 식단을 통해 점점 더 많은 생체시계 교란 물질에 노출되고 있다.

생체시계를 공격하는 것들

난연제, 중금속, 미세먼지, 오존, 담배 연기, 폴리염화비페닐 PCB, 유기용제, 남조류 독소와 같은 전통적인 오염 물질이[2] 일주기 리듬과 수면을 방해할 수 있다는 주장이 제기되고 있다. 한 연구에 따르면, 자궁 내에서 소량의 비스페놀 A(플라스틱 용기, 통조림 내포장재, 종이 영수증 등에 첨가된 에스트로겐과 유사한 합성 물질로 줄여서 BPA라고 함)에 노출된 쥐는 생체시계에 영구적 손상을 입었고, 이는 세대를 거쳐 유전되었다.

인체와 생체시계의 손상 정도는 교란 물질에 노출되는 시점에 따라 달라질 수 있다.[3] 섭취한 BPA의 양이나 들이마신 공기의 오염도가 같아도 오전이냐 오후냐에 따라 다른 영향을 미칠 수 있다. "생체시계는 우리가 생각지 못한 방식으로 주변 환경에 민감하게 반응하는 듯합니다"라고 헐리는 말했다.

나는 기자 생활을 하는 동안 주로 우리 주변에 존재하는 유해인자에 관한 기사를 작성했다. 취재 과정에서 이 같은 유해 물질이 일상생활 속에 얼마나 은밀하고 만연하게 퍼져 있는지 알게 되었고, 이는 내게 극심한 스트레스로 작용했다. 환경오염은 전 세계 사망자 6분의 1의 사망원인이며, 실제 사망자 수는 흡연으로 인한 사망자 수와 비슷하다. 그러나 환경부 기자로 10년 이상 일해왔음에도, 환경오염이 유발하는 증상 중 상당수가 오염 물질에 의한 일주기 리듬 교란의 결과일 수 있다는 말을 듣고는 놀라지 않을 수 없었다. 실제로 생체시계는 신진대사부터 면역 반응, 생식에 이르기까지 수많은 생리 기능의 조절을 돕기 때문에, 손상된 생체시계는 몸 전체에 악영향을 끼칠 수 있다.

콜드스노 박사는 염분이나 다른 오염 물질에 노출되어도 즉시 죽음에 이르지는 않겠지만, 우리가 잘 모르는 미묘하고 중대한 변화는 일어날 수 있다고 말했다. 헐리와 콜드스노는 인체가 '유독성 환경에서 살아남기' 같은 시급한 문제를 해결해야 할 때 '생체시계를 제때 맞추기' 같은 당장 절박하지 않은 생리적 기능에는 에너지를 덜 쓰도록 진화했다고 추측한다.

    수많은 오염 물질과 생활용품, 약품이 우리 몸에 들어와 생체시계를 교란한다. 당뇨병 치료제인 메트포르민과 면역억제제인 라파마이신, 일부 항암 치료제와 베타 차단제, 항우울제는 모두 일주기 리듬에 직간접적으로 영향을 미치는 것으로 알려져 있다. 전 세계 수억 명의 여성이 매일 복용하는 경구 피임약도 마찬가지다. 헐리는 에스트로겐과 일주기 리듬의 연관성이 밝혀졌음에도 불구하고, 그 영향이 거의 연구되지 않았다는 사실에 당혹감을 표했다. 1996년에 발표된 논문에 따르면, 경구 피임약은 코르티솔, 혈압, 심박수의 변화 주기를 어지럽히고 '멜라토닌의 일주기 리듬을 파괴'할 수 있다. 또 우리는 물과 공기를 통해 더 많은 생체시계 교란자를 흡입한다. 살충제 성분은 우리가 먹는 음식에 올라타 체내로 들어올 수 있다. 우리는 물 대신 탄산음료를 마시고, 소금을 잔뜩 뿌려 먹는 등 유해 성분을 일부러 섭취하기도 한다. 헐리는 이렇게 말했다. "우리는 150년 전, 아니 50년 전까지만 해도 식용이라 생각지 않았던 물질을 체내에 투여하고 있습니다. 지금 우리가 일주기 리듬에 무슨 짓을 하고 있는지 알 수 없다는 뜻이죠."

카페인으로 시작해 알코올로 끝나는 하루

    생체시계 교란자 목록에 카페인과 알코올이 들어 있는 것은 딱히 놀랍지 않다. 많은 사람이 카페인으로 하루를 시작하고 알코올로 하루를 마감한다. 하지만 신체가 하루의 시작과 끝을 파악하는 데 이 둘은 걸림돌로 작용한다. 마이클 폴란은 저서《식물을 대하는 마음This Is Your Mind on Plants》에서 카페인이 현대인의 삶을 규격화하는 데 큰 공을 세웠다고 설명했다. "피로의 자연스러운 흐름을 이겨내고 깨어 있게 하는 카페인의 힘은 우리를 타고난 일주기 리듬에서 해방시켰고, 이후 등장한 인공조명과 함께 밤 시간도 노동의 영역으로 편입했죠." 카페인의 힘은 또한 우리가 늦은 밤까지 천장을 멍하니 바라보며 잠들지 못하게 만들기도 한다.

카페인이 일주기 체계와 수면 항상성에 미치는 영향은 우리 생각보다 훨씬 더 오래 유지된다.[4] 보통 체내에서 카페인이 절반으로 줄어드는 데는 5시간이 소요된다. 경구 피임약을 복용하면 카페인 제거 속도가 느려져 훨씬 더 오래 걸릴 수 있다. 벤티 사이즈(600ml) 카푸치노에 든 카페인은 12시간이 지나도 혈류에 남아, 아데노신 수용체를 납치하고 수면을 방해할 수 있다. 카페인으로 인해 일주기 체계가 빛에 반응하는 방식이 달라질 수 있다는 연구 결과도 있다. 매일 커피를 마시는 사람들은 일주기 리듬 교란과 수면 불량 문제를 안고 있을 가능성이 크다.

늦은 오후나 저녁에 카페인의 힘을 빌려 잠을 깨는 일은 분명히 피해야 한다. 하지만 아침에 눈을 뜨자마자 그 힘을 빌리는 것도 문제가 될 수 있다. 일어나서 곧장 카페인을 섭취하면 신체는 코르티솔을 원활하게 분비하지 못하고, 밤사이 축적된 아데노신을 말끔히 청소하지 못한다. 섬세하게 조율된 일주기 리듬을 어지럽힌 대가로 오후에 더 강한 졸음이 몰려올 수 있다. 아침에 꼭 커피 한 잔을 마셔야 한다면, 기상 후 90~120분 사이가 안전지대라고 전문가들은 말한다.

나는 처음에 이 조언을 귀담아듣지 않았다. 갓 내린 드립커피는 매일 아침 나를 침대에서 일으키는 유일한 원동력이었다. 하지만 주간에 졸린 증상이 너무 심했다. 결국 마지못해 전문가의 조언대로 해보기로 하고, 침대에서 기어 나와 약 1시간 반 동안 커피를 참았다. 평소 루틴대로 하지 않았는데도 곧 기운을 차리고 하루를 시작할 수 있었다. 위약 효과였을지도 모르지만, 오후에도 심하게 졸리지 않았다. 물론 카페인에 대한 반응과 이를 처리하는 신체 능력은 사람마다 다르다. 아침형은 낮에 커피를 마시면 저녁형보다 밤에 더 자주 깬다는 연구 결과도 있다. 개인차가 있으니 직접 실험해보기를 권한다.

해장술로 마시는 블러디 메리나 브런치에 곁들이는 미모사 칵테일처럼 이른 시간대에 즐기는 술도 있지만, 보통 알코올은 좀 더 늦은 시간대에 마시는 경우가 많다. 나는 수년간 숙취를 경험하면서도 알코올이 수면에 어느 정도 영향을 미치는지 전혀 알지 못했다. 잠들기 전에 와인 한 잔을 마시면 긴장도 풀리고 마음도 편해지는 것 같았다. 하지만 알코올의 영향을 알아보기로 마음먹고 핏비트를 확인한 순간, 상관관계는 명확해졌다. 밤늦게, 특히 취침 시간 근처에 한 잔만 마셔도 거의 밤새도록 심박수가 높게 유지됐다. 다음 날 아침에 확인한 수면 점수에는 몸 상태와 기분이 그대로 반영되어 있었다. 컨디션은 그야말로 최악이었다.

알코올은 잠이 드는 데는 도움이 될 수 있다. 하지만 연구에 따르면 남성은 하루에 두 잔, 여성은 한 잔만 마셔도 수면의 질을 나타내는 지표 중 하나인 휴식기 심박 변이가 40퍼센트 가까이 낮아졌다. 또한 급속안구운동REM 수면 구간에 들어가지 못하기도 했다. 과학자들은 숙취를 시차에 비유하기도 한다. 알코올은 간의 시계와 뇌의 중추 시계를 어긋나게 하고, 일주기 리듬에 따른 호르몬의 분비와 심부 체온의 오르내림을 방해할 수 있다. 알코올은 멜라토닌의 생성을 억제할 수 있으며, 수면 무호흡증의 위험을 높여 수면의 질을 더욱 떨어트릴 수 있다. 술을 마시고 싶다면, 잠들기 최소 몇 시간 전에 마셔야 한다고 전문가들은 조언한다.

물론 사람들이 건강해지려고 커피를 내리고 술잔을 기울이는 것은 아니다. 이는 감자튀김이나 아이스크림도 마찬가지다. 공중보건기구는 현대인의 식단이 과도하게 짜고 기름지고 달다고 계속해서 경고하지만, 우리는 물벼룩이 염분을 섭취하는 것과 달리 다분히 의도적으로 섭취 행위를 지속한다. 그동안 우리는 불량한 식단이 고혈압, 비만, 당뇨병, 심장병, 암을 유발할 수 있다고 배웠다. 이제 여기에 일주기 리듬 교란도 추가해야 한다. 생쥐를 대상으로 한 실험에서 고염식 식단은 수면 패턴과 일주기 리듬에 이상을 일으켰다. 이는 인간 역시 마찬가지일 수 있다. 과도한 지방 섭취가 일주기 리듬을 망가뜨려 비만을 유발할 수 있다는 사실 또한 여러 동물 실험에서 확인되었다. 당분이 많은 식단 역시 수면과 일주기 리듬에 영향을 줄 수 있다. 밤사이 혈당이 치솟는 것은 어찌 보면 당연한 일이다. 다른 논문에서는 섬유질을 너무 적게 섭취하고 포화지방과 설탕을 과도하게 섭취하면, 숙면을 방해해 잠에서 더 자주 깰 수 있다고 설명했다.

그럼에도 우리는 어떻게 하는가? 밤늦게 아이스크림을 먹으려고 냉동실을 뒤진다. 냉동실도 비어 있고, 간식 상자도 비어 있고, 주변에 불 켜진 가게가 없어도 우리는 기어이 뭔가 방법을 찾아내고야 만다.

무엇을 먹는지만큼 언제 먹는지가 중요하다

스마트폰에서 그럽허브Grubhub 앱을 열었을 때는 오후 11시였다. 사실 이 시간에 스마트폰을 본 것만으로도 이미 일주기 리듬 수칙을 어긴 셈이다. 나는 화면을 스크롤하기 시작했다. 이 늦은 시간에 배달되는 맛있는 간식은 뭐가 있을까? 중동 음식인 샤와르마, 피자, 버거, 타코, 아이스크림, 쿠키 등 심야의 허기를 달랠 수 있는 모든 음식이 있었다. 브랜드 이름마저 적절한 미드나잇 쿠키Midnight Cookie Co.는 레드불, 스모어 쿠키, 심지어 비건 아이스크림까지 팔았다. 여러 업체가 내게 디저트를 가져다주려고 치열하게 경쟁 중이었다. 다들 인섬니아 쿠키Insomnia Cookies에서 영감을 받은 듯했다. 현재 미국 여러 곳에 가맹점을 둔 인섬니아 쿠키는 2000년대 초반 펜실베이니아대학교의 한 학생이 늦은 밤 군것질거리를 찾는 학생들을 대상으로 기숙사에서 시작한 사업이었다. 지금 인섬니아 쿠키는 여러 지역에서 '매일 새벽 3시까지 따뜻한 쿠키'를 배달한다.

자정에 먹는 쿠키와 아이스크림이라니, 군침이 돌기는 했지만 나는 대견하게도 그날 밤 모든 유혹을 이겨냈다. 물론 자료 조사를 핑계로 주문할 수도 있었다. 하지만 최근 몇 달간 이미 생체시계와 수면을 충분히 망가뜨렸다고 느꼈다. 나는 모건 스펄록 Morgan Spurlock이 아니니까(모건 스펄록은 다큐멘터리 제작을 위해 자기 몸을 실험 도구로 삼아 한 달 동안 맥도날드 햄버거만 먹으며 신체적·정신적 변화를 관찰했다 – 옮긴이).

나는 과하게 신경 쓰는 편이지만, 미드나잇 쿠키의 충성 고객들은 지방과 설탕이 생체시계에 미치는 영향을 전혀 개의치 않을 것이다. 하물며 신경 써야 할 요소가 하나 더 있다는 사실까지 아는 사람은 거의 없을 것이다. 중요한 것은 무엇을 얼마나 먹는지만이 아니다. **언제** 먹는지도 중요하다.

미국 성인의 절반은[5] 매일 최소 14시간 동안 먹고, 먹고, 또 먹는다. 아침에 눈 떠서부터 밤에 눈 감을 때까지 거의 온종일 먹는다. 약 10명 중 1명만이 섭취 기간을 12시간 이내로 유지한다. 식품 업계가 바라는 대로 흘러간다면 이 시간은 줄어들지 않을 듯하다. 2023년 포스트 컨슈머 브랜드Post Consumer Brands(이하 포스트)

사는 스윗 드림스라는 시리얼 제품을 출시했다. 포스트는 해당 시리얼이 '좋은 수면 루틴과 상쾌한 하루의 시작'을 돕는다고 주장했다. 두 가지 맛 '블루베리 미드나잇'과 '허니 문글로'에는 각각 설탕이 16그램, 13그램씩 듬뿍 들어 있다. 최근 포스트와 몇몇 기업들은 아침용 시리얼의 판매 부진을 만회하기 위해 '네 번째 식사' 문화를 만들려 애쓰고 있다. 시리얼을 좋아하지 않는 사람을 위해 평셔널 초콜릿 컴퍼니The Functional Chocolate Company는 네 번째 끼니용 간식인 '슬리피 초콜릿Sleepy Chocolate'을 출시해 돈 쓸 기회를 제공하고 있다.

미국 사람들만 밤낮없이 먹는 게 아니다. 스위스, 호주, 인도에서 성인을 대상으로 진행한 연구에서도 비슷한 결과가 나타났다. 이는 초기 인류의 식사 방식과 전혀 다르다. 초기 인류는 보통 해가 있을 때 매우 압축된 시간 동안 식사를 마쳤고, 이후로는 쭉 금식했다. 야식을 구하기 위해 목숨을 걸 수는 없었을 것이다. 농업혁명 이후 인류는 더 안정적으로 식량을 조달할 수 있게 되었지만, 그럼에도 대부분 일출과 일몰 사이에 식사를 마쳤다. 고대 그리스인들은 보통 아침과 점심으로 하루에 두 끼를 먹었다. 중세 시대에는 세끼를 먹는 사람이 많았지만, 저녁은 해가 지기 전에 간단히 먹었다. 산업혁명으로 업무 시간, 통근 시간, 조명 사용 시간이 늘어나면서 마지막 식사는 늦어졌고 또 거해졌다. 문화적 규범의 변화와 기술의 발전으로 빛과 어둠, 만찬과 금식 사이의 연결고리는 점차 느슨해졌다. 편리한 가공식품, 냉장고, 전자레인지, 24시간 레스토랑, 음식 배달 앱이 존재하는 오늘날은 사실상 그러한 연결고리가 존재하지 않는다.

인체는 특정 시간에 음식을 찾고, 먹고, 소화하고, 남은 것을 배출하도록 진화해왔다. 배고픔 호르몬인 그렐린Ghrelin은 일주기 리듬에 맞춰 위장에서 분비된다. 음식을 분해하는 효소도 마찬가지다. 어떤 리듬은 낮에 정점에 도달하고, 또 어떤 리듬은 밤에 상승 곡선을 그린다. 저녁이 되면 췌장은 혈당을 조절하는 인슐린의 분비량을 서서히 줄인다. 동시에 뇌의 송과선에서 분비되는 멜라토닌의 양이 증가하면서 인슐린의 분비는 더욱 억제된다. 모든 과정이 순조롭게 진행되면, 대부분 사람은 신체의 운동 리듬에 따라 다음 날 아침에 배변 운동을 하게 된다. 하지만 우리가 신체의 자연스러운 흐름을 거스르면, 다시 말해 광범위한 시간대에 불규칙하게 식사하면, 생체시계가 혼란에 빠져 사전 준비 작업부터 마무리 작업까지 모든 일이 잘못될 수 있다. 이때 몸에 들어오는 음식물은 오염된 공기나 독성 화학물질처럼 신체에 해를 가할 수 있다. 한 과학자는 내게 이렇게 말했다. "식사는 일종의 생리적 공격입니다. 우리 몸에게도 이에 대비할 시간이 필요해요."

나는 뮌헨 LMU의 시간생물학 교수인 마사 메로우Martha Merrow와 대화를 나누다가 이 주제에 관한 첫 번째 깨달음을 얻었다. 메로우는 화면 너머에서 이렇게 말했다. "아직 저녁을 못 먹었는데, 밤 10시에 밥을 먹는 건 정말 최악이죠. 절대 그래선 안 되는 건데." 나는 괜히 미안한 마음이 들었다. 그 시간에 화상 인터뷰를 제안한 사람은 나였다. 내 시간대 기준으로는 꽤 늦은 시간이었기에, 일정을 따로 바꾸거나 **생체리듬을** 망칠 필요가 없었기 때문이다.

앞서 이야기했듯이, 뇌의 중추 시계는 빛과 어둠에 노출됨으로써 하루를 24시간 주기에 가깝게 동조한다. 그리고 중추 시계는 이 정보를 몸 전체의 말초 시계에 전달한다. 하지만 한 과학자가 말한 것처럼 말초 시계는 "난잡하다". 이들은 칼로리 유입과 같은 다른 신호에 한눈을 팔기도 한다. 야식으로 인해 중추 시계와 말초 시계의 시간이 어긋날 수 있다는 뜻이다. 그뿐 아니라 늦은 식사는 중추 시계 자체의 시간 흐름을 바꿔놓을 수도 있다. 메로우는 신체가 예상하는 식사 시간을 넘겨 늦게 음식물을 섭취하면, 간의 일주기 리듬이 "매우, 매우, 매우 늦어진다"라고 설명했다. 어긋난 리듬은 체내 가까운 곳과 먼 곳 모두에 영향을 미칠 수 있다. 간에서 식사가 시작됐다고 신호를 보내도, 시간이 너무 늦었기 때문에 신장은 그 신호를 받지 못한다. 타이밍을 놓친 신장은 우리가 자는 동안 소변 생성을 정상적으로 억제하지 못할 수 있다. "어쩌면 밤새 잠을 못 잘 수도 있고요." 메로우가 덧붙여 말했다. 죄책감이 한층 더 심해졌다. 나중에서야 깨달은 일이지만, 벙커에서 팬케이크로 저녁을 때운 그 날 밤 화장실에 가느라 네 번이나 잠에서 깼던 것도 아마 비슷한 생체시계의 혼란 탓인 듯했다.

밤중에 화장실을 가는 것만이 문제가 아니다. 원래 심부 체온은 밤에 자연스럽게 떨어진다. 체내 온도가 1~2도 정도 낮아지면 수면이 촉진된다. 늦은 식사는 이 리듬을 흐트러트린다. 우리 몸은 음식이나 고열량 음료가 들어오면 혈액을 장으로 보내 심부 체온을 높인다. 식후에 위가 비워지는 데는 최소 2~3시간이 걸리며, 식사량이 많거나 기름진 경우 더 오래 걸릴 수 있다. 솔직히 가슴에 손을 얹고, 야식으로 샐러드나 수프 한 그릇 먹으면서 허기를 달래는 경우는 드물 것이다.

수면이 부족하면 그렐린이 과도하게 분비되어 쿠키처럼 영양가 없는 음식을 더욱 원하게 된다. 이때 실제로 쿠키를 주문하면 악순환이 시작될 수 있다. 생쥐는 고지방 식단을 섭취한 뒤, 인간의 야식에 해당하는 낮 시간대 식사량이 증가했다. 같은 공식이 인간에게도 적용된다면, 다량의 쿠키 섭취는 밤에 더 많은 쿠키 섭취로 이어질 수 있다. 그리고 다음 날에는 건강에 해로운 음식에 대한 갈망이 더 커질 수 있다.

안타깝지만 지방, 소금, 설탕 함량이 낮은 음식이라도 야식으로 먹었다면 문제가 되기는 마찬가지다. 기본적으로 우리 몸은 밤에 음식을 소화하고 대사할 준비가 되어 있지 않다. 워싱턴대학교의 안과학 교수 러셀 반 겔더는 "자정의 간과 정오의 간은 완전히 다른 장기"라고 말했다. 간은 낮이냐 밤이냐에 따라 같은 음식에도 다르게 반응한다. 예를 들어, 인슐린은 간의 포도당 흡수를 촉진하여 내부에 저장함으로써 몸 전반의 혈당 수치를 낮춘다. 밤에는 인슐린 분비와 신체의 인슐린 민감성이 줄기 때문에, 같은 열량의 음식을 섭취해도 혈당 수치가 더 높아진다. 벙커에서 두 번째 밤을 보낼 때까지 내 일주기 리듬에는 문제가 없었다. 그날 오후 8시쯤, 나는 칠리 요리에 약간의 튀김을 곁들여 설탕 함량은 낮지만 포만감 있는 한 끼를 먹었다. 하지만 몇 시간이 지나 잘 준비를 할 때까지 모니터에 표시된 혈당 수치는 계속해서 오르기만 했고, 이후 한두 시간이 지나서야 정점을 찍고 내려오기 시작했다. 지방 연소 시스템[6] 역시 우리가 연료 주입을 멈추고 몇 시간이 지나야 가동을 시작한다. 이러한 이유로 늦은 시간의 열량 섭취는 몸무게 혹은 체지방의 증가로 이어지기 쉽다.

전통적인 식사 패턴에서 벗어나면 일주기 리듬에 혼란이 생기는 것은 분명하다. 하지만 과학자들은 이에 대해 보다 긍정적인 해석도 제시한다. 하루 중 칼로리를 섭취하는 시간을 일정 시간대에 집중시키는 것만으로도 생체시계를 바로잡고 건강을 개선하는 데 효과적인 방법이 될 수 있다는 것이다. 이는 밤에 불을 끄는 것만큼 강력한 변화가 될 수 있다. 이처럼 일정 시간 안에 식사를 제한하는 '시간제한 식사법time-restricted eating'은 현재 생체시계 연구에서 점점 주목받고 있는 분야다.

친구와 함께 고기를 구워 먹거나 밤늦게까지 술을 마시는 그런 특별한 날이 아니면, 빅터 장은 오전 10시부터 오후 4시까지만 열량을 섭취한다. 취미로 권투를 즐겨 하는 장은 식사 시간을 제한한 뒤에도 근력이나 체력이 전혀 떨어지지 않았다며, 오히려 무엇을 하든 효율이 더 높아졌다고 말했다. 그는 제한 시간 내라면 열량 구성도 크게 신경 쓰지 않았다. 나는 워싱턴대학교 연구실을 방문했다가, 동료가 구워 온 브라우니를 먹으러 달려 나가는 장의 모습을 목격하기도 했다. 일주기 과학 연구실의 박사후연구원이었던 장은 "실험실 동물처럼 같은 시간에 먹는 것"이 자신에게는 어려운 일이 아니라고 했다. 그는 뜻밖의 장점도 강조했다. "삶이 훨씬 더 편해졌어요. 하루 일정을 다음 식사 시간에 맞춰 짜려고 애쓰지 않아도 되니까요."

일주기 과학자들과 대화를 나누면서 그들이 1일 식사 시간을 10시간, 8시간, 심지어 6시간으로 제한해 먹는다는 말을 들었다. 정말 시간제한 식사법에 특별한 비밀이 있나 싶었다. 이미 전 세계 종교계와 문화계는 수천 년 전부터 다양한 형태의 단식을 실천해 왔다. 또 최근 몇 년 동안에는 간헐적 단식이 인기를 끌기도 했다. 그렇다면 시간제한 식사법이 이들과 다른 점은 무엇일까?

겹치는 부분도 있지만, 일단 시간제한 식사법은 매일 같은 시간대에 꾸준히 하는 것이 특징이고, 열량은 제한하지 않는다. 금식 시간이 길어지면 자연스레 열량 섭취량이 줄어들어 체중 감량 효과를 얻을 수 있다는 건 쉽게 예상할 수 있다. 그러나 연구에 따르면 섭취한 열량이 같아도 식사 시간을 제한한 참가자들은 체중이 감소했다. 이뿐만 아니라 과학자들은 이 식이요법이 질병에 미치는 잠재적 영향에 더욱 열광하고 있다.

2012년 소크생물학연구소Salk Institute for Biological Studies의 과학자들은 두 그룹의 생쥐에게 당뇨병과 심장병 같은 만성 대사 질환을 유발하는 고지방 식단을 똑같이 먹였다. 한 그룹에는 24시간 내내 먹이를 제공했고, 다른 그룹에는 8시간 동안만 먹이를 제공했다. 하루 8시간 동안만 고열량 먹이를 섭취한 쥐들은 만성 대사 질환에 더 강한 모습을 보였다.[7]

2019년 소크연구소와 캘리포니아대학교 샌디에이고 캠퍼스의 연구자들은 몇몇 대사증후군 환자의 열량 섭취 시간을 10시간으로 제한하고 약물 치료를 병행했을 때, 체성분과 콜레스테롤 수치가 상당히 개선된 사실을 발견하여 위 주장에 신빙성을 더했다.[8] 동물과 인간을 대상으로 한 다른 연구에서는 열량 섭취를 더욱 엄격하게 통제했는데 역시 비슷한 결론에 도달했다. 지금까지 밝혀진 효과는 암 생존율 향상, 염증 감소, 지구력 향상, 혈액뇌장벽 강화 등이다. 쥐의 경우, 식사 시간을 제한했을 때 수면과 인지 장애가 개선되었고, 알츠하이머병 유발인자인 베타아밀로이드 플라크가 감소했다.[9] 과학자들이 가장 흥미를 보이는 주제는 시간제한 식사법과 장수 사이의 연관성이다.

섭취 열량을 줄이면 동물의 수명이 늘어날 수 있다는 주장은 80년 전부터 제기되어왔다. 하지만 이를 주장한 논문에서는 섭취 칼로리를 제한하기만 했을 뿐, 동물의 먹이 섭취 시점은 고려하지 않았다. 보다 최근의 연구에 따르면, 열량이 제한된 식단을 제공받은 동물들은 대부분 식사 패턴을 바꿔 몇 시간 만에 하루치 먹이를 전부 먹어치우고 오랜 시간 금식을 이어갔다. 이를 보고 사람들은 다음과 같은 질문을 떠올렸다. '이처럼 시간에 맞춰 금식했기 때문에 동물의 수명이 늘어난 건 아닐까?' 텍사스주 사우스웨스턴

의과대학의 신경과학과 교수 조셉 다카하시Joseph Takahashi는 동료들과 함께 그 답을 찾기 시작했다.

자신의 일주기 리듬을 희생해가며 24시간 내내 쥐의 먹이를 챙기려고 하는 사람은 없었다. 이에 연구팀은 입력된 시간에 자동으로 사료가 배급되는 장치를 만들었고,[10] 이를 통해 사료를 적게 먹은 쥐의 수명이 10퍼센트가량 증가한 것을 발견했다. 이는 놀라운 결과였다. 하지만 더욱 놀라운 점은 같은 양의 사료를 하루 12시간 이내에 섭취한 쥐들이 보여준 결과였다. 만약 그 12시간이 쥐의 생체시계에 맞지 않는 낮 시간대에 사료를 먹은 쥐는 수명이 약 20퍼센트 증가했고, 생체시계에 맞춰 야간에 먹은 쥐는 무려 약 35퍼센트나 증가했다.

먹이 섭취 시간을 2시간까지 제한해봤지만 별다른 이점을 발견하지 못했다. 섭취 시점과 체중 변화 사이의 연관성도 찾아내지 못했다. 다카하시는 수명에 영향을 미치는 요소와 체중에 영향을 미치는 요소가 서로 독립적으로 작용한다고 추측했다. 같은 결과가 인간에게도 적용된다면, 우리는 무엇을 먹을지만이 아니라 언제 먹을지에도 주의를 기울여 수명을 연장할 수 있을 것이다. 하지만 이를 증명하는 과정은 길고도 험난하다. 인간의 수명은 쥐의 수명보다 훨씬 더 긴 시간 척도로 측정된다. 게다가 한 사람이 섭취하는 음식의 양과 종류, 섭취 시점을 수십 년 동안 통제하는 것은 사실상 불가능하다. 다카하시는 그 대신 인체 노화와 관련된 염증 지표를 측정하고 비교하여 단서를 수집할 수 있을 거라며 "노화는 실제로 염증 질환의 일종"이라고 말했다.

다카하시는 식사 시간을 제한하지 않은 쥐들이 나이가 들면서 염증뿐 아니라 유전자 활동에도 훨씬 더 많은 변화가 생긴다는 사실을 발견했다. 그는 칼로리 제한만으로도 유전자의 기능을 젊게 유지하는 데 큰 도움을 주지만, 식사 시간이 생체시계와 맞아떨어질 때는 여기에 "또 하나의 보호막"이 더해졌다고 말했다. 이어진 다른 연구 또한 이 주장을 뒷받침한다. 소크연구소의 과학자들은 쥐의 먹이 섭취 시간을 8~10시간으로 제한했을 때, 염증 신호와 관련된 유전자 활동이 감소했다고 밝혔다.

다른 연구팀도 시간제한 식사법과 장수의 잠재적 연관성을 조사하고 있다. 록펠러대학교 생물학자 마이클 영과 그의 동료들은 과일파리의 먹이 섭취 시간을 하루 12시간으로 제한하여 수명이 최대 50퍼센트 증가하는 것을 확인했다. 2022년 국립보건원 워크숍에 참석한 사람들은 지금까지 나온 결과가 '칼로리는 칼로리일 뿐'이라는 패러다임을 뒤집었다고 말했다.[11] 비록 주요 전문가들은 시간제한 식사법이 건강한 노화나 수명 연장을 보장한다는 과학적 근거가 부족하다고 결론 내렸지만, 기대와 관심은 여전히 식지 않고 있다. 영의 연구팀에 소속된 한 과학자는 차이트게버의 원뜻을 인용하여 시간제한 식사법이 우리의 시간 제공자 같다며 이렇게 말했다. "정확한 메커니즘을 꼭 밝혀내서 식단 조절 없이 수명을 연장할 수 있는 날이 왔으면 좋겠어요. 인류에게는 숙원사업 같은 일 아닐까요?"

시간제한 식사법의 과학적 근거

나는 시간제한 식사법의 심오한 영향을 포함해 모든 것을 알고 싶었다. 정확히 무엇을 섭취했을 때 단식이 중단되었다고 보는 걸까? 단 1칼로리도 먹으면 안 되는 걸까? 약간의 크림과 설탕을 넣은 커피, 아니면 블랙커피도? 실제로 과학계는 이에 대한 답을 놓고 격렬한 논쟁을 벌이고 있다. 대부분 연구가 설치류를 대상으로 했다는 점도 문제가 되고 있다고 소크연구소 소속 연구원인 에밀리 마누지안Emily Manoogian은 말했다. 이들 연구에서 쥐들은 대개 단 두 가지 환경에 임의로 배치되었다. 한 곳에는 매일 똑같은 사료와 물이 있었고, 나머지 한 곳에는 물만 있었다. "설치류는 커피를 마시지 않잖아요"라고 마누지안은 말했다. 임상시험 대상을 사람으로 확장할 때, 연구자들은 비용을 줄이기 위해 가능한 한 많은 요소를 통제한다. 이 때문에 마누지안은 물 이외의 것을 섭취하는 행위를 단식 '중단'으로 정의한다. 그녀는 과학계가 아직 커피와 같은 음식에 명확한 결론을 내리지 못했다고 솔직히 인정했다.

물론 더 건강식으로 먹으면 좋겠지만, 일단 베이글 한 입이나 라떼 한 모금으로 식사를 시작하고, 감자튀김 한 조각 혹은 와인 한 모금으로 식사를 마무리했다고 해보자. 이때 식사의 시작과 끝은 얼마나 가까워야 할까? 시간대가 낮인지 밤인지도 중요할까?

대부분의 연구에서는 식사 시간을 엄격히 제한해, 하루 6시간 이하로 식사를 마치고 오후 중반 이후에는 열량을 섭취하지 못하게 하기도 했다. 다행히 우리가 꼭 그렇게 엄격하게 제한할 필요는 없다. 마누지안은 보통 실험 참가자들에게 10시간 이내에 식사를 마쳐달라고 부탁한다. 견딜 만한 수준에서 시간제한 식사법의 이점을 최대로 누릴 수 있는 적정선이 10시간이라고 생각하기 때문이다. 마누지안은 일어나서 최소 1시간 뒤에 식사를 시작하고, 잠들기 최소 3시간 전에 식사를 멈추는 것이 가장 좋다고 말했다. 물론 현실적으로 어려울 때도 있다. 마누지안이 좋은 예를 들어줬다. "딸을 재워놓고 저녁 식사 전에 운동하지 않으면 운동할 시간이 없어요. 그래서 아쉽게도, 저녁은 제가 바라는 것보다 조금 늦게 먹는 편입니다."

현대인의 생활 방식과 조금 동떨어진 얘기지만, 열량 섭취를 이른 시간대에 집중해야 더 큰 효과를 볼 수 있다. "아침은 왕처럼, 점심은 왕자처럼, 저녁은 거지처럼" 먹으라는 옛 속담은 나름대로 근거가 있는 말이었다. 우리 조상의 지혜는 현대 과학을 통해 다시 한번 증명되고 있다. 한 연구팀은 과체중과 비만한 여성들을 두 그룹으로 나누어 실험을 진행했다. 한 그룹은 옛 속담에 따라 식사량을 조절했고, 다른 그룹은 아침에 많이, 점심에 적당히, 저녁에 많이 먹는 현대적인 식사 방식을 유지했다. 두 그룹이 하루 동안 섭취한 열량의 총량은 같았다. 실험이 종료됐을 때, 아침을 여왕처럼 먹은 그룹의[12] 혈당 수치가 더 낮았고 체중도 더 많이 감소했다. 또 다른 연구에서도 아침을 거르는 것보다 밤에 긴 공복을 유지한 후에 이른 아침 식사를 하는 것이 건강 개선과 체중 감량에 도움이 되는 것으로 밝혀졌다. 물론 최적의 식사 시간대를 알아내려면 인간에 관한 연구가 더 장기적으로, 더 대규모로 이루어져야 한다. 또 늘 그렇듯 정확한 처방은 사람마다 다르다.

아침에 일어나면 체내에서 건강한 소화에 필요한 요소가 증가하기 시작한다. 정오 근처에는 인슐린 민감도가 자정에 비해 약 54퍼센트 더 상승한다. 즉, 대부분 사람의 몸이 블루베리 팬케이크를 소화하고 분해하여 연료로 사용하기 적합한 시간대는 늦은 오전부터 이른 오후 사이다. 이른 시간대에 식사를 마치면 저녁에 코르티솔과 그렐린도 적게 분비된다. 반대로 늦은 오후나 저녁 시간에 열량 섭취를 집중하면 이점이 없을 뿐 아니라, 오히려 혈당이나 혈압 같은 건강 지표가 나빠질 수 있다. 그렇다고 눈 뜨자마자 식사부터 해야 한다는 말은 아니다. 마누지안과 다른 전문가들은 커피와 마찬가지로 아침 식사도 멜라토닌 수치가 떨어지고 인슐린 분비량과 민감도가 상승하기를 기다렸다가 섭취하라고 이야기한다. 주말 브런치는 사회적 시차가 생기고 평일의 부족한 잠을 주말 늦잠으로 채우는 사람이 많아지면서 인기를 끌었지만, 장점은 그뿐만이 아닌 듯하다.

과학자들은 저녁 식사를 되도록 일찍, 가볍게, 단백질과 지방 위주로 해야 한다고 입을 모은다. 인슐린의 변화 리듬에서 알 수 있듯이, 우리 몸은 늦은 시간에 들어온 탄수화물을 잘 처리하지 못한다. 타액 생성의 일주기 리듬 또한 늦은 시간의 식사가 인체에 적합하지 않다는 것을 보여준다. 침은 소화의 초기 단계를 돕는데,

밤에는 훨씬 적게 분비된다. 한밤중에 자다가 입이 말라 잠에서 깨는 것도 이 때문이다.

제한된 시간 안에 식사를 몇 번 하는지가 중요한지에 대한 평결도 아직 내려지지 않았다. 마누지안과 다른 연구자들은 '일관성이 가장 중요하다'는 기존 통념에 동의한다. 늘 먹던 시간대에 음식물을 섭취하는 것이 좋다. 시간이 지나면, 이 리듬은 당신이 배고픔을 느끼는 시점과 몸의 장기들이 음식을 처리할 준비가 된 시점이 일치하게 된다. 이와 반대로 일정하지 않은 시간에 불규칙하게 연료를 공급하면 생체시계의 불균형을 더욱 악화시킬 수 있다.

일관성은 내 생활에서도 개선해야 할 부분이다. 프리랜서는 일정이 유동적이라 장점도 있고 단점도 있다. 나는 대중없이 먹는 편이고, 허기에 바로 반응하는 일도 드물다. 물론 끼니를 좀 더 규칙적으로 챙겨 먹던 때도 있었다. 나는 아직도 어릴 때 집 주방에 걸려 있던 아날로그 시계를 기억한다. 문자판에는 〈머펫 쇼The Muppets〉의 등장인물 중 한 명인 스웨디시 셰프가 동물성 플랑크톤이 아닌 닭고기로 수프를 끓이는 모습이 그려져 있었다. 시곗바늘은 나무로 만든 숟가락 한 쌍이었다. 보통 짧은 숟가락이 숫자 6을 가리킬 때쯤에 저녁 메뉴가 식탁 위에 올라왔다.

중요한 것은 압축해서 일정한 시간에 먹되, 되도록 일찍 먹는 것이다. 또 하나 말하고 싶은 바는 늦게 먹는다고 무조건 살이 찌거나 병에 걸리지는 않는다는 점이다. 아버지는 아주 오랫동안 자기 전에 시리얼이나 아이스크림을 즐겨 드셨다. 하지만 80대가 되신 지금까지 날씬한 체형과 건강을 유지하고 계신다. 또 관련이 있는지는 모르겠지만, 거의 매일 같은 시간에 네 끼를 드신다. 아버지의 건강에 스웨디시 셰프가 한몫한 걸지도 모르겠다.

시간제한 식사법이 만드는 놀라운 효과

아직 시간제한 식사법의 모든 면이 밝혀진 것은 아니다. 대부분의 흥미로운 결과는 동물 실험에서 나왔다. 심지어 인간에게 적용했을 때는 모순된 결과가 나오기도 했다. 인간의 행동은 설치류보다 예측하기도, 관찰하기도 훨씬 더 어렵다. 결과가 다르게 나온 이유는 그뿐만이 아닐 것이다. 대부분 연구에서는 개인의 일주기 유형이나 수면 일정의 차이를 거의 고려하지 않았다. 최근까지 나이 혹은 성별의 차이를 고려한 연구도 거의 없었다.

켄터키대학교의 일주기 생물학자 줄리 펜더가스트Julie Pendergast는 식사 시간과 성별에 따른 차이를 조사했고, 그 결과 새로운 사실이 밝혀졌다. 암컷 쥐는 수컷 쥐에 비해 건강에 해로운 식단의 영향을 훨씬 적게 받았다. 한 예로 암컷 쥐는 고지방식을 섭취한 이후에도, 수컷처럼 이상한 시간에 먹이를 먹는 행동을 보이지 않았다. 지나치게 체중이 늘거나 병에 걸리지도 않았다. 이러한 저항 능력은 에스트로겐 농도에 의한 것으로 보인다. 펜더가스트가 암컷 쥐의 난소를 제거하여 에스트로겐 수치를 떨어트리자, 암컷 역시 먹이 섭취 시간이 불규칙해지고 질병 발생률도 급증했다. 이 암컷 쥐들에게 일정한 시간 동안만 먹이를 주거나, 에스트로겐을 다시 주입하자 비만과 질병에 대한 저항력이 회복되었다. 연구팀은 현재 이 연구 결과가 인간에게도 적용되는지 조사하고 있다. 여성은 폐경 이후 대사 질환 위험이 약 세 배 급증하는 것으로 알려져 있다. 내가 펜더가스트를 만났을 때, 그녀는 시간제한 식사법이 폐경 후 여성의 신진대사를 개선하고 이러한 불편 증상을 예방할 수 있는지 확인하려고 임상시험을 진행하고 있었다.

다른 연구자들은 수면 시간대가 '정상적'이지 않은 사람들을 대상으로 식이요법의 영향을 조사하고 있다. 밤늦게 쿠키를 굽고 배달하는 사람들 역시 전 세계적으로 늘어나는 교대 근무자의 일부다. 이들은 정상적인 시간에 잠들고 빛을 보는 일이 드물 뿐만 아니라, 적절치 않은 시간에 음식을 섭취할 확률도 높다. 또한 야간 근무자들은 보통 자판기에서 식사를 해결할 정도로 식단 선택의 폭도 제한적이다. 바람직하지 못한 식단과 섭취 시점은 모두 생체주기와 다른 건강상의 문제를 일으킬 수 있다.

최근 한 논문은 매우 흥미로운 가능성을 제기했다. 뇌의 중추 시계와 간, 췌장 및 기타 신체 부위의 말초 시계 사이의 단절이 교대 근무자의 심장병, 당뇨, 암 발병률을 높이는 원인 중 하나라는 것이다. 예상치 못한 시점의 빛 노출과 열량 섭취는 몸속 시계들의 시간을 어긋나게 할 수 있고, 이로 인한 일주기 교란은 우리 몸을 혼란스럽게 만든다. 이는 염증과 면역 기능 장애를 유발할 수 있고, 더 나아가 심혈관 질환, 암, 치매, 파킨슨병과 같은 더 심각한 질환의 발병을 촉진할 수 있다. 그렇다면 생체시계의 시간을 다시 설정할 수 있고, 최소한 어긋난 시간의 차이를 좁힐 수 있다면 어떻게 될까?

교대 근무자의 경우, 식사 시간을 주간으로 제한하여 이러한 분리를 어느 정도 예방할 수 있다. 야간 근무를 하는 날에도 일주기 리듬상 소화에 적합한 시간대에 식사하면, 혈당 급증을 최소화하고 심혈관 질환 및 대사 장애의 위험을 낮출 수 있다. 24시간 교대 근무를 하는 소방관을 대상으로 한 연구에서 식사 시간대를 주간 10시간으로 제한하자, 나쁜 콜레스테롤 수치가 감소하고, 심장병 위험 인자를 가진 사람의 혈당 및 혈압 수치가 개선됐다.

교대 근무자 중에서도 특히 취약한 부류가 임신부다. 임신부의 일주기 리듬은 본인의 건강뿐 아니라 아기의 건강에도 중요하다. 교대 근무자뿐만 아니라 만연한 생체주기적 위험에 노출된 임신부라면 누구나 일주기 리듬을 회복하여 비슷한 혜택을 누릴 수 있다.

발달 초기부터 엄마는 체온, 호르몬, 영양 상태의 변화를 통해 시간 신호를 태아에게 전달한다. 또한 태아는 자궁 너머로 비치는 다양한 색상과 강도의 빛에서 정보를 얻는다. 믿기 힘들겠지만, 광자는 엄마의 뱃속까지 도달한다. 태아는 자신의 생체리듬을 강하게 유지하기 위해 무엇보다 엄마의 생체리듬에 가장 크게 의존한다. 엄마의 SCN이 태아의 생체시계노 시위하는 셈이다. 엄마조차도 눈에 들어오는 빛이나 수면 시간을 제어하기는 어렵지만, 언제 먹을지는 비교적 쉽게 제어할 수 있다. 아직 설치류에서만 확인된 내용이지만, 시간제한 식사법은 자연 유산, 조산, 저체중아 출산 위험을 낮출 수 있다. 다른 동물 실험에 따르면, 태아 발달기에 일주기 리듬을 건강하게 유지한 개체가 나중에 자라서도 심장 건강, 골량, 포도당내성, 사회화 및 기분 조절 능력이 더 뛰어난 것으로 조사됐다. 엄마에게 좋은 것은 아기에게도 좋은 법이다.

부모는 출산 후에도 아기에게 보충적인 일주기 신호를 계속해서 제공한다. 시도 때도 없이 먹고 자고 싸는 신생아를 보면 타이밍이 중요할 것처럼은 보이지 않는다. 아기의 배는 작고 미숙해서 끼니를 잘게 나눠 틈틈이 먹여야 한다. 에너지를 저장할 수 있는 공간이 많지 않기 때문이다. 하지만 일주기 리듬과 수면 항상성 체계가 완성되지 않은 상태에서도, 아기들은 리듬을 찾으려 한다. 이 리듬은 신생아의 건강 발달에 매우 중요하지만, 안타깝게도 우리는 아기가 박자를 맞추도록 도와주지 않는다.

나는 많은 사람이 놓치고 있는 장애물을 알고 나서 흥미로웠다. 바로 산모들이 보통 모유를 짜서 나중에 먹이기 위해 보관한다는 사실이다.[13] 그러나 오전 9시에 생성된 모유와 오후 9시에 생성된 모유의 성분은 무척 다를 수 있다. 하루 동안 우리 몸에 흐르는 호르몬이 달라지는 것처럼 모유에 포함된 호르몬도 달라진다. 낮에 짠 모유에는 각성을 유발하는 코르티솔이 더 많이 포함되어 있고, 밤에 짠 모유에는 수면을 유도하는 멜라토닌과 식욕을 억제하는 렙틴 등 야간에 분비되는 호르몬이 더 많이 들어 있다. 유축 시간과 수유 시간이 일치하지 않으면 아기는 어긋난 신호를 받게 된다. 이는 부모와 아기 모두의 수면을 방해할 수 있다.

신생아를 둔 부모에게는 신경 써야 할 게 참 많다. 거기에 다른 걱정거리를 더하고 싶지는 않다. 하지만 이 해결법은 비교적 간단한 데다 지친 부모에게 꿀맛 같은 휴식을 가져다줄 수도 있다. 가장 쉬운 방법은 젖병에 '주간', '야간'이라는 라벨을 붙이는 것이다. 밤에 수유할 때 멜라토닌을 억제하는 디지털 기기나 청색광이 강한 조명을 사용하지 않는 것도 하나의 방법이다. 매일 일정한 시간에 수유하면 아기가 잠을 덜 깬다는 연구 결과도 있다. 또 아기들은 대부분 강한 일주기 신호를 받을수록 밤에 통잠을 자는 등 일주기 패턴이 더 빨리 형성된다고 알려져 있다. 아기가 편하면 엄마와 아빠도 편해진다.

신시내티 아동병원 의료센터는 시간제한 식사법의 연구 성과를 어린이 환자 치료에 활용하고 있다. 현재 표준 치료법은 환자 혼자 식사할 수 없는 경우, 생존에 필요한 탄수화물과 단백질, 지방, 비타민, 미네랄, 전해질이 담긴 액체를 주입 백에 담아 24시간 동안 천천히 주입하는 방식을 몇 주에서 몇 달간 사용한다. 병원에서 골수 이식을 받은 백혈병 어린이 환자도 회복 기간에 이를 통해 정맥으로 영양을 공급받는다. 회복하는 데는 최소 한 달에서 최대 1년이 소요된다. 병원의 일주기 생물학자인 존 호게네쉬John Hogenesch는 이 치료법에 의문을 제기했다. 그는 생체주기에 어긋난 영양 섭취가 비만, 고혈압을 비롯한 각종 질환을 유발할 수 있다는 사실을 알고 있었다. 실제로 회복 기간에 해당 치료를 받은 아이들은 대부분 고혈압 증세를 경험했다. 현재 호게네쉬의 연구팀은 정맥 영양법의 시행 시간을 제한하여 이 같은 증세를 완화할 수 있다는 주장을 뒷받침하기 위해 데이터를 모으고 있다. "이 작은 변화로 혈압과 대사 리듬이 개선될 수도 있어요. 어쩌면 이식 세포가 정착하는 속도가 빨라질 수도 있고요."

지금까지의 연구에 따르면 하루에 12시간만 영양을 공급받은 아이들이 24시간 내내 공급받은 아이들보다 퇴원을 결정하는 임상 지표인 영양 상태를 5~7일 더 빨리 만족하는 것으로 나타났다. 호게네쉬는 이를 통해 환자 한 명당 10만 달러를 절약할 수 있다고 말했다. 무엇보다도 아이들이 더 빨리 가족과 친구의 곁으로 돌아가, 쿠키를 맘껏 먹을 수 있다는 점이 중요하다.

24시 정맥 영양법은 소아 골수 이식 환자뿐만 아니라 일반 환자에게도 사용되는 표준 치료법이다. 호게네쉬 박사는 연구 성과가 지속된다면 새로운 방식을 널리 활용할 수 있을 것으로 본다. 다른 이유를 차치하더라도 일단 밤늦게 수액이나 영양을 제공하지 않으면, 환자가 소변 때문에 잠에서 깨는 일이 줄어든다.

장내 미생물과 생체리듬의 상호작용

과학자들은 생체리듬의 작동 메커니즘을 점점 더 깊이 이해해가면서, 만연한 오염 물질뿐 아니라 우리가 체내에 섭취하는 다양한 물질의 '질'과 '섭취 시점'이 생체시계를 **어떻게** 교란시킬 수 있는지를 밝혀내고 있다. 최근 주목받는 연구 주제 중 하나는 생체시계가 어떻게 우리 몸속 수조 개의 미생물과 상호작용하는지에 대한 것이다. 장내 미생물 군집은 단순한 소화를 넘어 심장과 면역 체계, 뇌 기능에도 영향을 미치는 것으로 알려져 있다. 장내 미생물군의 균형이 깨지면 과민대장증후군, 당뇨병, 자가 면역 질환, 정신 질환과 같은 건강 문제가 생기기 좋은 환경이 조성된다. 알다시피 이 같은 만성 질환은 일주기 교란과도 관련이 있다. 이는 우연이 아닐 것이다. 오히려 생체시계와 미생물 군집의 복잡하고 역학적인 상호작용이 다양한 질환의 원인을 제공했을 가능성이 더 크다.

장내 미생물은 이용 가능한 영양소의 변화와 새로운 경쟁자의 출현에 대비하여 하루 동안 주기적으로 개체 수를 조절한다. 고지방 식단이나 불규칙한 식사는 이러한 장내 미생물의 집단적 리듬을 깨트릴 수 있다. 이 과정에서 건강에 해로운 방향으로 불균형이 일어날 수 있다. 장내 미생물 불균형은 당불내성glucose intolerance과 비만을 유발할 수 있다. 과학자들은 생쥐 실험을 통해 이러한 건강 문제가 대변 이식 과정에서 전이될 수 있다는 사실도 확인했다. 다행인 점은 우리가 장내 미생물의 입맛에 따라 움직이는 무력한 존재가 아니라는 것이다. 우리는 빛과 어둠에 적절히 노출되고, 올바른 식단을 일정한 시간에 규칙적으로 먹으며, 유익균을 받아들이고 유해균을 내쫓아 미생물 군집의 조성에 영향력을 행사할 수 있다.

건강한 식단을 일정한 시간에 먹고, 식사 시간을 낮때로 적당히 제한하면, 인간과 미생물의 공생관계를 강화하여 질병의 유발을 잠재적으로 억제할 수 있다. 항산화 폴리페놀과 같은 유익한 식물 화합물은 장내 미생물에 강력한 영향을 미치는 물질로 알려져 있고, 이는 결과적으로 일주기 리듬에 좋은 영향을 줄 수 있다. 또한 시간제한 식사법은 비만과 기타 질병을 일으키는 유해균이 아니라 몸에 좋은 유익균 쪽으로 미생물 생태 균형을 맞추는 데 도움을 줄 수 있다. 우리 몸속의 거주자 미생물들은 일주기 리듬을 유지하는 건강한 미생물군을 강화하고, 세포와 협력하여 미세먼지부터 부적절한 시간에 섭취한 돼지고기에 이르기까지 다양한 생리적 공격을 해독하고, 대사하고, 중재함으로써 우리에게 공생의 대가를 지불하고 있는지도 모른다.

미생물군이 생체주기에 미치는 영향력을 생각해보면, 항생제가 우리 몸의 리듬을 흐트러트릴 수 있다는 것도 놀랍지 않다. 우리는 감염 치료를 위해 항생제를 직접 사용하기도 하지만, 항생제가 인간과 가축에게 광범위하게 사용되는 탓에 환경을 통해 간접적으로 노출되기도 한다. 항생제는 원치 않는 유해균뿐만 아니라 유익균도 죽이기 때문에 미생물군의 구성 변화는 생체시계에 혼란을 일으킬 수 있다.

이 문제는 복잡하고 다양한 방식으로 영향을 미친다. 생체리듬이 깨지면 미생물군이 영향을 받고, 미생물군이 변하면 일주기리듬이 흔들릴 수 있다. 항생제를 보수적으로 사용하고, 적당한 때에 건강한 식사를 하는 등 일정한 생활 양식을 유지하면 항생제나 다른 독성 물질에 노출되어 손상된 미생물군을 회복하는 데 도움이 될 수 있다.

하나같이 말은 쉽지만, 실천하기는 어렵다. 현대사회는 밤에 우리 몸 안팎의 시곗바늘을 서로 어긋나게 만드는 다양한 요인들로 가득 차 있기 때문이다. 유럽에서 9개의 시간대를 건너 시애틀로 돌아왔을 때 나는 그 여파를 다시금 실감했다. 복통, 멍한 정신, 언제 자야 하고 언제 먹어야 할지에 대한 혼란. 그리고 불행히도 시차 적응의 여파는 거기서 끝나지 않았다.

8장
어긋난 시계

비행기는 태평양 일광 절약 시간daylight saving time 기준으로 오후 늦게 시애틀에 도착했다. 유럽에서 3주를 보내고 돌아왔지만, 내 생체시계는 아직 코펜하겐에 닻을 내린 채 자정을 가리키고 있었다. 돌아온 날 밤, 나는 적절한 취침 시간이 될 때까지 자지 않고 버텼다. 유럽에서 이른 시간에 억지로 잠을 청했던 것에 비하면 쉬운 일이었고, 생각보다 수면의 질도 나쁘지 않았다. 덴마크 사람들이 일어날 무렵인 새벽 1시 30분에 잠시 눈을 뜬 게 전부였다. 그날 아침 시애틀 시간으로 늦게 일어나 내 첫 차인 파란색 혼다 시빅 '붐Boom'을 몰고 식료품점으로 향했다. 나는 차 안 가득 식료품을 채웠다. 그리고 완전히 박살을 내버렸다.

이름이 '붐'이라서 붕 하고 날아가는 불운한 결말을 맞았나 싶기도 하다.[1] 사고는 악명 높은 비보호 좌회전 교차로에서 일어났다. 어쩌면 그동안 수백 번이나 안전하게 통과한 건 순전히 운 때문이었을지도 모른다. 하지만 10월에서도 하필 그날 늦은 아침에 사고가 난 것은 단순한 우연이었을까? 아마 아닐 것이다. 확실히 여러모로 시기가 나빴다고는 말할 수 있다.

시차는 생체시계를 무자비하게 망가뜨린다. 몸의 생물학적 리듬은 태양의 24시간 주기와 완전히 분리되어 혼란에 빠진다. 빛과 어둠의 주기가 바뀌면 정교하게 맞춰져 있던 우리 몸의 리듬도 흐트러진다. 몸 안팎의 시간이 어긋나는 전형적인 형태의 부정합은 한밤의 허기와 한낮의 졸음을 유발할 수 있고 기분, 집중력, 반사 속도를 떨어뜨릴 수 있다. 나는 사고 이후, 시차가 국제 여행객의 주요 사망원인인 교통사고의 유발 요인 가운데 하나라는 사실을 알게 되었다. 다행히 그날 사고는 인명 피해로 이어지지 않았다. 다만 붕 하고 날아가 버린 치킨, 호박, 파스타 샐러드는 무사하지 못했다.

시차의 영향은 시간대를 넘을 때마다 보통 하루 정도 지속되며, 생체시계에 따라 조정하는 데 걸리는 시간이 더 길어지거나 짧아질 수 있다. 록펠러대학교의 일주기 과학자 마이클 영은 이렇게 설명했다. "지구를 반 바퀴 이동하면 시계가 모두 어긋납니다. 도착 당일에는 간의 시계가 아직 지구 반대편에 맞춰져 있어서 컨디션이 나쁠 수밖에 없어요." 하지만 우리 몸은 결국 현지의 명암 주기와 시곗바늘을 돌리는 다른 차이트게버의 도움으로 시간을 재설정하고 몸 상태를 회복한다. 인간의 일주기 체계가 비교적 탄력적으로 진화한 이유는 계절에 따라 변하는 해의 길이에 쉽게 적응하기 위해서였을 것이다. 다만 자연적으로 발생하는 낮과 밤의 변화는 인간이 만들어낸 변화만큼 극적이고 갑작스럽지 않다. 알래스카 페어뱅크스에서 해의 길이가 가장 급변하는 시기에도 하루 동안 변하는 일조 시간의 차이는 고작 4분에 불과하다. 우리 선조들이 이동했던 바닷길은 지독한 뱃멀미를 유발할 만큼 고된 여정이었지만, 일주기 체계가 적응할 수 있을 만큼 천천히 이동했다. 그러나 단 하루 만에 이동한 내 경우, 무려 9시간 가까이 일출 시간을 늦춰버렸다.

당신이 승무원이나 기업 중역, 대학 운동선수가 아니라면 시차로 고생할 일은 별로 없을 것이다. 그건 참 다행이다. 하지만 비행기를 타고 어디론가 날아가지 않아도 생체시계는 얼마든지 망가질 수 있다. 현대사회의 다른 위협은 가만히 있는 우리의 일주기 리듬을 매일 엉망으로 만들고 있다.

사회적 시계의 탄생

아주 오랫동안 인류는 천체를 보고 태양의 이동 경로, 별의 위치, 달의 위상 등을 관측해 시간과 날짜를 추정해왔다. 오늘날 우리가 알고 있는 시간 추적 방식은 기원전 1500년 전 고대 이집트에서 발명된 해시계에 처음 사용되었다고 알려져 있다. 이들은 땅에 막대기를 꽂아 그림자의 길이와 방향으로 시간을 구분했다. 이후 수천 년 동안 일출부터 일몰까지, 즉 해의 길이가 시간의 기본 단위로 사용되었다. 이집트인들은 해의 길이를 열두 조각으로 나누었고, 이것이 훗날 우리가 '시간'이라 부르는 것의 효시가 되었다. 당시에는 계절이 바뀌어 해의 길이가 달라지면, 열두 조각의 크기도 달라졌다. 조각의 크기는 장소에 따라 달라지기도 했다. 하지만 한결같이 태양을 따랐다.

다양한 문화권의 사람들이 천체에 의존하지 않고 실내에서 시간의 흐름을 측정하기 위해 여러 가지 도구를 사용했다. 기름과 양초를 태우기도 하고, 그릇 바닥에 구멍을 뚫어 물을 떨어트리기도 하고, 모래시계를 만들어 모래를 흘려보내기도 했다. 그러나 이 같은 방법으로 측정한 시간은 천체를 관측해 계산한 밤낮의 길이와 일치하지 않았다. 여름과 겨울에는 밤낮의 길이가 매우 달랐기 때문이다. 한 그리스 공학자는 해 길이의 변화를 반영하기 위해 아주 복잡한 물시계를 설계하기도 했다. 그러나 13, 14세기에 등장한 기계식 시계가 탑 꼭대기에서 시간을 알리기 시작하면서 문제는 말끔히 해결되었다. 마침내 시간의 흐름이 동등하고 개별적인 단위로 나뉘면서 하루 동안 태양의 움직임과 상관없이 시간을 정확히 계산할 수 있게 되었다.

사회적 시계가 탄생한 순간이었다. 이와 함께 '규칙성', '시간 엄수', '자연적 주기로부터의 독립'을 표어로 하는 새로운 시대가 시작됐다. 사람들은 시기적으로나 신체적으로나 적절치 않을 때도 출근, 예배, 경기 혹은 공연 관람, TV 프로그램 시청 시간까지 정해진 일정에 따라 움직이게 됐다. 가톨릭 수도사들이 만든 최초의 기계식 시계는 기도 시간이 되면 종을 울렸다. 실제로 시계를 의미하는 단어 'clock'은 '종'을 의미하는 라틴어 'clocca'에서 유래했다. 이후 이 장치에서 시간을 읽을 때 '시계의of the clock'라는 말을 관례처럼 붙이게 됐고, 이것이 오늘날의 '시o'clock'로 굳어졌다.

이후 수 세기 동안 시간을 정확하게 유지하는 기술은 계속해서 발전했다. 하지만 약 150년 전까지만 해도 시간대time zone라는 개념도, 1년에 두 번 시간을 바꾸는 관행도 존재하지 않았다. 사회적 시계는 여전히 각 지역의 태양시와 일치했다. 남반구의 태양과 북반구의 태양은 서로 반대편에 있었지만, 어디서든 정오가 되면 지평선에서 가장 높이 떠올랐다. 자정은 여전히 황혼과 새벽을 반으로 가르는 시간이었다. 대부분 도시와 지역에는 시간을 알리는 공공 시계와 종이 있었고, 부유한 사람들은 회중시계를 지역 시간에 맞춰서 가지고 다녔다. 《뉴욕타임스》 1883년 11월 18일 자에서 말한 대로, 당시에는 미 대륙을 가로질러 시계를 죽 늘어놓고 "모든 알람을 지역 시간 기준으로 정오에 맞춰놓으면, 동쪽 끝 메인주에서 서쪽 끝 태평양 연안까지 3시간 15분 동안 계속해서 알람이 울렸을 것이다."

지금은 인도네시아에 속한 크라카타우 화산이 폭발하면서 대량의 화산재가 햇빛을 가린 탓에 그해 11월의 뉴욕은 유난히 쌀쌀했다. 그런 날 《뉴욕타임스》는 태양과 사회적 시계의 연결이 느슨해지는 또 한 번의 역사적 순간을 독자들에게 예고했다. 당시 도시마다 다른 시각은 전신 발송과 국내외 여행에 큰 혼란을 불러일으키고 있었다. 특히 기차 운행 과정에서 혼선, 충돌, 연결편 누락이 빈번하게 발생했다. 이에 철도청은 국가적 표준시간 체계를 만드는 계획을 즉각 시행했다.

미국 대부분 도시와 지역은 그날 바로 공공 시계와 종을 다시 맞추는 데 동의했다. 뉴욕시에서는 세인트 폴 예배당의 종이 정오를 알리기 위해 두 번, 각각 열두 번씩 울렸다. 첫 번째 종소리는 맨해튼 상공에 태양이 가장 높이 떠 있을 때 울렸고, 두 번째는 약 4분 뒤에 울렸는데, 이것이 새로운 정오를 알리는 종소리였다. 다음 날인 1883년 11월 19일 아침,《뉴욕타임스》는 시간이 멈춘 날의 풍경을 다음과 같이 보도했다.

"호기심 어린 사람들, 시간을 바꿔도 별다른 문제가 생기지 않는다는 게 무슨 말인지 이해할 수 없는 사람들이 보석상과 시계 수리점 앞에 몰려들어 위대한 변화를 지켜보았다. 시계를 4분 동안 멈췄다가 다시 움직이게 하는 것만으로 시간을 바꿀 수 있다는 사실을 알고는 모든 사람이 경악을 금치 못했다. (정확히 말하면 뉴욕시의 시계는 3분 58.38초 동안 멈춰 있었다.)"

비록 지정된 구역에 따라 태양시는 달랐지만, 이후부터는 시계를 제대로 맞추기만 하면, 메인에서든 캘리포니아에서든 시계가 동시에 울렸다. 사회적 시계에 표시된 지역 시간은 이제 더 이상 태양시와 일치하지 않았다. 보스턴에서 그 차이는 약 16분이었고, 조지아주 오거스타에서는 32분이었다. 몇 년 후, 오거스타는 할당된 표준시를 거부하고 사회적 시계를 다시 32분 앞당겼다. 이 날 지역 신문에는 다음과 같은 기사가 실렸다.

"오거스타, 태양과 다시 나란해지다."

이후 30년이 넘는 세월이 지나, 1918년 표준시에 관한 법률 Standard Time Act이 제정되면서 미국의 시간대가 공식적으로 확정되었다. 한편 영국은 이미 수십 년 전부터 비공식적으로 자체 표준시를 따르고 있었고, 1880년에 이를 공식적으로 채택했다. 영국의 시간은 런던 동부 그리니치에 있는 막강한 시계 장치에 의존하고 있었다.

스페인의 늦은 저녁 식사, 이유가 있다

그리니치 공원에 오르면 템스강과 영국 무역의 중심지였던 도크랜드가 내려다보인다. 공원 언덕 위에는 그리니치 천문대가 있고, 천문대 위에는 빨간 공 하나가 놓여 있다. 천문대는 1833년부터 지금까지 매일 정확한 시간에 이 공을 올렸다가 내리고 있다. 이 전통은 타임스 스퀘어에서 열린 새해 전야 행사에서 재연되기도 했다. 천문학자들은 처음에 선원들을 위해 공을 떨어뜨리기 시작했다. 선원들이 강에서 돛을 내리기 전에 공을 보고 시간을 맞출 수 있도록 이 같은 방식을 고안한 것이다. 덕분에 다른 사람들도 언제든 언덕에 올라 시간을 확인할 수 있었다.

셰퍼드 게이트 시계Shepherd Gate Clock(그리니치 평균시를 나타내는 24시간제 시계 – 옮긴이)는 천문대를 둘러싼 외벽 바깥쪽에 설치되어 있다. 안내판에는 한때 이 하부 시계slave dial가 천문대 안에 있는 중앙 시계master clock로부터 전기 신호를 받았다고 적혀 있었다. 천문대 안에서는 최첨단 망원경이 별의 움직임을 기반으로 시간을 추적했다. 1853년까지 천문대의 중앙 시계는 주변에 있는 광범위한 하부 시계 네트워크와 런던 브리지, 영국 전역의 철도 노선으로 시간 신호를 전달했다.

놀라운 사실은, 인간이 우리 몸에도 일정한 리듬이 있다는 걸 알기 훨씬 전부터 도시나 사회 전체가 함께 시간을 알 수 있도록 시계를 만들고, 종을 울리고, 정해진 시간에 맞춰 움직이는 체계를 스스로 구축했다는 점이다. 심지어 어떤 사람들은 직접 시계를 관리하거나, 정해진 시간에 종을 울리는 일을 맡기도 했다. 그리니치 타임 레이디Greenwich Time Lady로 널리 알려진 루스 벨빌Ruth Belville은 중앙 시계의 시간을 전파하는 시간 판매자였다. 루스는 매주 아널드라고 이름 붙인 18세기식 회중시계를 핸드백에 넣고 천문대로 향했다. 루스는 중앙 시계와 아널드의 정확도를 비교한 뒤, 런던을 돌며 구독자에게 시간을 판매했다. 이는 그리니치 천문대의 수석 천문학자였던 그녀의 아버지가 1830년대에 시작한 사업이었다. 벨빌 가문의 사업은 산업혁명과 함께 호황을 맞았다. 시간은 날이 갈수록 중요해졌다. 기계식 시계는 모든 집의 필수품이 되었고, 건물 외벽을 시계로 장식하는 일도 많아졌다. 하지만 당시 시계는 대부분 정확도가 떨어져서 하루가 몇 분씩 빨라지거나 느려졌다. 그래서 정기적으로 재조정이 필요했다.

1930년대 중반, 말하는 시계가 등장하면서 시간 판매업은 경쟁이 치열해졌다. 이때부터 영국에서는 집 전화나 빨간 공중전화 부스에서 'T-I-M' 다이얼을 돌리기만 하면, 전국 골든 보이스 대회 우승자의 목소리로 정확한 표준시를 안내받을 수 있었다. 디지털 시계의 정확도가 크게 향상된 오늘날까지 여러 국가에서 이 같은 서비스를 지원하고 있다. 미국 해군 천문대 전화번호인 202-762-1401로 전화하면, 1978년에 배우 프레드 코빙턴이 녹음한 "신호음이 들리면, 동부 일광 절약 시간, 15시, 7분, 30초"라는 문구와 함께 삐 하는 신호음을 들을 수 있다. 루스 벨빌은 말하는 시계가 등장한 이후에도 몇 년간 탄탄한 고객층을 유지하다가 1940년에 아널드와 함께 은퇴했다. 그녀는 3년 뒤 밤에 연료를 아끼기 위해 램프 밝기를 줄였다가 가스 중독으로 사망했다.

아널드가 런던을 누비는 동안 많은 것이 바뀌었다. 초창기만 해도 지역 내에서만 시간을 정확히 맞출 수 있었다. 수십 년이 지난 후에는 전국적으로 가능해졌다. 한편 산업혁명 이후 세상은 빠르게 세계화되었다. 지도자들은 국가 간 이동과 통신을 지원하려면, 시간을 맞추기 위한 국제적 기준선이 필요하다는 사실을 인식하기 시작했다. 지구상 모든 곳의 시간은 해당 장소와 북극, 남극을 일렬로 연결한 가상의 선, 경도에 의해 결정된다. 수직 위도는 적도까지의 거리를 기준으로 나타낼 수 있었지만, 경도에는 명확한 '중간' 지점이 없었다. 세상에는 시간의 출발선이 될 0시 지점이 필요했다.

1884년 워싱턴 D.C.에서 열린 국제 자오선 회의에 세계 각국 정상들이 모여, 그리니치 천문대의 망원경 접안렌즈에 그려진 십자선을 경도 0의 기준으로 정의하는 데 합의했다. 이렇게 그어진 본초 자오선prime meridian을 기준으로 세상은 절반으로 나뉘었다. 지금도 그리니치 천문대 안뜰에 가면 19세기에 정의된 본초 자오선 위에 서서, 지구 동반구와 서반구를 동시에 밟아볼 수 있다. 1980년대에 본초 자오선에서 동쪽으로 약 100미터 떨어진 지점을 기준으로 새로운 국제 기준 자오선이 다시 지정되었다. 지난 140년 동안 지구상 모든 곳의 경도는 그리니치를 통과하는 이 두 자오선 중 하나를 기준으로, 동쪽이나 서쪽으로 거리를 측정해 표시됐다. 1884년 회의에서는 그리니치 평균시를 세계시의 기준 시간대로 채택했다. 이에 따라 그리니치를 기준으로 지구를 24등분하는 23개의 시간대가 추가되었다. 지구를 사과 자르듯이 24등분했다고 가정하면, 한 조각은 1시간 혹은 지구가 하루 동안 회전하는 360도를 24로 나눈 경도 15도에 해당한다. 이론적으로 지구상 모든 사회적 시계는 지역의 태양시보다 최대 30분 빠르거나 느릴 수 있다. 하지만 현실은 이론과 달랐다.

국가들은 곧 새로운 자오선을 기준으로 시간대를 정하고 따르기 시작했다. 하지만 많은 지도자들은 정치적 목적이나 자의적

판단에 따라 시간대를 계속해서 다시 그렸고, 이 과정에서 인간의 생물학적 리듬은 전혀 고려되지 않았다. 오늘날 전 세계에는 30개 이상의 시간대가 마구잡이로 사용되고 있다. 2차 세계대전 때 동맹을 맺으면서 시간대를 바꾼 곳도 있다. 1940년에 스페인은 나치와 연대의 표시로 자국 시계를 독일 시간에 맞춰 앞당겼다. 두 국가의 사회적 시계는 같은 시간을 가리키지만, 매년 여름이면 세비야에서는 베를린보다 약 2시간 늦게 해가 뜬다. 이런 사회적 시계와 실제 해 뜨는 시간 사이의 불일치는, 왜 스페인 사람들이 저녁을 유난히 늦게 먹는지를 설명해준다. 스페인 사람들은 일반적으로 저녁 식사를 밤 9시에서 10시 사이에 먹는 것으로 알려져 있는데, 이는 문화가 아니라 생체리듬과 관련된 생물학적 현상에서 비롯되었을 가능성이 크다. 스페인 사람의 평균 수면 시간이 다른 유럽인에 비해 1시간 가까이 짧은 것도 같은 이유로 설명할 수 있다.

중국은 약 5230킬로미터 너비의 영토가 60도 이상의 경도에 걸쳐 있어 시간 차이가 훨씬 더 크게 난다. 동쪽에서는 서쪽에서보다 최대 3시간 더 일찍 해가 뜬다. 하지만 중국은 베이징이 위치한 동쪽 끝을 기준으로 단 하나의 공식 시간대만을 사용한다. 영화 〈백 투 더 퓨처〉의 주인공 마티 맥플라이의 기분을 느껴보고 싶다면, 중국 서부에서 아프가니스탄 국경을 넘어 3시간 반 전으로 되돌아가 보기를 바란다.

일광 절약 시간제의 문제점

코펜하겐에서 시간을 거슬러 시애틀로 돌아온 지 8일째 되던 날, 나는 더 먼 거리를 이동해 내 방 침실 커튼을 비집고 들어온 가을 햇살에 잠에서 깼다. 스마트폰 시계는 오전 7시 몇 분을 가리키고 있었다. 시차 적응도 거의 다 끝나고, 기상 시간도 원래대로 7시 45분에 가까워졌다. 전날은 태양이 오전 8시까지 기다렸다가 조심스레 떠올랐는데, 왜 이날은 그처럼 일찍부터 단잠을 방해한 건지 의아했다. 나는 곧, 어제부로 일광 절약 시간제가 종료되어 스마트폰 시계가 한 시간 느려졌다는 사실을 깨달았다. 나는 기쁜 마음으로 아침잠을 조금 더 즐겼다. 이제 앞으로 몇 달 동안 내 일주기 리듬은 태양과 조금 더 긴밀하게 연결될 것이었다.

시간대가 널리 보급된 이후, 계절에 따라 시간대를 변경하는 국가가 등장하면서 표준시와 태양시의 불일치는 더욱 심해졌다. 이들 국가는 매년 봄이 되면 일광 절약 시간제 시행에 맞춰 시간을 앞으로 돌렸다가, 가을이 되면 다시 표준시에 맞춰 시간을 되돌린다. 일광 절약 시간제의 근대적 개념을 정립한 인물은 뉴질랜드의 곤충학자 조지 허드슨George Hudson으로 널리 알려져 있다. 해가 남아 있을 때 퇴근해 곤충 채집을 하고자 했던 허드슨은 1895년에 하루를 2시간 일찍 시작하자고 제안했다. 하지만 1세기도 더 전인 1784년, 당시 프랑스에 거주하던 벤저민 프랭클린이 쓴 풍자글에서도 이와 유사한 발상을 찾아볼 수 있다.

벤저민 프랭클린은 어느 날 아침 6시에 깨어나 보니 햇살이 방 안으로 쏟아져 들어오는 것을 목격했다며, 프랑스 잡지 《파리 저널Journal de Paris》에 다음과 같은 글을 기고했다.

"정오 전에는 햇빛을 본 적이 없고, 천문학적 연감도 좀처럼 들여다보지 않는 독자라면 태양이 그렇게 일찍 떠오른다는 사실에 나만큼이나 깜짝 놀랄 것이다. 특히 확실히 말할 수 있는 건, 태양은 떠오르는 순간부터 빛을 준다는 사실이다. 나는 내 두 눈으로 이를 직접 목격했다."

프랭클린은 교회의 종, 심지어 대포를 동원해서라도 파리 사람들을 잠에서 깨워 하루를 일찍 시작하게 만들어야 한다고 주장했다. 그러면서 "연기 나고, 건강에 해롭고, 엄청나게 비싼 촛불"로 밤을 밝히는 것보다 "태양의 깨끗한 빛"을 공짜로 쓰는 것이 훨씬 더 낫다고 말했다. 프랭클린은 일종의 창문세를 제안하기도 했는데, 이는 '햇빛 차단용 덮개가 달린 모든 창문'에 부과하는 세금이었다.

1908년 7월, 캐나다 온타리오주 포트아서(지금의 선더베이)에서 일광 절약 시간제가 최초로 시행됐다. 하지만 이 제도가 관심을 받게 된 것은 1차 세계대전 중에 독일과 오스트리아가 시계를 한 시간 앞당기면서부터였다. 독일과 오스트리아는 아침 햇살을 한 시간 빌려서 저녁에 사용하고, 전등을 밝히는 데 드는 석탄을 전쟁 자원으로 돌리려 했다. 다른 국가들도 같은 방식을 모방했다. 미국은 1918년 표준시에 관한 법률을 시행하면서 야간 전기 사용을 제한할 목적으로 일광 절약 시간제를 처음으로 도입했다. 이는 환영받지 못했고, 의회는 종전 후에 투표를 통해 표준시를 복원했다.

2차 세계대전이 발발하면서 많은 국가가 다시 한번 같은 과정을 반복했다. 영국은 연료를 절약하고 노동자들이 야간 정전 전에 귀가할 수 있도록 시계를 그리니치 평균시보다 2시간 앞당기는 이중 일광 절약 시간제를 시행했다. 미국은 사회적 시계를 소위 '전쟁 시간war time'에 맞춰 1시간 앞당겼다. 대중의 반응은 이번에도 차가웠다. 1942년 1월,《타임》은 다음과 같이 보도했다.

"농부들은 분노했고 무전병들은 울부짖었고 철도원들은 불만을 토로했다. 하지만 의회는 전쟁이 끝날 때까지 일광 절약 시간제를 무기한 시행하기로 했다."

《타임》은 이보다 1년 앞서 일광 절약 시간제가 '소의 정신 건강'에 미치는 영향을 기사로 다루기도 했다. 해당 기사는 일광 절약 시간제 시행에 반대하며 다음과 같이 주장했다.

"소는 성질이 둔하고 미련한 동물이 아니다. 젖 짜는 시간이 한 시간 빨라지면 소의 긴장을 유발하여 국가 방위에 필요한 우유 공급에 차질이 생길 수 있다."

전쟁이 끝나자마자 일광 절약 시간제를 연중으로 시행하는 법은 폐지됐고, 각 주는 표준시로 돌아갈 수 있게 되었다. 그러나 일부 지역은 봄과 여름에 일광 절약 시간제를 유지하기로 했다. 주마다 다른 시간제를 따르기 시작하면서 혼란이 확산하자, 결국 의회는 1966년 동일시간제법Uniform Time Act을 통과시켰다. 이 법은 일광 절약 시간제의 시행 기간을 4월 마지막 주 일요일부터 10월 마지막 주 일요일까지로 정했다. 주 차원에서 이를 따르지 않고 1년 내내 표준시를 유지하는 것도 가능했다. 실제로 애리조나와 하와이는 그렇게 했지만, 대부분 주는 이 법에 따라 1년에 두 번 시간을 변경했다.

이후에도 미국 정부는 사회적 시계에 다시 한번 손을 댔다. 1974년, 정부는 석유 파동이라는 에너지 위기 상황에 대응하기 위해 무기한 일광 절약 시간제를 다시 시행했다. 마지막 시도가 실패하고 나서 세대가 바뀐 덕분인지 초기에 이 조치는 대중의 지지를 받았다. 하지만 열기는 금세 식었다. 《뉴욕타임스》는 어두워서 쓰레기통이 보이지 않아 수거를 못 하는 청소부부터 아빠가 토스트를 만들다 퓨즈를 끊어먹는 바람에 '칠흑 같은 어둠' 속에서 하루를 시작해야 했던 시골 가족의 이야기까지 여러 사례를 보도했다. 저자는 미국에 '제2의 암흑기'가 도래했다고 표현했다. 심지어 어둠 속에서 등교하던 아이들이 목숨을 잃는 사고까지 발생했다. 결국 정부는 10개월 만에 무기한 시행 조치를 해제하고, 다시 1년에 두 번 시계를 조정하는 방식으로 되돌아갔다. 기대했던 에너지 절약 효과는 전혀 나타나지 않았다.

1차 세계대전 이후, 계절에 따른 해 길이의 변화가 뚜렷한 고위도 국가를 중심으로 140개국 이상이 매년 일광 절약 시간제로 전환했다가 되돌리기를 반복했고, 절반 이상은 이를 중단했다. 대부분은 표준시로 되돌아왔다. 그러나 아이슬란드와 몇몇 국가들은 시침을 한 시간 앞에 고정하고 다시는 뒤를 돌아보지 않았다. 오늘날 미국도 이 모습에 조금씩 가까워지고 있다.

미국은 수년간의 입법을 통해 일광 절약 시간제 시행 기간을 반복적으로 늘려왔다. 놀이공원, 석유 공사, 스포츠용품에 이르기까지 다양한 업계에서 시행 기간 연장을 위해 로비 활동을 벌였다. 1987년에 일광 절약 시간제 전환을 3주 이상 앞당기는 데 찬성표를 던지고 당선된 미국 아이다호주의 상원의원들도 이러한 움직임을 지지했다. 패스트푸드 업체 하디스와 맥도날드는 일광 절약 시간제 기간에 감자튀김 판매량이 증가한다고 밝혔다. 아이다호는 감자가 아주 많이 나는 지역이다. 골프 업계도 퇴근 후 골프를 즐기는 인구가 증가할 것을 기대하고 일광 절약 시간제의 확대를 지지했다. 2005 에너지 정책법Energy Policy Act of 2005이 제정되면서 표준시로 돌아가는 날짜가 핼러윈 이후로 미뤄지자 제과업계는 반색했다. 2005 에너지 정책법은 일광 절약 시간제 시작일 역시 3월 초로 앞당겼다. 이 법이 발효된 2007년부터 미국 대부분 지역의 사회적 시계는 해마다 약 8개월 동안 일광 절약 시간을 표시하게 되었다.

세 가지 시계의 불일치

오늘날 우리 삶에는 사회적 시계, 태양 시계, 생체시계라는 세 가지 중요한 시계가 있다. 일광 절약 시간에 비해 표준시는 사회적 시계와 생체시계를 태양 시계에 조금 더 가깝게 만든다. 그에 반해 일광 절약 시간은 사회적 시계의 시침을 인위적으로 앞당긴다. 생체시계는 앞서간 사회적 시계의 시침을 따라잡는 과정에서 태양 시계와 자연스럽게 멀어진다.

어긋난 시간의 영향은 즉각적일 수도 있고, 장기적일 수도 있다. 일광 절약 시간제로 전환한 뒤 며칠에서 몇 주 동안 시험관 아기 시술 환자의 사고, 자살, 뇌졸중, 유산 등 각종 사건 발생률이 소폭 증가한다. 미국에서는 일광 절약 시간제로 시계를 한 시간 앞당긴 다음 주 월요일에 심장마비 환자가 24퍼센트나 급증했다. 이뿐만 아니라 기부 참여가 감소했고, 판사들은 더 긴 형량을 선고하는 경향을 보였다. 기본적으로 우리는 1년에 두 번씩, 이 헷갈리고 성가신 질문을 마주해야 한다. 시곗바늘을 어느 쪽으로 돌려야 하는가? 언제 돌려야 하는가? **왜 돌려야 하는가?**

더욱 우려되는 것은 일광 절약 시간의 미묘하고 만성적인 영향이다. 우리 몸은 갑작스러운 시간 변화에 결코 완벽하게 적응하지 못한다. 사회적 시계를 한 시간 앞당기면, 매일 생체시계를 재조정할 수 있는 귀중한 아침 햇살을 받는 시간이 줄어들고, 리듬을 망가뜨리는 야간 조명을 받는 시간이 늘어날 가능성이 크다. 연구자들은 이러한 빛 노출 시간대의 재분배가 어떤 영향을 미치는지 조사하기 위해 참신한 방법을 고안했다. 시간대 양단에 사는 사람들의 건강 상태와 생산성을 비교하기로 한 것이다. 한 경제학 연구팀은 동쪽보다 일출의 사회적 시간이 더 늦은 서쪽에서 이 일주기 부정합으로 인해 지역 사람들의 임금이 평균 3퍼센트 낮아진다고 추정했다.[2] 자살률과 교통사고 발생률도 서쪽에서 약간 더 높았다. 같은 시간대 내에서도 서쪽으로 갈수록 암 발병률이 조금씩 증가했다. 서쪽으로 갈수록 명이 짧아지는 것을 보니 장수의 패턴은 그 반대로 성립하는 듯하다. 즉각적인 영향을 확인하기 위해 실제로 자연광을 오후 늦게 집중시켰더니 그날 밤 보통 사람의 수면 시간이 평균 약 19분 감소했다.

한 시간을 앞당기는 것은 시간대의 동쪽 끝에서 서쪽 끝으로 이동하는 것과 같다. 이로 인해 발생한 사회적 시계, 태양 시계, 생체시계의 불협화음은 모든 이의 사회적 시차를 악화시키고, 이미 시간대가 어긋난 쪽에 사는 사람들을 더 깊은 곤경에 빠트린다.

갑작스러운 시간 변화는 우리의 생체시계(내면의 달력)마저도 혼란스럽게 만들 수 있다.[3] 단지 한 시간 앞당긴 것처럼 보이지만, 실제로는 수 주에 걸쳐 서서히 진행되는 계절 변화에 맞먹는 충격을 우리 몸은 겪는다. 이는 해 뜨는 시간과 학교나 출근이 시작되는 시간 사이의 간격이 갑자기 확 줄거나 늘어나는 방식으로 체감된다. 태양은 일광 절약 시간제보다 한발 먼저, 이른 봄부터 떠오르는 시각을 앞당기기 시작한다. 그리고 다시 천천히 사회적 시간을 지나 원래 일출 시각으로 되돌아간다. 가을에는 같은 일이 반대 순서로 일어난다. 내가 유럽에서 돌아온 첫 주에 그랬던 것처럼, 시애틀은 11월 초가 되면 일광 절약 시간 기준으로 오전 8시쯤에 해가 뜨기 시작한다. 곧 아침잠을 1시간 더 잘 수 있는 일광 절약 시간제의 종료 날이 찾아온다. 시애틀 사람들이 잠시나마 태양과 함께 혹은 그보다 늦게 일어날 수 있는 기간이다. 몇 주가 지나 다시 해가 짧아지면, 이번에는 표준시 기준으로 오전 8시쯤에 해가 뜨기 시작한다. 12월 말 오전 7시 50분, 나는 지금 컴퓨터 앞에 앉아 이 글을 쓰고 있다. 거리에 LED 가로등마저 없었다면 창밖은 칠흑같이 어두웠을 것이다. 그리고 영구 일광 절약 시간제가 지금까지 시행됐다면 한 해에 몇 주 동안은 이 어둠이 오전 9시까지 이어졌을 것이다.

하루의 시작을 직접 정할 수 없는 소외 계층은 어두운 아침에 더 큰 영향을 받는다. 중고등학생 역시 같은 이유로 큰 타격을 입는다. 통계 자료, 역사적 사실, 수면 및 일주기 전문가들의 호소에도 불구하고 북미 지역과 유럽에서는 영구적으로 한 시간을 앞당기기 위한 캠페인이 벌어지고 있다. 어느 전문가의 말처럼 사람들은 금세 잊는다.

햇빛보다 빠른 사회의 시계

시간을 조작하는 데 신중해야 하는 근본적인 이유는 우리의 일상이 사회적 시계와 밀접하게 연관되어 있기 때문이다. 기계식 시계가 보급되고, 사회적 시계가 출현하면서 엄격한 일정이 도입되기 시작했다. 사회적 시계, 태양 시계, 생체시계는 순식간에 어긋났다. 오늘날 사회가 우리에게 요구하는 인위적인 등교 시간과 출근 시간은 대부분 학생과 노동자의 일주기 리듬에 맞지 않는다. 고통은 일찍부터 시작된다.

엘렌 자툴은 7, 8학년 때부터 문제를 겪기 시작했다. 저학년 때는 일찍 자고 일찍 일어나는 데 큰 어려움이 없었다. 변화는 갑자기 찾아왔다. "일찍 자기가 힘들어졌어요. 몸이 꺼지지 않는 느낌이었죠." 하지만 이제는 일찍 일어나야 했다. 엘렌이 다녔던 중학교의 등교 시간은 오전 7시 50분이었다.

엘렌은 일어나서 곧장 베이글을 집어 들고 오전 7시 15분 전에 집을 나설 수 있도록 교복을 입은 채 잠을 자곤 했다. 생물학적으로 봤을 때, 중학생에게 오전 7시 15분은 성인의 오전 5시 15분 혹은 그보다 더 이른 시간에 해당한다. 알람을 여러 개 맞추는 건 기본이었다. "학교까지 거의 뛰다시피 가야 했어요"라고 엘렌은 말했다. 등굣길에 해를 볼 수 있는 날은 많지 않았다. "어떻게 걸어왔는지 기억나지 않는 날도 많았어요. 너무 피곤했거든요." 주말에는 정오까지 늦잠을 잤다. 당연히 엘렌의 사회적 시차는 매우 심한 상태였다.

오랜 관행으로 생물학적으로는 불합리한 학교 시작 시간이 여전히 유지되고 있다. 예를 들어, 초등학교는 중·고등학교보다 오히려 더 늦게 수업을 시작하는 경우가 많다. 하지만 이는 아이들의 생체리듬과는 반대되는 구조다. 내가 다녔던 에밀리 디킨슨 초등학교의 등교 시간은 오전 9시였고, 레드몬드 고등학교는 오전 7시 30분이었다. 이후 수십 년 동안 상황은 거의 달라지지 않았다. 현재 미국 고등학교의 40퍼센트 이상이 오전 8시 이전에 수업을 시작한다.[4]

고등학교에서 생물학을 가르쳤던 신디 자툴은 딸 엘렌과 다른 자녀들, 자신의 수업을 듣는 학생들이 시간표에 적응하느라 어려움을 겪는 모습을 지켜보았다. 아이들은 특히 오전 8시 전에 시작되는 1교시 수업을 힘들어했다. 교직에서 물러난 뒤 간호사로 근무했던 자툴은 이렇게 말했다. "생물학적 리듬을 무시할 게 아니라, 그 중요성을 인식하고 활용해야 합니다. 생물학은 계속 우리에게 '틀렸다'고 말하고 있어요."

중고등학생 때는 낮 동안 수면 압력이 쌓이는 속도가 매우 느려진다. 일주기 리듬도 전반적으로 조금씩 뒤로 밀린다. 아이들은 이러한 생리적 변화, 일광 절약 시간제로 인한 저녁 일조량의 증가, 그 밖의 기술적·사회적 요인의 영향으로 밤늦게까지 잠들지 못한다. 인류는 최소 100년 전부터 이 현상을 인식하고 있었다. 소셜 미디어가 등장하기 전에는 비디오 게임과 TV를 탓했고, 그전에는 춤을 문제 삼았다. 그렇다면 문제는 행동일까, 생물학일까? "둘 다 조금씩 책임이 있는 것 같아요." 브라운대학교 교수이자 아동 청소년 수면 연구의 권위자인 메리 카스카던Mary Carskadon이 말했다. 그녀는 청소년기에 취침 시간이 늦어지는 것은 현대사회와 도시 생활만의 특징이 아니며, 인간 사회만의 특징도 아니라고 했다.[5] 하지만 그 강도가 현대 환경에서 더 심해질 수는 있다. 특히 늦은 시간에 청색광을 쐬거나 신체 활동을 하면 추가적으로 영향을 받게 된다. 결국 오전 8시 전에 등교해야 하는 10대 아이는 거의 필연적으로 수면 부족을 겪을 수밖에 없다. "보기에는 교실에 앉아 있는 것 같아도, 머리는 아직 자기 방 침대에 누워서 자고 있을 거예요"라고 카스카던은 말했다.

미국소아과학회가 권장하는 중고등학생의 수면 시간은 8시간 30분에서 9시간 30분 사이다. 하지만 미국 고등학생 가운데 하루에 8시간 이상을 자는 학생은 4분의 1도 채 되지 않는다. 전체 평균 수면 시간은 약 7시간이다. 어느 집이나 부모들은 아침마다 아이들과 실랑이를 벌인다. 엘렌도 아침에는 늘 여동생과 투덜거렸다고 시인했다. 그러나 이는 가벼운 문제가 아니다. 청소년기의 수면 부족은 성적 저하, 교통사고 위험 증가, 위험 행동, 우울증, 불안장애 등 다양한 문제의 원인이 된다. 렘수면은 주로 수면 주기의 마지막 3분의 1 구간에 나타난다. 수면이 한두 시간 혹은 그 이상 짧아지면, 뇌가 학습한 내용을 장기 기억으로 바꾸고 감정을 처리할 수 있는 중요한 타이밍을 놓치게 된다. 렘수면은 비판적 사고와 문제 해결 능력을 강화하는 데도 중요한 역할을 한다. "아이들의 뇌는 렘수면을 갈구합니다"라고 카스카던은 말했다. 또한 수면 중에 성장 호르몬이 분비되기 때문에 수면 부족이 지속되면 발달상의 문제로 이어질 수도 있다.

다른 문제와 마찬가지로, 이 문제 역시 불평등한 영향을 미친다. 위도에 따라서도 차이가 생길 수 있다. 알래스카의 공립 고등학교 졸업률은 79퍼센트로, 미국 평균인 87퍼센트에 비해 현저히 낮다. 페어뱅크스의 수면 의학자 클레이 트리플혼은 이른 등교 시간과 일조 시간의 극단적 변화를 일부 요인으로 지목했다. 그는 학생들이 한 해 수개월 동안 "생체시계를 맞춰줄 아침 햇빛을 전혀 받지 못합니다"라고 말했다. 사회경제적 요소도 영향을 미칠 수 있다. 교사들은 저소득층 가정의 아이들이 형제자매를 챙기고 대중교통으로 등교해야 해서 또래보다 더 일찍 일어나는 편이라고 이야기했다. 물론 우리 각자의 생물학적 차이도 존재한다.

초등학교 때부터 저녁형 아이들은 아침형 아이들보다 특히 과학 과목에서 낮은 성적을 보인다.[6] 네덜란드에서 발표된 논문에 따르면, 결석률에서도 비슷한 양상이 나타난다. 성인이 되어 직장에 들어가도 저녁형은 여전히 불리하다. 저녁형은 아침형에 비해 업무 성과가 낮을 확률은 두 배 이상 높고, 상해를 입을 확률은 세 배 더 높다. 평균적인 소득 수준도 저녁형이 더 낮은 편이다. 연구자들은 저녁형이 음주, 흡연, 잘못된 식습관, 운동 부족과 같은 생활 양식을 더 자주 택한다는 점에서 그 원인을 찾는다. 이러한 선택 역시 이른 사회적 시간에 억지로 적응하는 과정에서 누적된 사회적 시차의 영향일 수 있다. 데이터 과학자 벤저민 스마르는 선천적으로 저녁형인 사람들이 "교육 과정 전반에서 만성적으로 불리한 상황에 놓입니다"라고 지적했다. 이는 궁극적으로 직장 생활과 삶의 만족도에 영향을 미친다. "만약 교육을 받는 데 체중이나 키

제한이 생기면 사람들은 분명 들고일어날 겁니다." 스마르가 말했다. "하지만 '일주기 유형'이라는 건 측정할 방법이 없었기 때문에 사람들이 그냥 무시한 거죠. 일주기 유형은 진짜로 있습니다."

산업혁명 이후 모두에게 똑같이 적용되는 일률적인 근무 시간제가 지배해왔다. 그 결과 개인의 생체리듬과 사회적 시간 사이의 불일치, 즉 사회적 시차가 생겨났고, 이는 곧 모든 생체 유형의 노동자와 고용주들이 그 대가를 치렀다. 연구에 따르면 생체시계가 흐트러지면 업무 성과가 저하되는 경향이 있다는 것이 밝혀졌다. 수면 부족으로 혹은 부적절한 시간에 먹고 자는 행위만으로 병치레가 잦아질 수도 있다.

전등이 도입된 이후, 기업들은 곧 생산라인을 24시간 가동하면 수익을 더 늘릴 수 있다는 사실을 깨닫게 되었다. 근무 시간은 점차 늦은 밤과 이른 아침으로 확대되었다. 순환 교대 근무와 야간 근무 제도가 새로 생겼다. 오늘날 기업들은 24시간 돌아가는 시장 요구에 부응하기 위해 교대제 방식의 채용 비중을 계속해서 늘리고 있다. 전문가들은 전기 조명을 사용하는 국가가 늘어남에 따라 비정규 시간대에 일하는 사람들, 즉 야근 근무나 교대 근무를 하는 인구가 급격히 증가할 것으로 예상하고 있다.

산업화 국가의 교대 근무자 약 5명 중 1명은 심각하고 만성적인 수준의 사회적 시차와 수면 부족을 경험할 수 있다. 트럭 운전사, 의사, 간호사, 응급구조대원, 경비원, 가게 점원, 택배 기사, 승무원뿐만 아니라 훨씬 더 많은 사람이 밤을 새워 일하거나 교대

조로 근무한다. 이들은 알게 모르게 자신의 일주기 리듬을 거스르며 일하고, 밥을 먹고, 잠을 잔다. 생체리듬의 손상이 누적되면, 몸이 쇠약해지고 다양한 질병에 취약해진다.

수면 리듬과 건강

트럭 운전사 라넬 슐츠와 리사 피넬리는 오랜 친구 사이다. 슐츠는 16미터짜리 대형 트레일러를 몰고 전국을 누빈다. 피넬리는 UPS에서 의뢰받은 물품을 시애틀 곳곳으로 운반한다. 두 사람이 주로 운전대를 잡는 시간은 야간이다.

슐츠와 피넬리는 서로를 '뱀파이어 드라이버'라고 부른다. 이들에게 낮에 일하는 사람은 모두 '데이워커daywalkers(햇빛에 면역이 있어 낮에도 활동이 가능한 뱀파이어 – 옮긴이)'다. 하지만 두 친구의 생활 패턴에는 큰 차이가 있다. 피넬리는 마찬가지로 밤에 근무하는 남편의 도움을 받아 일주일 내내 야행성으로 지내려고 노력한다. 하지만 슐츠는 생활 패턴이 일정치 않았고 주말에는 아예 뒤집히기도 했다.

오리건 보건과학대학교의 산업보건연구가 라이언 올슨Ryan Olson은 운송업 종사자들 사이에서 슐츠 같은 사례가 흔하다고 말했다. 올슨은 서스펜션 시트와 기능성 매트리스 등 운전실 환경 개선을 권장하는 것뿐만 아니라, 근무 시간의 일관성을 높이는 것에 대해서도 운전자와 고용주 모두에게 적극적으로 권하고 있다. "다른 근로 조건은 조금씩 바뀌어왔지만, 근무 시간표만큼은 달라진 게 없습니다." 올슨이 말했다. "뻔히 보이는 문제지만, 먼저 말을 꺼내기는 어려운 주제죠." 또 근무 일정은 노동자의 통제 영역 밖에 있을 때가 많다. 한편 사측 입장에서 일정은 수익과 직결되는 현실적인 문제다. 경쟁에서 이기려면, 트럭이 24시간 도로 위를 달리고 있어야 한다. 올슨은 이렇게 말했다. "사회가 이 질문에 대해 깊게 생각하고 있는지 모르겠어요. 정말 우리에게 24시간 서비스가 필요할까요? 우리는 노동자의 관점에서 답하지 않습니다. 고객의 관점에서 답하죠." 나는 어제 오후에 아마존에서 주문한 프린터 잉크가 오늘 아침 현관에 놓여 있던 것이 생각났다.

야간 근무자들은 실생활에서도 불합리한 상황을 만난다. 피넬리와 슐츠는 호텔들이 데이워커만을 고려해 오후 체크인만 제공한다고 불만을 토로했다. "저는 밤에 호텔을 쓸 일이 없어요. 하루만 쓰면서 이틀 치 비용을 내고 싶지는 않다고요"라고 슐츠가 말했다.

교대 근무자의 몸은 시차 증상과 비슷한 혼란을 겪는다. 우리의 생체리듬은 생활 패턴이 급격히 바뀌는 상황에 쉽게 적응하도록 설계되어 있지 않다. 교대 근무자들은 먹고 자고 움직이기에 좋지 않은 시점에 먹고 자고 움직인다. 생체시계의 시간은 어긋나고, 신체 기관은 그 여파에 대응하기 위해 분주히 움직인다. 그러나 해외여행을 할 때와 달리, 교대 근무자가 업무에 필요한 수면 일정에 맞춰 자신의 생체리듬을 완벽히 재조정하기란 불가능에 가깝다.

생체리듬에 맞지 않는 생활을 계속하면 장단기적으로 문제가 생길 수 있다. 업무상 과실과 사고가 늘 수 있고, 퇴근길에 교통사고가 발생할 확률도 증가한다. 운전대를 잡는 시간이 심부 체온과 각성도가 가장 낮은 위험 구간과 겹치면 사고 위험은 더욱 높아진다. 문제는 이러한 영향이 일시적인 데 그치지 않고, 더 오래 지속될 수 있다는 점이다.

교대 근무자들은 불임, 비만, 당뇨병, 심장병, 소화기 질환, 우울증, 불안증, 천식 등 기타 질환의 위험에 장기적으로 노출된다. 연구에 따르면, 입원 환자 가운데 교대 근무자는 주간 근로자보다 코로나19 양성 반응을 보일 확률이 두 배 이상 높았다.[7] 또한 청년기에 교대 근무를 한 사람은 중년기에 중증 뇌졸중 위험이 증가했고, 중장년기에 교대 근무를 한 사람은 인지 장애 위험이 증가했다. 한 과학자는 관련 연구를 하면서 "교대 근무자가 위험수당을 받아야 한단 생각이 가장 먼저 들었어요"라고 말했다.

세계보건기구는 야간 근무를 잠재적 발암 요인으로 지정했지만, 아직 충분한 근거가 부족하다는 단서를 달았다. 일부 연구에서는 야간 근무가 유방암, 전립선암, 간암, 폐암, 대장암 위험을 약간 높이는 것으로 나타났지만, 다른 연구에서는 같은 결과가 확인되지 않았다. 노스캐롤라이나대학교의 생화학자이자 DNA 복구 메커니즘에 관한 연구로 노벨화학상을 수상한 아지즈 산자르Aziz Sancar도 판단을 유보하고 있다. 산자르는 교대 근무로 인한 일주기 교란이 암을 유발한다는 사실을 입증하려면, 흡연과 폐암의 상관관계를 밝혀낸 것과 동등한 수준의 장기적인 연구가 필요하다고 말했다. 산자르와 워싱턴대학교의 러셀 반 겔더는 2021년에 발표한 리뷰 논문에서, 유전자 발현과 세포 분열, DNA 복구가 모두 생체시계에 의해 조절되고 이들이 모두 암과 관련 있다는 사실에 비추어볼 때, 일주기 교란이 암 발생에 영향을 미치는 것으로 볼 수 있다고 언급했다. 물론 인과관계를 부정하는 상반된 결과들은 여전히 존재한다.[8] 하지만 산자르와 반 겔더는 내부 생체시계와 외부 지구물리학적 주기의 비동기화가 시차, 수면 위상 증후군, 대사 증후군을 유발한다는 강력한 증거를 제시했다.

교대 근무자 본인만 영향을 받는 것이 아니다. 문제는 세대를 거쳐 대물림될 수 있다. 임신 중에[9] 야간 근무로 인해 일주기 교란을 경험할 경우, 태아에게 장기적인 건강 문제가 생길 수 있다. 임신한 생쥐를 연구한 논문에 따르면, 어미의 만성적인 일주기 교란은 새끼와 그 자손, 그 이후의 자손에게까지 기분 장애를 유발했다. 엄마의 일주기 리듬만 문제가 되는 것이 아니다. 수정되는 순간에 아빠의 생체시계가 어긋나 있어도 마찬가지로 문제를 일으킬 수 있다.[10]

교대 근무자와 함께 차량이나 비행기를 타는 사람, 혹은 그들의 돌봄을 받는 이들 역시 위험해질 수 있다. 당신도 생체시계에 문제가 있는 조종사나 시차를 겪고 있는 의사에게 생명을 맡기고 싶지는 않을 것이다. 미국인의 주요 사망원인인 의료 과실은 주간 근무자보다 야간 근무자의 손에서 더 많이 발생한다. 간호사를 대상으로 한 연구에서 주간과 야간의 과실률 차이는 44퍼센트로 집계됐다.

장시간 근무로 인한 피로 역시 의료 과실의 주원인이다. 신시내티 아동병원의 응급의학과 의사인 파리아 윌슨 Paria Wilson은 의료계의 번아웃 문제를 해결하기 위해 노력해왔다. 50퍼센트 수준에 머물렀던 의사들의 번아웃 증후군 유병률은 2021년 팬데믹을 거치면서 약 63퍼센트로 치솟았다. 윌슨은 '한 주에 100시간을 일하고 잠을 안 자면 문제가 생긴다'라는 것을 명확한 수치로 증명하기 위해 전공의들의 신체 활동 데이터를 모으고 있다. 의료진의 건강은 그들 자신뿐만 아니라 환자의 안전과도 직결된다. 지금까지 윌슨이 수집한 데이터는 전공의들의 일주기 유형에 맞게 일정을 계획해 근무조를 최적화하는 데 활용되고 있다. 하지만 2010년에 의대를 졸업한 윌슨은 기존의 방침을 만든 베이비붐 세대들과 변화를 도모하기가 쉽지 않다고 토로했다. "시대가 바뀌었습니다. 저희는 단지 이전 세대가 겪어왔다는 이유로 같은 고초를 겪지는 않을 겁니다." 경직된 근무 일정을 강요하는 문화는 도선사와 군인들 사이에도 만연하게 퍼져 있다.

도선사들도 슐츠처럼 수면 일정이 자주 바뀐다. 도선사는 지역의 항만이나 운하에서 선박의 출입항을 인도하는 해상 운항 전문가다. 항공기에 비유하자면, 이착륙을 전문으로 하는 조종사인 셈이다. 워싱턴주 퓨젓사운드 해협의 도선사들은 과거부터 24시간 단위로 엄격한 교대 근무 일정을 소화해왔다. 워싱턴주 포트앤젤러스에 있는 도선사 주재소에는 파견 순번을 안내하는 표지판이 있다. 선박이 들어오면 목록 맨 위에 있는 도선사가 파견을 나간다. 동시에 해당 도선사의 이름은 목록 맨 밑으로 이동한다. 퓨젓사운드 도선사회 회장인 이반 칼슨 주니어 선장은 "배가 들어올 때까지 한참 기다려야 하는 날도 있고, '회전문 돌 듯이' 나가야 하는 날도 있습니다"라고 말했다. 조직 차원에서 근무 시간대를 주간과 야간으로 나눠보려 했지만, 끝내 방법을 찾지 못했다. 배가 밤낮없이 들어오다 보니, 주간 조와 야간 조가 '정말 한 몸처럼 연결될 수밖에' 없다. 도선사들은 이를 묵묵히 견뎌내고 있다. 이는 미 해군에서 복무했던 케빈 브록먼도 마찬가지였다.

몸이 원할 때는 고사하고 넉넉히 잘 수 있는 날도 별로 없었다. 브록먼은 지상 훈련을 받던 시기에 처음으로 순환 근무를 시작했다. 몸을 갈아 넣는 일정이었다. 일주일 동안 아침 7시부터 저녁 7시까지 근무를 서고 이삼일을 쉰 다음, 다시 일주일 동안 오전 11시부터 오후 11시까지 근무를 섰다. 이후 36시간을 휴식하고, 조를 바꿔 저녁 7시부터 아침 7시까지 근무했다. 같은 일정으로 일주일을 보낸 뒤 사흘을 쉬고, 마지막 주에는 아침 7시부터 저녁 7시까지 10시간 근무를 섰다. 이후 나흘을 휴식하고 다시 처음으로 돌아가 같은 일정을 반복했다. "재밌는 경험이었어요"라고 브록먼이 말했다. 나는 그에게 어떻게 버텼는지, 군이 사회적 시차와 수면 부족을 완화하는 데 필요한 조언이나 교육을 제공했는지 물었다.

"아뇨, 그냥 알아서 하라는 식이었습니다." 브록먼이 말했다. "분위기가 딱 이랬어요. '이게 너희 근무표다. 보고 그대로 근무하면 된다. 거지 같다는 건 우리도 안다. 그게 너희가 해야 할 일이다. 질문 있나?'"

브록먼은 약 2년간의 지상 훈련을 마치고 잠수함에 탑승했다. 다행히 잠수함에서는 교대가 좀 더 안정적으로 이루어졌다. 매일 3개 조가 8시간씩 돌아가면서 24시간 동안 '불침번'을 섰다. 하지만 다른 임무를 마치고도 근무 시간을 채워야 했다. 처음 한두 해 동안 브록먼은 하루에 3~5시간밖에 자지 못했다. 짧고 딱딱한 침대는 도움이 되지 않았다. 침대는 머리든 발이든 최소 한쪽은 무조건 벽에 닿을 만큼 짧았다. 브록먼은 부족한 수면을 보충하기 위해 아주 많은 양의 커피를 마셔댔다. 정확한 양은 근무 시간에 따라 달라졌다. 주간이나 오후 근무를 서는 날에는 500밀리리터짜리 보온병 한두 통으로 버틸 수 있었다. 하지만 야간 근무를 서는 날, 특히 잠수함에 탄 지 얼마 안 됐을 때는 8시간 내내 커피를 마셨다. "그때는 커피를 물처럼 마셨습니다"라고 브록먼은 말했다.

승조원들은 장시간 교대로 근무했을 뿐만 아니라 밤낮의 대비도 거의 볼 수 없었다. 대부분 선실의 형광등은 24시간 내내 켜져 있었다. 브록먼은 몇 주 동안 잠망경을 들여다보면서 비디오 화면을 통해 딱 한 번 햇빛을 보았다. 햇빛을 대신할 수 있는 건 싸구려 달력에 실린 열대 해변 사진이 유일했다. 간부는 승조원들의 사기를 돋우기 위해 달력을 한 장씩 뜯어, 옅은 녹색 페인트가 칠해진 잠수정 벽면에 붙였다.

　　브록먼의 일주기 리듬과 수면 항상성은 사방에서 공격받고 있었다. 그래도 브록먼은 여전히 자신은 운이 좋은 편이라고 생각했을 것이다. 2014년 이전에 잠수정에 탄 미 해군들은 18시간 기준으로 하루를 살았으니까. 6시간 동안 경계 근무와 다른 임무를 완수하고 12시간 동안 잠을 잤다. 다음 날에는 전날보다 6시간 더 일찍 일어나 같은 일정을 반복했다. 훨씬 더 많은 직종의 교대 근무자들이 비슷하게 일 단위 혹은 주 단위로 달라지는 혼란스러운 일정을 소화하고 있다. 야간에 고정으로 근무하는 사람도 주말에 지인들과 시간을 보내다 보면 패턴이 깨질 수 있다. 이러한 불규칙성은 일주기 리듬에 매우 치명적이다. 브록먼에게 햇빛을 볼 기회도, 집으로 돌아가 지인들의 생활리듬에 적응할 기회도 주어지지 않은 것은 행운이자 불운이었다. 그는 잠시나마 야행성으로 변신하는 데 성공한 몇 안 되는 사람 중 한 명이었다.

　　사람들은 여러 가지 이유로 교대 근무를 택한다. 극소수긴 하지만, 밤에 일하는 것이 자신의 생체리듬에 잘 맞는 사람도 있다. 값비싼 학위 없이 더 높은 임금을 받을 기회를 얻기 위해 택하는 사람도 많다. 또 일부는 교대 근무의 유연성이 자녀 양육 등 다른 책임과 병행하며 생계를 유지할 수 있다는 점에서 긍정적으로 보기도 한다. 사실 이들에게 교대 근무는 '선택'이라기보다 어쩔 수 없는 결정에 가깝다. 그리고 그런 선택이 경제적으로 넉넉한 삶을 보장해주는 것도 아니다. 영국의 조사에 따르면, 야간 교대 근로자

10명 중 7명은 임금이 중위소득에도 미치지 못했다.

미시간주 그로스 포인트 팜에 거주하는 에리카 가르시아는 응급구조사 보조로 밤에 일한다. 나는 1월 중순의 어느 날 늦은 오후에 자연광을 거의 보지 못한 채 방금 잠에서 깬 가르시아와 이야기를 나눴다. 가르시아가 야간 근무를 택한 이유는 육아 때문이었다. 남편이 낮 동안 일하기에 서로 번갈아가며 아이를 돌보기 위해서였다. 근무가 없는 날이면 가족의 생활 패턴에 맞추려 애썼지만 이런 급격한 변화는 몸의 리듬을 엉키게 했다. 업무에 복귀한 날엔 퇴근해서 이른 오후에 눈을 붙이려 해도 잠이 오지 않았다. "그날은 몸이 마음처럼 움직여주지 않아요"라고 가르시아는 말했다. 그녀는 짜증과 화가 많아졌다고 했다. 야간 근무를 시작한 뒤로 심장이 두근거려 약까지 먹게 됐다.

우리 대부분은 어느 시점엔가 생체시계를 어느 정도 깨뜨리게 된다. 예를 들어 올빼미형 인간인데도 아침 8시부터 오후 5시까지 일하거나, 첫 교시에 맞춰 일찍 일어나야 하거나, 금요일 밤늦게까지 놀거나, 시간대의 극단적인 지역에 살거나 맞지 않는 시간대에 머무르거나, 해외여행을 마치고 돌아오거나, 생체시계의 혼란에 관한 책을 쓰느라 밤을 새우는 경우 등이 그렇다.

현대사회의 교란 요소는 단독으로, 또 집단으로 작용해 엄청난 해를 가한다. 우리는 이제 일주기 리듬이 어긋나면 모든 게 잘못된다는 사실을 알고 있다. 다행히 바로잡을 방법은 있다. 다 같이 적도로 이동하거나, 전기 혹은 냉장고, 24시 의료 서비스가 없는 삶으로 돌아갈 필요도 없다. 책의 후반부에서는 우리가 지금까지 자신에게 가해온 피해를 최소화하고, 일주기 과학이 제공하는 이점을 극대화하는 방법을 살펴볼 것이다. 출근 및 등교 시간 조정하기, 교대 근무의 위험 요소 제거하기, 일광 절약 시간제 폐지하기, 건강에 해로운 시간대 바로잡기 등 방법은 다양하다. 도시 계획, 건축 규정, 실내 디자인, 식사 시간, 의약, 농업에 일주기 리듬을 적용했을 때 얻을 수 있는 이점을 알아보고, 건강한 일주기 리듬을 유지하는 데 도움이 되는 단순하지만 중요한 원칙도 다시 한번 살펴볼 것이다. 더불어 능률과 생산성 향상, 어쩌면 수명 연장에도 도움이 될 수 있는 비교적 간단한 일주기 리듬 조절법도 살펴볼 것이다. 모든 것은 일주기 리듬이 갈구하는 일관성과 밤낮의 대비를 재창조하는 데서 시작된다. 우리 몸의 시계는 어긋나 있다. 이제 시계를 재설정할 시간이다.

3부

시간을 리셋하다

9장
알람이여, 안녕

1931년에 찍힌 사진 속에서[1] 메리 스미스는 런던의 한 주택가에 서 있다. 그녀는 오른손을 허리춤에 올리고, 왼손으로 입에 문 길고 가느다란 파이프를 받치고 있다. 파이프의 끝은 살짝 위를 향해 그녀가 '노크할' 누군가의 침실 창문을 가리키고 있다.

스미스는 사진 촬영을 마치고, 창문 너머에서 곤히 자는 사람을 깨우기 위해 파이프를 불어 말린 완두콩을 발사했을 것이다. 그러고는 탄약이 두둑이 담긴 스웨터 주머니를 뒤적거려, 파이프를 재장전하고 다음 고객의 창문을 두드렸을 것이다. 런던 사람들은 이 서비스를 이용하기 위해 매주 6펜스(지금 우리 돈 2000원가량 – 옮긴이) 되는 금액을 지불했다. 대나무 장대나 낚싯대 끝에 나무 조각 혹은 뼛조각을 매달아 창문을 두드리는 방법을 사용했던 다른 경쟁자들도 같은 가격을 받았다. 이는 매우 합리적인 소비였다. 대부분 노동자는 늦잠, 지각, 실직과 같은 위험을 감수하기보다 깨워 줄 사람을 고용하는 쪽을 택했다.

산업혁명 이전에는 삶의 속도를 스스로 정할 수 있었다. 근무 시간은 다양하고 유연했으며, 닭 울음소리나 교회 종소리에 뜻하지 않게 잠을 깨지 않는 이상 원치 않는 시간에 일어나야 하는 일은 드물었다. 또 주변이 훤해 앞이 보여야 작업할 수 있었기 때문에, 전등이 도입되기 전까지는 근무 시간이 해가 떠 있는 길이를 따라갔다. 하지만 농장이 공장으로 바뀌면서 근무 시간은 자연의 리듬에서 한발 멀어져 조금 더 획일화되어 갔다. 역사가 아루니마 다타Arunima Datta는 노동자들이 점차 "태양이 아니라 시계를 따라 일어나게" 되었다고 표현했다. 그녀는 이러한 '노동 주기와 시간 감각의 전환'에서 '깨움의 경제'가 시작되었다고 말한다.

이 무렵 기계식 시계가 보급되긴 했지만, 아직은 정확도가 높지 않았다. 그 결과 '그리니치 타임 레이디' 루스 벨빌 같은 정확한 시간을 제공하는 사람에 대한 수요를 낳았다. 사용자가 시간 단위로 개인 알람을 설정할 수 있는 기능은 1847년에 특허로 등록됐지만, 이런 기술에 투자할 수 있는 사람은 거의 없었다. 그 대신, 인간 자명종 시장이 성장하기 시작했다. 이들은 영국에서 '노커-업 knocker up'이라 불렸고, 대부분 초창기에는 실제로 문을 노크해 사람들을 깨웠다. 하지만 이 방식은 때로 이웃집에 무료 알람을 제공함에 따라 사업 확장의 기회를 앗아갔다. 혹은 단잠을 방해받은 이웃에게 항의를 들어야 했다. 그들은 전략을 바꿔, 막대기나 완두콩을 이용해 창문 유리를 두드리기 시작했다. 하지만 이탈리아의 '후터hooter'는 날카로운 휘파람 소리를 내는 등 다소 과격한 방식으로 영업을 계속했다.

메리 스미스의 딸 몰리 무어도 같은 업에 종사했다. 벨빌 가문이 런던 곳곳을 돌아다니며 새로운 사회적 시간을 판매하는 동안, 스미스 가족은 가정집 유리창에 완두콩을 발사해 사람들이 새로운 사회적 시간에 순응하고 몸의 리듬에 저항하도록 도왔다. 요금은 잠을 깨우는 시간이나 계절에 따라 달라졌다. 보통은 깨우는 시간이 이를수록 요금도 비싸졌다. 해가 짧은 겨울에는 수요가 많아서 요금이 네 배 가까이 오르기도 했다.

이후 알람 시계 기술이 발전하면서 생산 비용이 저렴해지고, 각종 시계에 부과되던 세금도 폐지되었다. 사람들은 일어나고 싶은 시간을 적어놓기 위해 집 밖에 걸어뒀던 '기상 시간 표지판'을 내리기 시작했다. 1900년대 중반, 수십 년간 이어지던 살며시 창문을 두드리던 소리는 개인용 알람 시계의 진동음과 신호음에 자리를 내주었다. 1870년대에 '안티 버저Anti-Buzzer'라는 필명으로 활동하던 비평가는 알람 시계를 '악마의 소리를 내는 장치'라고 불렀다. 지금 봐도 적절한 표현이다. 물론 오늘날에는 온갖 물건에 알람 기능이 탑재되어 있다. 스마트폰은 전통적인 알람 시계를 거의 노커-업만큼이나 쓸모없는 존재로 만들었다. 하지만 알람 시계도 종류가 무궁무진하다. 바퀴 달린 알람 시계 '클로키Clocky'는 시간이 되면 자리에서 굴러떨어져 누군가가 쫓아와서 꺼줄 때까지 알람

소리를 내며 도망간다.

    내가 만난 여러 일주기 과학자들은 언젠가 **모든** 알람 시계가 쓸모없어지는 날이 오기를 희망한다고 말했다. 불가능한 일일까? 그럴지도 모른다. 하지만 나는 결국 그렇게 되어야 한다고 확신하게 되었다. 몸의 리듬에 따라 자연스럽게 일어나지 못하고 알람 시계 소리에 잠을 깨면, 게다가 그 시계가 도망까지 가면 더더욱 짜증 날 뿐만 아니라 건강에도 좋지 않기 때문이다. 인간 자명종과 인공 알람 시계가 둘 다 없던 때도 있었으니, 그들이 사라질 날도 올 수 있다.

B타입 인간에 대한 오해

    성인이 되고 나서 가장 오랫동안 알람 시계를 쓰지 않고 지낸 기간은 벙커에서 머물던 그 열흘이었다. 이후로는 가능하면 알람을 맞추지 않으려고 한다. 다행스럽게도 나의 직업 특성상 평일 아침에 출근하는 친구들보다는 알람을 적게 사용할 수 있다. 코로나19가 일상을 뒤흔들었지만, 많은 기업은 여전히 산업혁명 때 시작된 '9 to 6' 방식의 근무 제도를 고수하고 있다.

    일주기 유형 정규분포곡선에 따르면 현대인은 보통 밤 12시쯤 잠자리에 들어 아침 8시에서 9시 사이에 가장 자연스럽게 깨어난다. 그렇다면 오전 9시에 출근해야 하는 현실은 결코 이상적인 조건이라 볼 수 없다. 더 흔한 평균 출근 시간인 오전 8시는 말할 것도 없이 생체리듬과 더 크게 어긋난다. 종합해보면, 대부분 사람이 제시간에 출근하기 위해 알람에 의존하는 것은 놀라운 일이 아니다.

올빼미형과 비둘기형의 수가 더 많음에도 불구하고, 사회는 여전히 종달새형을 훨씬 더 선호한다. "일찍 일어나는 새가 벌레를 잡는다", "일찍 자고 일찍 일어나면 건강하고 부유하고 현명해진다" 같은 격언들은 이러한 경향을 더욱 부추겼다. 후자의 격언은 완두콩 몇 알이 아니라 요란한 대포로 사람들을 더 일찍 깨워야 한다고 주장한 벤저민 프랭클린이 남긴 말로 유명하다. 선천적으로 하루를 조금 늦게 시작하는 사람들, 특히 사무실에 '늦게' 출근하는 이들은 게으르다는 낙인이 찍히고 비난받기 일쑤다. 내가 만난 사람 중 카밀라 크링Camilla Kring만큼 이러한 오명을 벗기는 데 진심인 사람은 없다.

크링이 일과 삶의 균형에 관한 연구로 박사 과정을 시작한 건 2000년대 초반이었다. 당시는 포유류의 일주기 리듬을 관장하는 최초의 유전자가 발견된 지 얼마 안 된 시기였다. 크링은 이 사실에 흥미를 느꼈다. 이후부터 그녀의 연구에서 일주기 리듬은 핵심 주제가 되었다. 크링은 'B타입 인간'의 더 나은 삶과 생산성 향상을 목표로, 컨설팅 기업 '비소사이어티B-Society'를 코펜하겐에 설립했다. B타입 인간이란 크링이 저녁형 사람을 지칭할 때 사용하는 말이다. 짐작했겠지만, 아침형은 'A타입 인간'이라고 부른다. 전통적인 근무 일정과 학교 시간표가 아침형에 유리하기 때문에, 저녁형은 사는 내내 더 심한 사회적 시차에 시달리게 된다. 알다시피 이는 정신적 피로, 우울감, 과도한 카페인과 알코올 섭취와 같은 다양한 결과로 이어질 수 있다. 크링은 B타입 인간을 교정하려고만 하는 사회 기조에 강한 반감을 드러냈다. 그녀는 일터와 학교가 극단적 아침형부터 극단적 저녁형까지 모든 사람을 수용해야 한다며 "모든 인간이 자신의 생물학적 리듬에 맞춰 살아갈 권리를 보장받아야 합니다"라고 말했다. 크링은 '새로운 시간 구조'를 창조하는 일을 자신의 사명으로 삼고 있다.

나는 크링의 말 한마디 한마디에 고개를 끄덕였다. 비록 극단적인 저녁형은 아니지만, 나는 늘 일찍 일어나는 일을 싫어했다. 특히 10대 시절에는 거의 증오했다. 고등학생 때는 새벽 6시 전에 일어나는 일이 정말 끔찍했다. 이른 아침부터 5킬로미터 달리기를 하는 것도 이해가 되지 않았다. 살면서 치른 중요한 시험은 모두 내가 바라는 것보다 훨씬 이른 시간에 시작됐다. 아침형을 편애하는 사회에 적응하기 위해 멜라토닌 보충제와 캐모마일 차를 먹고, 베개와 매트리스를 교체하고, 귀마개와 수면 보조 앱을 사용했다. 엄청나게 시끄러운 버저 소리, 듣기 좋은 벨 소리, 새소리, 심지어 아일랜드 록 밴드 U2의 〈아름다운 날Beautiful Day〉이 나오는 알람 시계까지 동원했다. 카페인도 엄청나게 섭취했다. 카페인이 체내에 남아서 수면을 방해한다는 사실을 알기 전까지 나는 잠수함에 탄 브록먼처럼 커피를 마셨다.

나는 근무 시간이 고정된 첫 직장을 그만두고, 일정을 스스로 조율할 수 있는 일을 찾았다. 카밀라 크링은 모든 노동자가 노동 시간의 유연성을 보장받아야 한다고 말한다. 그녀는 노동자들이 자신의 일주기 리듬에 맞춰 더 나은 삶을 살 수 있도록, 대형 의료 기업 메드트로닉, 애보트, 애브비 등 다수의 기업에서 근무 제도 개편을 유도하고 있다. 크링은 근무 시간대를 일주기 유형별로 나누고, 회의는 아침형과 저녁형이 모두 참여할 수 있도록 정오 근처에 잡으라고 사측에 조언한다. 근무 시간을 분산하면 출퇴근 시간 단축, 교통량 감소 같은 부가적인 이점도 누릴 수 있다. 덴마크 제약회사 노보 노디스크Novo Nordisk는 코로나19 팬데믹이 닥치기 수년 전에 크링의 조언을 적용하여 직원들의 통근 시간을 절반으로 줄였다. 예를 들어 회의 시간을 단지 30분만 늦춰 오전 9시에서 9시 30분으로 미루는 것만으로도 충분한 변화가 생길 수 있다고 크링은 말한다.

    2008년 노르웨이 애브비는 크링의 조언에 따라 근무 제도를 개편했다. 개편하기 전에는 직원들의 사기가 매우 떨어진 상태였다. 이직률도 높았고, 업계에서 기업 평판도 좋지 않았다. 경영진은 크링의 조언대로, 직원들이 맡은 업무를 완수하는 한 일정을 자유롭게 짤 수 있도록 허용하기 시작했다. 오전 10시 이전이나 오후 4시 이후에는 회의도 거의 잡지 않았다. 이러한 변화는 노사 양측에 이득으로 작용했다. 직원들의 이직률과 병가 사용이 급감했다. 일과 삶의 균형에 만족한다고 응답한 비율은 58퍼센트에서 95퍼센트로 상승했다. 애브비 노르웨이 지사는 2014년, 2017년, 2018년에 노르웨이에서 가장 일하기 좋은 중견 기업에 선정되었다. 당시 인사과장이었던 마르테 피엘레는 직원들이 근로 유연성을 악용할까 봐 우려하는 목소리도 있었지만, 실제로 시도한 사례는 전체 직원의 1~2퍼센트에 불과했다고 말했다. "우리는 이런 일부 사례로 조직 전체의 이익을 빼앗기보다 당사자들에게만 별도 조처를 내리기로 했습니다."

자유롭게 근무 시간을 조정할 수 있게 되면서 직원들은 자신이 가장 능률적으로 일할 수 있는 시간대를 잘 인식하게 되었다. 피엘레는 자신의 집중력과 생산성이 오후 3시부터 6시 사이에 가장 높다는 것을 알게 되었다. 그 시간대는 정확히 나와 반대였다. 피엘레는 그때가 되면 오전 9시에 비해 '두 배 더 효율적인 사람'이 된다고 했다. "스스로 삶의 일정을 정하면 자신에게도, 회사에도 이득이 됩니다." 그녀는 이렇게 덧붙였다. "2 더하기 2는 4가 아니었어요. 실제로는 5였습니다."

2019년, 피엘레는 새로운 회사로 이직했는데 그곳의 대표는 전통적인 근무 시간을 고수하기를 원했다. 그러나 팬데믹이 닥친 후 상황이 달라졌다. 대표는 직원들이 각자 집에서 다른 시간대에 일하면서도 생산성을 유지한다는 사실을 깨닫고 경계를 늦추기 시작했다.

자신의 생체리듬에 맞는 일을 찾아라

크링의 고객 중 노르웨이 변호사협회의 사무총장 망네 스크람 헤게르베르크가 있다. 그는 노동자의 시간이 아니라, 그들의 능력과 생산성에 비용을 지불함으로써 얻을 수 있는 이점에 눈을 뜨게 되었다. 헤게르베르크는 근무량보다 업무 성과의 질에 초점을 두기 시작했다. 그는 협회에 합류하고 나서 바로 출근 기록기를 없애는 '장례식'을 거행했다. 사무실 출입문 옆에는 직원들이 매일 출퇴근할 때 체크하는 기록기가 설치되어 있었다. 헤게르베르크는 벽에서 기록기를 떼어내고 촛불까지 밝혀 제대로 된 장례 절차를 밟았다.

현재 노조 본부에서 일하는 40여 명의 직원은 오전 6시 30분부터 오후 2시 30분까지 다양한 시간에 출근한다. 일주기 유형에 맞게 근무 일정을 조정한 덕분에 특정 부문의 생산성이 두 배로 증가했고, 전반적으로 혁신성·창의성·문제 해결 능력이 향상되었다. 헤게르베르크는 종종 오후 2시쯤 출근하거나 아예 출근하지 않는 직원을 언급하며 이렇게 말했다. "그래도 저는 그가 최선의 결과물을 내고 있다고 확신합니다."

뮌헨 LMU의 시간생물학자 틸 뢰네베르크는 이것이 일리 있는 사업 전략이라고 말했다. "직원이 완벽한 상태로 출근하기를 원한다면, 저는 알람 없이 일어났을 때 나오라고 할 겁니다." 뢰네베르크의 연구팀이 공장 노동자를 대상으로 진행한 연구에 따르면 근무 일정을 일주기 유형에 맞게 조정했을 때 그들의 수면이 크게 개선되고 사회적 시차가 1시간가량 감소했다.

기업 가치의 90퍼센트가 무형 자산인 요즘, 기업들은 물적 자원보다 지적 자원을 개발하는 데 더 많은 투자를 하고 있다. 헤게르베르크는 지적 능력이 최고조에 달하는 시간을 최대한 활용하기 위해 크링이 고안한 물리적 도구도 도입했다. 그것은 바로 몇 마리의 개구리 인형이었다. 직원들은 자신만의 피크타임이 되면, 방해받고 싶지 않다는 뜻으로 밝은색 개구리 인형을 책상 위나 문 앞에 둔다. 크링은 이 개구리가 "저리 가라굴!" 하며 사람들을 쫓아준다고 했다. 나는 유럽에서 크링의 검정, 하양, 빨강 개구리와 함께 집으로 돌아왔다. 물론 집에서 나를 방해하는 사람은 아무도 없다. 개구리들은 내 책상 위에 놓여 생산성을 일깨우는 알림 역할을 한다. 요즘은 늦은 오전에 스마트폰을 무음으로 돌려놓는데, 개구리들은 그 시간에 특히 잘 어울리는 기념품이다.

크링이 궁극적으로 바라는 바는 유럽 연합EU과 유엔의 인권 선언문에 일주기 유형 차별에 관한 내용이 다음과 같이 추가되는 것이다. "일주기 리듬은 타고나는 것으로, 인간은 이를 선택할 수 없다." 크링은 근무 시간을 논하기 전에 이 기본 권리에 대한 논의가 더 먼저, 더 오래 이루어져야 한다고 말한다. 내가 덴마크를 방문했을 때 크링은 농장과 단풍나무 사이를 한 시간 반 동안 운전해 코펜하겐 남동쪽에 있는 요양원으로 나를 데려갔다. 굴보순 요양 및 재활원은 푸른 들판 한가운데 서서 덴마크 섬 사이를 지나는 굴보르순 해협을 내려다보고 있었다. 이곳에서는 최대 50명의 입소자가 거대한 창문과 채광창으로 쏟아지는 풍부한 햇빛을 받으며 조망을 즐기고, 각자의 일주기 리듬에 맞게 설계된 기상 및 식사 일정에 따라 생활한다. 오전 5시 30분에 일어나는 퇴직 경찰관부터 오전 9시 30분까지 자는 것을 좋아하는 여성 입소자까지 생활 패턴도 다양하다. 크링이 컨설팅을 맡기 전에는 요양원 측에서 입소자가 선호하는 수면 일정이나 식사 시간을 묻는 일이 없었다. 대신 매일 아침 요양원 한쪽 끝에서 시작해 반대편까지 순서대로 일을 처리해나갔다. 지금은 야간 근무자가 아침형인 퇴직 경찰관 입소자에게 커피 한 잔과 그가 제일 좋아하는 치즈 토스트를 만들어주고 퇴근한다. 이후부터는 주간 근무자가 출근해서 입소자들이 지정한 시간에 맞춰 각 방을 차례대로 방문한다.

나는 88세 입소자 벤트의 방에서 그와 이야기를 나누었다. 벤트가 앉아 있는 크고 검은 의자 옆에는 야외 공간으로 이어지는 유리문이 있었다. 통역가의 도움으로 그가 오랫동안 배관 회사를 운영한 사실을 알게 됐다. 오전 7시부터 업무를 시작하는 직원들 때문에 늘 일찍 일어나던 벤트는 이제 오전 9시에 일어나기로 했다. "이제 제가 원하는 시간에 자러 갈 겁니다. 다른 사람이 정해 놓은 시간이 아니라요." 요양원 직원들도 각자의 생체리듬을 고려한 새로운 근무 일정 덕분에 혜택을 보고 있다. 평균 병가 사용 횟수가 연간 2일 미만으로 줄어, 전년 대비 크게 감소했다. 이는 야간 근무자까지 포함한 수치다.

우리는 메리 스미스와 같은 노커-업들이 이른 업무 시간에 맞는 일주기 유형을 가졌는지 확인할 방법이 없다. 기록에 따르면 노커-업들은 보통 밤새 깨어 있다가, 이르면 오전 3시부터 첫 번째 교대 근무자들을 깨우기 위해 노크를 시작했다. 주로 저녁형들이 이 직업을 택했으리라고 생각되지만, 노커-업이 자신을 깨워줄 노커-업을 고용한 사례도 실제로 존재했다. 이 웃지 못할 이야기는 당시 유행한 발음 놀이 소재로도 쓰였다. "우리 집에는 노커-업이 있고, 우리 집 노커-업에게도 노커-업이 있는데, 우리 집 노커-업의 노커-업이 우리 집 노커-업을 깨우지 않았다. 일어나지 못한 우리 집 노커-업은 우리 집에 노크하지 않았다(We had a knocker up, and our knocker up had a knocker up, and our knocker up's knocker up didn't knock our knocker up. So our knocker up did not knock us up, 'cos he's not up!)."

일주기 교란이 교대 근무자에게 미치는 영향에 관한 연구가 계속되는 동안, 전문가들은 대책 마련에 힘쓰고 있다. 이들은 문제를 상당히 줄일 수 있고, 또 줄여야 한다고 말한다.

가장 직관적이고 이상적인 해결책은 추측하건대 노커-업들이 그랬던 것처럼, 극단적 일주기 유형을 가진 사람이 자기 의지로 극단적 시간대에 근무하는 것이다. 트럭 운전사 리사 피넬리와 라넬 슐츠는 일부러 밤에 할 수 있는 직업을 택한 자칭 올빼미들이다. 수의 병리학자인 애슐리도 같은 이유로 야간에 근무할 수 있는 자리에 지원했다. 한편, 일부 기업은 일주기 리듬에서 상생의 기회를 찾은 듯하다. 사우스웨스트 항공은 오전, 오후 비행 일정을 짤 때 일주기 리듬을 고려한다고 홍보한다. 조종사 모집 화면에는 이런 문구가 적혀 있다.

"아침형이든 저녁형이든, 다 맞춰드립니다!"

일주기 유형별로 일자리를 택한다는 개념은 매력적으로 보이지만, 상황은 금세 복잡해질 수 있다. "미래에는 생물학적으로 교대 근무에 더 적합한 사람을 선별할 수 있게 될지도 모릅니다. 그때는 사람들을 채용하기 전에 이런 능력을 검사해볼 수도 있겠죠." 시애틀 워싱턴대학교 수면 센터의 공동책임자인 너새니얼 왓슨Nathaniel Watson 박사가 말했다. "반대로 생각해보면 이는 어떤 사람들에게는 유일하게 구할 수 있는 일자리이거나, 혹은 받을 수 있는 최고의 급여를 주는 일자리일 수도 있는데, 그런 사람들을 차별하는 방식이 될 수도 있어요." 예를 들어 유전자 검사 결과, 특정 직업이 해당 노동자의 건강에 해롭다고 판단되면 고용주는 의료 비용과 근태를 우려해 채용을 꺼릴 수 있고, 이는 상황을 훨씬 더 민감하고 복잡하게 만들 수 있다. 더 나아가 이런 흐름은 연령 차별을 더 심화시킬 가능성도 있다.

보통 노동자의 나이가 어릴수록 야간 근무에 더 잘 적응한다.[2] 매머드 동굴에서 브루스 리처드슨이 28시간 주기에 적응하는 데 성공했지만, 연장자인 너새니얼 클라이트먼은 그러지 못했던 이유일 것이다. 젊은 사람들은 이미 일주기가 저녁형 쪽으로 치우쳐 있어서 큰 조정 없이도 비교적 적응하기 쉽다. 나이가 들면 리듬의 유연성도 떨어진다. 사람은 나이에 상관없이 새로운 수면 패턴과 근무 일정에 맞춰 일주기 리듬을 부분적으로 조정할 수 있지만, 젊을수록 변화에 더 쉽게 적응한다. 젊은 사람들은 낮에 더 잘 자고, 밤에는 각성 상태를 유지해 더 나은 성과를 낸다. 교대 근무자들의 인구 구성도 점차 고령화 사회를 반영하게 될 것이기 때문에, 이 문제는 앞으로 더욱 심각하고 시급한 과제가 될 것이다.

일주기 리듬을 최대한 조정한다

야간에 고정적으로 일하는 노동자의 경우 그나마 현실적인 차선책은 자신의 생체리듬을 아예 새롭게 재설정하는 것일 수 있다. 즉, 생물학적인 '밤'을 '낮'으로 바꾸는 것, 다시 말해 밤에 활동하고 낮에 자는 생활을 몸이 기본값으로 받아들이도록 만드는 것이다. 몸의 밤낮을 바꾸려면 출근하는 날은 물론, 쉬는 날에도 뒤바뀐 생활 패턴을 그대로 유지해야 한다. 그러나 낮에는 항상 해가 떠 있고, 보통 직장인들은 쉬는 날 낮에 개인 용무를 처리해야 하니 성공하기가 쉽지는 않다. 전문가들은 브록먼처럼 수개월 동안 물속에서 근무하는 승조원 같은 사람에게 추천할 만한 방법이라고 했다. 광산이나 석유 채굴 현장, 극지연구소 등 특정 장소에서 근무하는 사람들도 시도해볼 만하다. 혼자 사는 내향적인 사람이나 피넬리처럼 배우자 역시 야행성인 사람에게도 적합할 수 있다.

해당 사항이 없다면 '일정 타협compromise schedule'이 괜찮은 대안이 될 수 있다고 미시간대학교의 수면 및 일주기 과학자 헬렌 버제스Helen Burgess는 말했다.

일정 타협이란 한 주 동안 근로자의 수면 일정이 크게 바뀌지 않을 정도까지만 일주기 리듬을 살짝 야행성으로 조정하는 것을 말한다. 연구에 따르면, 야간 근무자가 느끼는 주간 졸림의 정도는 총 수면 시간보다 수면 시점이 더 큰 영향을 미치는 것으로 나타났다. 수면 일정을 자신의 일주기 리듬에 조금 더 가깝게 조정한 야간 근무자는 더 적게 자고도 주간 졸림에 덜 시달렸다. 버제스는 아침 퇴근길에 빛을 최대한 피하고, 퇴근 후 곧장 잠자리에 드는 식으로 일주기 리듬을 늦출 수 있다고 했다. 해가 있을 때 운전을 계속해야 한다면 선글라스를 착용하는 것이 도움이 될 수 있다. 다만 졸음이 심할 때는 즉시 벗어야 한다. 또한 쉬는 날에도 늦게 자고 늦게 일어나면 수면 일정의 변동 폭을 줄일 수 있다. 이럴 때는 주말에 정오까지 늦잠을 자는 것도 오히려 권장할 수 있다. 연구 결과를 보면, 이처럼 일주기 리듬을 부분적으로 조정한 근로자가 전혀 조정하지 않은 근로자보다 수면의 질과 업무 성과에서 모두 뛰어나다.[3] 그러나 대부분 사람은 이 정도 타협조차 시도하는 것이 쉽지 않다.

대화를 하던 중에 완전히 다른 접근법을 듣기도 했다. 알래스카의 일주기 과학자이자 급류타기 애호가인 크리스토퍼 융은 야간 근무자들이 6일 일하고 하루를 쉬고, 다시 6일 일하고 2주간 쉬는 방식을 제안했다. "한 달 치 업무를 13일 안에 몰아서 하는 겁니다. 이렇게 하면 계속 야행성으로 지내다가 2주 동안 주행성으로 지낼 수 있어요." 이를 통해 일주기 리듬을 조정하는 횟수를 줄일 수 있다.

퓨젓사운드의 도선사들처럼 근무 시간이 일정 주기로 달라지는 순환 교대 근무자들의 경우에는 해결책을 찾기가 훨씬 더 어렵다. 버제스는 이때 쓸 수 있는 전략은 그냥 버티는 것뿐이라고 말했다. 최소한 근로자가 입는 피해를 줄이려면, 사측은 교대 근무 시간을 줄이고 연속 야간 근무를 제한해야 한다. 또 대부분 사람의 일주기는 24시간보다 약간 긴 편이므로, 이 자연스러운 지연 효과를 이용하려면 근무 시간을 점차 늦추는 방향으로 교대 일정을 짜야 한다. 예를 들어, 근무자가 오전 조에서 일을 시작했다면, 다음 근무는 이른 저녁에, 그다음 근무는 늦은 밤에 시작할 수 있도록 배치하는 것이 좋다. 또한 순환 주기가 길수록 좋다.

어떤 형태로 교대 근무를 하든 다양한 도구로 문제를 완화할 수 있다. 적절한 시간의 빛으로 적절치 못한 시간대의 노동을 보상하여 생체시계를 재설정하고, 각성도와 능률을 단시간에 끌어올릴 수 있다. 필요하다면 카페인으로 잠을 깰 수도 있다. 몸이 주간이라고 생각하는 시간대로 식사 시간을 제한하면 정신적·신체적 손상을 더욱 줄일 수 있다. 또 '하루'를 마무리하는 수면 공간은 반드시 시원하고 조용하고 어두워야 한다. 전문가들은 이를 위해 수면 안대와 암막 커튼 사용을 권장한다.

최적의 방법을 찾는 일은 단기적인 안전과 장기적인 건강 사이에서 끊임없이 균형을 잡아야 하는 어려운 과제다. 일주기에 관한 것이 대부분 그러하듯 최적의 방법은 개인과 그가 처한 상황에 따라 달라진다. 내 벙커 실험 데이터를 분석하는 데 도움을 준 수학자 올리비아 월치는 교대 근무자에게 맞춤형 조언을 제공하는 앱 '아르카시프트Arcashift'를 개발했다. 이 앱은 근로자의 일주기를 예측하는 데 필요한 데이터를 수집해 식사 시간, 빛을 피해야 할 시간, 카페인을 섭취하기 좋은 시간 등을 안내한다. 교대 근무자는 이 정보를 이용해 월치가 '대대적 일주기 혼란'이라 부르는 사태를 막을 수 있다.

월치는 언젠가 개인의 리듬과 빛 노출 수준에 따라 실내조명을 밤낮으로 자동 조정해주는 고도화된 개인 맞춤형 시스템이 등장할 거라고 내다본다. "일정에 조금이라도 방해되는 요소가 있으면 집이 알아서 바뀌는 거죠." 이러한 기술 혜택을 보는 사람은 교대 근무자만이 아닐 것이다. 이는 일주기 혼란을 겪기 쉬운 일터 혹은 이동 수단에도 활용될 수 있다. 더 나아가 시합이나 수술 혹은 시술을 앞두고 운동이나 치료에 적합한 리듬으로 조정하고 이를 유지하는 데 활용될 수도 있다.

타임시프터Timeshifter, 슬립싱크SleepSync 같은 앱도 교대 근무자를 위한 기능과 시차 극복에 도움이 되는 팁을 제공한다. 연구가 이어지면서 내용과 기능도 계속해서 추가되고 있다. 시간대가 바뀔 때는 미리 수면 시간을 조금씩 조정해 시차에 대비할 수 있다.

목적지에 도착해서 푸짐한 아침 식사를 하면 회복 시간을 단축할 수 있다. 특정 시간에 운동하거나 멜라토닌 보충제를 복용하는 것도 도움이 될 수 있다.

빛과 마찬가지로 멜라토닌도 위상 반응 곡선을 가지고 있다. 즉, 일주기 체계가 멜라토닌 신호에 주의를 기울이고 그 신호에 반응하는 정도가 하루에 걸쳐 달라진다는 뜻이다. 이는 모두 체내에서 자연스럽게 멜라토닌 분비가 증가하는 시점과 관련이 있다. 이른 시간에 멜라토닌 보충제를 먹으면 생체시계의 시간이 늦춰져 서쪽을 여행하는 사람에게 도움이 된다. 동쪽으로 여행하는 사람은 저녁에 멜라토닌을 섭취하여 생체시계의 시간을 앞당겨야 한다. 물론 적절한 시간에 빛을 받거나 피하면 적응 속도가 빨라진다. 교대 근무자와 장거리 여행자에게 적용되는 경험칙은 동일하다. 우리 몸의 심부 체온은 보통 수면중앙시각 근처에서 최저점에 도달하는데, 이때를 기준으로 앞서 몇 시간 동안 빛에 노출되면 생체시계는 지연된다. 반대로 최저점을 지난 후 몇 시간 동안 빛을 받으면 생체시계는 앞당겨진다. 어느 쪽이든 빛이 들어온 시점이, 심부 체온이 최저점에 도달한 시점과 가까울수록 생체시계에 미치는 영향도 커진다.

이 경계선은 매우 미세하다. 잘못된 시간에 멜라토닌을 복용하거나 빛을 볼 경우, 생체시계가 반대로 돌아갈 수 있다. 이는 내가 유럽을 여행하면서 힘들게 얻은 교훈이다. 나는 뉴욕에서 런던까지 뜬눈으로 날아갔고, 도착하자마자 짐을 끌고 런던 거리를 활보하며 버킹엄 궁전 근처에 있는 숙소를 찾아 헤맸다. 그때 내 몸의 시간은 동부 표준시 기준으로 새벽 3시경이었고 심부 체온은 최저점을 향해 내려가고 있었다. 내 눈으로 들어온 빛은 시곗바늘을 앞당기는 대신 뒤로 되감았고, 내 몸의 시간은 그리니치 평균시가 아니라 중부 표준시에 가까워졌다. 블루라이트 차단 안경을 쓰고 아침 햇살을 피해야 했다. 그래도 서쪽으로 돌아올 때 해를 본 것은 잘한 선택이었다.

나는 동쪽과 서쪽을 여행하면서 매일 수백만 명이 겪는 고통을 잠시 경험했다. 이제는 다행히 시차의 영향을 줄일 수 있는 지식과 도구를 갖추어서 다음에는 좀 더 수월하게 적응할 수 있을 것이다. 하지만 만성적인 시차 증후군에 시달리는 교대 근무자들에 비하면, 이조차도 훨씬 쉬운 일이다.

등교 시간을 조정했을 뿐인데

미시간에서 간호사로 근무하는 에리카 가르시아에게 교대 근무에 적응하는 방법을 알려준 사람은 아무도 없었다. 미시간 헨리 포드 헬스 시스템Henry Ford Health System의 임상심리학자인 필립 청Philip Cheng은 이런 도움의 부재가 일터에서 당연시된다는 사실에 큰 좌절감을 느낀다. "우리는 필수 서비스를 제공하기 위해 수많은 노동자에게 야간 근무를 요구하지만, 정작 그들에게 어떠한 지원도 제공하지 않습니다." 그는 더 많은 직장에서 '주변 사람에게 교대 근무 일정 공유하기', '주간 수면에 적합한 침실 환경 조성하기', '조명 차단 제품과 스마트폰 설정 사용하기' 등 교대 근무자에게 필요한 팁을 알려주는 제도를 마련해야 한다고 말한다. 결국 노동자가 건강해야 경제적 이득도 극대화될 수 있다.

전문가들은 고용주에게 유방암과 뇌졸중 검진을 추가하거나, 영양 상태와 식습관, 신체 활동 개선을 위한 집중 상담 등을 제안하며 질병 예방과 관리에 투자하도록 독려하고 있다. 정부 정책 또한 근무 환경과 노동자의 건강을 개선하는 강력한 수단이 될 수 있다. 산업 건강학자 라이언 올슨은 운송 업계의 규정을 강화해 시장을 정상화하면, 트럭이 24시간 도로 위를 달려야 하는 경쟁 압박이 완화될 것이라고 말했다. 물론 주의해야 할 점도 있다. 예를 들어 1일 주행 시간을 제한하면 배송 시간이 길어져 운전자가 집을 떠나 있는 시간이 길어질 수 있다.

우리 사회가 교대 근무자의 희생을 비롯해 현대 생활의 편리함을 유지하는 데 드는 실질적 비용, 특히 교대 근무자들이 치러야 하는 희생을 인식하게 된다면, 우리는 무엇을 양보할 수 있을까? 늦은 밤의 외식이나 헬스장 이용을 포기할 수 있을까? 배송을 조금 더 기다리는 일쯤은 감수할 수 있을까? 우리는 소비 행태를 바꾸어 다른 이의 근무 일정을 더 건강하게 만들 수 있다. 하지만 우리가 심야 배달, 24시 레스토랑, 헬스장, 식료품점, 주유소를 대거 포기한다고 해서 교대 근무가 곧장 사라지는 것은 아니다. 소방관, 경찰관, 군인, 선박 운항자, 원자력 발전소 직원, 의사, 간호사 등 특정 직군은 24시 근무가 필수일 수밖에 없다. 인구가 고령화됨에 따라 밤샘 진료를 하는 의료 종사자에 대한 수요는 더욱 늘어날 것이다. 버제스는 교대 근무에 대해 이렇게 말했다. "대안을 찾기 어려운 문제예요. 하지만 언젠가는 멈춰야 할 날이 올 겁니다."

이에 비하면 등교 시간을 늦추는 것은 간단한 문제일지도 모른다.

2016년 가을, 시애틀의 고등학교들은 1교시 시작종을 오전 8시 45분부터 울리기 시작했다. 이는 전년보다 약 1시간 늦춰진 시각이었다. 당시 루스벨트 고등학교 교사였던 신디 자툴은 이러한 변화를 적극적으로 지지했다. 쉽지 않은 싸움이었다. 일류 과학자들과 의사들이 시애틀 교육위원회 앞에서 증언한 끝에 등교 시간 개정안이 통과되었다. 그 후 긍정적 효과가 조금씩 쌓였다. 표본집단 학생들에게 스마트 워치를 착용시켜 전후 데이터를 수집해 분석한 결과,[4] 수면 시간이 34분 증가한 것으로 나타났다. 자툴은 학생들의 성적 또한 향상되었고, 연구가 끝난 이후에도 몇 년 동안 향상된 성적을 유지했다고 말했다. 그녀의 딸 엘렌은 등교 시간이 늦춰진 덕분에 수업 준비를 더 잘할 수 있게 되었다고 했다. 엘렌은 편안한 마음으로 수업에 더 적극적으로 참여했고, 이를 통해 더 많은 학습 내용을 습득했다. 등교 시간이 늦춰지자 프랭클린 고등학교의 저소득층 학생들에게 특히 큰 변화가 나타났다. 아이들의 수면 시간이 늘어나면서 지각과 결석이 크게 줄었다. "수면 시간이 34분 늘어나는 건 정말 엄청난 변화입니다." 프랭클린 고등학교의 생물학 교사 A.J. 카차로프가 말했다. "아이들의 집중력도 높아지고 수업 태도도 좋아졌어요. 깨어 있는 아이들을 가르치니까 저도 훨씬 더 즐겁습니다." 지금은 시애틀의 중학교들도 등교 시간을 늦추는 데 동참하고 있다.

하지만 이해관계가 얽혀 있으면 변화하는 데 시간이 걸린다. 시애틀에서는 거의 5년이 걸렸다. 특히 주요 쟁점은 버스 운행과 체육 활동 시간이었다. 운동장 조명이 없는 학교에서는 체육 활동 시간이 더욱 문제가 되었고, 루스벨트 고등학교에서는 등교 시간이 개정된 후에도 잡음이 계속됐다. 논란의 여지는 충분했다. 오후 4시에 해가 지는 겨울에는 연습할 시간이 부족했다. 풋볼팀 코치는 등교 시간 전부터 연습을 시작하겠다고 통보했고, 다른 팀 코치들도 이를 따랐다. 워싱턴대학교의 일주기 생물학자 호라시오 이글레시아스는 '시애틀의 조금 더 자는 밤'이라는 제목으로 시행 전후 연구를 진행했다. 그는 코치들의 이런 조치가 애초의 변화 취지에 어긋난다고 지적했다. "수면이 부족한 아이들은 운동 성과도 떨어지고, 부상도 더 잘 당합니다." 특히 근육이 준비되지 않은 이른 아침에는 더 쉽게 다칠 수 있다고 강조했다.

고등학교 등교 시간이 늦춰지는 대신, 대부분 초등학교의 시작종은 더 일찍 울리기 시작했다. 자툴은 이러한 움직임에도 찬성하며 말했다. "초등학생들은 아침 7시에도 기운을 주체하지 못해요." 초등학교 등교 시간이 앞당겨지면서 버스 운행 일정도 균형이 맞춰졌다.

등교 시간 변경이 가져온 효과를 최초로 목격한 도시는 시애틀이 아니었다. 미네소타 교육구는 1990년대에 고등학교 등교 시간을 연기한 이후, 아이들의 표준화 시험 성적이 향상되고, 등교 전날 수면 시간이 약 한 시간 증가한 것을 발견했다. 노스캐롤라이나주 웨이크 카운티는 2000년대 초반에 등교 시간을 한 시간 늦췄고, 이후 학생들의 독해 성적은 1퍼센트, 수학 성적은 2퍼센트 이상 상승했다. 특히 하위권 학생들의 점수 상승 폭이 매우 크게 나타났다. 2017년 덴버의 체리 크릭 지역에 있는 고등학교들은 등교 시간을 오전 7시 10분에서 8시 20분으로 늦췄는데, 이후 학생들의 수면 시간은 45분 증가했다.

2014년, 미국소아과학회와 미국수면학회는 중·고등학교에서 오전 8시 30분 이전에 수업을 시작하는 것에 반대하는 정책 성명을 공동으로 발표했다. 미국의학협회도 성명의 내용을 지지했다. 2022년 캘리포니아주는 이 권고를 받아들여 전국 최초로 공립 고등학교의 등교 시간을 오전 8시 30분 이후로, 공립 중학교의 등교 시간을 오전 8시 이후로 정하도록 규정했다. 플로리다를 포함한 다른 주도 이 방침을 따르기 시작했다.

랜드RAND연구소는 학업성취도 향상 및 교통사고량 감소 추정치를 바탕으로, 등교 시간을 늦추는 것이 경제적·공중보건적 측면에서도 유익하다는 분석 결과를 내놓았다. 연구원은 이렇게 설명했다. "'수업 시작 시각'의 작은 변화로 단기간에 커다란 경제적

이익을 얻을 수 있습니다. 사실 이 변화를 통해 얻을 수 있는 비용 대비 이익은 경제학적으로 전례가 없을 정도입니다." 스타트 스쿨 레이터Start School Later와 같은 비영리 단체는 '건강하고 안전하고 평등한 수업 시간'을 확대하기 위해 학교 측에서 참고할 수 있는 가이드를 배포하고 있다.

변화는 전 세계에서 일어나고 있다. 네덜란드와 독일의 일부 고등학교에서는 학생들이 등교 시간대를 선택한다. 핵심 과목 수업은 시간표 중간쯤인 오전 10시와 오후 2시 사이에 진행된다. 다른 과목 수업은 오전이나 오후 시간을 선택해서 들을 수 있다.

등교 시간을 미루거나 유연하게 운용할 수 없더라도, 회사에서 회의 시간을 늦춘 것처럼 학교에서는 시험 시간을 늦춰 아이들에게 도움을 줄 수 있다. 크링은 시험 보기 좋은 시간대는 이른 오후라면서, 이때가 '모든 일주기 유형이 가장 평등한 때'라고 말했다. 이탈리아의 경제학자 데니 토마시 역시 학생들의 시험 점수에서 독특한 패턴을 발견하고 같은 결론을 내렸다. 토마시는 SAT를 주관하는 대학위원회에서 시험 시작 시각을 오전 8시 30분에서 오전 9시로 늦춰야 한다고 주장했다. 하지만 2023년 가을부터 시험이 디지털 방식으로 전환되면서 시험 시작 시각은 오히려 오전 8시 15분~8시 45분 사이로 앞당겨졌다.

토마시는 학생들의 시험 성적을 연구하면서 오전에 성적이 하락하는 경향이 5, 6월보다 1월에 훨씬 더 심하게 나타나는 것을 발견했다. 이는 1월에 일출이 늦어져 학생들의 눈에 도달하는 일광이 더욱 줄어든 탓일 것이다. 한편 일광 절약 시간제가 SAT 점수에 부정적인 영향을 미친다고 주장하는 연구도 있다. 역사적으로 다양한 사회적 시간제가 공존해온 인디애나주가 자연 실험의 장소를 제공했다. 인디애나에서 일광 절약 시간제를 따르는 지역의 학생들은 영구 표준시를 따르는 지역의 학생들보다 평균 SAT 점수가 16점이 낮았다. 사회경제적 지위에 따라 분류했을 때, 일광 절약 시간제 지역에 사는 극빈층 학생들의 평균 점수는 49점 더 낮았다.

일광 절약 시간제 vs. 표준시

많은 나라에서 다음 문제에 관한 논의가 동시에 이루어지고 있다. 등교 시간을 늦춰야 하는가? 시계를 앞당겨 일광 절약 시간제를 영구적으로 시행해야 하는가? 두 제도는 여러 면에서 상충한다. 일광 절약 시간제를 영구적으로 시행하면 등교 시간을 한 시간 늦춰서 얻는 이점이 사라진다. "그럼 등교 시간을 두 시간 늦춰야 할 겁니다." 캔자스주 하원 위원회를 향해 제이 피Jay Pea가 말했다. 전 소프트웨어 엔지니어이자 비영리 단체 '표준시를 지켜라Save Standard Time'의 창립자인 피는 2021년 2월에 열린 원격 회의에 참석해, 일광 절약 시간제의 항구적 시행을 촉구하는 법안에 반대하는 발언을 했다.

서구 사회에서는 여전히 한 해 두 번 시간을 바꾸고 있다. 그리고 한 해 두 번쯤, 시대에 뒤떨어진 관행을 폐지할 것인가를 놓고 열띤 논쟁을 벌인다. 여론 조사에 따르면 대중은 이 관행이 중단되기를 진심으로 바라는 듯하다. 하지만 어느 방향으로 멈출 것인가 대한 합의는 이루어지지 않았다. 과연 시곗바늘은 앞과 뒤, 어느 쪽에서 멈춰야 할까?

나는 피의 캠페인에 관한 이야기를 듣기 위해 샌프란시스코에서 만나 점심을 함께하기로 했다. 피를 알아보고 인사를 하려는데, 그는 내 키 너머로 시선을 고정한 채 멀리 어딘가를 바라보고 있었다. 피는 자기 왼쪽 손목을 확인하더니 다시 한번 같은 곳을 쳐다봤다. 첫 만남에 하는 인사치고는 방식이 참 독특하다는 생각이 들었다. 그의 시선을 따라 고개를 돌려보니 길 건너편에 있는 소벨 빌딩의 시계탑이 눈에 들어왔다. "저건 도대체 어디 시간대야?" 피가 중얼거렸다. 잠깐 올려다봤을 때 시계는 오후 1시가 조금 넘은 시각을 가리키고 있었다. 피는 오전 11시 2분을 가리키는 자신의 시계를 보여주었다. 내 핏비트에 표시된 시간은 딱 절반인 12시 2분이었다.

1988년, 열 살이었던 피는 자신의 시계를 영원히 표준시에 맞추기로 했고, 그 결심을 지금까지 굽히지 않았다. 그가 왼손에 차고 있는 태양열 아날로그 시계는 늘 표준시를 가리키고 있다. 피는 매일 밤 9시 30분쯤 잠이 들고, 대부분 알람의 도움 없이 8, 9시간 후에 일어난다. 그는 자신의 시계가 사회적 시계와 달라 문제가 된 적은 별로 없다고 했다. 그러면서 대학생 시절, 일광 절약 시간제로 바뀐 직후에 이발소 예약 시간에 늦은 적은 있다고 했다. 그간 겪었던 일 중에 그게 최악이라면, 아무 문제가 없다고 봐도 될 듯했다. 피는 나를 만날 때 보험으로 지역 시간이 표시된 스마트폰을 가지고 나왔다. 이후 피는 애리조나로 거주지를 옮겼다. 애리조나가 1년 내내 표준시를 따른다는 점이 샌프란시스코를 떠나게 한 가장 큰 이유였다. 이제 피의 손목시계는 지역의 사회적 시계와 절대 어긋나지 않는다.

피는 지난 몇 년간 다른 주와 국가에서도 일광 절약 시간제를 폐지하고 영구 표준시를 도입하도록 활동해왔다. 그는 일광 절약 시간제의 영구적 시행을 지지하는 대중과 다수의 의원을 설득하는 데 난항을 겪고 있다. 하지만 그에게는 과학과 역사라는 든든한 지원군이 있다. 피는 오리건부터 뉴햄프셔까지 여러 주 회의에 참석해 증언하고, 일주기 과학자들과 협력하여 대중의 오해를 바로잡았다. 겨울철 깜깜할 때 일어나 잠에서 덜 깬 상태로 미끄러운 도로를 달려 등교하거나 출근하기 위해 알람을 한 시간 일찍 맞출 의향이 있냐고 물어보면 사람들은 "분명히 '아니요'라고 말할 것"이라고 '표준시를 지켜라' 캠페인 영상에서 피는 말한다.

피는 시간을 앞당긴 후에 수면 시간 단축으로 인해 발생하는 사고와 단기적·장기적으로 나타나는 문제들을 근거로 들어 일광 절약 시간제 폐지를 주장했다. 그는 의원들에게 미국이 이미 과거에 영구적 일광 절약 시간제를 여러 번 시도했지만 매번 실패했다고 강조했다. 1968년 영국도 같은 시도를 했지만 3년 만에 폐지했다. 러시아는 2011년에 시도했다가 마찬가지로 3년 후에 '윈터타임winter time', 즉 영구 표준시를 따르기로 노선을 변경했다. "잘못된 역사를 반복하지 맙시다." 캔자스주 위원회 회의에서 원격 증언을 하던 중에 피가 한 말이다.

피는 일광 절약 시간제를 선호하는 사람들은 일과 시간 후에 해를 더 오래 볼 수 있어서 좋아할 뿐이라고 말했다. 나는 이 주제에 관해 친구들과 대화를 나누면서 피의 의견에 동의하게 됐다. 원래 나는 항상 오후 늦게 해를 볼 수 있다는 데 초점을 맞추는 그 다수에 속해 있었다. 일광 절약 시간제라는 말에 즐거운 여름날을 떠올리는 사람은 나뿐만이 아닐 것이다. 하지만 그 이면에는 내가 미처 몰랐던 사실과 숫자들이 있었다. 한 예로, 러시아에서는 영구 일광 절약 시간제를 시행한 2011년에 청소년의 겨울 우울증 유병률이 증가했다. 2014년에 시간제를 다시 영구 표준시로 바꾼 이후 유병률은 감소했다. 알다시피 아침 햇살은 계절성 정동 장애를 치료하는 대안 중 하나다.

시곗바늘을 어느 방향으로 돌려도 겨울의 짧은 낮이 행복한 추억으로 가득한 여름날만큼 길어지지는 않는다. 이 사회에 진정으로 필요한 것은 '유연한 일정'이라고 피는 말했다. 우리는 점심 식사를 마치고 식당을 나와서 동시에 길 건너편 소벨 빌딩 위에 있는 시계를 올려다봤다. 시곗바늘은 여전히 오후 1시가 조금 넘은 시각을 가리키고 있었다. 그건 고상 난 시세였다.

"지금 몇 시인가요"

해마다 두 차례씩 벌어지는 생체시계와 사회적 시계의 주도권 전쟁을 멈추기 위해 수십 개 주가 적극적으로 법안을 논의하고 있다. 연방법은 이미 주 차원에서 영구 표준시를 채택하도록 허용하고 있다. 그러나 영구 일광 절약 시간제로 전환하려면 연방의회에서 법을 개정해야 한다. 현재 워싱턴을 포함한 19개 주는 의회가 법을 개정할 경우 영구 일광 절약 시간제를 채택할 수 있도록 법률을 마련해둔 상태다.

미국에서 골프를 즐기기 가장 좋은 주로 손꼽히는 플로리다주 의원들이 이 움직임을 주도하고 있다. 2023년 마르코 루비오Marco Rubio 상원의원은 미국 전역에서 일광 절약 시간제를 영구적으로 실시하는 '햇빛보호법Sunshine Protection Act'이라는 초당적 법안을 재차 발의했다. 플로리다주의 번 뷰캐넌Vern Buchanan 의원이 하원에 동반 법안을 발의했다. 두 법안 모두 2018년에 처음 상정되었을 때보다 지지율이 상승했다. 2022년까지 하원에 제출된 법안의 공동 발의자는 48명으로 늘었다. 같은 해, 상원의 만장일치 투표로 영구 일광 절약 시간제가 법제화될 뻔했지만 하원의 부결로 무산되었다.

당시 일광 절약 시간제를 옹호하는 측에서 시민대표로 활동한 사람은 스콧 예이츠Scott Yates였다. 콜로라도주에 거주하는 50대 작가이자 기업가인 예이츠는 '#록더클락LocktheClock' 운동의 창시자였다. 그는 캔자스주 청문회에도 참석해 위원들에게 영구적 일광 절약 시간제가 '완벽'하다고 주장하며 법안 통과를 촉구했다. 예이츠는 오후의 해가 길어지면 아이들의 야외 활동량이 증가하고 범죄율이 감소한다는 점을 강조했다. 확실히 해가 늦게까지 남아 있으면 학교 운동장에 조명이 없어도 아이들이 방과 후 활동을 즐기기는 수월하다. 하지만 다른 주장에는 반론의 여지가 있다. 일광 절약 시간제의 장점을 뒷받침하는 논문들은 시계 변경이 이뤄지는 전환기 동안 관측된 효과를 근거로 하지만, 연중으로 미치는 장기적 영향은 반영되어 있지 않을 수 있다. 예를 들어 단기적으로 보면 일광 절약 시간제 기간에 특정 범죄와 야간 차량 충돌이 감소한다. 그러나 표준시 지지자들은 야간에 줄어든 만큼 오전의 충돌 사고가 증가하며 수면 부족과 일주기 교란으로 인한 주의력 저하와 감정 변화 등 사고와 범죄에 장기적으로 영향을 미치는 다른 요인이 이러한 단기적 장점을 상쇄한다고 지적한다.

2021년에 예이츠를 만났을 때 그는 "방송국 관계자들은 사람들이 일찍 집에 들어가 스포츠 중계를 보게 하려고 해가 더 일찍 지기를 바랍니다"라며 확신을 드러냈다. "저는 과학자도 아니고, 연구원도 아닙니다. 그저 1년에 두 번 시간을 바꾸는 일을 멈추기 위해 애쓰는 사람들을 도우려는 것뿐입니다." 이 말만 들으면 예이츠와 피가 같은 편처럼 보인다. 하지만 실제로 두 사람은 둘도 없는 앙숙이었다. 내가 두 사람을 만나기 전, 피와 예이츠는 몇 달 동안 트위터와 블로그 게시글로 언쟁을 벌였다. 예이츠는 피의 이름이 가명이고, TV 업계에서 캠페인 자금을 지원받았다는 의혹을 제기하며 각종 비난을 퍼부었다. 이후 방문한 예이츠의 웹사이트에는 '배후에서' 일광 절약 시간제 옹호 활동을 펼쳐왔다고 적혀 있었다. 예이츠는 2022년 하원의원 선거에 출마했지만 당선되지 못했다.

한때는 평범했던 "지금 몇 시인가요?"라는 질문이 무거운 주제가 되었다. 이 논쟁에서 보건학자와 의학자들의 광범위한 지지를 받는 쪽은 한쪽뿐이다. 등교 시간을 늦추는 데 찬성했던 미국수면학회는 표준시가 인간의 일주기 리듬에 가장 잘 맞고, 공중보건과 안전에 뚜렷한 이점을 제공한다며, 2020년 영구 표준시를 지지하는 성명문을 발표했다. 2024년 초까지 스무 곳 이상의 보건, 안전, 과학, 교육 관련 기관이 이들과 뜻을 함께했다. 의회가 일광 절약 시간제를 영구화하는 데 필요한 조치를 하지 않자, 진심으로 시간 변경을 멈추고자 했던 몇몇 주는 영구 표준시 도입을 검토하기 시작했다.

영구 표준시에는 환경적 이점도 있을 수 있다. 일광 절약 시간제를 처음 도입할 때는 에너지 절약이 주요한 논리였다. 하지만 야간 전기 사용량이 줄어든다 해도 일출과 일몰이 늦어지면서 냉난방 시간이 늘어나고 휘발유 사용량이 증가하므로 실제로는 에너지 절약 효과를 보기 어렵다. 애리조나에서는 영구 표준시를 채택하기 전, 일광 절약 시간제를 처음 시행했던 1967년에 에너지 소비량이 급증했다. 최근 호주와 인디애나주에서 진행된 자연 실험에서도 일광 절약 시간의 에너지 절감 효과는 크지 않았다. 한 연구에서는 실제로 전기 사용량이 오히려 약간 증가하기도 했다. 조명 기구의 에너지 효율이 계속해서 높아지고 사람들이 해가 진 후에 조명을 많이 켤 필요가 없다는 사실을 알게 되면 그 차이는 더 크게 역전될 것이다.

전 세계, 특히 고위도 국가들은 그들의 사회적 시계에 고민이 많은 듯하다. 2021년 10월 캐나다 앨버타주에서는 일광 절약 시간제의 영구적 시행에 관한 주민투표가 진행됐고, 근소한 차이로 부결됐다. 유권자들은 '서머타임'의 영구적 채택을 놓고 찬반 투표를 했다. 투표 내용 어디에도 영구 전환될 경우, 겨울철 대부분 지역에서 몇 주 동안 오전 10시 이후에 해가 뜨게 된다는 말은 언급되어 있지 않았다. 2018년 유럽 연합도 봄과 가을에 시곗바늘을 돌리는 일을 멈추기 위해 논의를 시작했지만, 브렉시트와 우크라이나 전쟁과 같은 시급한 사안이 등장하면서 중단됐다. 또 유럽 내에서 일광 절약 시간과 표준시, 즉 영구적 서머타임과 윈터타임 중 어느 쪽을 따를 것인지에 대한 국가 간 합의도 이루어지지 않았다. 과학자들은 2022년 멕시코의 결정에 격렬한 찬사를 보냈던 것처럼 유럽 연합의 이 같은 움직임에 강력한 경고를 보내고 있다.[5] 멕시코는 2022년에 일광 절약 시간제를 폐지하고 보건부 장관이 '신의 시간'이라 칭한 표준시를 1년 내내 따르기로 했다. 이란 역시 2022년에 영구 표준시를 도입했다.

여러 단점에도 불구하고 일광 절약 시간제의 시행과 해제를 반복하는 현재의 방식이 그나마 더 나은 선택일 수 있다고 말하는 전문가도 있다. 《햇빛을 잡아라Seize the Daylight》의 저자인 데이비드 프레라우David Prerau[6]는 현행 제도를 '합리적 타협'이라 부르며, 시계 변경 자체를 없애기보다는 그 여파를 완화하는 쪽이 더 낫다고 주장한다. 시간제를 변경하는 날이 오기 며칠 전에 공익 캠페인을 이용해 이 사실을 알려주자는 것이다. 그는 이 방식으로, 수면 시간을 늘려 취침 시간을 조금씩 조정하는 것과 같은 시차 대비 방법도 안내할 수 있다고 했다.

일리 있는 말이다. 솔직히 나는 아침 햇살을 많이 받기 위해 6월 중순에 새벽 4시 11분부터 해를 보고 싶지는 않다. 하지만 영구 표준시가 시행된다면, 위도가 높은 시애틀에서는 실제로 사회적 시계와 태양 시계가 그렇게 일치하게 된다. 여름이면 이미 아침 햇빛이 너무 일찍 내 블라인드 사이로 스며들어 나를 깨우곤 한다. 문제는 일광 절약 시간제를 영구적으로 시행하면, 겨울에 해 뜨는 시각이 그만큼 늦어진다는 것이다. 그렇다고 해서 매년 아침 햇빛 한 시간을 빌렸다가 다시 돌려주는 식의 반복적인 시계 변경이 우리 몸에 결코 좋지 않다는 사실 또한 분명하다고 나는 믿는다.

사회적 시계를 최적으로 설정하기란 정말 어려운 일이다. 이는 완벽한 해결책이 있을 수 없는 문제다. 하지만 우리는 다양한 방법을 시도해볼 수 있다. 시계를 표준시에 고정하고, 우리 일정을 조정하는 건 어떨까? 이 역시 선례가 있다. 200년도 더 전에 스페인 의회는 의장이 '10월 1일부터 4월 30일까지는 10시에, 5월 1일부터 9월 30일까지는 9시에 회의를 개시'하도록 규정했다.

시간, 다시 설정하기

일부 학자와 기술자들은 사회적 시계의 미래에 대해 더 큰 야망을 품고 있다. 오늘날 디지털 세계는, 철도청이 표준시로 운행 일정을 통일했던 1880년대보다 훨씬 더 긴밀하게 연결되어 있다. 이러한 지구의 시간대를 하나로 통일하면 전 세계에서 발생하는 시간 유지와 관련된 문제를 획기적으로 줄일 수 있다는 것이 이들의 주장이다. 지지자들은 자전 주기가 아닌 원자시계의 주기를 기반으로 하는 그리니치 평균시GMT, 즉 협정 세계시UTC를 표준시로 사용하자고 이야기한다. 시계가 한밤중에 정오를 가리켜도, 우리는 이와 상관없이 태양에 따라 하루를 살면 된다. 국제우주정거장, 금융기관, 미군에서는 이미 UTC를 사용하고 있다. 케빈 브록먼은 잠수함이 먼 거리를 이동할 때마다 동료들이 현지 시각을 줄루 시간Zulu time, 즉 UTC로 바꿔 표현했다고 말했다. 그러고 나면 그는 시간 감각을 완전히 잊었다고 한다. "시계상으로는 자정일 수 있는데, 실제로 있는 곳은… 글쎄요, 오전 6시일 수도 있는 거죠."

1976년 유명 SF 작가인 아서 C. 클라크는 스마트 워치를 예측한 바로 그 인터뷰에서 다음과 같이 말했다. "미래에는 지구에서 사는 게 작은 마을에서 사는 것과 비슷할 겁니다. 이 마을에서는 항상 친구 3분의 1이 잠들어 있지만, 당신은 그 1이 누구인지 알아낼 수 없을 거예요. 그래서 시간대를 아예 폐지하고 모두가 공통 시간, 즉 같은 시간을 사용해야 할지도 모르는데, 여기서 각종 문제가 발생할 겁니다." 시간대를 하나로 줄이는 개념은 1998년에 다시 등장했다. "사이버 공간에는 계절도 없고 낮과 밤의 구분도 없습니다"라고 MIT 미디어랩의 총책임자인 니콜라스 네그로폰테Nicholas Negroponte는 말했다. 당시 그는 '인터넷 타임internet time'에 맞춰 제작된 스와치 시계의 시제품을 소개하고 있었다. 인터넷 타임은 스위스 소도시 비엘에 있는 스와치 공장을 중심으로 새로운 자오선을 그어 창조한 시간대였다.

 시간대가 부여되지 않으면 9 to 6 제도도 의미를 잃을 것이다. 어쩌면 직장, 학교, 놀이공간에서 새로운 시간 구조를 정의하기가 수월해질지도 모른다. 2019년에 노르웨이 솜마뢰이Sommarøy섬 주민들이 세계 최초로 시간 자유 구역을 선언했을 때는 이 개념을 급진적으로 적용한 것처럼 보였다. 하지만 이는 관광객 유치를 위한 선전 행위로 밝혀졌다.

 모든 지역의 시계를 다시 태양시에 맞추는 것은 어떨까? 뮌헨 LMU의 마사 메로우는 우리가 사회적 시계를 태양의 움직임에 맞춰, 지역을 초월한 시간대를 재확립한 모습을 보고파 했다. 하루가 정오를 기준으로 대칭을 이루던 시절로 돌아가는 것이다. "우리에게는 더 이상 시간대가 필요하지 않아요" 메로우는 말했다. "태양시가 훨씬 더 직관적입니다." 시계 앱 서카솔라Circa Solar에는 이와 비슷한 철학이 담겨 있다. 원형 시계는 일출부터 일몰까지를 흰색으로, 야간을 검은색으로, 해 질 녘과 동틀 무렵을 회색으로 표시한다. 그 위에 24시간을 기준으로 태양의 현 위치를 나타내는 선하나가 그어져 있다. 검은색과 흰색 부채꼴이 차지하는 비율은 계절에 따라 늘어나고 줄어든다.

좀 더 실용적이고 즉각적인 방법은 일부 지역의 시간대를 다시 혹은 새로 그리는 것이다. 중국에는 시간대가 조금 더 추가되어야 한다. 인도도 마찬가지다. 스페인은 중앙유럽 표준시가 아니라 그리니치 평균시를 따라야 한다. 스페인의 경도가 그리니치 평균 시간대의 한가운데를 지난다는 것이 확실한 근거다. 틸 뢰네베르크와 동료들은 일광 절약 시간제를 '말소하고' 영구 표준시로 전환하여 국가와 지역에 태양시 기반의 시간대를 다시 할당하는 종합 솔루션을 제안한다.[7]

시간대를 없애거나 조정하거나 극단적으로 늘리지 못하더라도, 그리고 사회적 시계를 영구 표준시나 일광 절약 시간으로 통일하지 못하더라도, 우리는 여전히 몸속 시계의 시간을 따라 일과 삶을 개선해나갈 수 있다. 기업과 학교는 노동자와 학생에게 요구하는 출근 시간과 등교 시간을 개편하고 느슨하게 할 수 있다. 개인은 일출과 일몰에 따라 규칙적인 생활 패턴을 유지하기 위해 노력할 수 있다. 사회 전체가 구식의 시간 구조가 아닌 자연적 주기를 중심으로 한 일정을 지향할 수 있다. 한 일주기 관련 단체는 다음 세대에게 이 메시지를 전달하기 위해 교육 과정을 개발 중이다. "아이들은 알람 시계를 사용하는 것이 지극히 정상이며, 아침에 피곤하고 멍한 상태로 일어나는 것이 당연하다고 배웁니다." 독일 에센시 FOM 대학교에서 시간생물학을 연구하는 토마스 칸터만Thomas Kantermann 교수가 말했다. "우리는 왜 그렇게 가르칠까요?" 이는 수십 년 동안 부자연스러운 생활 패턴에 길들여져 온 어른들에게도 중요한 문제다. "습관을 바꾸는 건 정말 어려운 일입니다. 제약사가 쉽게 돈을 버는 이유죠. 하루에 한 번 약을 먹고 고민을 잊는 건 훨씬 쉬우니까요." 혹은 출근길에 스타벅스에 들러 벤티 사이즈 라떼 한 잔을 사는 것으로 쉽게 고민을 잊으려 한다.

출근을 한두 시간 늦추는 정도의 작은 변화도 일과 건강에 커다란 도움이 된다. 이미 기업들은 직원의 능력 향상을 위해 많은 권한을 내어주고 있다. 애브비 노르웨이 지사를 비롯한 크링의 고객들은 전통적인 농장이나 공장에 맞춰진 근무 일정이 오늘날의 업무 환경에 맞지 않는다는 사실을 한발 먼저 인지했다. 코로나19 팬데믹은 사회 전반에 악영향을 미쳤지만, 많은 기업과 노동자에게 큰 깨달음을 주기도 했다. 사람들은 유연 근무제를 통해 태양과 함께 움직이는 일상을 목격하고 체험했다. 연구에 따르면 학교와 회사의 일정이 느슨해지면서 특히 저녁형의 수면 시간이 더 많이 증가하고 사회적 시차로 인한 피로가 더 많이 감소한 것으로 나타났다. 물론 수면의 질이 약간 떨어졌다는 연구 결과도 있지만, 여기에는 전례 없는 시기에 느낀 스트레스도 영향을 미쳤을 것이다. 팬데믹은 "우리 사회에 여전히 존재하는 심각한 문제에 돋보기를 비췄다"라고 뢰네베르크는 말했다. 또한 전통적인 근무 일정에 얽매여 있던 사람들에게 완전히 새로운 시간 구조의 가능성을 보여주었다.

우리 삶의 일정은 복잡하게 얽혀 있다. 그중 하나를 떼어 내 독립적으로 바꾸기는 쉽지 않다. 한곳에서 동시에 새로 짜 맞추는 편이 더 나을지도 모른다. 그것이 세계 최초의 크로노시티 ChronoCity가 탄생한 배경이었다.

알람 시계가 필요 없는 세상

미하엘 비덴Michael Wieden이 근무 시간, 학교 수업 시간, 인공조명을 쬐는 시간, 식사 시간, 심지어 호텔 체크인 시간까지 조정한 일정표 계획을 처음으로 실행에 옮기려 한 곳은 바이에른의 온천 도시 바트키싱엔Bad Kissingen이었다. 때는 2012년이었다. 안타깝게도 시기가 좋지 않았다. 비덴과 이 사업에 참여한 연구팀은 초기엔 전폭적인 지지를 받았지만, 현실적인 문제와 당파 싸움으로 인해 계획은 곧 차질을 빚기 시작했다. 당시는 일주기 과학이라는 분야가 대중의 인식에 자리 잡기 전이었다. 게다가 바트키싱엔의 직장인과 학생들 대부분은 외딴 시골 마을에서 버스를 타고 오가는 사람들이었다. 새로운 근무 시간과 수업 시간에 맞춰 버스 일정까지 조정하는 과정에서 문제가 생겼다.

바트키싱엔의 잭 스타인버거 고등학교에는 늦은 시험 시간과 일주기 친화적 조명 등 당시 시도한 변화의 흔적이 남아 있다. 그러나 비덴은 그 모든 노력의 가장 큰 결실은 일주기 리듬에 내

한 대중의 인식 고취라고 했다. 비덴의 색다른 시도는 전 세계 사람들의 이목을 끌었다. 바트키싱엔을 크로노시티로 만드는 계획은 실패했을지도 모른다. "하지만 그 아이디어 자체가 실패한 것은 아닙니다"라고 비덴과 함께 프로젝트에 참여했던 칸터만 교수는 말했다. "말 그대로, 시간이 좀 더 필요할 뿐입니다."

일주기 과학 분야가 폭발적으로 성장하고 대중의 관심이 높아지면서 사회 구조에 시간생물학을 녹여내려 했던 그들의 야심 찬 계획은 드디어 주목받기 시작했다. 데이터는 계속해서 우리 몸속의 시계가 어긋나 있고, 지금이 바로잡을 때라고 분명히 말하고 있다. "이건 과학이 우리에게 보내는 메시지입니다. 그럼 우리가 해야 할 일은 뭘까요?" 칸터만이 말했다. "본론만 말하면, 우리는 작은 혁명을 일으켜야 합니다."

뢰네베르크는 "혁명을 일으키려면 부르주아로 남지 않을 배짱 두둑한 사람들이 충분히 모여야 합니다"라고 말했다. 뢰네베르크는 바트키싱엔시에 영구 표준시 사용을 선언하라고 제안했다. 국제적으로 관심을 끌어 프로젝트를 계속 진행해나가기 위해서였다. 하지만 시 관계자들은 서류 제출 시기를 착각하거나, 보조금 등 기타 마감일을 놓친 주민들이 소송을 걸까 봐 두려워했다. "그들은 겁먹고 발을 뺐어요. 스스로 기회를 날린 겁니다."

비덴, 뢰네베르크, 메로우 같은 전문가들의 최종 목표는 인공 알람 시계가 필요 없는 세상을 만드는 것이다. 그 시기를 앞당기려면 우리 몸속 알람 시계에 훨씬 더 많은 희귀 자원, 즉 적절한 때의 적절한 빛을 공급해야 한다. 다행히도 곧 살펴보게 될 최근의 과학적·기술적 혁신 덕분에 우리는 새로운 광명의 시대로 접어들 수 있을 것이다. 이 혁신은 우리의 낮을 더 밝게, 밤을 더 어둡게 만들어줄 수 있다.

10장
낮은 더 밝게, 밤은 더 어둡게

기차역을 나오자 새하얀 글씨로 적힌 '말뫼 아레나Malmö Arena' 표지가 눈에 들어왔다. 이슬비가 내리던 10월의 어느 날, 나는 코펜하겐을 떠나 스웨덴 남부의 해안 도시 말뫼를 방문했다. 해가 없는 날씨가 평소처럼 거슬리지 않았다. 몇 발자국만 떼면, 정확히는 촉촉이 젖은 정원을 지나 경기장 정문을 열고 들어서면 그곳에 햇빛을 대신할 무언가가 나를 기다리고 있다는 것을 알았기 때문이다.

말뫼 아레나는 프로 하키팀 말뫼 레드호크스의 홈 경기장이다. 당연하지만 내가 간과했던 부분은, 이곳이 땀에 젖은 스케이트, 헬멧, 패드, 장갑과 같은 장비가 가득한 곳이라는 점이었다. 멋진 조명을 볼 생각에 부풀어 있던 나는 환상적인 악취에 먼저 놀랐다. 빛이 눈에 들어온 것은 그다음이었다. 로커룸 천장에 일렬로 설치된 십수 개의 사각형 LED 조명이 레드호크스의 체력관리사인 프레디 쇼그렌이 이끄는 이 투어의 핵심이었다. 쇼그렌의 검은색 티셔츠에는 레드호크스의 로고인 성난 새가 그려져 있었다. 같은 로고가 새겨진 가방, 스케이트, 하키 스틱이 로커룸 삼면을 둘러싸고 있는 개방형 사물함에서 쏟아져 나와 붉은색 카펫 위에 널브러져 있었다. 한쪽 벽면에는 하키 링크 모양의 화이트보드 한 쌍과 커다란 디지털시계가 걸려 있었다.

그 어지럽고 정신없는 광경 속에서 출입문과 사물함 사이에 설치된 작은 정사각형 모양의 제어판을 발견하기란 쉽지 않았다. 쇼그렌은 제어판의 자그마한 흰색 버튼을 눌러 밝기를 조정하기도 하고, 미리 설정된 값으로 바꾸기도 하고, 빛의 강도와 스펙트럼을 하루에 1만 4000번 자동으로 조정하는 기능을 켜기도 했다. 이는 태양의 이동 궤적에 따른 자연광의 미묘한 변화를 모방한 기능이었다. 이 가변형 LED tunable LED의 제작과 설치를 담당한 조명기업 브레인릿 BrainLit은 우중충한 10월의 하늘이 아니라 맑은 4월의 하늘을 모방했다. 시합이나 훈련 전에는 강한 파란빛으로 선수들에게 활력을 불어넣고, 운동을 마친 후에는 은은한 주황빛으로 긴장을 풀어줌으로써 선수들의 일주기 리듬을 일정한 패턴으로 유지하는 것이 목적이었다.

훈련장과 체력 단련실에도 같은 가변형 LED 조명이 설치되어 있었다. 쇼그렌이 당연한 사실을 지적했다. "여기에는 창문이 없어요." 스태프와 선수들은 경기장의 어둠 속에 파묻혀 대부분 시간을 보낸다. 게다가 하키 시즌이 되면 위도가 높은 북유럽 지역은 해가 짧아진다. 선수들은 종종 해가 뜨기 전에 경기장으로 들어와, 해가 진 후에 밖으로 나온다.

실내 빙상장으로 이어지는 터널을 따라 오감 투어가 계속됐다. 빙상장 내부는 입김이 보일 정도로 밝았지만, 아레나의 다른 공간에 비해서는 매우 어둡게 느껴졌다. 이곳에는 아직 일주기 리듬을 활성화하는 LED 조명이 설치되어 있지 않았다. "여기까지 설치되면 정말 멋질 겁니다"라고 쇼그렌은 말했다. 빙상장 테두리를 따라 세워진 대서 보드에 광고가 빼곡히 들어차 있었다. 그 옆에 서서 붉은 관중석을 잠시 바라보고 있자니 한기가 돌기 시작했다. 다행히 얼마 지나지 않아 로커룸 조명을 다시 살펴보러 가자며 쇼그렌이 우리를 터널 쪽으로 안내했다. 이번에는 쇼그렌이 알려준 덕분에 로커룸 천장의 신식 LED 사이에서 기존에 쓰던 형광등을 발견할 수 있었다. 쇼그렌은 두 조명을 번갈아 껐다 켜기를 반복했다. 차이가 분명했다. 공간과 색상은 새 조명 아래서 더욱 돋보였다. 팀의 레프트 윙이었던 에밀 실베고르드는 그 빛을 보고 "이게 좀 더 햇빛 같아요"라고 말했다.

나는 로커룸의 인공 햇볕을 쬐며 실베고르드와 잠시 이야기를 나눴다. 그는 3년 전 브레인릿이 조명을 설치한 이후로 좀 더 활력이 생긴 것 같다고 했다. 낮에 집중하기도, 밤에 잠들기도 더 수월해졌다. "지금은 전보다 훨씬 더 푹 자요. 보통은 경기가 끝나면 흥분이 잘 가라앉지 않거든요." 게다가 부상도 줄어든 것 같다고 했다. 경기장에서 약 3킬로미터 떨어진 린데보르그 학교의 교사 안나 밀스탐의 후기도 비슷했다. 밀스탐의 교실에는 브레인릿이 처음 출시한 일주기 조명이 설치되어 있었다. 밀스탐과 학생들은 수면 상태가 개선되고 집중력과 능률이 향상된 것 같다고 했다. 물론 선수들이나 학생들이 경험한 효과를 과학적으로 입증할 방법은 없었다. 어쩌면 단순한 위약 효과였을 수도 있다. 그럼에도 불구하고, 더 깊이 들여다볼 충분한 가치는 있었다.

내가 말뫼 아레나를 방문하기 이틀 전, 레드호크스는 홈에서 치러진 스웨덴 프로 하키 리그 경기에서 5 대 2로 패했다. 구단 측은 선수나 코치에게 경기에 관한 언급은 하지 말아 달라고 주의를 줬다. 내가 경기장에 다녀온 다음 날, 팀은 6 대 1로 승리를 거뒀다. 그날 경기는 원정 경기였다. 코펜하겐에 있는 숙소에서 경기 결과를 보자마자 실베고르드가 한 말이 생각났다. "저희는 원정 경기가 있는 날, 밖에서 더 오랜 시간을 보냅니다." 선수들은 도시를 오가는 동안 더 많은 햇빛을 받았을 것이다. 그건 인공조명이 아닌 태양이 내는 빛이었다. 햇빛이었다. 게다가 이동하는 거리도 그렇게 멀지 않으니, 시차의 영향도 없었을 것이다.

몇 달 뒤 하키 시즌이 끝난 후, 최종 순위를 검색해봤다. 레드호크스의 이름은 순위표 맨 밑에 있었다. 그래도 플레이오프 경기에서 이겨 하위 리그로 강등되는 일은 피했다. 레드호크스의 승리는 대부분 원정 경기에서 나왔다. 새로 설치된 조명이 선수들에게 어느 정도 유리하게 작용했을지도 모른다. 하지만 그것은 타고난 재능과 어떤 인공조명도 능가할 수 없는 태양의 힘 앞에 너무 쉽게 빛이 바랬다.

일주기 조명 시장의 급성장

나는 다시 원점으로 돌아왔다. 일주기 리듬을 향한 나의 여정은 2014년 시애틀에 있는 메이저리그 야구팀의 로커룸에서 느닷없이 시작됐다. 야구팀의 로커룸에 설치된 LED 조명도 경기 전에는 활력을 불어넣고, 경기 후에는 긴장을 완화할 수 있게 설계되어 있었다. "스포츠계에 있으면, 더 좋은 성적을 내는 데 도움이 되는 건 뭐든지 다 하게 됩니다"라고 시애틀 매리너스의 전 시설 관리자인 스콧 젠킨스Scott Jenkins가 말했다. 축구, 야구, 농구, 하키뿐 아니라 다양한 종목의 프로팀이 매리너스와 다른 얼리 어답터들의 뒤를 따르고 있다. 젠킨스는 나를 만나기 전에도 미식축구팀인 애틀랜타 팰컨스의 홈구장에 가변형 LED 조명을 설치하고 왔다고 했다. 런던의 축구팀 토트넘 홋스퍼 역시 최근 이 대열에 합류했다. 한편, 매리너스는 아직 중위권을 벗어나지 못하고 있다. 나는 여전히 불공평한 경기 일정으로 인한 수면 패턴과 일주기 리듬의 교란이 원인이라고 생각한다.

일주기 조명 시장에서 스포츠 업계가 차지하는 비중은 크지 않다. 브레인릿 역시 학교, 사무실, 병원, 요양원과 기타 시설에 제품을 홍보하는 전 세계 수많은 기업 중 하나일 뿐이다. "NFL 팀은 스무 개에 불과합니다. MLB 팀은 서른 개에 불과하죠"라고 젠킨스는 말했다. "하지만 학교가 얼마나 많은지, 의료 시설이 얼마나 많은지 생각해보세요. 조명으로 학습 능력과 건강 문제를 개선할 수 있다면, 의료나 교육 분야에서 훨씬 더 큰 시장이 열릴 겁니다."

조명 업계 관계자들은 전화상담센터나 공장, 약국처럼 사무 공간에 창문을 잘 내지 않는 업종에서도 수요가 증가할 것으로 보고 있다. 말뫼 아레나의 구내식당 주방도 같은 경우였다. 내가 아레나를 방문하기 몇 달 전, 브레인릿은 구내식당 주방에도 가변형 LED를 설치했다. 나는 아레나를 떠나기 전에 식당 주방도 잠시 둘러봤다. 주방 직원들은 새 조명이 설치되기 전에는 점심시간마다 어두운 실내를 벗어나 아레나 건물 외곽 창가로 나가 햇빛을 쬐곤 했다고 말했다. 밝기 조절에 익숙해지는 데 시간이 좀 걸렸지만, 직원들은 새 조명에 만족하는 듯했다. 한 직원은 내게 이렇게 말했다. "지금이 훨씬 나아요. 이 조명이 없으면 여긴 그냥 동굴이거든요."

의사들은 아주 오래전부터 SAD와 각종 우울증을 치료하는 데 상자형 광치료기light box 같은 장비를 사용해왔다. 하지만 조명 기업과 일주기 조명 지지자들은 LED 기술혁신이 일어나고, 에너지 고효율 조명에 대한 요구가 빗발치고, 빛의 생물학적 영향에 관한 연구 성과가 만개한 지금에야 비로소 인간공학적 조명 인프라가 주도하는 혁명이 시작되었다고 말한다.

앞서 배웠듯이 낮의 강한 청백색 빛과 밤의 부드러운 호박색 빛은 우리 몸 깊은 곳에 내재한 생리적 리듬을 회복시킨다. 그동안 우리 삶에 존재했던 낮과 밤의 경계는 빛의 성질을 바꿀 수 없는 일반 조명에 의해 흐릿해졌다. 하지만 가변형 LED 조명으로 빛의 색상, 강도, 발광 시점을 조정하면 적어도 이론상으로는 실내 생활을 주로 하는 현대인의 삶에 다시 빛과 어둠의 경계를 만들어낼 수 있다. 밤낮의 대비는 우리가 생체시계를 동기화하고, 계절의 변화를 감지하고, 각성도와 기억력을 끌어올리고, 기분 상태를 개선하고, 몇몇 일주기 관련 질환을 예방하는 데 도움을 준다. 그럼에도 전문가들은 판단을 유보한다. 최첨단 조명을 설치하고도 낮은 성적을 기록한 레드호크스의 사례를 보면 확실히 효과를 장담하기 어렵다. 새로운 조명이 널리 유용하게 쓰일 수도 있지만, 충분한 과학적 근거와 기준과 규정이 뒷받침되어야 한다. 그렇지 않으면 품질이 떨어지는 제품이나 잠재적으로 해를 끼칠 수 있는 제품이 시장에 유통될 수 있다. 과학이 모든 주장을 뒷받침할 수 있을까? 어떻게 일주기 조명 시장은 이렇게 급성장한 것일까?

노벨상 수상자들이 백색광 조명의 마지막 열쇠인 청색 다이오드를 발명한 이후로 LED는 꽤 오랜 시간을 우리와 함께했다. 하지만 이제야 조정할 수 있는 최신 기술 덕분에, LED는 '적절한 시간에 적절한 빛'을 비출 수 있게 되었다. 요즘에는 사용자가 원하는 대로 빛의 밝기와 파장을 조정할 수 있는 제품도 많아서, 이른 오전에는 밝기와 480나노미터 근처의 파장 대역을 높였다가 늦은 오후에는 그 강도와 파장을 줄이는 것도 가능하다. 이제는 껐다 켜는 게 전부가 아니다. 조명이 서서히 밝아지도록 설정하여 갑작스러운 눈부심도 줄일 수 있다. 실내에서는 흐린 날의 자연광보다 어두운 빛이라 해도 눈을 아프게 할 수 있다. 이 역시 밝기의 대비 때문이다.

일주기 조명 시스템은 2013년경에 첫선을 보인 후, 2016년에 국제우주정거장에 설치되면서 주목받기 시작했다. 이후 발전을 거듭하여 끊임없이 변하는 지구의 자연광을 훨씬 더 비슷하게 재현할 수 있게 되었다. 하지만 지상에서는 일반 LED 조명에 비해 가격이 비싼 탓에 가변형 LED 조명 시장이 빠르게 성장하지 못했다. 에너지 효율에 대한 우려는 그 성장을 더욱 더디게 만들었다.

기존의 에너지 효율 기준은 사람 눈에 얼마나 밝게 보이는지에 근거했다. 예를 들어, 럭스와 루멘 같은 단위를 써서 공간의 기능성과 안전성을 확보하는 데 초점을 맞췄다. 공간을 설계하는 입장에서는 빛의 비시각적 영향을 고려할 요인이 거의 없었다. 이후 오랫동안 그 비시각적 영향을 **어떻게** 측정할 것인가에 대한 합의는 이뤄지지 않았다. 마침내 2010년대 후반, 오스트리아의 국제조명위원회가 생체시계를 자극하는 빛의 양을 나타내는 국제 표준 지표로 멜라노픽 EDI를 지정했다. 2022년에 작성된 조명 설계 권장안에도 멜라노픽 EDI가 사용되었다. 이제 업계에서는 이 개념이 자리를 잡기 시작했다. 안전성과 성능 테스트 및 인증을 제공하는 UL 솔루션UL Solution과 건물의 건강 등급을 관리하는 국제웰빙딩연구원International WELL Building Institute은 사무 공간에 대한 최신 지침에 일주기 조명과 일조량 항목을 모두 포함했다. 전문가들은 미국 그린빌딩협의회U.S. Green Building Council의 친환경 건축물 인증제도인 LEED 인증 프로그램도 이 지침을 따를 것으로 보고 있다.

변화의 속도는 빨라지고 있다. 일주기 조명이 더욱 정교해지고 저렴해지면서 수요가 급증하고 있다. 2020년에 일주기 조명의 시장 규모는 10억 달러를 돌파했다. 전문가들은 2027년에는 시장 규모가 55억 달러에 육박할 것으로 전망한다. 이미 일부 호텔 객실, 고급 민간 여객기, 통근 열차에는 일주기 조명이 설치되어 있다. 나는 여러 학교와 사무실, 요양원과 병원 그리고 로커룸 두 곳에서 일주기 조명을 직접 목격했다. 유치원 교사가 교실에 설치된 일주기 조명을 조정해 아이들에게 활기를 불어넣고, 집중력을 높이며, 차분하게 가라앉히는 모습도 보았다. 맨해튼에서는 녹색 건강 주스뿐만 아니라 청색광까지 잔뜩 제공한다는 카페에도 방문했다. 허니브레인스Honeybrains는 그들의 카페를 '뇌에 영양을 공급하는 행복한 장소'로 홍보한다.

빛과 인간의 상호작용에 관한 연구는 현재 전성기를 맞이했다. 이는 현대인의 절망적인 실내 생활에 전환점이 될 수도 있다. 전문가들은 모든 게 다 밝혀지지는 않았지만, 일주기 조명의 장점과 기존 조명의 단점을 충분히 파악했기에 곧 연구된 내용이 실생활에 적용될 거라고 본다.

카페인보다 강력한 한 시간의 빛

시애틀 매리너스의 로커룸에서 일주기 조명을 목격한 이후, 2017년에 방문한 투자회사이자 자선단체인 벌칸 그룹Vulcan Inc.의 본사 사무실에서 이를 다시 보게 되었다. 사무실은 시애틀 도심 남쪽 끝에 있는 고층 건물에 자리하고 있었다. 창가에서는 매리너스의 홈구장이 한눈에 내려다보였다. 나는 10층에 있는 휴게실에서 벌칸의 업무 프로세스 설계자인 마운틴 러브를 만났다. 북쪽으로 난 창밖으로는, 빠르게 성장 중인 도시의 크레인과 고층 건물들 사이로 작지만 꼿꼿하게 솟아 있는 스페이스 니들Space Needle이 눈에 들어왔다. 왼쪽에서는 퓨젓사운드만의 바닷물이 살짝 구름 낀 하늘 아래 반짝였다. 오른쪽으로 100여 미터 떨어진 곳에는 오랫동안 도시의 스카이라인을 밝혀온, 100년 된 지역 사업체 시애틀 라이팅Seattle Lighting의 건물이 서 있었다.

마운틴 러브는 18년 전 화창한 도시 콜로라도를 떠나 에메랄드 시티로 불리는 이곳, 시애틀로 이사했다. "처음 왔을 때는 정말 우울했어요"라고 러브는 말했다. 벌칸에 입사하고 2년이 지나도록 러브는 밤에 자고 낮에 집중하는 데 어려움을 겪었다. 업무 시간에 졸지 않으려고 카페인을 계속 섭취했다. "아래층에 스타벅스가 있어서 천만다행이었어요." 하지만 2014년, 경영진이 일주기 조명의 이점을 조사하는 작업에 착수하면서 러브의 앞날이 밝아졌다. 곧 러브의 자리에 새로운 LED 조명이 등장했다. "곧 기분이 나아지기 시작했습니다." 러브의 이 말은 이후 일주기 조명에 관한 대화에서 반복적으로 등장해 내게 유행어처럼 익숙한 문장이 되었다.

이는 미국 사무용 건물에 가변형 LED를 대대적으로 설치한 최초의 사례였다. 회사가 조명을 교체하게 된 계기는 유연 근무제가 시작된 이유와 비슷했다. 벌칸의 시설 운영 책임자인 코디 크로포드는 회사에서 가장 많이 투자해야 할 자원은 인재라고 말했다. 크로포드의 사무실은 복도 안쪽에 있었다. 나는 가는 길에 밝게 빛나는 마운틴 러브의 자리를 보았다. 크로포드는 직원들에게 조명에 관해 교육하는 게 중요하다고 강조했다. "사람들은 원래 변화를 싫어합니다. 자신이 피곤하고 나른한 이유가 빛 부족 때문이라 생각하지 못해요. 강제하다시피 해서라도 한 시간 이상 빛을 쬐도록 해야 합니다." 블루라이트는 초기에는 각성과 활력을 일시적으로 높여주는 효과가 있지만, 장단기적 영향은 의식적으로 체감하기 어려울 수 있다. 크로포드 역시 새로운 조명이 직원들에게 어떤 영향을 미쳤는지, 혹은 회사 실적에 어떤 변화를 가져왔는지는 확신하지 못했다. 크로포드는 "제조 공장이 아닌 이상 생산성을 측정하는 건 어렵거든요"라고 말했다.

조명이 사람에게 미치는 영향을 정확히 파악하기 위해 다양한 연구가 진행됐다. 대부분 연구에서 낮 동안 더 높은 멜라노픽 EDI 값을 가진 빛을 받을수록 각성이 더 잘 유지되고, 업무 능률이 향상되며, 기분이 좋아지고, 밤에는 수면의 질까지 개선되는 것으로 나타났다. 브리검 여성병원의 스티브 로클리가 진행한 연구에 따르면, 사람들은 빛의 파장이 짧은 청색광에 노출됐을 때, 반응 속도와 집중력 유지 기간이 향상됐다. 또 다른 소규모 연구에서는 보통 크기의 커피 한잔에 든 카페인보다 40럭스의 청색광을 한 시간 동안 쬐는 것이 일부 인지 기능과 각성도를 개선하는 데 더 탁월한 효과를 보였다.

생산성, 업무상 사고, 병가, 건강 지표 등의 변화를 객관적으로 측정하려면 더 많은 연구가 필요하다. 물론 데이터는 계속해서 추가되고 있다. 조명산업단체인 라이팅유럽LightingEurope은 가변형 LED 조명을 사용할 경우, 업무 생산성이 한 달 평균 약 2시간 증가하고, 병가가 1퍼센트 감소하며, 고용 기간이 1년 증가한다고 추정한다. 전 렌슬리어 공과대학교 교수이자 현 뉴욕 마운트 시나이 아이칸 의과대학의 빛건강연구소Light and Health Research Center, LHRC 소장인 마리아나 피게이로Mariana Figueiro는 오전 시간대에 일주기 자극성이 높은 빛을 받은 근로자들이 더 안정적인 일주기 리듬, 더 적은 우울감, 더 높은 수면의 질을 보였다고 연구를 통해 밝혔다.[1] 수면 개선은 그 자체만으로도 이득이 상당하다. 수면 불량으로 인한 결근, 사고, 생산성 저하가 미국 경제에 입히는 손실 규모는 연간 4000억 달러 이상이다. 모든 연령대의 학생들을 대상으로 한 연구에서도 비슷한 개선 효과가 나타났다.

비타라이트는 사기였을까

조명 업체들이 수면 개선, 인지능력 향상, 반응 속도 증가, 심지어 웃음을 되찾을 수 있다고 관련 제품을 계속해서 홍보하는 가운데 일부 과학자들은 그로 인한 잠재적인 유해성을 우려하고 있다. 제품이 실제로 기대한 만큼의 효과를 내는지에 의문을 제기하는 사람도 많다. 바젤대학교의 시간생물학자 애나 비르츠 저스티스는 조명 시장의 열기가 과학과 규제를 앞지르고 있다고 경고했다. "조명 업계는 이미 일주기 조명을 판매하고 있습니다. 하지만 이런 제품을 판매할 때 임상시험 같은 절차를 거쳐 효과를 확인한 경우는 거의 없어요." 미국 식품의약청FDA의 규제는 '의료 기기'로 분류되는 제품에만 적용된다. 조명 기구는 이 규제를 따를 필요가 없다. 일반 조명에 적용되는 안전성 기준을 만족하고, 입증할 수 없는 의학적 효과를 주장하지만 않으면 업체는 빛에 청색 파장만 추가해 일주기 친화 조명이라고 홍보할 수 있다.

캘리포니아에 거주하는 조명 컨설턴트 데보라 버넷Deborah Burnett은 '의료 기기용 정밀 검사'를 받지 않은 일주기 조명에 경고문을 부착해야 한다고 주장한다. 주요 과학자 248명도 이와 같은 의견을 냈다. 이들은 2023년에 발표한 논문에서[2] 청색 강화 LED 조명에 '야간 사용 시 해로울 수 있다'는 경고문을 붙이도록 권고했다. 그러면서도 과학자들은 가변형 LED 조명의 보급 자체는 긍정적이라고 의견을 모았다. 다만 시간대에 따라 빛에 포함된 청색 파장의 양을 조절하기만 하면 된다고 말했다. 버넷의 말처럼 조명 업체는 하루 24시간 동안 '빛의 전체 균형'을 맞춰야 한다.

버넷은 "잘못된 시간에 잘못된 빛에 노출되는 것이 뇌와 몸에 미치는 위험은 항상 명확하게 드러나는 것이 아닙니다"라고 말하며, 다른 과학자들과 벌칸의 크로포드가 언급했던 조명과 일주기 건강의 미묘한 영향을 다시 한번 강조했다. 뜨거운 난로에 손을 데면 곧장 물집이 생기지만, 일주기 리듬은 망가져도 증상이 바로 나타나지 않는다. 그보다는 저온 화상처럼 천천히 영향을 미친다. 버넷은 이를 '끓는 물 속의 개구리'에 비유했다. "개구리가 '이제 나가야겠다'라고 생각할 때는 이미 늦었을 때죠." 버넷은 건강상의 위험뿐 아니라 업체가 허위광고나 과대광고에 쉽게 빠져들 수 있다고 경고했다.

버넷은 1980년대에 있었던 사례를 예로 들었다.[3] 비타라이트 Vita-Lite는 자연광을 모방하여 제작된 풀 스펙트럼 조명full-spectrum lighting이었다. 제조사는 홍보 자료에서 비타라이트가 '겨울 우울증을 이겨내는 데 도움'을 주고, 각종 건강상의 이점을 제공한다고 주장했다. FDA는 당시 발표된 논문을 인용해 "비타라이트와 같은 풀 스펙트럼 조명이 일반 백색 형광등이나 직사광선보다 나은 점이 없다"라고 반박했다. 비타라이트의 목적은 태양을 능가하는 것이 아니라 모방하는 것이었다. 어쨌든 비타라이트의 홍보 자료에는 햄스터의 충치 발생이 줄고, 수컷 칠면조의 생식능력이 강화됐다는 내용도 포함되어 있었다. FDA는 이러한 내용이 "부주의한 소비자에게 비슷한 치료적·성적 이익을 기대하도록 만들 수 있다"라고 경고했고, 결국 제조업체를 의료 사기 혐의로 기소했다. FDA는 "처방 없이 사용 가능한 풀 스펙트럼 조명의 의료적 효과를 입증하려면 제조사 측은 훨씬 더 많은 증거를 제시해야 한다"라고 기소의 이유를 밝혔다.

비타라이트는 사기였을까, 아니면 시대를 앞서간 제품이었을까? 과학은 지난 40년 동안 눈부시게 발전했다. 우리의 낮이 너무 어둡고, 밤이 너무 밝다는 사실은 분명해졌다. 하지만 실험실 바깥에 있는 인간에게 필요한 최적의 파장, 밝기, 노출 시점, 노출 시간에 관한 의문은 해소되지 않았다. 이 의문의 답을 찾기 위해 오리건 주립대학교의 연구팀은 실험 참가자들이 평범한 일상생활을 할 수 있는 미래형 트레일러를 제작하고 있다. 이 트레일러에서 연구팀은 LED로 인공광의 양을 조절하고, 구름양과 태양의 고도에 따라 색조가 달라지는 최첨단 창문을 통해 자연광을 조절할 수 있다. 이를 통해 실험 참가자의 수면 패턴과 각성도 등 다양한 지표의 변화를 관찰할 계획이다. 한편 다른 과학자들은 MRI 기술을 활용해 빛에 따른 뇌의 반응을 연구하고 있다. 또한 동물 연구를 통해 복잡한 비시각적 광수용 경로의 세부 사항을 파악하는 작업도 계속 진행 중이다.

전 세계의 신경과학자, 생물학자, 수면 의학자, 건축가가 이러한 질문들을 탐구할수록 그 답은 점점 더 모호해지고 복잡해지는 경향이 있다. 어떤 빛이 한 사람의 일주기 리듬에 미치는 영향은 빛을 받은 시점, 색깔과 밝기, 노출된 시간에 따라 달라진다. 심지어 빛이 들어온 각도에 따라서도 달라질 수 있다. 마리아나 피게이로는 빛을 코 쪽으로 비춰 양쪽 눈에 직접 닿을 수 있게 했을 때, 생체시계를 자극하는 효과가 가장 크다는 사실을 발견했다. 머리 위에 달린 천장 조명이나 시야 주변부에 배치된 스탠드 조명에서 나오는 빛은 광수용기에 도달하지 못할 수 있다. 이처럼 신경 써야 할 사항이 너무도 많다. 또 우리가 익히 아는 것처럼 최적의 빛 배합은 나이와 개인적 특성에 따라 달라질 수 있다.

이 연구가 더욱 까다로운 이유는 우리가 매시간 받는 빛을 정확히 측정하기가 어렵기 때문이다. 시선의 방향, 심지어 머리의 각도에 따라 눈에 들어오는 빛의 양은 크게 달라질 수 있다. 게다가 피게이로가 말했듯이 광자가 실제로 눈에 닿으려면 빛이 수직으로 들어와야 하지만, 실내조명의 밝기를 측정할 때는 바닥이나 책상 같은 수평면에 도달하는 빛을 기준으로 한다. 일주기 조명의 효과는 조명의 위치, 광자를 분사하는 방식, 광자가 반사되는 형태에 따라 달라진다. 미국 에너지부는 같은 조명이 설치된 업무 현장 142곳에서 생체시계를 자극하는 빛의 양을 측정했을 때, 최대 다섯 배가량 차이가 났다고 밝혔다. 하버드대학교 수면 의학자 샤다브 라흐만이 현장 연구에서 사용자의 눈에 닿는 조도를 50~100럭스로 낮게 산정한 것도 이 때문이다. 멜라노픽 EDI로 환산했을 때는 고작 30~60럭스에 불과했다.

에너지부는 같은 보고서에서 일주기 관련 지표에 매몰되면

에너지 효율 규정을 충족하기 어려울 수 있다고 언급했다. 기업은 가변형 조명을 설치할 때 복도처럼 사용 빈도가 낮은 구역을 제외하거나, 조명을 상시 켜두지 않는 방식으로 시기와 장소를 신중하게 선택함으로써 에너지 낭비를 줄일 수 있다. 동작 감지 센서도 도움이 될 수 있다. 직원들이 이른 아침이나 활력이 필요한 시간에 이용할 수 있도록 특정 공간을 '빛의 오아시스'로 꾸미는 것도 방법이다. 아침 회의를 이곳에서 진행할 수도 있다. 벌칸 그룹 본사에는 실제로 이와 비슷한 공간이 있다. 일주기 조명을 사용할 때 주의해야 할 점은 일과를 마무리하면서 점차 사용을 줄여야 한다는 것이다. 늦은 오후에 조명의 밝기를 줄이거나 끄면 자연스럽게 에너지 낭비도 줄일 수 있다.

에너지부의 보고서에 따르면 우리는 낮이든 밤이든 '꼭 필요한 곳에서만' 조명을 사용하기 위해 노력해야 한다. 실내조명은 생산하는 빛의 1퍼센트 미만이 우리 눈에 도달할 정도로, 엄청난 양의 빛이 낭비되고 있다. 해결책은 어두운 밤하늘 운동가들이 제시하는 빛 공해 줄이기 방법과 유사하다. 일주기 조명이 외부에서 들어온 자연광을 감지해 인공광을 자동 조정할 수 있게 되면 실용성과 에너지 효율성 둘 다 높아질 것이다. 그뿐 아니라 자외선 살균 기능 등 팬데믹 이후 수요가 증가한 기술도 접목될 수 있을 것이다.

알다시피 햇빛과 신선한 공기는 살균 작용을 한다. 포스트 팬데믹 시대의 설계자는 플로렌스 나이팅게일의 조언을 따라 더 많은 환기창을 활용하여, 일주기 친화적이면서도 바이러스 감염으로부터 안전한 공간을 만들 수 있다. 온갖 기술이 난무해도 우리가 따라야 할 절대 기준은 '태양'이라는 사실을 잊어서는 안 된다.

실내에 빛을 끌어들이는 과학

1845년 의학저널 《란셋》에 실린 사설은 창문세를 비판했을 뿐 아니라, 다음과 같은 주장으로 독자들을 교화하려 했다.

"건강에 너무 많은 빛이란 있을 수 없으므로, 너무 많거나 너무 큰 창문도 있을 수 없다."

저자는 지역마다 적절한 창문의 개수와 크기가 다르다는 사실도 지적했다. 해당 저널의 본거지인 런던은 지중해에서 한참 북쪽에 자리하고 있었다. 사설은 이렇게 말한다.

"이처럼 거의 1년 내내 태양의 힘이 매우 약한 기후에서는 모든 수단을 동원해 가능한 한 많은 빛을 집 안으로 들이기 위해 우리가 할 수 있는 모든 일을 해야 한다. 그래야 우리는 햇빛을 온몸으로 흠뻑 받으며 전신으로 빛을 흡수할 수 있을 테니까."

이어서 글은 당시 만연했던 남부 유럽의 건축 양식에 대한 맹목적 선호를 경계해야 한다고 덧붙였다. 그런 건축은 일반적으로 창문에 인색했기 때문이다.

창문과 채광창은 전기를 사용하지 않고도 우월한 자연광, 신선한 공기, 다채로운 조망을 제공한다. 연구에 따르면 사람은 창문으로 자연광을 받았을 때 잠도 더 잘 자고, 인지 검사에서 더 높은 점수를 획득하고, 퇴원도 빨라진다. 그럼에도 우리는 광자를 흡수하는 데 열과 성을 다하지 않는다. 저렴하고 효율적인 LED가 등장하면서 태양과 우리 사이에는 장벽이 생겨버렸다. 2023년 8월, 캘리포니아대학교 샌타바버라 캠퍼스UCSB는 파격적이었던 기숙사 신설 계획을 철회했다. 새 기숙사인 멍거 홀Munger Hall은 세계에서 가장 거대한 기숙사로 등극할 예정이었다. 하지만 그 규모만큼, 아니 그보다 더 주목받은 것은 햇빛이 들지 않는 내부 설계였다. 대부분 거주 공간에는 자연광에 접근할 수단이 마련되어 있지 않았다. 방에는 창문 대신 LED 조명 패널이 있었다. 시장에 다양한 버전의 LED '태양'이 출시되면서 이미 텍사스대학교 오스틴 캠퍼스를 비롯한 여러 대학에서 창문 없는 기숙사가 학생들을 수용하고 있다. 이는 분명 놀라운 혁신이다. 하지만 전문가들은 조망의 부재뿐 아니라 빛의 양과 질에 대해서도 우려를 제기한다. 일광 전문가인 리사 헤숑은 이렇게 말한다. "상황이 여의찮을 때는 조명으로 햇빛을 보충할 수 있겠지만, 동시에 이는 건물주가 일조권과 조망권을 제공하지 않아도 되는 손쉬운 핑곗거리가 될 수 있어요. '사무실이 지하라고 걱정하지 말아요. 최신 일주기 조명을 달아놨으니까요'라고 말하고 마는 거죠."

공학자와 건축 설계자, 실내 건축가들은 멍거 홀의 가짜 창문보다 더 밝고, 좀 더 자연 친화적인 방법을 떠올렸다. 노르웨이의 계곡 마을인 리우칸Rjukan은 마을 중심부를 둘러싸고 있는 가파른 산 위에 컴퓨터로 제어할 수 있는 대형 거울을 설치했다. 거울은 태양을 따라 움직이면서 마을 주민들에게 햇빛을 반사한다. 거울이 설치되기 전까지 주민들은 한 해의 거의 절반을 그늘 속에서 지냈다. 1928년부터는 곤돌라도 운영되어 마을 위 높은 곳으로 올라가 겨울 햇살을 받을 수 있었다. 더 작은 규모에서는 창문과 채광창, 거울을 이용해 건물 안으로 더 많은 자연광을 끌어들이기도 했다. '서캐디언 커튼월Circadian Curtain Wall' 설계 역시 이 같은 아이디어를 바탕으로 한다. 실제로 건축된 적 없는 이 설계 양식은 바깥쪽으로 볼록하게 튀어나온 외벽 창문이 특징인데, 조감도로 보면 이 부분이 활짝 핀 꽃의 꽃잎처럼 보인다. 자연광을 건물 깊숙이 들이고, 바깥 풍경을 광각으로 조망할 수 있도록 외벽은 통창으로 설계했다. 곡면 유리를 사용하면 온실 효과와 눈부심도 줄일 수 있다. 창문의 형태가 볼록해서 태양의 위치와 상관없이 직사광선에 노출되는 표면적이 줄어들기 때문이다. 또한 이를 통해 건물 외벽의 내구성까지 높일 수 있다.

    실내 디자인을 조금 변경하여, 눈부심을 줄이고 자연광과 인공광의 효과를 극대화할 수도 있다. 보스턴의 연립 주택을 연구한 논문에 따르면 벽을 흰색으로 칠하거나 창문에 가까운 공간을 활용하는 것과 같은 작은 변화로도 거주자의 일조량이 증가하여 일주기 리듬이 개선되는 효과가 나타났다. 논문의 저자는 '지하실을 주거 공간으로 사용하지 말 것'을 포함해 다양한 권고안을 제시했다. 사무실 환경을 꾸밀 때는 창을 키우고 책상 칸막이를 낮춰서 빛을 더 깊은 곳까지 들게 할 수 있다. 특정 마감재로 표면을 마감하면 반사되는 빛의 양을 늘릴 수 있다. 책상의 방향을 바꾸는 것만으로도 혜택을 볼 수 있다. 자연과의 조화를 따져 공간을 배치하고 중요한 장소와 건물의 방위를 정하는 고대 중국의 풍수 문화에서는 문을 등지지 않는 것이 절대 원칙이다. 일주기 과학은 우리에게 창문을 등지지 말라고 이야기한다. 안타깝게도 대부분 사무실의 문과 창문은 서로를 마주 보고 있다. 우리는 분명 적절한 절충안을 찾을 수 있을 것이다.

혜송은 도시와 건축물의 설계를 통해 생체시계를 자극하는 빛을 자연스럽게 늘리는 것이 먼저이며, 그 이후에 '약간의 기술적 요소를 가미'해야 한다고 말했다. 오리건주의 연구용 트레일러에 사용된 스마트 창문처럼 오히려 자연광 활용을 극대화할 수 있는 기술이 포함된다. 그러나 그녀를 비롯한 자연광 지지자들도 인공조명이 실내 생활에서 불가피한 보완 수단이 될 수밖에 없다는 점을 인정한다. 특히 하키 선수나 구내식당 직원, 잠수함 승조원, 창문을 등지고 앉은 사무실 직원에게는 더더욱 그럴 것이다. 모조 햇빛과 진짜 햇빛의 격차가 줄어드는 만큼 자연광이 닿지 않는 곳은 새로운 기술로 밝힐 수 있게 될 것이다.

일주기 조명의 최적화

토머스 워커는 벌칸 본사에서 약 20킬로미터 떨어진 워싱턴주 렌턴시 헤이즌 고등학교에서 건강학을 가르친다. 아침 종이 오전 7시 20분에 울리는 탓에 워커는 그의 바람보다 훨씬 더 일찍 하루를 시작한다. 특히 겨울철에는 동이 트지 않은 어둠 속에서 등교해야 하기에 몸이 더욱 힘들다. 하지만 몇 년 전 헤이즌 고등학교에 일주기 조명이 도입된 후로는 워커와 학생들의 하루에 밤낮의 경계가 생기기 시작했다.

워커는 일주기 조명에 대한 불만도 털어놓았는데, 이 역시 다른 대화에서도 반복적으로 나오는 또 하나의 공통분모였다. 헤이즌 고등학교를 비롯해 다른 교육구의 두 학교도 같은 시스템을 설치했지만, 실제로 사용하는 교사는 거의 없었다. 워커는 여러 문제를 나열하고 그중 두 가지를 주요 원인으로 꼽았다. 첫째는 조명 사용법과 사용 목적에 관한 교육이 부족하다는 점이었고, 둘째는 조명 시스템 제어기에 저장 장치가 없다는 점이었다. 조명을 다시 설정하려면 수업 시간을 할애해야 하기에 "교사들은 불편을 감수하느니 조명의 혜택을 포기해요"라고 워커는 말했다. 아마 대부분 교사는 포기한 혜택이 있다는 사실조차 모를 것이다. 한편 주간의 빛 노출량을 늘리는 것보다 등교 시간을 늦추는 것이 수면 개선에 더 효과적일 수 있음에도 헤이즌 고교가 속한 교육구는 아직 시애틀의 선례를 따르지 않고 있다.

조명 전문가와 관계자들은 일주기 조명이 시장의 기대를 만족하려면 적절한 교육이 먼저 이루어지고, 시스템 가격이 저렴해지고, 설치가 간단해지고, 유지보수가 수월해져야 할 거라고 말했다. 설령 그렇다 하더라도 기술적 문제는 얼마든지 생길 수 있다. 2023년 1월 〈새터데이 나이트 라이브〉는 이 문제를 다음과 같이 풍자했다.

"매사추세츠주의 한 학교가 컴퓨터 오류 때문에 1년 반 동안 불을 끄지 못하고 있습니다. 학생들은 잘 지내고 있지만, 학급에서 기르는 햄스터는 미쳐버렸다고 합니다."

일주기 조명이 갖춰야 할 또 한 가지 요건은 빛이 겉보기에도 좋아야 한다는 것이다. 캘리포니아 기반의 조명 제조업체 바이오스 라이팅BIOS Lighting의 연구 부문 부사장 로버트 솔러는 "얼굴에 손전등을 비추는 듯한 조명은 아니면서도 일주기 리듬을 깨울 수 있는 램프"를 만들고 싶었다고 말했다. 솔러는 회사의 스카이뷰SkyView 시리즈를 제작할 때, 밝기를 적당히 유지하면서 파장 대역을 하늘색에 집중시키는 기술을 적용했다. 솔러는 이 배합 방식을 적용한 조명이 표준 LED의 세 배에 달하는 생물학적 효과를 낸다고 말했다. 물론 그 차이는 빛의 밝기나 눈에 보이는 색상으로 구분되는 것이 아니다. 솔러는 여기에 실내 환경에서 얻기 어려운 보라색 파장도 추가했다. 이후 더 긴 파장 대역의 빛을 조합해 좀 더 눈에 편안한 색상을 구현했다. 태평양 북서부 국립연구소의 나오미 밀러는 이를 '더 포근한' 색이라고 표현했다. 빛에 적색 계열의 장파장이 없으면 안색이 나빠 보이고, 직물이나 기타 실내 마감재의 질도 떨어져 보일 수 있다.

하지만 빛을 조합할 때는 스펙트럼상 녹색에서 멀리 떨어진 파장, 즉 자청색이나 적색 계열의 빛에는 쉽게 손이 가지 않는다. 이는 현재의 조명 표준이 루멘을 기준으로 삼고 있어, 이러한 파장의 빛은 거의 인정되지 않기 때문이다. 그 결과, 자청색이나 적색 빛을 사용하면 에너지 효율이 크게 떨어지는 것으로 간주되어, 조명 설계에서 불리한 선택이 된다. 심지어 적색 파장은 멜라노픽 EDI 수치(생체리듬에 영향을 주는 조도 기준)에도 별다른 도움이 되지 못한다. "그래도 빨간빛 아래 있으면 거울 볼 맛이 더 나긴 해요." 밀러가 말했다. 게다가 적색광의 건강상 이점은 최근에야 밝혀지기 시작했다.

조명의 빛 배합을 조금만 바꾸면 에너지 소비량과 보기 싫은 광자를 줄이고, 일주기 리듬에 제공하는 혜택을 늘릴 수 있다. 여기서 고려해야 할 조명 지표가 바로 상관색온도correlated color temperature, CCT다. 상관색온도는 켈빈Kelvin으로 측정하며, 값의 범위는 일반적으로 2200~6500 사이이다. 상관색온도는 피부로 느껴지는 빛 온도와는 아무런 관련이 없다. 솔직히 이 용어는 조금 반反직관적이다. 낮은 색온도는 밝게 빛나는 모닥불 같은 따뜻한 색조를 의미하고, 높은 색온도는 한낮의 푸른 하늘 같은 시원한 색조를 의미한다. 구식 백열전구의 상관색온도는 2700켈빈이다. 미국에서는 상관색온도가 5000켈빈에 가까운 전구를 '주광색daylight'으로 표시한다. 솔러는 다양한 파장을 조합하고 배열하면 눈에 보이는 빛의 외관을 크게 바꾸지 않고도 멜라놉신을 자극하는 빛의 함량을 늘릴 수 있다는 사실을 발견했다. 예를 들어, 상관색온도를 자연스러운 백색의 3500켈빈보다 조금 더 높은 4000켈빈으로 높이면, 5000켈빈의 강한 백색을 쓰지 않고도 낮 동안 일주기 체계로 보내는 신호의 강도를 58퍼센트 증가시킬 수 있다. 밤에는 빛의 색온도를 2700켈빈에서 촛불 색에 가까운 2200켈빈으로 낮춰 일주기 체계에 대한 자극을 60퍼센트 줄일 수 있다. 솔러는 이 같은 변화를 조합하여 밤낮의 대비를 네 배가량 강하게 만들 수 있다고 했다.[4] 솔러는 스카이뷰 시리즈의 가변형 탁상 램프를 설계하는 데 이 방식을 적용했다.

연구자들은 멜라놉신을 자극하는 조명의 실제 효과를 알아보기 위해 젊은 성인 참가자들을 대상으로 실험을 진행했다. 연구진은 참가자들에게 연구실에 오기 일주일 전부터 매일 7시간씩만 잠을 자도록 지시했다. 실험을 진행한 하버드 의과대학의 샤다브 라흐만 교수는 '보통 사람들처럼' 수면이 약간 부족한 상태의 참가자들을[5] 두 그룹으로 나눠, 서로 다른 조명 조건에서 낮 동안 모의 근무를 시키고 각종 검사를 진행했다. 한쪽 사무실에는 멜라노픽 EDI가 약 30럭스인 일반 형광등만 설치했고, 다른 쪽에는 청백색의 작업용 스탠드를 추가로 설치해 멜라노픽 EDI를 최소 권장 기준인 250럭스에 맞췄다.

스탠드를 추가로 설치한 곳에서 근무한 사람들은 낮 동안 각성도와 인지능력이 놀라울 정도로 향상됐다. 라흐만은 그 효과가 밤에 한두 시간을 더 잔 것과 비슷하다고 했다. 반응 속도의 개선 효과는 고속도로에서 시속 100킬로미터로 주행할 때, 500미터 더 일찍 멈출 수 있는 수준과 맞먹었다. 라흐만은 많은 사람이 졸린 상태를 '정상'으로 받아들이며 익숙해진다고 지적했다. 우리 스스로는 잘 느끼지 못하지만, 실제로 테스트해보면 '취한 상태와 비슷한 수준'일 수도 있다고 그는 말했다. 라흐만은 이 결과가 특수 조명으로 수면을 대신할 수 있다는 의미는 아니라고 강조했다. 광자로는 절대 수면 부족의 빈자리를 전부 다 메꿀 수 없다.

정교한 시뮬레이션 도구 덕분에 일주기 조명을 최적화하기가 한층 수월해지고 있다. 이제는 특정 지역의 실제 기후 조건을 바탕으로 건물 내부에 들어오는 자연광의 직사 조도와 휘도까지 정밀하게 모델링할 수 있다.[6] 건물 설계자는 모델에서 햇빛이 들지 않는 공간을 파악해 방향, 자재, 창문, 인공조명을 이용한 해결 방안을 구상할 수 있다. 조명 전문가 마티 브레넌은 ZGF 아키텍츠의 개발팀과 워싱턴대학교 연구팀과 함께 오픈소스 기반의 시뮬레이션 소프트웨어인 '라크Lark'를 개발했다. 라크를 이용하면 건물 내부의 빛이 거주자의 일주기 리듬에 미치는 영향까지 예측할 수 있다. 라크는 영향을 예측할 때 기본적인 지표뿐만 아니라 멜라놉신과 뉴롭신을 자극하는 파장에 더 큰 가중치를 부여해 계산한 지표를 함께 고려한다. 이 알고리즘은 실내 건축가가 여러 가지 환경을 조성하는 데 도움을 줄 수 있다. 예를 들어 병원 검사실 조명에서는 청색 파장을 모두 제거해서는 안 된다. 청색 파장이 없으면 의료진이 환자의 정맥을 찾을 수 없기 때문이다.

일주기 조명은 빛 배합이 잘못되면 안 좋은 영향을 미칠 수 있다. 그중에서도 병원과 요양시설의 조명은 특히 그 영향이 더 크다. 사무실이나 학교와 달리 24시간 내내 사람이 머무는 곳이기 때문이다. 게다가 그 공간에 있는 사람들 대부분은 일주기 교란의 영향을 가장 크게 받을 수 있는 취약한 대상이기도 하다.

조산아의 일주기 리듬 만들기

나는 풋사과의 연두색부터 탐스러운 호박의 주황색까지 보기만 해도 기분 좋아지는 색으로 칠해진 신시내티 아동병원의 복도를 따라 소아과 의사, 수면 전문의, 건축가들과 나란히 걸었다. 2021년 9월, 우리는 새로 완공된 신생아 집중치료실을 보기 위해 병원을 찾았다. 곧 새로 생긴 치료실 안에서 새로운 실험이 시작될 예정이었다. 이 실험 결과는 임신부를 위한 권장 사항과 신생아, 특히 조산아를 돌보는 방식에 근본적인 변화를 가져올 수도 있었다. 결국, 핵심은 또다시 '적절한 시간에 적절한 빛을 비추는 것'이었다.

달이 덜 차 태어난 아기는 일찍부터 엄마의 중요한 생체주기 신호를 받을 수 없게 된다. 신시내티 아동병원의 신생아과 과장인 제임스 그린버그James Greenberg는 "우리는 이 문제에 대처하면서 다소 일차원적인 가정을 세웠습니다"라고 말했다. 의료진은 엄마의 자궁이 고요하고 어두우니 신생아 집중치료실도 그래야 한다고 생각했다. 우리 일행은 병원에서 당시 운영 중이던 기존 신생아 집중치료실을 방문했다. 치료실에 간호사와 환아들이 있었기에 안으로 들어가지는 못했다. 우리는 열려 있는 문을 통해 내부를 살짝 들여다보았다. 신시내티 아동병원의 일주기 과학자 존 호게네쉬가 열린 문틈으로 실내조명의 조도를 측정했다. 조도는 약 10럭스였다. 그린버그는 대부분 신생아 집중치료실이 그 정도로 어둑하다고 말했다.

광자는 생명의 가장 초기 단계부터 영향력을 행사할 수 있다. 시간 정보가 SCN에서 몸 전체에 흩어져 있는 말초 시계로 전달되는 것처럼 빛 정보는 엄마를 통해 발달 중인 태아에게 간접적으로 전달된다. 또한 빛은 엄마의 배를 통과해 직접 전달될 수도 있다. 엄마가 섭취한 영양분이 도착하는 시점, 호르몬 수치의 변화, 체온의 변화가 빛의 신호를 보완한다. 그린버그는 혈액이 솟구치는 소리부터 장이 꿈틀거리는 소리까지 끊임없이 변주되는 몸의 소리도 보조 신호의 역할을 한다고 했다. 임신 6개월 차에 접어들면, 태아는 주기적으로 들어오는 정보를 수집해 일주기 리듬과 비슷한 무언가를 발달시킨다. 하지만 주기적 신호가 하나도 없는 환경에서는 어떻게 할까? 의사들은 여기서 한 가지 아이디어를 떠올렸다. 아기를 다시 엄마의 뱃속으로 돌려보낼 수는 없지만, 아기에게 일주기 리듬에 가장 중요한 신호인 빛과 어둠의 주기를 돌려주는 일은 가능했다. 이에 의료진은 새 치료실에 가변형 조명을 설치하기로 했다.

그린버그와 동료들은 새로운 풀 스펙트럼 조명 시스템이 조산아의 예후를 개선하고, 의료진과 부모의 일주기 리듬을 강화할 것으로 기대하고 있다. 이들은 현재 새롭게 입원한 첫 환자를 관찰하면서 가설을 검증하고 있다. 앞서 진행된 연구에 따르면 매일 규칙적인 빛과 어둠의 주기를 경험한 조산아들이 항상 밝거나 어두운 곳에서 지낸 조산아보다 체중이 더 빨리 증가하고 병원에서 더 일찍 퇴원하는 것으로 나타났다. 호게네쉬는 "이는 하루 약 1만 달러의 의료비 절감과도 직결되기 때문에 모두가 관심을 갖는 지표"라고 말했다.

엄마로부터의 일주기 신호 차단은 조산아가 겪는 여러 난관 중 하나에 불과하지만, 이러한 차단은 학습 장애와 같이 이 부류의 아이들에게 흔히 나타나는 장단기적 문제를 초래할 수 있다. 비시각적 광수용 분야의 전문가인 신시내티 아동병원의 리처드 랭은 그린버그와 함께 이 프로젝트를 진행하며 긴밀히 협업했다. 랭은 빛이 뇌와 신체 발달에 미치는 영향이 밝혀지면서 일주기 조명의 장점도 늘어났다고 말했다. 태아의 발달 과정에서 ipRGC는 막대세포와 원뿔세포보다 먼저 빛에 반응하기 시작한다. 이러한 초기의 빛 반응은 매우 중요한 역할을 할 수 있다. 한 생쥐 실험에서는 ipRGC를 빛으로 자극하면 뇌에서 옥시토신이 분비되어 시냅스 형성과 학습이 시작된다는 사실이 밝혀졌다. 병원 복도를 따라 신생아 집중치료실로 이동하는 길에 랭은 일부 연구에서 자폐증, 조현병, 그 외 다양한 질환의 발생과 출생 계절 사이의 연관성이 제기된다는 점도 덧붙였다. 과학자들은 면역 기능과 관련해서도 비슷한 연관성을 발견했다. 계절에 따른 차이에는 발달 초기의 빛 노출량 차이도 포함될 수 있다.

지금까지의 연구 결과는 상관관계를 나타낼 뿐 계절적 시기가 특정 질환의 원인이라는 증거는 되지 못한다. 하지만 이는 매우 흥미로운 연결고리다. "우리는 광 자극이 특히 태아의 신경 발달에 관여한다는 증거를 수집하고 있습니다"라고 랭은 말했다. 청색광과 자색광은 안구와 뇌의 건강한 발달에 꼭 필요한 성분일 수 있다.[7] 이들 두 파장의 수치는 1년 동안 해의 길이가 변함에 따라 계속해서 달라진다. 다시 말하지만, 오늘날의 실내 환경에는 자색과 청색 파장이 거의 존재하지 않는다. 그린버그의 연구팀은 신생아 집중치료실의 새 조명 시스템에 이 두 가지 파장 대역을 추가했다.

우리가 처음으로 방문한 곳은 52호실이었다. 터키색이 포인트로 들어간 하얀 벽지에는 섬세한 잎사귀 무늬가 그려져 있었다. 사각형 모양의 가변형 LED 조명이 한쪽 벽에서 천장을 비추었다. 빛이 새하얀 천장에 부딪혀 사방으로 흩어졌다. 해당 프로젝트에 참여한 브레넌은 병원을 둘러보는 날에도 그의 첨단 분광기를 가지고 왔다. 당연하게도 분광기는 시애틀의 식료품점에서보다 훨씬 더 많은 광자를 포착했다. 브레넌이 기다렸다는 듯이 분광기를 내밀었다. 조도는 약 1400럭스였고, 파장 스펙트럼은 보라색, 파란색, 빨간색 부분에서 우뚝 솟아 있었다.

내가 방문한 지 약 1년이 지났을 무렵 새로운 환자 매디슨 휘프가 신생아 집중치료실에 들어왔다. 매디슨은 10주가량 일찍 태어난 여자아이였다. 다운증후군, 위장관 기형, 심장 및 폐 기능 이상 등 여러 합병증을 앓고 있었다. 의사들은 매디슨의 생존 가능성을 1퍼센트 미만으로 진단했다. 생후 2일째가 되던 날, 매디슨은 수술을 위해 비행기를 타고 신시내티 아동병원으로 날아왔다. 매디슨은 이후 5개월 동안 병원에 머물렀다. 매일 아침이면 병실의 조명은 서서히 밝아졌고 정오에 정점에 달했다가 저녁 무렵 옅어졌다. 2022년 12월 23일, 매디슨은 부모님의 기대보다 몇 달 앞서 퇴원해 고향 집에서 크리스마스를 맞았다. 이후 매디슨은 '기적의 휘프'라는 별명을 얻게 됐다.

2023년 1월 말 매디슨이 생후 7개월 차가 됐을 때 나는 그녀의 아버지인 키렌 휘프Kylen Whipp를 만나 이야기를 나누었다. "조명 때문인지는 모르겠지만, 매디슨은 낮에 정말 좋은 패턴을 유지했습니다. 이제는 밤에도 깨지 않고 자고요." 그는 퇴원하기 전부터 매디슨에게 이미 '그 패턴이 자리 잡은 상태'였다고 말했다. 가족들은 조명이 매디슨의 생존과 이른 퇴원, 규칙적인 리듬에 어떤 영향을 미쳤는지 영영 알 수 없겠지만, 과학은 계속해서 밤낮의 대비가 주는 이로움을 증명하고 있다.

랭은 신생아 집중치료실에 가변형 조명을 설치하는 프로젝트를 진행하기 훨씬 전부터 임신부들에게 뱃속 태아와 함께 모든 스펙트럼의 빛을 받을 수 있도록 야외에서 시간을 보내라고 조언해왔다. 엄마가 건강한 리듬을 유지하면, 아기가 집중치료실에 갈 확률도 낮출 수 있기 때문이다. 랭을 비롯한 전문가들은 발달 중인 영아에게 일관된 일주기 신호를 꾸준히 제공하는 것이 중요하다고 강조했다. 이러한 신호에는 모유 수유를 통한 전달도 포함되지만, 신생아 집중치료실에 머무는 매우 이르게 태어난 초미숙아는 대개 초기에는 모유를 먹지 못한다. 상태가 서서히 회복되기 시작하면 그때 모유가 공급된다. 하지만 아기에게 주요한 시간 신호가 될 수 있는 엄마의 호르몬은 모유가 보관되고 합쳐지는 과정에서 다시 한번 희석된다. 앞서 배웠듯이 우리 일주기 체계는 여러 경로를 통해 같은 정보를 중복해서 수집하도록 진화했다. 현대사회에서 모든 차이트게버를 딱 맞게 전달하기는 어렵겠지만, 한두 가지만 제대로 조절해줘도 아기가 생체리듬을 형성하는 데 큰 도움이 될 수 있다.

　브레넌은 하루 동안 침대에 누워 있는 아기의 눈을 비추기에 적당한 빛 배합을 구하기 위해, 랭의 팀원들에게 병원 옥상에서 일광 정보를 수집해달라고 부탁했다. 랭의 팀원들은 그가 부탁한 대로 병원에서 가장 높은 연구동 건물 꼭대기에 검은색의 작은 유리 구체를 설치했다. 구체는 매일 분 단위로 신시내티 상공에서 빛의 스펙트럼과 밝기 정보를 수집해, 연결된 약 60미터 길이의 광섬유 케이블을 통해 건물 내부에 있는 분광기로 전달한다. 연구동 건물

위의 검은 공은 그리니치 천문대 꼭대기에 있는 붉은 공보다 훨씬 작지만, 그와 마찬가지로 인상적인 360도 전망을 자랑한다. 도시의 마천루 꼭대기와 남쪽의 켄터키 경계선, 북서쪽의 동물원 코끼리관까지 모두 내려다볼 수 있다.

이 센서가 신시내티 상공에서 수집한 데이터는 앵커리지나 두바이 상공에서 수집한 것과는 다를 것이다. "일광이 기준인 건 확실합니다. 그런데 어느 곳의 일광을 기준으로 해야 할까요?" 브레넌은 위도, 기후, 지리에 따른 환경적 차이를 이야기했다. 이 차이를 인식한 브레넌과 워싱턴대학교의 연구팀은 세계 각지의 자연광 데이터를 모으기 시작했다. 몇 달 후, 나는 시애틀에 있는 워싱턴대학교 옥상에서 브레넌을 다시 만났다. 연구팀은 현재 콜로라도와 스페인 등 다른 지역에서도 같은 작업을 진행하고 있다. 목표는 학교와 회사, 병원 등의 건물에서 특정 지역의 환경을 비슷하게 재현할 수 있는 실내조명 배합법을 개발하는 것이다. "극지방의 짧은 해나 화재 연기로 뒤덮인 희뿌연 하늘을 모방하려는 사람은 많지 않을 겁니다"라고 브레넌은 말했다. 지역을 선택해 조명 환경을 설정할 수 있다면 나는 비가 많고 흐린 날이 많은 시애틀이 아니라 햇빛이 더 풍부하고 맑은 새크라멘토 같은 지역을 택하고 싶다.

빛만 바꿨는데, 요양원이 달라졌다

미키마우스와 미니마우스는 창턱에 앉아 환하게 웃고 있었다. 두 인형은 캘리포니아의 햇살에 힘입어 만족스러운 듯 고개를 끄덕거렸다. 창에서 열 발자국쯤 떨어진 곳에서는 한 여인이 휠체어에 앉아 드라마에 열중하고 있었다. 그녀는 빙고에서 이긴 후 방으로 돌아온 참이었고, 이제 곧 복도를 따라 점심 식사 장소인 카페로 이동할 예정이었다. 새크라멘토 ACC 요양원 사람들은 여인의 방 앞을 지나는 복도를 '대나무길'이라고 부른다. 요양원이 24시간 켜놓던 대나무길의 형광등을 가변형 LED로 교체한 이후, 그녀를 비롯한 입소자들의 수면과 기분이 크게 개선됐다. 관리자인 멜라니 세가는 거의 항상 화를 내던 입소자가 지금은 '마음의 안식처'를 찾은 사람처럼 보인다며 이렇게 말했다. "그건 치매 환자에게 최상의 상태예요."

우리에게는 삶의 첫날부터 마지막 날까지 빛이 필요하다. 85세가 되면 25세 때보다 일곱 배 더 강한 조도의 빛을 받아야 생체시계를 자극할 수 있다. 수정체 황변과 백내장은 빛 스펙트럼 중에서 청색 대역을 가장 많이 걸러낸다. 동공 수축, 실내 생활 증가, 노화로 인한 뇌 손상이 함께 작용하여 생체시계의 부정합, 일주기 리듬의 진폭 감소, 불규칙한 수면 패턴, 인지 저하라는 악순환을 일으킨다. 과학자들은 이 악순환의 속도를 늦추는 방법을 찾고 있다. 한 연구에서는[8] 백내장을 제거했을 때 치매 위험이 30퍼센트 낮아진 것으로 나타났다. 수많은 논문이 적절한 시기에 적절한 빛을 제공하면 긍정적 효과를 얻을 수 있음을 보여준다. 피게이로와 다른 전문가들이 진행한 연구에서도 밤낮의 강력한 명암 대비가 알츠하이머병과 파킨슨병 환자들의 기분과 수면을 개선하는 것으로 나타났다.

2014년, ACC 요양원의 의료 담당자로 새로 부임한 스콧 스트링거Scott Stringer는 행동 장애와 우울증을 앓는 입소자들에게 몇 시간 동안 아침 햇볕을 쬐라는 특이한 처방을 내렸다. 1년에 265일이 맑은 새크라멘토에서는 가능한 처방이었지만, 수용 인원이 99명에 이르는 시설에서 모든 사람이 매일 안뜰로 나와 필요한 만큼 햇빛을 받는 것은 쉽지 않은 일이었다. 요양원 건물에는 내가 덴마크 요양원에서 본 것 같은 커다란 창문도 없었다. 다행히 요양원에 일주기 조명이 도입되면서 스트링거는 외출이 어려운 환자에게도 아침 햇살을 처방할 수 있게 되었다.

인공광을 조절하는 방식은 고령층, 특히 치매 환자의 일주기 리듬을 바로잡는 데 유용한 비약물적 도구가 될 수 있다. 스트링거는 불가피하게 줄어드는 일주기 신호를 가변형 LED로 보상할 수 있다면, 이 기술로 입소자들의 삶의 질을 높이고 의료 비용을 절감할 수 있을 거라고 말했다.

2017년에 내가 ACC 요양원을 방문했을 때 그곳의 몇몇 입소자 방과 '벚나무길'로 불리는 근처 복도, 그 밖의 여러 구역에 가변형 LED 설치를 막 끝낸 상태였다. 미국 에너지부의 예비 연구에 따르면 복도에 형광등이 설치되어 있던 때보다 에너지 사용량은 68퍼센트 감소했고, 2개 호실에 거주하는 세 입소자가 소리치고 흥분하고 울부짖는 횟수가 이전 3개월에 비해 현저히 감소했다. 요양 보호사들은 이들이 밤새 잠자기 시작했다고 말했다. "사실 전에는 조명에 별생각이 없었어요. 하지만 입소자들의 변화를 보고 나서부터는 신봉자가 됐습니다"라고 세가는 말했다. 벚나무길에 가변형 LED를 설치한 이후로는 다른 구역의 입소자들도 이 근처에서 시간을 보내기 시작했다. "그 입소자의 가족들도 방에 조명이 언제 설치될 예정인지 알고 싶어 했어요."

요양원은 시설 전반을 개보수하면서 복도, 공용 공간, 거주 공간, 욕실 조명을 가변형 LED로 교체했고, 에너지부는 후속 연구를 진행했다. 연구원들은 복도를 무작위로 선정해 일부는 하루 동안 조명의 밝기와 색상이 바뀌도록 설정하고, 나머지는 기존 형광등과 비슷한 불빛을 유지하도록 설정했다. 변하는 빛에 노출된 입소자 가운데 수면 장애를 경험한 사람의 숫자는 고정된 빛을 받은 그룹의 절반 수준이었다.

통계에 따르면 전 세계 수많은 요양원이 조명 교체의 효과를 누릴 수 있을 듯하다. 노르웨이에서 15곳의 요양원을 조사한 결과, '모든' 치매 병동에 멜라놉신을 자극하는 빛이 부족한 것으로 나타났다. 스티브 로클리가 위스콘신주의 요양원[9] 두 쌍을 비교한 결과를 보면, 가변형 LED 조명을 설치한 곳에서는 낙상 사고 발생률이 43퍼센트나 감소했다. 가변형 조명의 밝기가 상대적으로 어두워지는 야간 시간대에 낙상 감소 폭이 더 컸기 때문에 시력 변화 때문이라고 보기 어려웠다.

로클리는 가변형 조명도 좋지만, 더 저렴한 조명으로 간단하게 해결할 수 있는 문제도 많다고 했다. 그는 수면 문제를 겪기 쉬운 후천성 뇌 손상 환자들을 대상으로 호주에서 진행한 연구를 예로 들었다. 연구팀은 환자의 집에 직접 찾아가 설치된 전구들을 교체했다. 천장 조명은 청색 계열의 고출력 전구로 바꾸고, 침대 머리맡에 있는 탁상 램프에는 적색 계열의 저출력 전구를 끼웠다. 이는 모두 지역 철물점에서 구매한 제품이었다. 연구팀은 환자들에게 낮에는 천장 조명을 사용하고, 밤에는 탁상 램프를 사용하도록 지시했다. 8주 후, 새 조명을 사용한 환자들의 수면 상태는 눈에 띄게 개선됐다. 로클리는 이렇게 말했다. "꼭 자동화 시스템을 써야 하는 건 아닙니다. 눈은 빛이 자동으로 조절되는지에는 관심이 없어요. 중요한 건 눈에 닿는 광자 그 자체입니다."

11장
내 몸의 시계를 재설계하다

친구들에게 몸속의 작고 놀라운 시계를 어떻게 돌봐야 하는지 설교한 것이 무색하게, 나는 여전히 정기적으로 시애틀의 잠 못 이루는 밤에 시달렸다. 규칙적인 생활에도 불구하고 실패를 거듭했다. '내가 일주기 리듬을 제대로 실천하고 있는 건가?' 스스로에 대한 철저한 점검이 필요한 시점이었다.

2월의 시애틀 하늘답게 흐린 어느 날, 나는 자체적으로 빛 노출량을 평가했다. 멜라노픽 EDI 권장 기준은 낮 250럭스 이상, 저녁 10럭스 미만, 취침 시 1럭스 미만이다. 과연 나의 하루는 이 기준을 얼마나 만족하고 있을까? 운 좋게도 내 책상 옆에는 동남향으로 난 전망창이 있다. 창유리에는 건강한 파장을 차단하는 전형적인 에너지 효율 코팅도 되어 있지 않았다. 게다가 햇빛이나 전망을 가리는 건물도 없었다. 단지 길 건너편에 지빠귀가 드나들고 까마귀가 앉아 우는 커다란 삼나무와 단풍나무가 몇 그루 있을 뿐이었다. 또 작은 발코니로 통하는 유리문과 주방 창문도 있었다. 햇빛은 나의 아담한 집으로 쏟아져 들어온다. 나는 이것으로 내 눈에 충분한 광자를 공급하고 있다고 생각했다. 틀린 말은 아니었다. 하지만 100퍼센트 맞는 말도 아니었다.

그날 아침 하늘은 아주 밝은 연회색 빛깔이었다. 나는 최근에 블루 아이리스 랩Blue Iris Labs의 대표인 에릭 페이지Erik Page로부터 그가 만든 연구용 분광기 '스펙Speck'이라는 시제품을 받았다. 그 장치는 둥근 삼각형 모양으로 너비는 2.5센티미터쯤 되었다. 외장재로 사용된 검은색 플라스틱 정중앙에는 하얀 점이 찍혀 있었다. 아담한 LYS 센서보다 더 눈에 띄는 만큼 기능도 훨씬 더 많았다. 포털 사이트에 접속하면 분광기가 수집한 광자의 스펙트럼, 밝기, 멜라노픽 EDI 계산 결과 등을 거의 실시간으로, 알록달록한 그래프와 함께 볼 수 있었다. 페이지는 내게 우리 몸은 늘 시각적·비시각적 체계를 통해 이 같은 데이터를 기록하고 있지만, 우리는 그 사실을 인식하지 못한다고 말했다. 그래서 나는 스펙의 도움을 받아 이를 인식해보기로 했다.

내 몸이 받는 빛, 충분한가

나는 장치 위쪽에 난 작은 구멍에 끈을 끼워 목에 걸었다. 이제 스펙은 내 셔츠에 매달려 있는 LYS 센서와 함께 내가 받는 빛을 주기적으로 측정할 것이다. 나는 플로어 스탠드에 필립스의 스마트 조명인 휴Hue 전구를 끼워, 최대한 밝고 파랗게 설정해 낮 시간대의 부족한 자연광을 인공광으로 보충하고 있었다. 책상 위에 있는 작은 스탠드도 밝기를 최대로 설정해둔 상태였다. 나는 추가로 주방과 식당 천장에 달린 조명까지 밝혔다. 눈으로 보기에는 집이 굉장히 환해 보였다. 그러나 거실 한가운데, 3개의 창문이 보이고 빛도 많이 들어오는 곳에 서 있었는데도 멜라노픽 EDI는 75럭스에 불과했다. LYS 앱도 "이 빛을 받으면 졸릴 수 있습니다"라며 결과에 동의했다.

괜찮다. 평소에 내가 거실 중앙에 서 있는 것도 아니니 딱히 문제 될 건 없었다. 나는 왼쪽 구석으로 발을 옮겨, 거실 전면의 큰 창 옆자리를 차지하고 있는 작업 공간으로 향했다. 해가 있는 동안, 내가 진짜 대부분 시간을 보내는 장소는 바로 이곳이었다. 나는 창문 중앙으로 다가가 한 발자국 떨어진 곳에 멈춰 섰다. 역시 예상대로였다. 스펙에 표시된 멜라노픽 EDI 수치가 1만 1000럭스까지 치솟았다. 창문에서 한 걸음씩 물러나 책상이 있는 곳까지 다다르자 수치가 4500럭스로 떨어졌다. 책상을 끼고 왼쪽으로 90도를 꺾어 컴퓨터가 있는 곳으로 향했다. 스펙에 표시된 수치가 약 800럭스로 훅 떨어졌다. 마지막으로 창문과 평행하게 한 걸음을 이동해 모니터 앞에 앉았다. 수치는 150럭스 이하로 곤두박질쳤다. 그럴 리가 없었다. 나는 지나온 경로를 되짚어가면서 다시 한

번 수치를 확인했다. 주춤거리며 몇 걸음을 옮기고 나니, 여지없이 내 ipRGC에 어둠이 드리워졌다.

충격적이고 혼란스러웠지만, 일단 머리를 식히기로 했다. 그리고 내 ipRGC에 보상도 좀 해주고 싶었다. 옷을 두껍게 챙겨 입고 스펙을 목에 건 채 집을 나섰다. 길 건너 공원을 거니는 동안, 구름 뒤에서 태양이 서너 번 고개를 내밀어 내 얼굴과 스펙을 따스하게 비췄다. 데이터에 집착하는 성미가 발동해 빨리 확인하고 싶단 생각이 간절해졌다. 결국 짧은 산책을 마치고 집으로 돌아와 포털 사이트에 접속했다. 해가 드러난 순간의 멜라노픽 EDI는 2만 9000럭스 이상이었다. 애초에 산책하는 동안의 전반적인 수치가 집 안 어디에서 측정한 것보다 월등히 높았다. 하지만 컴퓨터 앞에 앉아 있는 지금은 다시 100럭스 근처를 맴돌고 있다.

나는 이후 며칠 동안, 빛을 밀착 감시했다. 컴퓨터 화면에는 항상 스펙의 데이터를 표시하는 창이 열려 있었다. 한번은 스펙을 제3의 눈으로, 정확히는 제3 광수용체로 쓰기 위해 이마에 걸친 채로 공원을 산책하기도 했다. 그날 친구와 나는 정말 많이 웃었다. 다행히도 지나치게 이상하게 쳐다보는 사람은 별로 없었다. 구름 없이 맑은 날에도 빛 노출량을 측정해봤다. 야외에서 측정한 멜라노픽 EDI는 약 8만 럭스를 기록했다. 그러나 맑은 날에도 책상 앞은 여전히 200럭스 초반으로 권장 기준을 만족하지 못했다. 도대체 뭐가 문제인 걸까? 나는 실험을 통해 알아보기로 했다.

창문을 통과해 실내에 도달한 빛의 광사는 사빙으로 빼르게 흩어지면서 멀리 가지 못하고 밝기가 빠르게 줄어든다. 그러나 밝은색으로 칠해지거나 거울이 부착된 벽, 천장, 바닥, 가구라면 빛을 반사하고 증폭시켜 전체 조도를 높이는 데 도움이 된다. 내 책상은 창문에서 불과 몇 걸음 떨어져 있지만, 창문이 정확히 내 시선 정면에 있지 않았다. 책상을 벽에서 한 발자국 떨어트려, 눈앞에 창문이 보이게 하자 조도가 급증했다. 옅은 구름에 해가 가려져 있었는데도, 멜라노픽 EDI가 400~500럭스 사이를 유지했다. 몸을 돌려 창밖을 볼 때마다 측정값이 네 자리로 뛰어올랐다. 창밖을 직접 바라볼 때 눈에 들어오는 자연광은 실내 공간에 반사되어 들어오는 자연광보다 훨씬 더 강력한 효과가 있다고 했던 리사 혜송의 말이 떠올랐다. 그제야 나는 키 큰 삼나무 위를 날아다니며 옥신각신하는 흰머리 수리와 까마귀를 구경하려고 멈춰 섰던 때나 외발자전거를 타고 저글링을 하며 산책로를 달리는 소년을 보려고 창가에 머물렀던 시간처럼 스스로 산만함으로 치부했던 순간에도 뜻밖의 '밝은' 효과가 있었다는 사실을 깨달았다. 마음이 겸허해지는 한편, 내 '제3의 눈'에 빛이 충분히 닿지 않은 이유도 명확해졌다. 최근에는 이처럼 이따금 눈에 넣어주는 풍부한 일광과 조망에도 이름이 있다는 것을 알게 되었다. 혜송은 이런 빛과 풍경을 '일주기 간식'이라 불렀다.

  가구 배치를 조금 바꾸는 걸로 모든 문제가 해결되지는 않았다. 시애틀 사람들이 '빅 다크Big Dark'라고 부르는 시기가 되자 짙은 먹구름은 낮을 밤으로 바꿔놓았고 책상에서 측정한 멜라노픽

EDI는 다시 두 자릿수로 곤두박질쳤다. 날씨와 상관없이 태양이 창틀 안 풍경에서 사라지는 늦은 오후가 되면 조도가 크게 떨어졌다. 겨울에는 햇빛이 강한 날에도 오후 중반쯤부터 멜라노픽 EDI는 250럭스 이하로 떨어졌다. 최소한 빛이 가장 중요한 아침 시간에라도 책상에서 받는 광자를 늘리기 위해 노트북과 보조 모니터의 밝기를 높이고 소형 광치료 조명도 추가했다. 그러자 아주 어두운 날에도 수치가 400대로 유지됐다. 눈에 편한 빛을 내는 바이오스 라이팅의 스카이뷰 탁상 스탠드도 사용해봤다. 이 스탠드는 수제 제작한 유리를 통해 '하늘색' 색조의 빛이 퍼져 나왔다. 일광 설정 메뉴에서 조절 바를 이용해 색온도를 변경할 수 있었다. 스카이뷰 스탠드만 켜놓고 앉아 있어도 멜라노픽 EDI가 500럭스 이상으로 올라갔다. 이제 나는 어둠을 무찌르고, 이상적으로는 겨울철의 잦은 우울감까지 물리쳐줄 여러 무기를 확보하게 되었다.

  스펙이 보여주는 수치를 보고 나니 밖에 더 자주 나가고 싶은 동기도 생겼다. 어느 날 오후 발코니에 앉아 햇빛을 받자 멜라노픽 EDI가 7만 럭스까지 올라갔다. 나는 보라색으로 물들인 선글라스를 가져와 스펙 센서 앞에 갖다 댔다. 여전히 높긴 했지만, 그래도 수치가 5000으로 떨어졌다. 모자 밑에서 측정한 수치도 이와 비슷했다. 나는 해가 없는 흐린 날에 같은 테스트를 한 번 더 진행했다. 구름 낀 날에도 자연이 만든 일주기 조명의 힘은 듣던 대로 매우 강력했다. 스펙이 기록한 수치는 약 1600럭스였다. 하지만 선글라스를 갖다 대자 200럭스 밑으로 떨어졌고, 블루라이트 차단 안경

밑에서는 100럭스 미만으로 떨어졌다. 나는 데이터를 보고 다짐했다. 맑은 날에는 실눈을 뜨고 다니고 싶지는 않으니 선글라스를 계속 쓰겠지만, 전문가의 조언에 따라 특정 시간, 특히 오전에는 눈앞에서 치울 것이다. 그리고 낮에 블루라이트 차단 안경은 절대 쓰지 않을 것이다.

어떤 사람들은 안과 의사의 말을 듣고 특히 컴퓨터를 사용할 때 시력을 보호하려면 낮에도 블루라이트 차단 렌즈를 써야 한다고 믿는다. 태평양 북서부 국립연구소의 조명 연구 기술자 안드레아 윌커슨Andrea Wilkerson은 이를 상술로 이용하는 의사들이 있다며 날을 세웠다. 미국안과학회는 디지털 화면이 방출하는 수준의 블루라이트(청색광)가 시력 손상이나 눈의 피로를 유발한 사례가 없다고 말한다. 하지만 종일 블루라이트 차단 안경을 쓰고 있으면, 멜라놉신을 자극하는 청색광이 ipRGC까지 도달하지 못할 수 있다. 그래서 나는 낮 동안 최대한 많은 빛을 쬐기로 마음먹었다. 그 이유 중 하나는, 밤에 해로운 빛으로부터 나를 보호해줄 '광자의 방어막'을 낮 동안 쌓아두기 위해서다. 물론 블루라이트 차단 안경을 밤에 쓰는 것은 적절하다.

빛의 균형, 낮과 밤 50 대 1

나는 지금 밤 9시가 조금 넘은 시각에 이 글을 쓰고 있다. 집

안의 다른 공간은 멜라노픽 EDI가 1럭스 미만일 정도로 어둡지만, 나와 함께 모니터 앞에 있는 스펙은 71럭스를 기록하고 있다. 노트북 화면 밝기를 낮추고, 윈도우 야간 모드를 켜서 색온도와 대비를 조정하니 수치가 13럭스로 떨어진다. 여전히 야간 권장 기준 최대치인 10럭스보다 높다. 스펙과 화면 사이에 블루라이트 차단 안경을 갖다 댔더니 4럭스로 떨어져 드디어 기준치를 만족했다. 스마트폰 화면으로 테스트했을 때도 같은 순서로 비슷한 숫자가 나타났다.

모든 블루라이트 차단 안경이 다 똑같지는 않다. 확실히 차이가 나는 부분은 렌즈의 선명도다. 사회적으로 착용하기에 불편한 색감일 수도 있지만, 충분한 양의 청색광을 차단하려면 렌즈에 노랑이나 주황 계열의 색조를 입혀야 한다. 솔직히 말하자면, 내가 쓰는 안경이 세상의 예쁜 파란색들을 칙칙한 회색으로 바꿔놓을 때마다 썩 유쾌하진 않다. 마치 벙커 안 무채색 블루베리나 타자기 같은 밋밋한 색감을 떠올리게 하니까. 다행히 미래에는 이런 거슬리는 부분이 해결될지도 모른다. 공학자들은 조명의 파장을 조작하는 방법을 연구하고 있을 뿐 아니라, 빛의 외관을 바꾸지 않고 특정 파장을 걸러내거나 강화할 수 있는 디지털 화면, 안경, 여러 다른 도구도 함께 개발하고 있다.

디지털 화면이 방출하는 청색광에 대한 사회적 우려가 크지 않았을 때 로나Lorna와 마이클 허프Michael Herf 부부는 컴퓨터 화면의 색온도를 조정하는 최초의 소프트웨어 '플럭스f.lux'를 개발했다.

플럭스는 수면 조명 앱인 나이트 라이트Night Light보다도 먼저 출시됐다. 부부가 로스앤젤레스에 거주하고 있을 때, 아내인 로나는 다락에서 종종 그림을 그렸다. 이들은 다락을 개조하면서 캔버스를 비추는 위치에 태양광 풀 스펙트럼 조명을 설치했다. 일주기 리듬이 바라는 대비와 정반대로, 물감의 색은 조명 아래서 낮에도 밤에도 한결같이 유지됐다.

2008년 어느 날 밤, 로나는 다락에서 내려와 벽난로 앞에 앉아 있는 남편 곁으로 갔다. 창문과 백열등을 통해 들어온 따뜻한 저녁빛이 공간을 감싸고 있었다. 구글에서 소프트웨어 엔지니어였던 마이클은 노트북으로 작업 중이었다. 그런데 로나는 노트북 화면에서 다락 조명과 매우 비슷한, 강렬하고 차가운 빛이 뿜어져 나오는 것을 보고 깜짝 놀랐다. 로나는 마이클에게 화면 색이 이상하다며 이렇게 말했다. "당신 노트북은 아직 대낮인 것 같아." 마이클은 웃으며 대답했다. "그건 내가 손볼 수 있어."

마이클은 2008년에 구글을 떠나 로나와 함께 플럭스의 최초 버전을 출시했다. "원래 목적은 예술 프로젝트였어요"라고 로나가 말했다. "그러다 '세상에나, 전자기기를 코앞에 갖다 대고 쓰는 사람들이, 특히 아이들이 이렇게 많다고?'라는 걸 깨닫고, 그때부터 과학적으로 접근하기 시작했어요." 모든 사람이 어느새 빛의 홍수에 빠지게 됐다고 로나와 마이클은 말했다.

화면에서 나오는 짧은 파장 빛(블루라이트)을 줄이면 멜라놉신을 자극하는 효과도 줄일 수 있다. 하지만 대부분 전문가는 그 효과가 크지 않다고 말한다. 멜라놉신은 약 480나노미터(푸른색 계열)의 파장에 가장 민감하지만, 다른 파장 대역에도 반응한다. 다만 480나노미터에서 멀어질수록 같은 자극을 주려면 더 밝은 빛이 필요하다. 또한 원뿔세포가 일주기 리듬에 관여하는 방식은 아직 정확히 밝혀지지 않았다. 원뿔세포는 다양한 파장에 민감하게 반응하고, 틱톡이나 영화 스트리밍처럼 빛의 대비가 심하거나 빠르게 깜박이는 영상을 볼 때 더 큰 자극을 받을 수 있다. 결국 화면의 밝기를 낮추는 것만으로도 우리 몸에 밤을 알리는 쉽고 효과적인 방법이 될 수 있다. 스펙으로 테스트한 결과, 스마트폰 화면 밝기를 최소로 낮췄을 때 어두운 침실에서 보기에 충분히 밝았음에도 멜라노픽 EDI가 1럭스 밑으로 떨어졌다. 심지어 스마트폰 야간 모드도 켜져 있지 않았다. 덕분에 나는 야심한 시각에 온라인 쇼핑을 하면서도 옷 색깔을 제대로 볼 수 있었다. 물론 이 역시 내 생체리듬 관리에 별로 좋지 않다는 건 나도 잘 안다.

로나와 마이클은 플럭스 같은 프로그램만으로 일주기 체계에 필요한 낮과 밤의 대비를 구현할 수 없다는 사실을 깨달았다. 우리가 하루 동안 흡수하는 모든 광자를 고려해야 한다. "낮이 밤보다 백 배 밝다면, 일주기 체계가 작동하는 데 별 무리가 없을 겁니다. 하지만 그 차이가 단 두 배라면 문제가 되겠죠." 마이클은 집에 소프트웨어로 제어할 수 있는 조명을 설치해 '낮과 밤의 차이를 약 50 대 1로 유지'하고 있다고 했다. 마이클은 밤새우기를 밥 먹듯이 한다는 자칭 올빼미형 친구들이 집에 놀러 온 이야기를 해줬다.

"그날 친구들은 저녁 9시 반에 우리 집 소파에서 곯아떨어졌어요."

나는 전문가들에게 야간 광자를 줄이는 팁 몇 가지를 추가로 얻었다. 우리 집에는 전기 양초 18개가 비치되어 있다. 양초의 가짜 불꽃은 리모컨으로 켜고 끌 수 있다. 지금 켜져 있는 다른 조명은 탁상 스탠드와 조리대 밑에 있는 주방 조명뿐이다. 탁상 스탠드에는 3단 조절형 전구를 끼워 가장 약하고 따뜻한 빛으로 설정해놓았다. 공간이 아늑한, 코펜하겐 친구들 말로 표현하자면 '휘게hygge'한 느낌이다. 욕실 조명은 내가 고장 난 전구를 방치한 탓에 3개 중 2개에만 불이 들어온다. 그런데도 욕실 거울 앞에서 내가 받는 빛의 멜라노픽 EDI가 20럭스라는 사실을 알고 나서부터는 밤에도 욕실 조명을 켜는 일을 피하고 있다. 대신 전동 칫솔 옆자리에 호박색 빛을 내는 야간 조명을 추가했다. 야간 조명만 켜도 양치질하거나 밤늦게 화장실을 이용하는 데 무리가 없다. 그리고 말인데, 전 남자친구가 설치해둔 빨간색 화장실 조명도 꽤 괜찮았다고 생각한다. 나는 블루라이트 차단 안경을 쓰는 것보다 이런 식으로 주변 환경을 바꿔나가는 방식이 훨씬 더 마음에 든다. 물론 밤늦게 컴퓨터를 써야 할 때는 안경을 쓰겠지만, 이 책을 마무리하고 나면 쓰는 일을 줄이고 싶다. 요즘 나는 잠자기 전에 침대에서 조명을 켜고 책을 보는 대신 오디오북을 듣는다.

스펙이 확인한 바에 의하면, 해가 뜨기 전까지 내 침실의 멜라노픽 EDI는 1럭스 밑으로 유지됐다. 겨울에는 그거면 충분했다. 하지만 봄 중순부터 가을까지는 해가 나보다 먼저 일어나 커튼 사이와 주변으로 햇살을 비춰 내 눈에 도달하는 광자를 늘릴 게 분명했다. 나는 이에 대비해 침실 커튼을 두꺼운 암막 커튼으로 교체하고, 속눈썹이 눌리지 않게 홈이 파인 편안한 종류의 생애 첫 수면 안대를 마련했다.

한편 나는 점검의 범위를 넓힐 때가 됐다. 우리 일주기 리듬은 식사 시간, 카페인과 알코올 섭취량, 수면 일정 등 매일 다양한 요소의 영향을 받는다. 태평양 북서부 국립연구소의 안드레아 윌커슨은 조명 문제를 다룰 때 어느 한쪽으로만 치우쳐서는 안 된다고 말했다. 윌커슨은 내게 '그런 행동의 모순성'을 조명한 글이라며 《디 어니언The Onion》에 실린 풍자 기사를 공유해줬다.[1] 기사 제목은 "하루에 커피 6잔을 마시면서 자기 전에 블루라이트를 안 보려고 애쓰는 여자"였다. 맞는 말이었다. 내 일주기 문제에도 여러 용의자가 연루되어 있을 가능성이 컸다.

규칙적인 하루가 우리 몸을 살린다

나는 다음 단계로 내 식사 패턴과 음주 습관에 대한 솔직한 평가를 진행했다. 즉, 내가 무엇을 언제 몸에 넣었는지 기록했다는 뜻이다.

내가 귀리 우유를 넣은 커피 한 모금을 삼킬 때부터 그날의 마지막 한입을 먹거나 마시기까지는 대략 13~14시간이 걸렸다.

약속이 있는 날에는 열량 섭취 시간이 15~16시간으로 늘어났다. 삼시 세끼를 먹는 시간에는 문제가 없어 보였다. 보통 아침 식사는 오전 9시쯤 먹었고 저녁 식사는 오후 8시쯤 마쳤다. 문제는 아침에 마시는 카페인 음료, 저녁에 마시는 알코올성 음료, 밤늦게 먹는 간식이었다. 알다시피 한 방울이든 한 톨이든 몸속에 들어가면 공복 유지 시간은 줄어든다.

나는 지속 가능한 방식으로 식단을 개선하기 위해 전문가들에게 조언을 구했다. 아직 커피나 와인, 사회적 관계를 완전히 끊을 마음의 준비는 되어 있지 않았다. 소크연구소의 에밀리 마누지안은 아침에 따뜻한 물 한 잔을 마시면 커피를 마시고픈 욕구가 놀라울 만큼 늦춰진다고 말했다. 그때는 선뜻 믿기지 않아서 아침 첫 잔은 블랙커피로 마시면 괜찮다는, 좀 더 입맛에 맞는 조언부터 따랐다. 하지만 곧 나는 가능한 한 오래 칼로리와 카페인 섭취를 미루며 내 코르티솔과 아데노신이 아침에 자기 일을 마칠 수 있도록 도와주는 쪽으로 방향을 바꿨다. 또 입에 달고 살던 다크 초콜릿과 카페인 섭취 시간을 오전으로 제한하고, 커피는 하루에 두 잔까지만 마셨다.

술 마시는 횟수도 줄였다. 핏비트는 연구에서 밝혀진 대로 술을 마시지 않았을 때 수면의 질이 훨씬 더 높다는 사실을 재차 확인시켜줬다. 최근 며칠간은 늦은 저녁에 와인 대신 허브차를 마셨다. 간혹 술을 마실 때도 잠자기 전까지 몇 시간은 여유를 두고 마시려고 했다.

열량 섭취 시간대도 좁혔다. 마누지안은 "식사량을 줄이는 게 아니라 섭취 시간대를 좁히는 거예요. 시간대도 극단적으로 좁힐 필요가 없어요"라고 말했다. 11시간 정도로만 제한해도 긍정적 효과를 볼 수 있다. 나는 보통 대략 오전 9시 30분부터 오후 7시 30분 사이에 열량을 섭취한다. 왠지 10시간도 가능할 것 같았고, 실제로 내 몸은 비교적 빠르게 적응했다. 일주일도 채 지나지 않아서 잠들기 전에 허기를 느끼는 일도, 허기를 느끼며 일어나는 일도 사라졌다.

좋은 점은 또 있었다. 식사 시간을 앞당긴 덕분에 식당에서 할인된 가격으로 메뉴를 제공하는 해피아워를 이용할 수 있게 되었다. 하지만 이 방식을 장기간 유지하면서 사회적 관계를 유지할 수 있을지가 의문이었다. 다행히도 마누지안은 가끔씩 '치트 데이 cheat day'를 가지는 것, 그러니까 빅터 장처럼 돼지고기 바비큐 파티나 와인 파티를 즐기는 날이 있더라도 몸의 리듬이 크게 망가지지는 않는다는 것이다.

여러 전문가와 대화를 나누면서 알게 된 요령도 적용하기 시작했다. 나는 가끔 수면을 위해 멜라토닌 보충제를 복용하곤 했다. 나 같은 사람은 생각보다 흔하다. 미국에서 성인의 멜라토닌 보충제 사용량은 1999년부터 2018년까지 다섯 배 이상 증가했다. 아동의 멜라토닌 사용량도 급증하고 있다. 멜라토닌 보충제의 글로벌 매출은 2030년 35억 달러를 넘어설 것으로 전망된다. 하지만 전문가들은 멜라토닌은 수면제가 아니라며 선을 긋는다. 사실 멜라토닌은 복용량과 복용 시점에 따라 수면 문제와 일주기 교란을 악화시킬 수 있다. 또한 시중에 유통되는 수면제 중 상당수 역시 효능보다 더 큰 부작용을 일으킬 수 있다.

나는 이제 멜라토닌 보충제를 자주 쓰지 않을 뿐 아니라 믿을 만한 브랜드의 제품을 고집한다. 멜라토닌 함량은 라벨에 표시된 것과 크게 다를 수 있다. 또 신시내티 아동병원의 존 호게네쉬와 다른 전문가들의 조언을 바탕으로 2밀리그램 이하를 잠들기 두세 시간 전, 즉 체내에서 멜라토닌 수치가 자연스럽게 증가해야 하는 시점에 복용한다. 연구에 따르면 보통 성인의 체내에서 하루 동안 분비되는 멜라토닌의 최대치, 즉 1밀리그램 이하를 복용해도 5밀리그램 이상의 수면 유도 효과를 낼 수 있다. 복용량을 줄이면 다음 날 아침에 몽롱함을 느끼거나, 멜라토닌에 대한 일주기 체계의 자연스러운 반응을 교란할 위험도 낮아진다.

멜라토닌 보충제는 복용 시점에 따라 생체시계를 앞당길 수도 있고 늦출 수도 있으므로 교대 근무자와 시차 적응이 필요한 사람에게 특히 유용하다. 또 일주기가 24시간보다 약간 긴 사람에게도 도움이 될 수 있다. 잠들기 몇 시간 전, 체내에서 멜라토닌 생성이 증가하기에 앞서 멜라토닌을 복용하면 일주기 리듬을 앞당겨 더 일찍 잠들 수 있다. 하지만 같은 양이라도 잠들기 직전에 복용하면 오히려 역효과를 일으켜 리듬이 지연될 수 있다. 이는 그날 밤과 다음 날 밤의 수면을 더욱 어렵게 할 수 있다. 내가 그간 수면을 위해 자기 직전에 복용해온 멜라토닌은 내 불면증을 악화시켰을 것이다. 사실 호게네쉬가 이 사실을 알려줬을 때 나는 또다시 불면의 굴레에 빠져 있었다. 이 팁을 듣자마자 그날 밤 오후 8시에 소량의 멜라토닌을 복용했고, 오후 11시쯤 깊이 잠들 수 있었다. 불과 전날 밤만 해도 새벽 1시까지 말똥말똥 깨어 있었던 나였는데 말이다.

또한 성인의 수면에 적합한 적정 실내 온도는 섭씨 18도 정도다. 우리 몸은 밤이 되면 부분적으로 일주기 리듬의 영향을 받아, 혈관을 확장하고 심장에서 먼 곳으로 혈액을 이동시켜 심부 체온을 1, 2도가량 떨어트린다. 이 과정이 원활하게 일어나려면 주변 온도가 상대적으로 더 낮아야 한다. 나는 낮이든 밤이든 거의 항상 실내 온도를 21~22도에 맞춰놓고 지냈는데, 이는 자연스러운 기온 변화와 거리가 멀었다. 온도 조절이 필요하단 사실을 알고 나서부터 밤에 실내 온도를 낮추고, 더운 날에는 소형 냉방 장치를 사용하기 시작했다.

집에서 쉽게 따라 할 수 있는 다른 방법도 있다. 자기 전에 따뜻한 물로 목욕하면 혈류가 피부층을 지나면서 열을 방출하여 수면을 촉진할 수 있다. 신체에서 열을 가장 쉽게 방출하는 부위는 손과 발이기 때문에 손발을 따뜻하게 하면 수면에 더욱 도움이 된다. 실제로 슬립 넘버Sleep Number와 같은 매트리스 업체는 심부 체온을 낮추고 팔다리를 따뜻하게 하는 온도 조절 침대를 출시하고 있다.[2] 나는 최신식 매트리스를 마련하는 대신, 미리 손발을 따뜻하게 데우고 침대로 들어간다. 실내 온도를 낮추기 시작한 뒤로는 이 과정이 필수가 됐다. 하지만 기후변화로 야간 기온이 계속 상승하면 전 세계 사람들, 특히 고급 매트리스나 냉방 장치를 살 여유가 없는 사람들은 시원한 수면 환경을 조성하는 데 어려움을 겪게 될 것이다.

또 다른 일주기 관리 요령은 낮잠을 자되, 이른 시간에 짧게 자는 것이다. 10~20분의 짧은 낮잠은 활력과 각성도를 높이는 데 도움이 될 수 있다. 하지만 그보다 길게 자면 수면 관성 때문에 멍한 상태가 오래갈 수 있고, 뇌가 잠을 요구하는 힘(수면 압력)도 줄어들어 밤에 잠들기 더 어려워질 수 있다. 낮잠 시간이 늦어질수록, 밤잠에 방해되는 정도도 커진다. 나는 특히 햇볕을 쬐며 잠깐 산책하고 나서 짧게 낮잠을 잤을 때, 오후의 처지는 시간대를 이겨내기가 더 수월했다. 《허핑턴 포스트》 뉴스실에서 근무하던 시절에 낮잠 공간을 이용하지 않았던 게 아쉽다.

일주기 과학은 계속해서 광자를 받고 열량을 섭취하는 시간, 운동하는 시간, 잠자는 시간을 규칙적으로 유지해야 할 동기를 부여했다. 일주기 리듬은 일관성을 갈망한다. 2024년 1월, 내가 책 작업을 마무리할 무렵, 총 수면 시간보다 취침 시간의 일관성이 사망률에 더 큰 영향을 미친다는 연구 결과가 발표됐다. 같은 달에 발표된 다른 논문은 각성 시 활동량이 많을수록, 그리고 규칙적으로 일찍 편하게 잠들수록 심혈관 질환과 비만 발생률이 감소한다고 밝혔다.

일정한 생활 패턴을 유지하는 건 내게 여전히 어려운 일이다.

하지만 규칙적으로 생활하면 확실히 몸도 가볍고, 집중도 잘 되고, 기분도 좋고, 의욕도 높아진다. 나는 이 점에서 꾸준히 동기를 얻고 있다. 스마트폰에 설치한 라이즈 앱은 고마운 조력자다. 라이즈는 최근 수면 및 기상 시간을 바탕으로 멜라토닌 상승 시점을 추정하여, 이상적인 취침 시간대와 에너지의 상승, 하락 시점을 알려준다. 정확도도 굉장히 높다. 오후 중반에 눈꺼풀이 무거워질 때쯤 앱을 켜보면, 항상 에너지 레벨이 바닥을 찍고 있다. 기운이 회복되었다가 몇 시간 뒤에 다시 바닥을 지날 때쯤에는 핏비트에 표시되는 에너지와 각성도, 심박수도 떨어진다.

알람 없이 매일 같은 시간에 일어나는 데는 어느 정도 성공했다. 물론, 3월에 일광 절약 시간제로 바뀌는 기간에는 리듬이 흐트러졌다. 하지만 사회적 시계의 압박과 점점 빨라지는 일출에 못 이겨 결국 기상 시간이 앞당겨졌다. 요즘은 오전 7시 반에서 8시 사이에 일어나고, 오후 10시 반이나 11시쯤 잠자리에 든다. 수면 시점을 일정하게 유지할수록 같은 시간에 자연스럽게 잠들고 일어날 확률이 높아진다. 깨어 있는 동안에도 일주기 리듬을 지키려고 노력한다. 오전 9시 전에 잠시라도 나가서 걷기 위해 동네 커피숍까지 걸어갔다 와서 그 커피와 함께 아침을 먹는다. 라이즈 앱을 봐도, 또 내가 스스로 느끼기에도, 나는 오전 10시와 오후 6시쯤에 가장 활력이 넘친다. 그사이에 활력 보충이 필요할 때는 짧게 낮잠을 자거나 다량의 광자를 쬐고, 때로는 두 가지 방법을 동시에 사용한다. 이제는 비가 쏟아지지만 않으면, 매일 발코니에 나가 볕을 쬔다. 겨울에는 두꺼운 외투를 입고, 털모자를 쓰고, 따뜻한 차 한 잔을 들고 발코니로 나간다. 잠들기 최소 3시간 전부터 청색광을 차단하고, 열량과 알코올 섭취를 제한하고, 멜라토닌은 꼭 필요한 경우에만 복용한다. 취침 시간이 가까워지면 온도 조절기를 낮춰 실내 온도를 조절한다.

내 일주기 리듬을 관리하는 핵심 원칙을 세 가지로 압축하면 다음과 같다.

1. 오전에 빛 보기: 아침에는 되도록 알람 없이 일어나서 먼저 햇빛 혹은 그에 상응하는 빛을 20~30분 동안 쬔다. 해가 있는 동안에는 자연광을 최대한 활용한다.
2. 해가 지면 어둡게 하기: 밤에는 디지털 화면이나 다른 인공조명에 노출되는 시간을 최소화한다.
3. 밝을 때 먹기: 해가 있는 동안에만 열량을 섭취한다. 이 항목은 위도와 계절에 따라 적용 여부가 달라진다. 나처럼 취침 시간이 오후 11시쯤인 사람은 3시간 전인 **8시까지만 먹는 것**으로 대신할 수 있다.

나의 일주기 리듬 조절법은 대부분 단순하고, 조금은 뻔하기까지 하다. 하지만 이보다 훨씬 더 흥미로운 방법을 활용할 수도 있다.

커피 대신 광치료 안경

"커피 드시겠어요?" 네덜란드의 에이몬트 경찰서에 도착했을 때, 킴 아델라르가 내게 물었다. 정오가 지난 시간이라 커피를 마시면 안 됐지만 그러겠다고 했다. 이동하느라 진이 빠진 상태였기에 그날은 예외를 두기로 했다. 그런데 아델라르가 건네준 커피를 받아 들고 나서 보니, 커피가 한 잔뿐이었다. 아델라르가 말했다. "저는 커피를 마시지 않아요. 안경이 잠을 깨워주거든요."

아델라르가 가리킨 안경은 언뜻 보기에, 적어도 블루블로커 안경보다는 평범해 보였다. 검은색 플라스틱 안경테도 일반 안경과 다를 게 없었다. 굳이 꼽자면 매끈하고 스포티한 생김새가 특징이었다. 하지만 관자놀이 쪽에 있는 작은 버튼을 누르는 순간, 안경은 최첨단 장치로 변모했다. 안경테 상단부에 내장된 작은 LED 조명은 눈 쪽으로 각도를 조절해 청색광을 비춘다. 안경 하단부의 반사판이 효과를 증폭시킨다. 기본으로 장착된 연청색 렌즈를 주황색 렌즈로 교체하면, 안경은 정반대의 기능을 수행한다. 즉, 주변의 청색광이 눈에 닿지 못하도록 차단한다. 아델라르는 소속 부서에서 교대 근무를 하는 동안 그 안경 덕분에 버틸 수 있었다고 말했다.

이는 일주기 안경 제조기업인 프로피크Propeaq에서 판매하는 광치료 안경이다. 그날 나는 프로피크의 최고경영자인 투안 샤우텐스Toine Schoutens와 함께 있었다. 우리는 그의 고객들을 만나기 위해 전국 각지를 돌아다니며 긴 하루를 보내던 중이었다. 일주기 컨설팅 기업 플럭스플러스FluxPlus의 대표이기도 한 샤우텐스는 필립스 조명과 협업하여 치료용 스탠드와 기상용 조명을 소형화하는 프로젝트를 진행했다. 2010년대부터 그는 조명 소형화 기술을 다른 영역으로 확장하기 시작했다.

샤우텐스는 프로피크 안경의 고밀도 청색광을 사용하면 커다란 상자형 광치료기 앞에 앉아 있을 필요가 없다고 했다. 아침에 다른 일을 하면서도 일정한 용량의 빛을 20~30분간 받을 수 있다. 프로피크 안경은 일주기와 빛에 관한 수십 년간의 연구를 바탕으로 제작되었고, 개인적으로도 긍정적인 후기를 들었다. 하지만 프로피크 안경의 심사평가 연구 결과는 엇갈렸다. 야간 간호사를 대상으로 한 준실험 연구에서는 안경과 낮잠을 함께 활용했을 때 피로도와 생활 만족도가 개선되었지만, 야간 경비원을 대상으로 한 연구에서는 유의미한 결과가 나오지 않았다. 파킨슨병 환자를 대상으로 한 설문 조사에서는 대부분 환자가 수면, 기분, 운동 증상이 개선되었다고 답했다.

다른 기업에서도 비슷한 제품을 생산하고 있다. 시중에 나와 있는 AYO 청색광 치료 '안경'도 선택지가 될 수 있다. 영화 〈스타트렉〉에 나올 법한 디자인의 이 안경에는 렌즈 대신 청색 LED 밴드가 달려 있다. 미국 국방부는 잠수함 승조원이 기상 후 40분 동안 AYO 안경을 쓰고, 취침 전 약 두 시간 동안 다른 제조사의 블루라이트 차단 안경을 착용했을 때 수면의 질과 업무 수행 능력이 향상되었다고 밝혔다.³ 코네티컷주 그로턴에 위치한 미 해군 잠수함 의학연구소의 전 실험 심리학자 사라 샤발Sarah Chabal이 해당 연구를 이끌었다. 그녀는 잠수함에서는 24시간 교대 근무가 이뤄지기 때문에, 모두에게 동일한 빛 환경을 제공하는 조명을 설치하기보다 개개인에게 직접 착용하는 장비를 주는 것이 더 실용적이라고 말했다. 승조원들은 새로운 도구에 만족하는 듯했고, 이는 높은 준수율을 통해 입증되었다. 나는 전 잠수함 승조원인 케빈 브록먼에게 광치료 안경에 대해 아는지 물었다. 그는 당시 다른 선박의 선원들이 그 실험에 참여했다며 이렇게 말했다. "저희는 그 소식을 듣고 그 친구들을 놀리기 바빴습니다."

네덜란드의 쇼트트랙 스케이터인 야라 반 케르코프는 아델라르와 동서지간이다. 반 케르코프의 소속팀은 수년간 프로피크의 광치료 안경을 착용해왔다. 그녀는 2022년 베이징 올림픽에서 새로운 시간대에 적응하고, 경기 일정에 맞춰 컨디션을 조절하고, 시합 직전에 활력을 끌어올리는 데 안경의 역할이 컸다고 말했다. 선수들은 때와 장소에 맞게 블루라이트 제공 기능과 차단 기능을 번갈아 사용했다. 반 케르코프와 소속팀은 베이징에서 금메달을 획득하고 올림픽 기록을 경신했다. 프로피크 안경이 그들의 성공에 얼마큼 기여했는지는 알 수 없다. 물론 상당히 많은 요소가 작용했을 것이다. 그럼에도 그녀는 이렇게 말했다. "도움이 될 수 있는 걸 발견해서 정말 기뻐요. 단 1퍼센트라도 상관없습니다. 스포츠에서는 그 1퍼센트로 승부가 갈리니까요."

올림픽이 있기 몇 년 전, 아델라르는 여름을 맞아 반 케르코프에게 안경을 빌렸다. 스케이트 경기도 없고 이동할 일도 없던 시기였다. 반대로 아델라르는 통신원으로 교대 근무를 하면서 여러 시간대를 끊임없이 '이동하고' 있었다. 아델라르는 광치료 안경이 몸의 시간대를 일정하게 유지하고 밤잠을 이겨내는 데 도움이 될지도 모른다고 생각했다. 야간 근무가 있는 날 오후에는, 청색광을 차단하는 주황색 렌즈를 끼워 졸음을 유도해 낮잠을 잤다. 저녁에 일어나면 다시 청색광 모드로 바꿔 끼고 출근했다. "그 빛이 아침 햇살이라고 생각하면서 저 자신을 속였어요"라고 아델라르는 말했다. 그녀는 2년 동안 같은 방식으로 생활했다. 8년간 현장 경찰관으로 교대 근무를 하면서 비정상적인 시간대에 잠을 자고 깨느라 고생한 것에 비하면 생활이 훨씬 더 나아졌다. 아델라르의 극찬을 들은 반 케르코프는 이후 안경을 더 자주 애용하게 됐다. 곧 두 사람은 각자의 안경을 갖게 되었다.

부서의 체력 관리 담당자인 아델라르는 광치료 안경이 경찰 제복에 포함돼 기본으로 지급되기를 바라고 있다. 한 경찰관이 남색 바탕에 노랑 형광 줄무늬가 들어간 제복을 입고, 파랑 빨강 줄무늬 옆에 'Politie'라는 단어가 적힌 하얀색 메르세데스 벤츠 후드에 앉아 프로피크 안경을 테스트하고 있었다. 물론, 경찰차 자체에도 밝은 청색광을 내뿜는 LED 조명이 달려 있었다. "사방 천지가 블루라이트네요." 아델라르가 농담을 건넸다. 그러고는 갑자기 생각난 듯이 이렇게 말했다. "그냥 경광등을 켜놓고 30분씩 봐도 되겠네요. 안경까지도 필요 없겠어요."

아델라르에 따르면 동료들이 안경을 시험 착용한 지는 오래되지 않았지만, 반응은 대체로 긍정적이었다. 특히 외상후 스트레스장애PTSD를 앓던 동료들의 이야기가 인상 깊었다. 아델라르는 그들이 더 이상 악몽을 꾸지 않게 되었다고 전했다.

이처럼 근무 시간이 계속해서 달라져 일주기를 재조정하기가 쉽지 않은 경찰들에게는 청색광의 직접적인 각성 효과가 더 큰 도움이 됐다. 마찬가지로 청색광을 비추는 타이밍을 이용해 일주기 리듬을 조작하는 방식은 네덜란드의 배송 업체 직원들에게도 큰 매력으로 다가왔다. 나는 태양광 패널이 설치된 너른 들판과 예쁜 풍차를 지나 배송 업체의 물류 본부가 있는 니우베게인Nieuwegein으로 향했다.

경찰서에는 온통 푸른 기운이 감돌았다면, 물류 회사 포스트NLPostNL에는 의자, 조명, 바닥, 유니폼까지 네덜란드를 상징하는 주황빛으로 가득 채워져 있었다. 나는 창문 없는 회의실에서 플라스틱 의자에 앉아 샤우텐스가 트럭 운전사들과 업체 직원들에게 발표하는 모습을 지켜봤다. 시차 때문이었는지, 아니면 약한 조명과 주황색의 향연 때문이었는지 눈을 뜨고 있기가 힘들었다. 샤우텐스가 일주기 리듬의 기본 원리와 노동자의 리듬을 조정하는 데 활용할 수 있는 과학적 방법을 네덜란드어로 설명하는 동안, 참석자들은 주황색 렌즈가 끼워진 프로피크 안경 하나를 돌려가며 써보았다. 안경은 주황색과 검은색이 메인인 유니폼 재킷과 딱 맞게 어울렸다.

샤우텐스는 이미 배송 업체 직원들의 근무 일정과 일주기 유형에 따라 개별 방침을 처방했다. 대부분은 주 단위로 교대했기 때문에, 샤우텐스는 직원들의 일주기 리듬을 매주 근무 일정에 맞게 몇 시간 정도 바꾸는 타협을 시도하고, 다시 이후 근무 일정에 빠르게 적응시키는 것을 목표로 했다. 샤우텐스가 시계를 속이는 데 주로 사용한 도구는 안경이었지만, 그는 수면과 식사 시점 등 생체시계를 재설정할 수 있는 다른 팁과 요령도 함께 제공했다.

0.01초의 승부에서도 중요한 빛

일주기 컨설팅 사업은 '크로노코칭Chronocoaching'이라 불리며 급성장하고 있다. 경찰, 소방관, 의료계 종사자, 조종사, 우주인, 트럭 운전사, 운동선수 등 다양한 분야의 사람들이 샤우텐스나 샌프란시스코의 세리 마 같은 전문가들에게 도움을 구하고 있다.

영국 스포츠 연구소의 수면 및 일주기 과학자 루크 굽타Luke Gupta는 2020년 도쿄 하계올림픽[4]에 출전한 영국 대표팀 선수들에게 코칭을 제공했다. 베이징 올림픽에 참가했던 반 케르코프와 마찬가지로, 당시 영국 선수들은 상당한 시간 변화에 적응해야 했다. 특히 탁구, 배드민턴, 체조와 같은 실내 스포츠 종목 선수들은 적응하는 데 어려움이 많았다. 실내 종목 선수들은 현지에 도착해서

"출전 기간 내내 햇빛을 전혀 못 볼 수도 있어요"라고 굽타는 말했다. "공항에서 숙소로 이동한 뒤 줄곧 실내 훈련장과 숙소만 오갈 수도 있거든요." 모든 팀이 자연스럽게 환경에 적응하려고 몇 주 먼저 도착할 여유가 있는 것도 아니다.

굽타는 적절한 시간에 '다량의 빛'을 이용해 선수들이 빠르게 적응할 수 있도록 도왔다. 그는 최첨단 안경이나 상자형 광치료기를 동원하지 않았다. 대신 야외나 창가에서 받을 수 있는 자연광에 집중했다. 굽타의 말에 따르면 선수들이 빛을 제대로 쬐도록 만드는 데 가장 효과적인 도구는 다름 아닌 '교육'이었다. 2018년 겨울, 굽타는 체조팀 선수단과 함께 도쿄로 전지훈련을 떠났다. 그는 선수들에게 LYS 광센서를 부착하게 하고, 현지에서 생활하고 훈련하는 동안 '빛 일지'를 작성하게 하여 생체시계를 자극하는 빛과 그렇지 못한 빛을 구별하는 방법을 알려줬다. 그 차이가 쉽게 눈에 띄지 않을 때도 있기 때문이다. 굽타는 선수들이 그곳에서 최상의 퍼포먼스를 내는 데 태양의 힘을 이용하는 방법을 배웠을 거라고 말했다.

나는 플로리다에서 열린 생체리듬연구협회에서 또 다른 크로노코치 앨리슨 브레이거Allison Brager를 만나 커피를 한잔했다. 처음 만나자마자 내 시선은 곧장 그녀의 왼쪽 팔에 새겨진 문신으로 향했다. 수면 압력을 높이는 물질인 아데노신의 분자 구조가 예술적으로 묘사되어 있었다. 그녀와 대화를 나누는 동안 섭취한 카페인이 아데노신과 결합해야 할 수용체를 잠시 점거하여, 인위적으로 졸음을 유도하는 신호를 억누른 덕분에 정신이 점점 더 또렷해졌다. 카페인은 브레이거가 군 특수 부대를 지원할 때 활용하는 도구 중 하나이기도 하다.

미 육군 과학연구관인 브레이거는 군인에게 고용량의 각성제를 투여하는 게 이상적인 방법은 아니지만, 군에 교대 근무나 장시간 작전을 없애라고 말하는 것도 무의미하다고 말했다. "군은 밤에도 싸움을 절대 멈추지 않을 겁니다." 이에 브레이거는 군인들이 극한 상황을 가능한 한 안전하고 효과적으로 이겨낼 수 있도록 돕고 있다. 브레이거는 쿠웨이트에서 70시간 동안 잠을 못 잔 적이 있다며 이렇게 말했다. "그때부터 카페인 껌 사용을 아주 적극적으로 찬성하게 됐어요."

브레이거는 또한 역도, 프로하키, 비디오 게임에 이르기까지 겨룰 수 있는 모든 종목의 선수들에게 일주기 리듬 조절 노하우를 전수한다. 그녀가 함께 일하는 미군의 e스포츠 팀은 다른 육군 부대와 마찬가지로 가끔 24시간 교대 근무 체제로 운영될 때가 많다. e스포츠는 전자 스포츠의 줄임말로, 비디오 게임을 이용해 겨루는 방식의 스포츠다. e스포츠의 인기가 날로 높아지면서, e스포츠 팀이 육군의 홍보대사 역할도 맡게 되었다.

나는 트위치Twitch와 다른 게임 플랫폼에서 '고린Goryn'이라는 닉네임으로 활동하는 크리스토퍼 존스 중사를 만나 이야기를 나누었다. 그가 창설한 e스포츠 팀에는 현재 약 1만 8000명의 군인 게이머가 소속되어 있다. 존스는 자신이 거의 평생 게임을 즐겨왔고, 군에 입대해 월급을 받을 때마다 플레이스테이션 2와 게임큐브, 엑스박스 같은 게임 콘솔들을 구매해왔다고 말했다. 쉬는 날에도, 심지어 전투 지역에 배치되어 있을 때도 일상처럼 밤늦게까지 게임을 했다. "저랑 동기들은 임무가 없을 때 '헤일로Halo'나 다른 비디오 게임을 손에 잡히는 대로 플레이했습니다."

이제는 게임이 곧 훈련이다. 육군 소속 e스포츠 팀 선수들은 일주일에 평균 60시간가량을 게임에 투자한다. 다른 종목 선수들과 마찬가지로, 이들에게도 국제 대회에 참가해 시차에 적응하고 경기 시간에 맞춰 컨디션을 최상으로 유지하는 것이 숙제다. 게다가 e스포츠는 경기 시간이 길어지는 경향이 있어 한 경기에 8시간 이상이 걸리기도 한다. 여기에 군의 다른 업무까지 수행하느라 선수들은 만성적인 수면 부족에 시달린다.

존스 중사가 처음 꾸린 팀에는 늦은 저녁 시간에 컨디션이 좋아지는 올빼미형이 많았다. 존스의 피크타임도 저녁 7시쯤이었다. 운동선수들 사이에서는 이런 일이 흔치 않다. 전통적인 단체 종목의 선수들은 일주기 유형이 다양한 편이고, 최상위권 선수 중에는 저녁형보다 아침형이 더 많다. 브레이거는 이러한 일주기 다양성을 강점으로 활용할 수 있도록 돕는다. 각 선수의 일주기 유형과 컨디션이 가장 좋아지는 시점을 파악한 다음, 이를 바탕으로 선발 명단을 짤 수도 있다. 야간 야구 경기에 올빼미형 투수를 내보낼 수도 있고, 4시간짜리 미식축구 혹은 더 오래 걸리는 크리켓 경기에서는 선수별로 컨디션이 좋은 시점에 투입할 수도 있다. 아예 팀을 구성할 때부터 이 정보를 활용할 수도 있다. 한 논문의 저자는 유럽의 축구 리그인 챔피언스 리그처럼 저녁에 경기를 치르는 곳에서는, 올빼미형을 더 많이 영입해 팀의 피크시간을 늦춤으로써 승리 확률을 높일 수 있다고 주장했다.[5] 브레이거 역시 군이 작전을 세우고 임무를 수행할 때, 일주기 유형을 활용하기를 바랐다. 물론 그에 앞서 선수 혹은 부대원의 기본 실력, 힘, 체력을 훨씬 더 중요하게 고려해야 할 것이다.

개인 종목에서는 문제가 이처럼 복잡하지 않다. 하지만 경기 시간에 맞춰 기량을 끌어올려야 하는 과제는 여전히 남아 있다. 예를 들어, 수영 선수들은 보통 오후 5시경에 최고 속력을 낸다.[6] 이를 기준으로 극단적 아침형이나 저녁형인 경우 몇 시간 정도 차이가 있을 수 있다. 선수들의 기록은 아침에 상당히 느려지는 경향이 있는데, 0.1초 단위로 차이가 난다. 앞서 언급했듯이 스포츠에서는 0.01초 차이로 희비가 엇갈린다.

나는 프랑스 수영 선수 플로랑 마노두의 수염을 보고 당황할 수밖에 없었다. 마노두는 넓은 어깨, 짧은 머리, 세계적 수영 선수에 걸맞은 자신감 넘치는 눈빛을 갖고 있었지만, 덥수룩한 그의 수염은 100분의 1초라도 기록에 영향을 줄 게 분명했다.

2023년 1월, 대회가 열리지 않던 주간에 나는 화상 미팅으로 마노두와 이야기를 나눴다. 그는 2012년부터 지금까지 금메달 2개를 포함해 총 4개의 올림픽 메달을 획득했다. 세 번째 금메달 획득을 가로막은 것은 0.01초의 장벽이었다. 2024 파리 올림픽은 그가 메달을 추가할 수 있는 마지막 올림픽이었다. "스포츠계에서는 노장입니다"라고 마노두가 말했다.

서른두 살의 마노두는 아무리 사소한 것이라도 최대한 이점을 얻으려 했다. 샤우텐스의 크로노코칭과 프로피크 안경도 마찬가지였고, 아마 수염을 면도하는 일도 포함될 것이었다. 마노두는 대부분 선수와 비슷하게 오후 5~7시 사이에 최고 기록을 냈다. 정확한 시간은 계절에 따라 달라졌다. 그는 "해가 오후 5시에 질 때와 9시에 질 때는 몸 상태가 다르다"라고 말했다. 지금까지 마노두는 시차를 극복하고 훈련이나 시합 전에 활력을 얻기 위해, 주로 해가 짧은 겨울철에 광치료 안경을 사용해왔다. 하지만 나이를 먹으면서 신체 회복이 느려진 것을 느낀 후로는 몸의 회복을 돕기 위해 늘 안경을 착용하고 있다.

마노두는 이 안경이 식사 시간 조절 같은 일주기 관리 요령과도 잘 맞는다고 했다. 프랑스는 저녁 식사가 늦은 편이라 마노두도 오후 9시쯤에 저녁을 먹곤 했다. 하지만 이제는 문화적 규범에서 벗어나 오후 7시쯤에 식사를 마친다. 저녁 식사 후에는 주황색 렌즈를 끼운 프로피크 안경을 쓰고 넷플릭스를 보거나, 스마트폰 혹은 태블릿을 보거나, 친구들과 시간을 보낸다. 그의 안경을 이상하게 보는 시선도 있지만 마노두는 개의치 않는다. "전에는 새벽 1시까지 깨어 있곤 했어요. 지금은 10시 30분이 되면 졸려서 자러 갑니다."

크로노코칭의 또 한 가지 핵심 원칙은 일관성을 유지하는 것이었다. 훈련이 있는 날과 없는 날, 마노두의 수면 일정은 5시간까지 틀어지곤 했다. 어릴 때는 그 정도의 사회적 시차는 다루기가 수월했다. 마노두는 수면 일정을 조정해 매일 같은 시간에 자고 일어난 후로, "몸에 리듬감이 생겼어요"라며 젊은 날의 에너지를 일부 되찾은 것 같다고 말했다.

내가 네덜란드에서 마지막으로 방문한 곳은 에인트호번의 올림픽 복합수영장이었다. 프랑스 수영 국가대표팀을 비롯한 유럽 전역의 선수들이 기록을 단축하기 위해 이곳에 있는 이노스포츠랩InnoSportLab을 찾았다. 이노스포츠랩의 연구생과 과학자들은 다양한 장비를 활용해 수중의 와류, 추진력, 항력 같은 요소를 분석한다. 이러한 작업은 수중 3D 카메라 덕분에 가능해졌다. 나는 최첨단 훈련용 풀장 옆에 있는 작은 사무실에서 프랑스 국가대표 수영팀의 기술 감독이자 마노두의 코치인 야코 페르하렌Jacco Verharen을 만났다.

최상위권 선수들의 승부는 아주 작은 곳에서 갈릴 수 있다. 승부처는 수영모나 수경 혹은 U2의 메인보컬 보노의 안경을 닮은 블루라이트 안경이 될 수도 있다. "100분의 1초가 승패를 가릅니다." 페르하렌은 옆방에서 드라이 다이빙(실제 물에 뛰어들지 않고 다이빙 연습을 하는 훈련 방식 – 옮긴이) 소리가 쿵쿵 하고 울리자, 내가 들을 수 있도록 큰 목소리로 말했다. "안경 때문에 이기는 사람은 없지만, 없어서 지는 사람은 있을 수 있어요." 고성능 수영복이나 기능성 안경이 아마추어 수영 선수를 뛰어난 수영 선수로 바꿔주는 것은 아니지만, 마노두 같은 선수에게는 시간을 조금 되돌리는 데 도움을 줄 수 있다.

현재 프랑스 국가대표 수영팀은 전원이 프로피크 안경을 가지고 있고, 16개국에서 스켈레톤, 스키, 컬링, 유도, 체조, 육상 등 다양한 올림픽 종목에 출전하는 1500명 넘는 선수들이 같은 안경을 사용하고 있다. 샤우텐스는 선수 한 명이 아니라 팀 단위로 컨설팅을 제공하기도 했다. 의뢰자는 2019년 FIH 하키 프로리그 대회를 앞두고 있던 네덜란드 여자 필드하키팀이었다. 선수단은 3개월 동안 5개 대륙을 이동해야 했다. 샤우텐스는 선수와 스태프를 다섯 가지 일주기 유형으로 나누고, 일주기 유형이 같은 사람끼리 방을 함께 쓰도록 했다.

벨기에 사이클 선수 빅터 캄페나에르츠Victor Campenaerts 역시 사이클 트랙에서 1시간 동안 주행한 거리로 세계신기록을 작성하기 위해 샤우텐스를 찾았다. 신기록 달성 확률이 높은 곳은 공기 저항이 적은 고지대 트랙이었다. 캄페나에르츠와 스태프들은 샤우텐스에게 배운 대로, 신체 능력이 최고조에 달하는 오후 3시경 멕시코에서 기록 달성에 도전하기로 했다. 하지만 현지에 도착해 보니 생각보다 오후 3시의 기온이 너무 높았다. "그래서 도전 시각이 오전 11시로 바뀐 겁니다"라고 캄페나에르츠는 말했다. 그는 당황스러웠다. 오전 11시는 그의 몸이 최고의 성능을 발휘하기에는 이른 시각이었다. 캄페나에르츠는 이른 아침에 청색광을 쬐고, 이른 저녁부터 청색광을 차단하여 실제보다 늦은 시간인 것처럼 몸을 속였다. "내 전체 리듬을 바꿨습니다. 식사, 훈련 시간, 모든 일상을 몇 시간 앞당겼죠." 그날 캠페나에르츠는 기록을 깼지만, 이후 다른 자전거 선수들이 그의 기록을 넘어섰다.

샤우텐스는 50시간 동안 진행된 댄스 마라톤에 참가한 200명을 도왔고, 행군 속도로 세계신기록을 달성한 네덜란드 해병대를 지원했다. 가장 독특한 의뢰자는 네덜란드의 라디오 DJ 기엘 베일런Giel Beelen이었다. 샤우텐스는 베일런이 라디오 연속 방송 시간으로 세계기록을 세우는 일을 도왔다. 샤우텐스는 가변형 LED 조명을 이용해 하루를 42시간으로 만들었다. 베일런은 인공적으로 설정된 '밤'마다 두세 시간을 자고, 가끔 짧은 낮잠을 자면서 198시간 동안 방송을 진행했다.

일주기를 리모델링하는 다양한 방법

일주기를 조절하는 데 더 기상천외한 도구가 동원되기도 한다. 스탠퍼드대학교의 제이미 자이처Jamie Zeitzer 교수가 사용한 섬광등도 그중 하나였다. 나는 자이처의 연구실에서[7] 수면 중 특정 시간에 깜빡이는 빛을 비춰 일주기 리듬을 조절하는 방법에 대해 들었다. 자이처는 일주기 체계가 빛을 받는 시점에 민감하다는 점을 이용했다. 실험에 사용한 섬광등은 약 25센티미터 높이의 투명 원통에 검은색 하단부가 달린 제품이었다. 자이처의 회색 머리칼

이 마치 콘센트에 손가락을 넣었다 뺀 사람처럼 뾰족하게 뻗쳐 있었다. 그는 조명을 손보다가 가볍게 전기가 오른 것뿐이라고 농담을 건넸다. 전원을 제거한 후에도 남아 있던 전류 때문에 조명이 한 번 더 깜빡였다. "생각보다 꽤 고생해서 발견한 겁니다"라고 자이처가 말했다.

섬광등의 조도는 약 1000럭스로, 실내조명치고는 밝은 편이었다. 하지만 자이처는 조도를 몇백 럭스로 낮춰도 같은 효과를 볼 수 있다고 했다. 자이처는 일찍 자고 일찍 일어나는 데 어려움을 겪는 10대 아이들을 대상으로, 아이들이 잠에서 깨기 몇 시간 전부터 섬광등을 이용해 20초 간격으로 3밀리초씩 빛을 비췄다. 아이들의 눈꺼풀을 통과한 빛은 생체시계를 자연스럽게 앞당겨 다음 날 밤에 더 일찍 잠들도록 만들었다. 광치료와 인지행동 치료를 병행한 결과, 아이들의 수면 시간은 약 43분 증가했다. 이는 광치료나 인지행동 치료를 단독으로 실행했을 때보다 훨씬 개선된 수치였다. 자이처는 행동 교정 없이 빛의 리듬만 사용하면, 졸음이 몰려와도 아이들이 몸의 생리현상을 이겨내려 한다고 덧붙였다.

자이처는 이 방법으로 하룻밤 새 최대 4시간까지 일주기 리듬을 앞당겼다. 하지만 사람마다 반응이 매우 달라 자이처는 확신을 미루고 있다. 아직은 더 많은 연구가 필요하다. 물론 이와 별개로 자이처는 다양한 활용 방안을 설계하고 있었다. 이 방식은 여행지의 시간대에 미리 적응하고 싶은 사람이나 토요일 밤늦게까지 파티를 즐긴 사람에게도 도움이 될 수 있다. 예를 들어 당신이 새벽 3시에 귀가해서 오전 11시까지 잤다고 해보자. 아침 햇살은 이미 놓쳐버렸다. 이제 그 익숙한 악순환이 시작되어 일요일 밤에도 잠이 오지 않는다. 하지만 다음 날 학교나 회사 때문에 오전 6시에 일어나야 한다면 어떨까? 자이처는 잠자는 동안 섬광등이 깜박이게 설정해두면, 일요일 오전 11시까지 일어나지 못했더라도 뇌는 여전히 '일출'을 감지할 수 있다고 제안했다. 잠을 얕게 자는 나로서는 그렇게 번쩍이는 불빛 아래서 누가 잠잘 수 있을지 의문이었다. 자이처는 실제로 빛 자극을 받았든 받지 않았든, 비슷한 비율의 참가자들이 빛을 보았다고 답한다고 말했다. 또한 우리가 눈을 감고 있을 때, 약 10퍼센트 정도의 빛만이 눈꺼풀을 통과한다는 점도 도움이 된다고 덧붙였다.

워싱턴대학교의 제이 니츠와 제임스 쿠첸베커James Kuchenbecker가 고안한 TUO 조명 역시 참신한 방법으로 생체시계를 속인다. 니츠의 연구팀은 영장류의 망막에서 분리한 ipRGC의 시세포가 깜빡이는 빛과 교차하는 파장에 어떻게 반응하는지 관찰한 후, 파란색 불빛과 주황색 불빛을 초당 19번 교차시키는 새로운 빛 배합법을 개발했다. 눈에는 평범한 전등처럼 하얗게 보이고, 밝기도 일반 조명과 비슷하지만, 니츠는 이 조명이 일출 무렵의 파란빛과 주황빛이 교차하는 자연 현상처럼 생체시계를 더 효과적으로 자극할 수 있다고 설명했다.

일주기 조작이 자연스럽게 일어날수록 사람들이 사용할 확률은 높아진다. 이 점을 공략해 소프트웨어적으로 빛을 자동 변환하는 다양한 시스템이 출시되고 있다. 넷플릭스를 몰아보는 동안 생체시계를 재설정할 수 있다면 어떨까? 2023년 삼성전자는 독일의 대표적 전자공학 인증 기관인 전자기술자협회VDE로부터 '일주기 리듬 디스플레이' 인증을 획득한 TV를 출시하며 이 시류에 동참했다. 삼성전자는 TV의 아이 컴포트Eye Comfort 모드가 화면의 휘도와 색온도를 자연광과 비슷하게 자동으로 바꿔준다고 설명한다. 다시 한번 말하지만, 이러한 제품들이 실제로 어떤 영향을 미치는지에 대한 더 강력한 규제나 과학적 증거가 나오기 전까지는, 이 분야는 여전히 서부 개척 시대처럼 기준 없이 혼란스러운 상태가 계속될 것이다.

일주기 관련 시장은 급속히 성장 중이며, 그 기세는 좀처럼 꺾일 기미가 없다. 주요 과학 및 혁신 기관들도 이에 주목하고 있다. 미국 국방고등연구계획국DARPA은 현재 '환경 변화에 대비한 사전 적응 및 보호 도구', 줄여서 어댑터ADAPTER라 부르는 장치를 개발하고 있다. 목표는 세포 공장이 탑재된 이식 혹은 섭취 가능한 생체전자 장치를 만들어, 체내에서 원하는 시점에 화합물을 방출하는 것이다.[8] 전반적인 제어는 원격으로 이루어진다. 군인들은 이 장치를 이용해 시차나 바뀐 근무 시간에 빠르게 적응할 수 있을 것이다. 어쩌면 이는 여행자 설사traveler's diarrhea를 일으키는 박테리아를 물리치는 데 활용될 수 있을지도 모른다. DARPA 생명기술국의 프로그램 관리자인 크리스토퍼 베팅어Christopher Bettinger는 언젠가 이 시스템이 '단백질과 호르몬의 복잡한 교향곡'을 생성해 일주기 리듬의 동기화를 향상시킬 수 있을 거라며 기대했다. "군인들이 원하는 호르몬을 원하는 농도로 설정할 수 있게 될 겁니다." 베팅어는 나에게 그렇게 말했다.

노스웨스턴대학교 수면 의학과 학과장인 필리스 지도 이 프로젝트에 협업하고 있다. 그녀는 이 장치를, 사람의 일주기 위상을 감지해 적절한 약물 전달 시점을 잡아내는 시스템으로 발전시키기 위해 노력하고 있다. "공상과학처럼 들리겠지만 분명 실현될 겁니다"라고 그녀는 말했다.

12장
일주기 의학: 시간이 약이다

"좋은 아침입니다!" 담당의가 거슬릴 정도로 쾌활하게 인사를 건넸다. 나는 수술 대기실에서 간호사가 입혀준 환자용 가운과 수술 모자를 쓰고, 팔에 정맥주사를 꽂은 채 침대 위에 비스듬히 앉아 있었다. 담당의가 와서 내 왼쪽 발을 살펴보았다. 의료진은 담당의가 내 오른발을 '옳은' 발로 착각하는 불상사를 막기 위해 내 왼발에 커다랗게 '확인' 표시를 해두었다. 담당의는 내 엄지발가락을 살리기 위한 계획을 설명하며 자신감 넘치게 웃어 보였다. 수술 시간은 늦은 아침이었고, 날짜는 원래 계획보다 몇 달 늦어졌다. 내가 수술을 한 차례 연기한 탓이었다. 그런데 문득, 원래 예정대로 늦은 오후에 수술을 받아도 이날처럼 마음이 편했을지 궁금했다. 그날도 담당의는 오늘처럼 명민하고 기운이 넘쳤을까? 마취과 의사와 간호사들도 오늘처럼 손발이 착착 맞았을까? 주삿바늘이 항상 그렇게 매끄럽게 팔에 들어오는 것은 아니다.

나는 책 작업을 마무리하던 중 수술을 받게 됐다. 일주기 과학에 골몰해 있던 때라 수술을 앞두고 일주기 생각을 하지 않을 수 없었다. 내 몸의 일주기 교란이 골관절염의 진행을 부추겼을까? 수술에 가장 적합한 시간은 언제일까? 수술 일정을 다시 바꾸지 않으려면 몇 시쯤에 코로나 백신 추가 접종을 해야 할까? 수면 마취는 수면 항상성과 일주기 리듬에 어떤 영향을 미칠까? 센 처방 약물로 심한 통증을 이겨내야 할 때는 언제일까? 붓기를 줄이려면 항생제를 몇 시쯤 복용해야 할까? 머릿속에서 질문이 끊임없이 떠올랐다.

명쾌한 답까지는 아니더라도, 일주기 과학은 이 모든 질문에 실마리를 내어준다. 먼저, 일주기 교란이 관절염의 진행을 가속한다는 것은 동물 연구를 통해 확인되었다. 또 의사의 영민함과 환자의 회복력이 더 뛰어난 시간대는 오후보다는 오전일 가능성이 크다(단, 심장 수술은 늦은 시간에 받는 것이 더 나을 수 있다). 추가로 치명적인 마취 사고나 손 소독을 잊은 의료진에 의한 감염 사고를 피하고 싶은 사람도 오전을 택하는 것이 나을 것이다.[1]

우리가 놀고, 먹고, 일하기 좋은 시간이 따로 있듯이 인체가 약물을 처리하고, 바이러스와 싸우고, 면역력을 키우고, 수술을 견뎌내기 좋은 시간도 따로 있다. 우리 몸의 리듬이 혈압 검사의 정확도에서부터 방사선 치료의 유독성, 독감 백신의 효과까지 다양한 결과에 영향을 미칠 수 있음을 수많은 데이터가 증명한다.[2] 이제 우리는 일주기 리듬을 이용해 군발두통과 편두통, 류머티즘 관절염의 통증, 외상성 뇌 손상을 완화할 수 있다. 어쩌면 이를 통해 폐와 간 이식의 성공률을 높이거나, 생체시계의 속도를 늦춰 수명을 연장하는 것도 가능할지 모른다.

물론 해결해야 할 과제는 여전히 많다. 하지만 과학계와 의료계는 일주기 과학의 발전 속도와 생명공학의 진보를 고려할 때, 이제 과학적 지식을 진료소와 병원, 가정으로 전파할 때가 되었다고 이야기한다. 우리는 이 생물학적 관계를 이용해 기존의 치료법을 최적화하고, 새로운 치료법을 찾아낼 수 있다. 그러는 사이 과학자들은 이 관계의 놀라운 특성을 보여주는 연구 결과를 계속 내놓고 있다.

암세포와 일주기 리듬

스위스 연방 공과대학의 박사후연구원이었던 조이 디아만토풀루Zoi Diamantopoulou는 어느 날 아침 일찍 취리히에 있는 연구실에 나와 동물 사육장을 살펴보았다. "무척 피곤했어요. 저는 아침형 인간이랑은 거리가 멀거든요." 하지만 그날 아침 그녀는 연구실에 있었다. 디아만토풀루는 암 전이를 연구하면서, 특히 종양에서 떨어져 나와 몸 전체로 운반되는 순환종양세포circulating tumor cell를 집중적으로 조사하고 있었다. 연구팀은 유방암에 걸린 쥐와 인간의 혈액을 채취해 순환종양세포의 개수를 측정했지만, 계속해서 차이가 심하게 나 미궁에 빠진 상태였다. 쥐의 혈액 1밀리미터에는 종양세포 수천 개가 있었지만, 인간의 혈액 표본에는 단 몇 개밖에 없었다.

하지만 그날 아침, 졸고 있는 쥐들을 부러운 눈으로 바라보던 그녀에게 한 가지 깨달음이 번뜩였다. 인간과 쥐는 전혀 다른 수면 주기를 가지고 있다는 사실. 그런데도 그녀의 팀은 평소에 사람과 야행성 동물인 쥐의 혈액 샘플을 모두 낮 시간에 채취하곤 했다. 한쪽은 깨어 있는 상태고, 다른 한쪽은 자고 있는 상태인데도 말이다. 그 차이가 서로 다른 수치가 나온 원인과 관련이 있을 수도 있지 않을까? 디아만토풀루는 이를 확인하기 위해 24시간 동안 4시간 간격으로 쥐의 혈액을 추출하기 시작했다. 물론 이를 위해서는 사육장에서 여러 날을 보내야 했다. 하지만 디아만토풀루는 부족한 수면을 보상하고도 남을 놀라운 결과를 얻었다.

2022년에 디아만토풀루의 연구팀은 쥐가 깨어 있을 때보다 잠자는 동안에 훨씬 더 많은 유방암 세포가 혈류를 타고 이동한다는 사실을 발표했다. 약간 차이 나는 정도가 아니었다. 야행성 동물의 혈중 순환종양세포 농도[3]는 주요 활동 시간대인 밤에 비해, 낮에 최대 88배까지 증가했다. 디아만토풀루의 연구팀은 병원에 입원한 유방암 환자의 혈액 표본도 채집했다. 오전 4시에 채집한 혈액에는 오전 10시에 채집한 표본에 비해 거의 네 배 더 많은 순환종양세포가 포함되어 있었다. 24시간 동안의 변화 폭을 측정했다면 차이가 훨씬 더 컸을 것이다. 또한 쥐와 비교했을 때, 연구에 참여한 환자 대부분이 발병 초기 단계였기 때문에 떨어져 나온 종양세포도 더 적었을 것이다. 병원에서는 표본 채집이 하루 2회로 제한되어 있어, 해당 연구에서는 순환종양세포의 최대치와 최소치를 포착하지 못했을 가능성이 크다. 디아만토풀루는 그럼에도 그만큼 선명한 차이가 났다는 게 중요하다고 말했다. 환자가 잠들면 종양이 깨어나는 듯했다.

유방암은 전 세계에서 가장 흔히 발병하는 암 질환이다. 모두가 유방암의 확산을 감지하고, 차단하고, 지연시킬 수 있는 효과적인 전략을 기다린다. 디아만토풀루의 연구에서 제안한 대로 생체시계를 활용해 야간에 생체 검사를 시행하고 특정 유방암 치료제를 투여하면, 환자의 생존 가능성을 높일 수 있다. 디아만토풀루의 연구팀은 해당 연구가 암 환자에게 잠이 해롭다는 것을 의미하지 않는다고 거듭 강조했다. 수면 자체는 회복에 필수적이다. 이는 천식 환자들에게도 마찬가지였다.

약, 아무 때나 먹으면 소용없다?

1869년 영국인 의사 하이드 솔터Hyde Salter[4]는 사람들이 수 세기 동안 인지해온 '천식 발작은 주로 밤에 일어난다'라는 현상을 관찰하고 관련 내용을 기록했다. 솔터는 동료 의사들이 참고할 수 있는 형태로 결과를 정리했다. 그는 특히 당시 천식 치료제로 쓰이던 가짓과 식물인 벨라돈나belladonna의 적절한 투약 시점에 관해 "천식 증세가 나타날 확률이 가장 높은 밤에 치료제를 투약해야 약효가 극대화된다"라고 적었다. 솔터는 밤에 투약하면 약효가 좋을 뿐 아니라 식물 독성으로 인한 부작용도 최소화할 수 있다고 기록했다.

"하루에 한 번만 투약함으로써 여러 번 자주 투약할 때보다 1회 투여량을 늘릴 수 있다. 취침 시간 근처에 고용량을 투약하면 환자가 일상생활에 지장을 겪지 않는다. 아침이 되면서 멍한 느낌, 시각적 혼란, 입 마름 같은 증세가 사라지기 때문이다."

150여 년이 지난 뒤 연구를 통해 천식 증상은 개인의 수면이나 다른 일상 패턴과 무관하게, 대부분 사람에게서 밤에 가장 심해지는 일주기 리듬을 갖고 있다는 사실이 확인되었다. 2021년, 과학자들은 과거 솔터 박사가 했던 이야기를 현대 의학 용어로 다시 표현했다. "작용 시간이 짧은 약물은 환자에게 최대 허용량을 하루 동안 나눠서 투여하기보다, 폐 기능이 가장 나빠지는 시간대에 맞춰 투여함으로써 부작용은 줄이고 효과는 높일 수 있다."

현대 의학은 독성을 가진 가짓과 식물보다 더 나은 치료법을 제공할 뿐 아니라, 관찰이나 실험에 의존하지 않고 시간대에 따른 효과의 원리를 분자식으로 설명할 수 있다. 이제 우리는 거의 모든 세포와 장기에 시계가 존재하며, 이들의 오케스트라가 수많은 유전자를 켜고 끈다는 사실을 알고 있다. 또한 우리 몸 절반의 유전자가 밤낮의 주기를 따르고, 다수의 유전자, 특히 뇌와 고환의 유전자가 계절의 영향을 받는다[6]는 사실도 알고 있다. 이들 시계 유전자는[7] 약물의 분자 표적, 약물을 운반하는 단백질, 약물을 분해하는 효소를 암호화한다. 연구에 따르면[8] 천식, 관절염, 고지혈증, 수술 후 염증 치료제 등 오늘날 가장 많이 팔리는 약물 대부분은 특정 시간대에 복용해야 약효가 더 크게 나타난다. 그러나 미국에서 판매되는 약물 중 매우 소수만이 복용 시점에 관한 FDA의 권고안을 따르고 있다.

나는 내 발가락 수술[9]에는 이부프로펜, 즉 비스테로이드성 항염제NSAID를 밤이 아닌 낮에 복용해야 수술 후 회복에 훨씬 더 효과적이라는 사실을 알게 됐다. 염증도 일주기 리듬을 따른다. 연구에 따르면 낮의 염증은 뼈 재생을 방해하지만, 밤의 염증은 뼈 재생을 돕는 쪽으로 작용할 수 있다. 또 NSAID는 멜라토닌도 억제할 수 있다. 수술 후 회복에는 수면도 중요했다. 그래서 나는 엄지발가락을 위해 낮에 항염제를 복용하고, 밤에 진통제를 복용하는 경험칙을 따랐다. 겪어보니 통증은 밤에 가장 심해지는 경향이 있었다.

이와 마찬가지로, 당뇨병 환자가 메트포르민을 복용하는 시점은 혈당 수치의 감소 효과에 영향을 미칠 수 있다. 항경련성 약물은 우리가 원하든 원치 않든, 투약 시점에 혈액뇌장벽의 투과성이 높은지 낮은지에 따라 뇌에 침투할 수도 있고, 그렇지 않을 수도 있다. 실제로 여러 전문가가 FDA 승인을 받은 다수의 약물, 심지어는 피임약까지도 시간대별로 효과가 다를 거라고 말했다. 그 최적의 타이밍을 알아내는 일은 어렵지 않다. 이들 약품은 이미 인체에 대한 안전성이 확인되었기 때문에 연구자들이 초기 시험 단계를 건너뛸 수 있다. "약을 더 잘 듣게 할 방법이 있을까요? 저는 있다고 봅니다." 신시내티 아동병원의 시간생물학자 존 호게네쉬가 말했다. "일부 사례에서는 효과가 이전보다 두 배 좋아졌습니다." 또 적절한 시간대에 약물 표적을 타격함으로써 부작용이 일어날 확률도 크게 줄일 수 있다.

코로나19 팬데믹은 일주기 의학circadian medicine 연구에 박차를 가했다. 이 기간 연구자들은 시점의 중요성을 여러 차례 목격했다.[10] mRNA 백신[11]은 늦은 오전부터 이른 오후 사이에 접종했을 때 가장 효과적인 것으로 나타났다. 나는 수술받기 전, 이 시간대에 맞춰 백신 주사를 맞았다. PCR 검사는 오후 2시경에 실시했을 때 신뢰도가 가장 높았다. 다만, 심야 시간대의 접종 데이터가 부족하다는 점, 개인의 일주기 리듬을 고려하지 않았다는 점 등에 주의해야 한다. 물론 백신을 접종하고 검사를 받는 것 자체가 그 행위의 시점보다 훨씬 더 중요하다. 충분한 수면도 백신의 효과를 높이는 데 도움이 된다. 이후 과학자들은 일주기 교란이 코로나 감염 위험을 높이고, 코로나를 장기간 앓은 사람에게서 일주기 교란 증세를 나타나게 한다는 사실을 추가로 밝혀냈다.

이는 놀라운 일이 아니다. 면역 체계는 우리 몸에서 일주기 리듬의 영향을 가장 많이 받는 기관에 속한다. 사실상 면역 체계의 모든 구성 요소가 생체시계의 시간에 따라 증식하고, 이동하고, 전쟁을 치른다. 인간은 신체가 박테리아, 바이러스, 기생충, 암세포의 공격에 취약해졌을 때, 피부의 불침투성을 높이고 면역 세포를 활성화하는 등 방어력을 극대화하도록 일주기 리듬을 진화시켜왔다. 이제 과학자들은 이 사실을 바탕으로 우리 면역 체계가 적과 맞서 싸울 때, 반대로 자가 면역 질환이나 사이토카인 폭풍cytokine storm 등의 증상을 일으켜 건강한 세포를 망가뜨리고 공격할 때 정확히 무슨 일이 벌어지는지 파악하고 있다. 사이토카인 폭풍은 면역 체계의 과잉 염증 반응으로, 중증 코로나19의 주요 원인 중 하나로 알려져 있다. 과학자들은 몸속 세포의 시계 소리뿐만 아니라 암세포, 심지어 우리 몸 바깥에서 나는 위험한 생명체의 시계 소리에도 귀를 기울이고 있다. 이는 결코 듣기 좋은 소리는 아닐 것이다.

기생충도 '하루 주기'가 있다

매년 수억 명의 사람이 말라리아에 걸린다. 이 전 지구적 재앙으로 5세 미만 어린이가 거의 1분에 한 명꼴로 목숨을 잃는다. 기후변화로 인해 말라리아를 옮기는 모기가 온난해진 지역으로 몰려들어, 그 뾰족한 주둥이로 원충을 퍼뜨리는 범위를 확장하면서 상황은 더욱 악화하고 있다.

말라리아를 일으키는 기생충인 열원충*Plasmodium*에 감염되면,

정확히 24시간 단위로 발열 증상이 반복되는 놀라운 규칙성이 나타난다. 히포크라테스는 약 2500년 전에 환자의 고열이 이상한 주기로 반복되는 것을 보고 다음과 같이 기록했다.

"발작이 짝숫날에 일어나면 짝숫날이 고비고, 발작이 홀숫날에 일어나면 홀숫날이 고비다."

당시에는 이 증상의 원인으로 '악마'를 언급하기도 했다. 이후 현대 과학은 기생충이 숙주의 몸속에서 동시에 복제를 일으키고, 이때마다 주기적인 고열이 발생한다는 사실을 알아냈다. 열원충은 적혈구 내에서 분화한 다음, 감염된 세포를 동시에 터뜨려 새로운 기생충을 혈류에 방출하고 새 주기를 시작한다. 악마라고 해도 틀린 말은 아닌 듯하다.

열원충은 숙주가 식사를 마친 직후처럼 혈액 속에 새로운 기생충이 성장하는 데 필요한 영양분이 가득할 때 자손을 퍼뜨린다. 반대로 숙주는 그 자원을 뺏기지 않기 위해 방어 태세를 갖춘다. 에든버러대학교의 진화 기생충학자 사라 리스Sarah Reece는 "항상 나를 죽이려 드는 존재 속에서 사는 건 쉬운 일이 아닙니다"라고 말했다. 리스와 다른 연구자들은 기생충이 특히 위험을 피하고 먹이를 얻기 위해 '시간을 읽는' 놀라운 전략을 쓴다는 사실을 밝혀냈다.

한때 과학자들은 말라리아의 주기적인 감염 패턴이 인간 숙주의 일주기 리듬에 따른 결과이며, 기생충은 숙주의 리듬을 따를 뿐이라고 생각했다. 그러나 이제 우리는 이 자그미한 악마에게도 리듬이 있음을 알고 있다.[12] 인간이 태양의 주기에 일주기 리듬을 맞추는 것처럼, 이들은 숙주의 리듬에 자신의 리듬을 맞출 수 있다. 2023년에 연구자들은 말라리아 환자 10명의 혈액 표본에서 열원충 유전자 수백 개가 환자의 일주기 리듬에 따라 활동량을 늘리고 줄이는 것을 발견했다. 리듬을 동기화한 기생충은 숙주의 영양분을 훔칠 수 있는 시기에 맞춰 적혈구를 파괴할 수 있다. 다행히 지금은 이러한 사실이 밝혀졌으니, 인간이 군비 경쟁에서 한발 앞설 수 있을 것이다.

보통 말라리아를 치료할 때는 아르테미시닌과 다른 약물을 함께 사용한다. 아르테미시닌은 체내에 단 몇 시간 동안 머물면서 기생충을 제거할 수 있는 작은 기회의 창을 제공한다. 리스의 설명에 따르면 열원충이 항말라리아제를 견뎌내는 능력은 복제 리듬의 위상에 따라 크게 달라진다. 과학계는 아직 구체적인 지침을 마련하지 못했지만, 치료 시기를 신중히 정하면 이론적으로 약물의 효과를 높일 수 있으며, 사람에게 더 적은 용량, 즉 덜 독성이 있는 복용량으로도 치료가 가능할 수 있다. 우리 리듬 속에 중첩된 또 다른 리듬에 관한 연구는 기생충, 숙주, 매개체 사이 역학의 다양한 측면을 표적으로 삼는 신약을 개발하는 데도 도움이 될 수 있다. 최신 연구에서는 열원충의 생체시계를 망가뜨려, 기생충의 시차를 유발하거나 숙주의 리듬에서 떼어놓을 수 있는 새로운 항말라리아제를 제안하기도 했다. 이러한 전략은 말라리아뿐 아니라 전 세계 수억 명의 사람들을 괴롭히는 수면병 sleeping sickness(트리파노

소마 기생충에 의해 발생하며 생체리듬을 교란시킨다 - 옮긴이)과 생체주기를 이용하는 다른 기생충 질환을 치료하는 데도 활용될 수 있을 것이다.

열원충은 인간 숙주뿐만 아니라 매개체 역할을 하는 모기 숙주에도 자신의 리듬을 동기화한다. 이들은 숙주 내에서 원하는 만큼 증식할 수 있지만, 더 많은 숙주를 찾아 감염시키는 것을 진정한 목표로 삼는다. 열원충은 이를 위해 매우 악명 높은 모기를 이용한다. 연구에 따르면 모기가 열원충에 더 쉽게 감염되는 시기는 밤이 아닌 낮이다. 그런데 흥미로운 반전이 있다. 전통적으로 말라리아를 옮기는 모기들은 밤에 흡혈하고 낮에는 잠을 잤다는 것이다. 하지만 일부 지역에서는 모기들이 패턴을 바꿔 낮의 경계, 즉 이른 저녁이나 동틀 무렵에 활동을 시작하고 있다. 이는 살충 처리된 모기장을 피하려는 움직임일 수 있으며, 이 변화가 질병 전파에 미치는 영향은 아직 명확히 밝혀지지 않았다. 활동 시간대 변화로 모기가 열원충에 감염될 확률이 높아진다면, 이는 분명 우려할 만한 일이다. 하지만 리스는 모기가 우리 현대인처럼 식사 시간을 바꿔 스스로 생체리듬을 엉망으로 만들고 있기에, 예전처럼 신뢰할 만한 매개체가 되지 못할 수 있다며 낙관적인 가설을 제시했다. 열원충이 인간에게 침투할 준비를 마치려면 모기 안에서 약 12일을 머물러야 한다. 12일은 이미 모기의 수명에 비해 긴 시간이라, 리듬이 망가진 상태로는 살아남기 어려울 수 있다. 즉, 말라리아를 전파할 수 있을 만큼 오래 사는 모기가 줄어들 수 있다는 뜻이다.

"거기에 희망을 걸어야 해요"라고 리스는 말했다.

매개 모기의 수명 단축보다 더 나은 방법은 없을까? 우리 스스로 수명을 늘리는 것은 불가능할까? 일주기 과학자들은 그 방법도 연구하고 있다.

리듬 둔화와 신경 퇴행, 무엇이 먼저일까

생체시계의 소리는 조용히 시작되고 조용히 멎는다. 우리는 대부분 내부 리듬이 없는 상태로 자궁에서 처음 몇 주를 보낸다. 일주기 체계는 몇 주 뒤부터 시계를 조립하기 시작한다. 모든 과정이 원활하게 진행되면 시계들은 아주 오랫동안 합을 맞춰 우렁차게 똑딱이다가, 생애 마지막 수십 년에 걸쳐 서서히 약해진다. 우리는 생애 양쪽 끝에서 시계의 조립과 수리를 견고히 함으로써 건강과 삶의 만족도를 크게 개선할 수 있다.

신시내티 아동병원의 호게네쉬와 그의 동료들은 신생아 집중치료실에 최신 조명을 설치하고, 모유 수유 시간과 정맥 영양법의 시행 시간을 조정한 데 이어 또 다른 치료 전략을 구현하고 있다. 2021년에 이들은 미국 최초로, 아동의 일주기 리듬과 수면 장애를 전문으로 진료하는 일주기 의학 클리닉을 열었다. 현재 의료진은 생체시계의 문제가 자폐증을 비롯한 신경 발달 장애에 영향을 미친다는 유력한 증거를 확보하고 있다. 호게네쉬는 생애 초기에 생체시계를 수리하면 이러한 문제를 줄일 수 있다며, 스미스-킹스모어 증후군Smith-Kingsmore syndrome을 앓고 있는 10대 소년 잭의 사례를 예로 들었다. 스미스-킹스모어 증후군은 단일 유전자의 돌연변이로 발생하는 희귀한 신경 발달 질환이다. 의료진의 도움을 받기 전, 잭은 '자기 자극 행동stimming'이라 불리는 반복적인 동작을 일주일에 약 35만 번이나 반복했다. 그는 심각한 수면 문제도 겪고 있었다. 관련 유전자의 발현을 억제하기 위해 잭이 복용했던 약물은 그의 신체를 태양의 24시간 주기에서 이탈하게 했고, 그 결과 잭의 생체시계는 멜라놉신이 없는 눈먼 사람의 시계처럼 표류하게 됐다. 의료진이 복용량을 조절하고 새로운 수면 보조제를 추가하면서 잭의 수면은 극단적으로 개선됐다. 자기 자극 행동을 보이는 횟수도 주당 5만 번으로 감소했다. 호게네쉬는 다운증후군, 유전성 뇌전증, 레트 증후군 등에서도 비슷한 일주기 리듬 문제가 발견된다고 말하며, 이러한 점들이 치료의 기회를 더 넓힐 가능성을 시사한다고 밝혔다. 그는 신생아가 5세 아이보다 훨씬 더 많은 뉴런을 가지고 있다며, '가지치기pruning'(뇌가 발달할 때 뇌에서 잘 사용되지 않는 기능을 끊고 자주 사용하는 기능을 효율적으로 조절하여 다시 만드는 과정 – 옮긴이)가 일어나는 이른 시기에 아이를 치료하면 지적 장애와 발달 지연을 막을 수도 있다고 강조했다.

대부분 사람은 생애 후반에 시계가 고장 나기 시작한다.[13] 사람은 나이가 들수록 일주기 리듬이 불규칙해지고 약해진다. 오늘날 과학자들은 이를 청력 및 시력 상실, 폐 질환, 우울증, 치매, 대사 증후군, 심장병, 골관절염을 비롯한 노인성 질환의 공통 원인으로 보고 있다. 일주기 리듬의 변화는 특히 알츠하이머병을 앓는 사람에게 두드러진다. 획기적인 치료법이 개발되지 않는 한, 알츠하이머는 앞으로 수십 년 내 전 세계 수억 명에게 영향을 줄 것으로 보인다. 일주기 및 수면 장애는 치매로 인한 기억 상실이 시작되기 전에 주로 나타난다. 이후 질병의 진행과 함께 증상이 악화한다. 환자는 시간에 관계없이 낮잠을 자고, 낮과 밤의 구분도 사라진다. 많은 환자가 이때부터 거주형 요양시설을 찾는다.

이는 닭이 먼저냐 달걀이 먼저냐의 문제이기도 하다. 과연 신경 퇴행이 리듬을 둔화시키는 것일까, 리듬의 둔화가 신경을 퇴행시키는 것일까? 혹 리듬 둔화가 신경 퇴행을 유발한다면, 리듬을 강화하여 삶의 양과 질을 개선할 수 있을까? "그에 관해서는 아직 대답할 수 없는 게 많습니다." 세인트루이스 워싱턴대학교의 신경학자인 에릭 뮤지크Erik Musiek는 말했다. 하지만 과학자들은 계속해서 단서를 수집하고 있다. 우리는 이미 중년기의 장기 교대 근무와 만성 수면 부족이 노년기의 알츠하이머병 발병률을 다소 높일 수 있다는 사실을 알고 있다. 베타아밀로이드 플라크를 청소하는 면역 세포가 일주기 리듬을 따른다는 것도, 나이가 들면 SCN의 신경세포 활동이 감소한다는 사실도 알고 있다. 또 백내장을 제거하여 청색광이 망막 뒤쪽의 ipRGC에 도달하지 못하도록 가로막는 장애물을 제거하면 치매 위험을 낮출 수 있다는 것도 알고 있다.

이 책이 독자들을 만나고 있을 때쯤에는 더 많은 발견이 이루어졌을 것이다. 뮤지크의 연구팀은 노인층을 대상으로 10년 이상 생활 패턴을 추적하면서, 뇌에서 베타아밀로이드 플라크와 치매 증상이 나타나는지 관찰해왔다. 그는 이 연구를 통해 일주기 리듬이 원인인지, 플라크 생성이 원인인지 알 수 있을 것이라고 말했다. 다른 연구자들도 유전자 조작이나 비정상적인 빛과 어둠의 주기를 통해 생쥐의 분자시계를 조작하여, 일주기 리듬의 변화가 치매의 징표에 어떤 영향을 미치는지 파악하고 있다.

일주기 리듬 교란과 신경 퇴행은 상호작용을 계속하면서 서로의 증상을 악화시킬 수 있다. 고장 난 생체시계는 알츠하이머의 결과인 동시에 조절 가능한 위험 인자다. 이를 조기에 수리하면 악순환의 고리를 끊을 수 있다. 심지어 세포 시계가 본연의 기능을 잃더라도 빛, 음식, 운동 등의 환경 요인을 활용하면 누군가가 말한 것처럼 '시계를 속여' 플라크를 청소하기에 충분한 리듬을 유도할 수 있다. 뮤지크는 답을 찾는 한편, 알츠하이머 환자들에게 오전에 햇빛을 보고, 일관된 수면과 식사 일정을 유지하고, 밤늦게 야식을 먹거나 조명을 받지 말라고 당부한다. 그는 이러한 기본적인 일주기 리듬 관리가 알츠하이머의 진행을 늦추거나 증상을 완화하는 데 도움이 된다고 확신한다.

곧 알약 하나로 리듬을 조절하고, 맞추고, 강화하는 시대가 올지도 모른다. 과학자들은 알츠하이머를 예방하거나 치료할 수 있는, 더 나아가 인간의 수명을 연장해줄 수도 있는 화합물들을 찾아냈다. 혹은 그저 우리 삶을 조금 더 편하게 만드는 데 그칠 수도 있다.

정신 질환과 생체시계의 관계

뉴욕에서 비행기를 타고 런던이나 베이징까지 날아가도 시차의 불편함을 겪지 않는다고 생각해보라. 곰팡이 추출 화합물인 코디세핀Cordycepin은 쥐와 인간의 생체 시간을 최대 12시간 가까이 돌려놓았다. 또한 흥미롭게도 감귤류의 껍질에 축적되는 노빌레틴nobiletin이라는 식물성 화합물을 쥐에게 주입하자 생체리듬의 진폭이 꾸준히 증가했다. 해당 실험의 쥐들은 에너지, 신진대사, 수면, 골격근 기능 등 건강한 노화를 나타내는 지표에서도 개선점을 드러냈다. 물론 인간에 대한 효과와 안전성을 확보하려면 훨씬 더 많은 연구가 필요하다. 하지만 알다시피 과일과 채소가 풍부한 식단은 다양한 노인성 질환을 예방하는 데 도움을 준다. 혹시 일주기 리듬 효과가 그 이유 중 하나이지 않을까?

일주기 리듬을 바꾸고 강화할 수 있는 수많은 후보 물질에 대한 조사가 진행되고 있다. 그중에는 라파마이신처럼 이미 만성 질환에 널리 쓰이는 약물도 있고, 엽산처럼 흔히 보충제로 먹는 물질, 그리고 아직 이름을 붙이지 않은 물질도 있다. UC 산타크루즈의 캐리 파치와 연구팀은 시계 유전자의 단백질에 직접 결합할 수 있는 화합물을 조사하고 있다. 화합물로 생체시계가 제때 적절히 움직이는 능력이 강화되면 건강한 노화를 실현할 수 있을 것이다. 이러한 물질은 긴급 상황에도 활용될 수 있다. 군 인력의 생체시계를 최대 12시간까지 재설정하여 전 세계의 재해 복구 지역에 급파

할 수 있다. 아니면 행인이 오후 5시에 교통사고를 당했다고 상상해보자. 차에 치이기 좋은 시간이란 있을 수 없지만, 오후 5시는 특히 나쁜 시간이다. 연구에 따르면 낮에 입은 상처는 밤에 입은 상처보다 더 빨리 치유되기 때문이다.[14] 그렇다면 환자가 병원에 도착하자마자 생체시계를 오전 8시로 돌리는 약을 투여하면 어떨까? 혹은 내가 늦은 오후의 수술 일정을 변경하지 않고 약 한 알로 내 몸의 생체시계를 조정해 더 이른 시간인 것처럼 속여 수술을 인위적으로 앞당길 수 있었다면 어땠을까?

약으로 일주기 리듬을 조절하면 일부 약물의 효과가 더 좋아질 수도 있다. UC 샌디에이고의 정신의학자 마이클 매카시Michael McCarthy는 기분안정제인 리튬에 대한 양극성 장애 환자의 반응을 연구해왔다. 이 약물에 장기적으로 잘 반응하는 환자는 세 명 중 한 명꼴에 불과하지만 리튬은 수십 년 동안 1차 치료제로 사용되고 있다. 약효가 있을 때는 확실히 효과가 있다. 하지만 어째서 특정 환자에게만 효과가 있는 것일까? 의사들은 한동안 이 질문에 답하지 못했다. 이제 과학자들이 그 단서를 찾아내고 있다. 매카시는 올빼미형이나 일주기 리듬이 약한 환자들이 리튬에 잘 반응하지 않는 경향이 있다는 사실을 발견했다. 매카시는 그 이유 역시 짐작하고 있다. 리튬은 반응성이 좋은 사람의 일주기 리듬을 늘리고 강화한다. 따라서 선천적으로 일주기가 짧은 환자는 그 기간이 늘어나도 비교적 잘 견딜 수 있다. 매카시가 지금까지 양극성 장애 환자의 신경세포에서 수집한 데이터 역시 이러한 논리를 뒷받침

한다.¹⁵

양극성 장애 환자는 대개 보통 사람보다 일주기 리듬이 약한 편이다. 매카시는 리튬에 반응하지 않은 환자들에게는 리듬이 거의 없다시피 했다고 말했다. 리튬이 일주기 리듬에 미치는 영향이 이 약물의 치료 효과를 설명하는지, 아니면 더 복잡한 과정의 일부일 뿐인지는 아직 밝혀지지 않았다. 매카시는 리듬의 변화 자체로 치료 효과가 나타난 거라면, 일주기 리듬을 조절하기 위해 사용하는 방법들이 양극성 장애 환자에게도 도움이 될 거라고 말했다. 사실, 광선 요법이 양극성 장애의 증상 개선에 도움이 된다는 사실은 이미 여러 연구를 통해 입증되었다. 또 리튬과 광선 요법은 시너지를 낼 수 있다. 한 연구에 따르면, 우울증 치료에 효과가 있다고 알려진 광선 요법과 수면 박탈 요법은 모두 리튬의 효능을 향상시켰다.

매카시의 연구팀은 양극성 장애와 관련된 유전자를 면밀히 조사한 끝에, 해당 유전자가 리듬 조절에 관여하는 징후를 포착했다. 또 다른 연구팀은 특정 항우울제가 생체시계를 빛에 더 민감하게 만들 수 있다는 사실을 발견했다. 항우울제는 말 그대로 환자가 밝은 면을 볼 수 있게 돕지만, 이는 약을 먹는 환자가 적절한 시기에 적절한 빛을 봐야 가능한 일이다. 매카시는 이렇게 말했다. "정신 질환은 다른 여러 가지 문제를 동반할 수 있습니다. 어쩌면 그 모든 문제의 중심에 생체시계가 있을지도 모릅니다."

일주기 리듬을 활용한 암 치료

약물로 일주기 리듬을 조작하는 것과 일주기 리듬에 맞춰 약물을 사용하는 것 모두 암에 맞서는 새로운 전략이 될 수 있다. 과학자들은 가장 치명적인 종양 중 하나인 교모세포종glioblastoma을 치료하는 데 두 전략이 모두 사용되기를 바라고 있다. "교모세포종은 정말 끔찍한 질병입니다." 워싱턴대학교 세인트루이스의 시간생물학자 에릭 헤르조그Erik Herzog는 말했다. "이 병을 진단받은 환자는 15개월에서 20개월 정도 수명을 유지하는 동안 매우 고통스러운 나날을 보냅니다." 그가 굳이 설명해주지 않아도 나는 이 병의 악랄함을 잘 알고 있다. 교모세포종은 내 엄마의 목숨을 앗아간 병이다.

한동안 종양세포의 시계와 건강한 세포의 시계는 완전히 별개로 작동한다고 여겨졌다. 실제로 대부분 종양세포의 시계는 심하게 왜곡되어 있거나, 아예 작동하지 않는다. 하지만 교모세포종은 강력한 리듬을 유지하며, 이 리듬이 암세포의 성장과 확산을 가속하는 데 관여할 가능성이 제기됐다. 이 발견을 계기로[16] 교모세포종에 제동을 걸어 종양의 맹렬한 확산세를 늦출 수 있는 생체시계 제어 물질을 찾기 위한 초기 연구가 시작됐다. 한편, 다른 쪽에서는 교모세포종의 리듬이 제공하는 기회의 창을 활용하는 데 집중하고 있다.

헤르조그의 연구팀은 환자의 종양에서 얻은 세포를 조직하여 핵심 시계 유전자가 켜질 때마다 루시페레이스를 발현하도록 만들었다. 해당 실험을 함께한 헤르조그의 동료가 내게 말했다. "정말 역동적이었어요. 불이 켜졌다가 꺼지고, 또 켜졌다 꺼졌습니다. 매일같이요." 연구팀은 종양세포의 1일 주기를 고려해 서로 다른 시간대에 약물 치료를 시작했고, 핵심 시계 유전자의 활동성이 정점에 달하는 시간대에 경구 약물인 테모졸로마이드를 사용했을 때 가장 민감하게 반응하는 것을 확인했다. 이는 의사가 교모세포종의 표준 치료제로 사용되는 이 알약을 환자에게 특정 시간대에 복용하도록 지시함으로써 약효를 높일 수 있다는 뜻이었다.

연구팀은 가설을 검증하기 위해 진행한 후향적 연구에서[17] 테모졸로마이드를 오전에 복용한 환자의 수명이 저녁에 복용한 환자보다 평균 3개월 반 더 길다는 사실을 확인했다. 해당 기간의 생존율이 크게 향상됐다고 헤르조그는 말했다. FDA는 테모졸로마이드가 환자의 생존 기간을 2개월 반 연장할 수 있다는 연구 내용을 바탕으로 약물 사용을 승인했다. 미국에서는 현재 암 치료에 일주기 의학을 적용하는 최초의 전향적 임상시험이 진행되고 있다. 지금까지는 환자들의 순응도도 높고 새로운 부작용도 보고되지 않았다. 과연 타이밍이 생명을 연장할 수 있을지, 그 대답 역시 시간이 말해줄 것이다.

아스피린은 저녁에 복용하는 것이 좋다

일주기 의학은 그 잠재적 파급력에도 불구하고 아직 임상시험의 문턱을 넘지 못하고 있다. 환자는 물론이고 의사 중에서도 일주기 의학을 알고 있거나 활용하는 사람을 찾아보기 힘들다. 전문가들은 그 이유가 복합적이라고 말한다. 일관성 없고 불완전한 데이터, 비용과 편의성에 대한 우려, 그리고 약간의 무지함도 이유 중 하나였다.

의대에서는 일주기 리듬을 거의 신경 쓰지 않는다.[18] 일류 대학인 존스 홉킨스 의과대학에서도 마찬가지다. 존스 홉킨스 대학교 루트비히 암 연구소의 과학 부문 책임자인 치 반 당Chi Van Dang은 일주기 과학이나 수면 생물학은 예과 과정에서 형식적으로만 언급될 뿐이라고 말했다. 그는 현직 임상의 중에도 약효가 시간대에 따라 달라질 수 있다는 사실을 아는 사람이 거의 없을 거라고 덧붙였다. 당은 혈전을 예방하고 혈압을 낮추기 위해 저용량 아스피린을 사용하는 경우를 언급하며, 이때는 "아침이 아니라 저녁에 복용하는 게 압도적으로 낫죠"라고 말했다. 한 연구에 따르면 아침 식사 때 아스피린을 복용한 환자들은 출혈, 심혈관 질환, 사망 위험이 증가한 것으로 나타났다. 그렇다면 환자에게 야간 복용을 권하는 의사는 과연 얼마나 될까? 당은 스무 명 중 한 명에 불과할 거라고 말했다.

의료 행위와 의료 교과과정은 모두 실험용 동물 연구부터 여러 단계의 임상시험까지 아우르는 과학적 연구를 기반으로 한다. 하지만 이들 연구와 시험에서 치료의 시점을 고려하는 경우는 매우 드물다. 2023년까지 암 치료 관련 임상시험에서 일주기를 고려한 경우는 1000건 중 1건도 채 되지 않았다. 이러한 무관심은 의약 분야의 큰 손실로 이어질 수 있다. 설치류에게서 뛰어난 효능을 보인 약물이 임상시험에서 실패하는 일이 거듭 되풀이되고 있다. 이와 같은 상황은 모든 신약 개발 과정에서 공통적으로 발생한다. 신약 후보 물질의 80퍼센트 이상이 건강한 자원자와 환자를 대상으로 한 초기 시험을 통과하지 못한다. 그보다 더 많은 후보 물질이 후속 대규모 임상시험 단계에서 결국 실패한다.

하버드 의과대학의 신경과학자 엥 로Eng Lo와 그의 연구팀은 쥐와 인간의 상반된 일주기 리듬이 그간의 반복된 실패에 중대한 원인이 될 수 있는지에 대해 궁금증을 품었다. 대개 과학자들은 설치류가 잠을 자는 낮 시간대나 오전에 연구를 진행한다. 로는 동물실험에서 효과가 상당히 좋았지만, 뇌졸중 환자를 대상으로 한 임상시험에서 실패한 뇌졸중 치료제로 조사를 진행했다.[19] 그는 뇌졸중 환자가 치료를 받는 인간의 아침 시간대와 동일한 시간에 동물 실험을 진행했다. 그러자 이번에는 설치류에게서도 약효가 나타나지 않았다. 이 결과는 '설치류의 아침에 해당하는 시간대에 인간에게 약물을 주입하면 효과가 있을까'라는 궁금증을 불러일으켰다. 하지만 이미 해당 뇌졸중 치료제의 개발이 중단된 상태였다.

물론 설치류와 인간은 수면 일정 외에도 다른 점이 많다. 한 예로, 설치류는 고령에 따른 합병증에 잘 걸리지 않는다. 그럼에도 로는 여전히 타이밍이 중요하다고 생각했다. "저는 진심으로 임상시험 실패의 주요 원인이 타이밍에 있다고 생각합니다. 사실 이 부분은 주의만 기울이면 되는 아주 기본적인 문제입니다. 어떤 참신한 연구를 하든 분자 표적을 기반으로 하는 연구에서는 반드시 시간대를 고려해야 합니다."

임상시험이나 기초연구에 '시간'이라는 새로운 차원을 반영하는 일은 생각만큼 간단하지 않다. 오늘날 대부분의 임상시험은 일부 자원자에게 위약을 나눠주고 나머지 사람에게 개발 중인 신약을 배포한 뒤, 약 1년간 추적 관찰하는 방식으로 진행된다. 시간대를 고려하려면 두 그룹을 다시 시간대별로 나눠 더 많은 사람에게 위약과 신약을 배포해야 한다. 이 과정에서 복잡성과 비용이 증가할 수밖에 없다. 실험 비용은 빠르게 증가할 수 있고, 여기에 실행과 통계 처리에 따른 골치 아픈 문제까지 더해진다. "그냥 모든 면에서 매력이 떨어집니다"라고 옥스퍼드대학교의 일주기 과학자 데이비드 레이David Ray가 말했다.

레이는 다른 문제도 지적했다. 예를 들어 제약사가 신약을 복용하기 '가장 좋은' 때가 아침이란 것을 확인하고, 아침에 독성이 더 약하다는 점을 활용해 1회 복용량을 늘렸다고 해보자. "그런데 실수로 밤에 복용하면 어쩌죠?" 레이는 의사가 안내한 사항을 제대로 듣거나 읽는 사람이 거의 없다는 점을 지적했다. 제약사가 특정 시간에 최적화된 약물을 판매할 때, 복용 시간 미준수에 관한 위험성을 추가로 안내하도록 강제할 수도 있을 것이다. 하지만 이는 법적 책임 문제에 민감한 제약회사들이 반길 만한 내용이 아니다.

실제로 제약 업계는 이와 정반대로, 1일 1회 복용 형태의 장기 지속성 약물을 주로 출시하고 있다. 과학자들은 이러한 추세에도 우려를 표한다. 예를 들어 염증 단백질 분자인 종양 괴사 인자 알파TNF-α를 표적으로 하는 류머티즘 관절염 약물이 체내에서 하루 동안 일정 수준으로 유지될 경우, 몸의 면역 체계가 불필요한 손상을 입을 수 있다. 실제로 염증 분자를 차단해야 하는 시간대는 네다섯 시간에 불과하다. 그뿐 아니라 제약회사가 장기 지속성 약물을 설계하는 방식은 간의 대사를 어렵게 만들어 더 많은 독성을 유발할 수 있다.

제약사가 시간대를 이용해 약물 부작용을 압도적으로 줄이거나 효과를 크게 개선하는 사례가 한두 번만 나오면, 업계 전체에서 같은 방식을 시도할 수 있다.

이후부터는 제약사도 더 영리하게 움직일 것이다. 임상 전 연구에서 시간대별 효과를 미리 파악해 인체 시험에 적용할 수도 있을 것이다. "우리는 어떤 세포가, 어떤 상황에서, 어떤 유전자를 발현하는지 상당히 많이 알고 있습니다"라고 레이는 말했다. 이러한 정보와 약물 표적의 1일 주기를 바탕으로 약효가 높은 시간대를 미리 확인하면, 임상시험에 필요한 치료군의 수를 줄일 수 있다. 그럼 자연스럽게 위약보다 나은 약효를 통계적으로 증명하는 데 필요한 대조군의 수도 줄어들 것이다.

레이는 덧붙여 제약사에 장려책이 될 만한 내용으로, 특정 약물을 시간 방출형 제제로 만드는 방법을 고안하면 제품의 특허 보호를 연장할 수 있다는 점을 들었다. 레이는 심지어 제약사가 약물이 작용하는 시점을 개인의 일주기 리듬과 자동으로 연결할 수도 있을 거라고 했다. 레이가 구상한 방식은 체내에서 심부 체온이나 호르몬의 변화와 같은 시간 신호를 감지해 자동으로 약물을 방출하는 시간 방출형 캡슐이었다. 이런 기술이 충분히 무르익기 전까지는, 약마다 먹기 좋은 시간을 알려주는 알람 앱이 그 빈자리를 대신할 수 있다. "저는 이 모든 게 정말 실현 가능한 일이라고 생각합니다"라고 레이는 말했다.

일주기 과학자들은 한 가지 강경한 대안도 제시한다. 바로 정부 지원을 받는 연구에서 '시간 요소'를 반드시 고려하도록 의무화하자는 것이다. 현재 국립보건원NIH은 생물학적 변수로서 '성별'을 연구 설계에 반영하도록 요구하고 있으며, 이와 같은 방식으로 '시간'도 포함시켜야 한다는 주장이다.

시간의 효과가 확인되고 증명되었다 하더라도, 일주기 의학을 실제 현장에 적용하기는 여전히 어렵다. 대부분 병원에서는 의료진의 편의에 맞춰 투약이 이루어진다. 그래서 보통 회진 때나 근무조를 교대할 때 치료를 진행한다. 나는 병원의 약물 투여 방식을 분석한 자료[20]에서 눈에 띄는 내용을 발견했다. 고혈압 치료제인 하이드랄라진은 밤에 가장 효과가 좋지만, 의료진은 오히려 밤에 더 적은 용량을 투여했다. 또 환자들은 저녁에 통증을 더 강하게 느끼지만, 보통 오전이나 정오 회진 때 진통제를 투여받았다.

한편 집에서는 복용 시간이 중요하다는 사실을 인지하기 어려울 수 있다. 또 환자가 적절한 복용 시간을 알고 있다고 해도, 그 시간을 지키리라는 보장은 없다. 만성 질환을 앓고 있는 사람 가운데 대략 절반만이 복용 지침을 따른다. 또 권장 복용 시간이 취침 2시간 후 혹은 기상 2시간 전이라면 어떻겠는가? 제때 먹으려면 운이 좋아야 할 것이다. 시술이나 수술 일정을 잡을 때도 마찬가지다. 사람들은 대개 가장 편한 시간이나 되도록 이른 시간에 예약을 잡는다. 나도 처음에 수술 일정을 잡을 때는 그렇게 했다. 시술이나 수술은 약물보다 일주기 리듬을 고려하기가 훨씬 더 까다롭다. 의사가 모든 환자를 동시에 수술할 수는 없기 때문이다. 또한 화학요법 치료실은 영화관과 시스템이 비슷해서 예약이 다 차면 원할 때 치료받기가 어렵다.

하지만 좌석이 필요 없다면 어떨까? 스트리밍 서비스로 영화를 볼 수 있게 되면서 극장을 찾는 사람들이 줄어든 것처럼, 휴대할 수 있는 자동 인슐린 주입 펌프는 환자들이 병원을 찾는 수고를 덜어준다. 한때 공상과학처럼 여겼던 일이 다시 한번 빠르게 현실로 바뀌고 있다. 시간에 따라 약물을 방출하는 약제time-released drugs나, 인슐린이 필요한 당뇨병 환자들을 위한 치료 펌프 같은 기술 발전은 이미 의학의 혁신을 일으켰고, 나아가 더 다양한 방식으로 활용될 수 있을 것이다.

일주기 리듬은 모두 다르다

프랑스 투르의 심리학자 캐럴 고댕Carole Godain은 10여 년 전 참여한 임상시험의 사소한 부분까지 기억한다.[21] 시험실에는 누르면 항암제가 나오는 파란 버튼과 약물이 정맥으로 주입되고 있음을 알려주는 녹색 불이 있었다. 물론 시간도 기억한다. 모든 치료는 언제나 오후 10시 정각에 시작됐다.

고댕은 시한부 판정을 받았다. 대장암 제거를 위한 첫 번째 치료는 무위로 돌아갔다. 전신 스캔에서는 간 속에 자라고 있는 27개의 종양이 추가로 발견됐다. 고댕은 약물 실험에 참여할 수 있는 기회를 잡기로 했다. 이는 특정 시간에 약물을 투여했을 때, 약효가 증가하거나 독성 부작용이 감소하는지 테스트하는 실험이었다. 이상적으로는 두 가지 효과가 모두 나타날 수 있었다. 고댕이 바로 그 이상적인 경우였다.

고댕의 몸속에서 자라던 암은 모두 제거됐다. 그를 치료한 종양학자 프란시스 레비Francis Lévi는 이처럼 놀라운 결과는 드문 일이지만, 사례가 늘어나면 일주기 의학을 활용하는 데 대한 관심이 더욱 커질 거라고 말했다. 암 치료에 일주기 의학을 적용한 대표적 사례로 자주 인용되는 이 논문은 1997년에 발표되었다. 시간생물학자이기도 한 레비는[22] 그의 연구팀과 함께 전이성 대장암 환자 186명을 시간대별 치료군과 표준 치료군에 무작위로 배정했다. 고댕처럼 일주기 리듬에 맞춰 항암제를 투여받은 사람들은 절반 이상이 약물에 반응했지만, 보편적인 일정에 따라 투여받은 사람들은 29퍼센트만이 약물에 반응했다. 고댕과 같은 그룹에 속한 사람들에게서는 부작용도 더 적게 나타났다.

하지만 같은 효과를 노리고 특정 시간에 약물을 투여한 많은 시험에서 모호한 결과가 나왔다. 대부분 환자는 고댕만큼 운이 좋지 않았다. 이후 레비가 주도한 대규모 시험에서는 500명 이상의 전이성 대장암 환자가 보편적인 방식으로 혹은 정해진 시간에 화학 요법 치료를 받았다. 두 그룹에서 생존 기간은 비슷하게 나타났다. 하지만 결과를 성별로 구분하자 차이가 드러났다(NIH가 성별 변수를 강조하는 데는 그만한 이유가 있다). 남성의 조기 사망 위험은 25퍼센트 감소한 데 반해, 여성의 조기 사망 위험은 38퍼센트 증가했다.

생화학자이자 노벨상 수상자인 아지즈 산자르는 이러한 복잡성 때문에 일주기 의학을 암 치료에 적용하는 데 신중해졌다. "다들 효과가 있기를 바랍니다. 하지만 아직 확신할 수 있는 단계는 아니에요." 산자르는 희망을 품고 일반 항암 치료제인 시스플라틴의 적절한 투약 타이밍을 찾기 위한 연구를 계속하고 있다. 그는 몇 년 전, 시스플라틴으로 인해 손상된 DNA가 일주기 리듬에 따라 복구된다는 사실을 발견했다. "저는 계속 시도할 겁니다." 산자르가 말했다.

성별 외에도 많은 요소가 동시에 작용한다. 최적의 타이밍은 암의 유형과 위치, 환자의 세포와 암세포의 일주기 리듬 위상에 따라서도 달라질 수 있다. 예를 들어 다발성 골수종의 순환종양세포는 낮에 증가하지만, 디아만토풀루가 발견한 것처럼 유방암의 순환종양세포는 밤에 증가한다. 결국 일주기 의학에서는 모든 사람에게 똑같이 적용할 수 있는 해법이 존재할 수 없다.

고댕은 집에서 치료를 시작하기 전, 신체 활동을 기록하는 시계 형태의 장치를 착용했다. 레비는 고댕의 매우 규칙적인 수면-각성 주기를 치료의 성공 요인 중 하나로 본다. 그의 연구팀이 조사한 바에 따르면, 다른 요인과 무관하게 일주기 리듬이 약한 환자의 중앙 생존 기간median survival time(환자 집단에서 절반이 생존하고, 절반이 사망하는 시점까지 걸리는 시간, 즉 정중앙의 생존 기간 – 옮긴이)은 리듬이 강한 환자의 절반 수준이었다. 현재 레비는 췌장암 환자를 대상으로 원격 모니터링 시스템을 테스트하고 있다. 이 장치는 티셔츠나 속옷에 내장된 형태로, 환자의 활동 상태와 체온 변화를 측정해 블루투스로 의료 전문가에게 데이터를 전송한다.

레비가 강조한 것처럼 일주기를 이용한 치료는 환자 고유의 리듬에 따라 동적으로 이루어져야 한다. 항암 치료 과정에서 환자의 리듬이 달라질 수도 있고, 암세포의 리듬이 달라질 수도 있다. 모든 타이밍을 고려하려면 상황이 더욱 복잡해지겠지만, 레비는 "우리에게는 과거에는 없던 기술과 정보가 있어요"라며 가능성을 내비쳤다.

치료의 열쇠는 '타이밍'에 있다

의료는 시간을 통해 한 차원 더 개인화될 수 있다. 하지만 이를 위해서는 먼저 몸의 시간을 읽을 줄 알아야 한다. 수조 개의 작은 시계로 이루어진 일주기 체계의 상태를 파악하기란 쉬운 일이 아니다. 일주기 유형 설문지만으로는 최적의 치료 시점을 알아낼 수 없다. 하지만 과학자들은 일주기 리듬에 따라 일어나는 생리현상의 시점을 근거로 일주기 위상을 추정하는 좀 더 고등적인 방법을 고안해냈다.

현재 이 기준이 되는 지표는 멜라토닌 분비 시작점DLMO이다. 하지만 DLMO를 측정하는 데는 오랜 시간이 소요되고, 나처럼 필요에 따라 다량의 침을 분비하는 게 어려운 사람에게는 그 과정도 고역이다. 또 비용도 비싼 편이다. 전문가들은 DLMO보다 더 빠르고, 간단하고, 덜 침습적인 수단을 찾기 위해 노력하고 있다. 더불어 몸 전체에 흩어져 있는 말초 시계의 시간을 알아내는 방법도 조사하고 있다. 멜라토닌으로는 중추 시계의 시간만 추정할 수 있다. 이는 간이나 근육 세포의 시간과 다를 수 있다. 또한 종양세포의 시간과는 분명히 다를 것이다.

과학자들은 혈액이나 머리카락에서, 혹은 피부에 작은 구멍을 뚫거나 피부 아래 가느다란 바늘을 찔러 넣어서, 시계 유전자의 발현과 순환 대사산물의 농도를 추출하는 방식을 계획하고 있다. 유전자의 발현과 대사산물의 농도는 하루 중 서로 다른 시간에 증가하고 감소한다. 각각의 수치를 충분히 확보하면 몸의 시간을 정확히 예측할 수 있다. 칼 폰 린네가 서로 다른 시간대에 피는 꽃을 나열해 꽃 시계를 완성한 것과 비슷한 방식이다. 나열된 꽃이 많을수록 시간을 짐작하기도 쉬워진다.

내가 시도해본 방법 중 가장 고통이 적은 위상 추정 방식은 연구용 스마트워치를 이용해 나의 활동, 수면, 빛 노출 정보를 수집한 것이었다. DARPA 같은 기관에서 만든 이런 연구용 장비뿐 아니라 대중적인 웨어러블 장치도 일주기 리듬의 현 상태를 파악하고, 사용자와 의료진, 연구진에게 양질의 데이터를 제공하는 데 도움을 줄 수 있다. 샌디에이고의 벤저민 스마르를 비롯한 여러 과학자는 벌써 수집된 데이터의 활용 방안을 제시한다. 스마르는 시간 경과에 따른 체온, 수면, 심박수의 변화 패턴을 통해 코로나19의 발병이나 임신 여부 등을 예측할 수 있다고 말했다.

그러나 일주기라는 도구는 아직 대규모 임상시험에 본격적으로 활용되지 않고 있다. 우리는 최적의 치료 타이밍을 알아내거나 매우 효과적인 치료법을 찾아낼 수 있는 기회뿐만 아니라, 어긋난 시간을 감지해 시계 자체를 고치기 위한 처방을 내릴 기회도 놓치고 있을 수 있다.

매우 효율적이면서도 간단하고 저렴한 치료 방법도 있다. 스스로 몸의 리듬을 신경 쓰고, 빛 노출 시점과 식사 시간을 조절하는 등 일주기 리듬을 위한 기본 원칙을 지키면, 일주기 교란과 그로 인한 건강 문제를 예방할 수 있다. 생활 방식을 바꾸는 데는

FDA 인증도 필요 없다. 우리가 미래형 치료 기술을 추구하더라도, 그것들이 꼭 필요해지는 시점을 가능한 한 늦추는 것이 개인적으로는 여전히 중요한 목표다. 나는 관절 수술을 또 받고 싶지는 않다. 예방이 치료보다 낫기 때문이다. 이는 인류가 언젠가 먼 행성에 도달할 수 있는 최첨단 장치를 개발하더라도 지구에서의 삶을 영위하기 위해 노력해야 하는 이유와 같다.

13장
빛 부족 사회에서 살아남기

1990년대 중반, 소형 화성 탐사 로버 '소저너Sojourner'가 붉은 행성 위를 굴러다니고 있을 무렵, 캘리포니아 제트추진연구소의 앤드루 미슈킨Andrew Mishkin은 한 시계공을 찾아가 조금은 특별한 부탁을 했다. 미슈킨은 검은색 문자판에 24시간이 표시된 조디악Zodiac의 방수 손목시계를 건네며, 시계가 24시간 39분 35초, 즉 화성의 하루sol 동안 한 바퀴를 돌도록 약간 느리게 조정해달라고 요청했다. "그건 시계를 일반적인 한계보다 훨씬 더 느리게 만드는 일이에요. 대부분의 시계 장인이라면 절대 그렇게까지 시계를 늦추려 하지 않을 겁니다"라고 미슈킨은 말했다. 다행히 시계공은 별말 없이 그의 부탁을 들어주었다. 미슈킨은 이후 수십 년 동안 지구 시간이 표시된 시계와 화성 시간이 표시된 시계를 모두 차고 다녔다. 하지만 끝내는 조디악 시계를 은퇴시키고 화성 시간을 알려주는 스마트폰 앱을 사용하게 됐다.

미슈킨은 캘리포니아 제트추진연구소에서 거의 모든 종류의 화성 탐사 프로젝트에 참여했다. 프로젝트가 진행되는 수개월 동안 지구는 여전히 24시간 동안 한 바퀴를 회전했지만, 팀원들은 화성의 자전 주기에 맞춰 생활하고 일해야 했다.

하루가 40분 늘어나는 게 처음에는 좋은 일처럼 들릴 수도 있다. 우리가 해야 할 일을 모두 처리하기에 하루 24시간은 너무 부족하다. 하지만 사흘마다 2개의 시간대를 건너 시차를 이겨내야 한다고 생각해보라. 프로젝트를 진행하는 동안 늘어난 시간이 누적되면서 관제팀 요원들은 야간과 주간을 오가며 일하게 됐고, 이들의 생체시계는 엉망이 됐다. 한번은 어떤 팀원이 태양을 따라 움직이는 탐사선에 관제 센터를 설치하면, 낮과 밤의 주기가 화성 시간과 좀 더 비슷해질 수 있을 거라고 했다. "물론 실제로 시도된 적은 없습니다만, 상당히 흥미로운 아이디어였어요." 미슈킨이 말했다.

대신 나사NASA는 암막 커튼과 특수 조명 같은 좀 더 현실적인 방법으로 지상 관제요원들이 화성의 긴 하루에 적응할 수 있도록 도왔다. 나사는 국제우주정거장에서 90분짜리 하루, 16번의 일출과 일몰에 적응할 때도 같은 방법을 사용했다. 나사는 우주인과 미래의 식민지 개척자들이 화성에서 생존할 수 있도록 도울 준비도 하고 있다. 자원자들은 이미 화성의 거주 환경을 모방한 곳에서 머물고 있다. 이는 실제 이주가 이루어지기 전까지 연 단위로 진행되는 각종 실험의 일부분이다. 이러한 준비가 진행되는 동안 지상 관제요원들은 원격 조종 로버로 화성 탐사를 이어 나갔다.

미슈킨의 팀에 속한 아침형 직원들은 외계의 하루 주기를 반기지 않았다. 화성의 솔은 일주기가 살짝 긴 사람들에게 훨씬 더 잘 맞는다. 실제로 일주기 유형 분포곡선의 끝부분에 있는 사람들에게는 지구의 하루보다 화성의 긴 하루가 더 잘 맞을 것이다. 나사 소속의 우주비행사 셸 린드그렌Kjell Lindgren이 내게 말한 것처럼 나중에 화성에서 임무를 수행하려면 올빼미형을 잔뜩 고용해야 할지도 모른다.

물론 화성에서 살아가려면[1] 하루 길이의 차이보다 더 많은 것을 극복해야 한다. 붉은 모래 위로 바람이 휘몰아치는 차갑고 혹독한 환경을 견뎌야 한다. 고립감과 답답함, 단조로움도 이겨내야 한다. 높은 방사선과 이산화탄소 수치, 약한 중력과 자기장, 대기압에도 적응해야 한다. 이러한 변화는 우리의 신체적·정신적 건강에 영향을 미칠 것이고, 우리의 생체시계를 더욱 혼란스럽게 할 것이다. 일주기 리듬에 더 치명적인 문제는 지구인이 우주에서 보는 낯선 햇빛의 양과 질에 익숙지 않다는 점이다. 화성의 햇빛은 불쾌하게도 내 벙커 실험에서의 조명을 연상시킨다. 물론 화성의 하늘이 내 벙커보다 더 어둡고, 더 붉다. 지표면에 도달하는 청색 파장은 거의 없다. 화성의 자연광은 일주기 체계를 충분히 자극하지 못할 것이다. 화성에서 살려면 다른 건 몰라도, 가변형 LED는 더 많이 챙겨야 한다.

이는 화성에서 살아남기 위한 첫걸음에 불과하다. 지구에서 수백만 킬로미터 떨어진 곳에 사는 사람들과 그곳의 생태계를 유지하기 위해 식량과 물, 연료를 퍼 나른다고 생각해보라. 당장 과일과 채소를 수백 킬로미터 옮기는 데 드는 경제적·환경적 비용도 감당하기 힘들다. 2015년에 첫 임무를 수행하기 위해 국제우주정거장으로 떠난 린드그렌은 동료들과 함께 미국 최초로 우주에서 작물을 재배하고 수확했다. 처음 재배한 작물은 '아웃레저스outredgeous'라는 품종의 적색 상추였다. 이후 2022년에는 토양 없는 재배 시스템의 사용 가능성을 조사하기 위한 실험을 진행했다. "우주에서 식물을 키울 수 있을까'라는 질문의 답은 '네'였습니다" 라고 린드그렌이 말했다. "'이 시스템을 어떻게 확장해야 꾸준히 충분한 양의 식량을 공급할 수 있을까' 그게 다음 질문입니다."

일주기 과학도 이 질문에 답하는 데 힘을 보탤 수 있다. 인간과 마찬가지로 화성에서는 일주기 리듬이 조금 더 긴 작물이 자전 주기와 더 가깝게 공명할 수 있을 것이다. 하지만 농가에서 길들여 재배한 감자와 당근 등의 농작물은 잘 적응하지 못할 것이다. 이처럼 키울 수 있는 식물을 선별하지 않아도, 육종 기술과 유전자 편집 기술을 이용하면 식물의 생체시계를 원하는 대로 조정할 수 있다. 또 LED 제어 시스템이 설치된 실내 농장에서는 반대로 일조시간을 바꿀 수 있다. 린드그렌은 식용과 약용 작물을 지속 가능한 시스템의 일부로 배치해, 생산과 동시에 대기 중 이산화탄소를 제거할 수 있는 미래형 온실 모듈을 구상하고 있다. 영화 〈마션The

Martian〉의 주인공 마크 와트니가 감자를 재배하는 모습에서 이 공상과학 기술의 미래를 살짝 엿볼 수 있다. 2015년에 개봉한 영화 〈마션〉에서 맷 데이먼이 연기한 와트니는 식물학자로 탐사 임무에 참가했다가 화성에 홀로 남겨진다. 와트니는 온실을 짓고 그 안에 화성 토양을 깐 다음 자기 배설물을 비료로 뿌려 '천연 원료로 키워낸 유기농 화성 감자'를 대량으로 수확하는 데 성공한다.

물론 더 이상적인 방법은 화성 이주가 아니라, 훨씬 더 살기 좋은 우리 지구의 거주 적합성을 보존하는 것이다. "우리는 저궤도에 떠 있는 유인 우주선을 통해 지구를 더 잘 알게 됐습니다"라고 린드그렌은 말했다. 그의 말대로 우주에서 처음 촬영된 지구의 사진은 거주 적합성을 보존하기 위한 움직임을 촉발했다. "지구는 정말 아름답고 찬란합니다. 그리고 특별합니다."

국제우주정거장에 머무는 동안 린드그렌은 지구에서 눈을 떼지 못했다. 승무원들은 줄루 시간으로 오후 10시쯤 되면 우주선 외부에 달린 알루미늄 셔터를 내려 창문을 가렸다. 분명 일주기 리듬을 생각하면 셔터를 더 일찍 내려야 했지만, 팀원들 모두 사진 찍는 것을 너무 좋아했다. 가끔은 늦은 저녁에도 사진을 찍고 싶은 날이 있었다. 그럴 때면 린드그렌은 선글라스를 낀 채로 다이얼을 눌러 셔터를 열고, 몇 장을 찍은 뒤 얼른 셔터를 닫았다.

저궤도 비행선에 탑승한 린드그렌과 다른 우주인들, 그들이 촬영한 사진들 덕분에 우리는 빛 공해에서부터 농장 지대의 확장에 이르기까지 인류가 지구를 파괴하는 현장을 여러 차례 목격했다. 모든 것이 인간에게 고향인 지구를 더 잘 돌보라고 신호를 보내고 있다고 린드그렌은 말했다. "화성에 가든, 화성에 식민지를 건설하든, 다중 행성 생명체가 되어서 무엇을 하든, 우리는 무조건 지구를 보호해야 합니다."

지속 가능한 지구를 위한 일주기 리듬

인류가 가하는 위협 때문에 지구는 화성만큼 불안정한 곳으로 바뀌고 있다. 우리는 토양과 숲, 생물다양성을 급격하게 파괴하고, 비축된 물과 에너지를 임계치까지 소비하고 있다. 산업혁명 때 시작된 문제는 우리가 마지막 화석 연료를 태우는 동안 계속해서 악화하여, 비교적 온화했던 기후를 바꿔놓고 하늘을 더 많은 오염 물질과 빛 공해로 채우고 있다. 이제 극심한 날씨는 주기적으로 찾아온다. 2023년 여름은 역사상 가장 더운 여름으로 기록됐다. 산불은 미국과 캐나다 전역에서 독성 연기를 내뿜었다. 같은 해 가을에는 열대성 폭풍이 거대한 허리케인으로 빠르게 몸집을 키워, 멕시코 해안을 강타해 항구 도시인 아카풀코를 엉망으로 만들었다. 기후학자들은 상황이 점점 더 위험하고 예측하기 어려워질 거라고 말한다. 일부 지역에서는 이미 지구 표면이 화성만큼이나 살기 힘든 모습으로 변하기 시작했다.

변화한 기후의 이 타는 듯한 열기는 끔찍한 결과를 낳는다.

가장 치명적인 문제는 식량 부족과 물 부족이다. 일주기 리듬에 관한 연구는 다시 한번 기후변화에 맞서고 또 적응할 수 있는 새로운 전략과 장기적 해결책을 제시한다.

앞서 보았듯이, 과학자들은 식물의 일주기 리듬을 가장 먼저 발견했다. 오늘날 일주기 과학자들은 가장 먼저 보호 조치를 적용해야 할 대상으로 식물을 꼽는다. 일주기 리듬은 식물의 거의 모든 생리 작용에 관여한다. "식물은 돌아다니지 않아서 일주기 리듬의 영향을 인간보다 훨씬 더 많이 받습니다. 식물은 한자리에 박혀 있죠." 서던 캘리포니아대학교 시간생물학자인 스티브 케이Steve Kay가 말했다. "그래서 리듬이 주변 환경에 매우 정교하게 맞춰져 있습니다." 과학자들이 널리 사용하는 모델 식물(생물학 현상을 연구하기 위해 특별히 선택되는 식물 종 – 옮긴이) 중 하나인 배춧과의 애기장대 $Arabidopsis$ 는 대부분 유전자가 하루 주기에 따라 리듬을 그리며 변화한다. 그 패턴은 우리가 좀 더 관심을 가질 법한 식용 식물의 패턴과 흡사하다.

전 세계 기아는 여전히 증가하고 있다. 지구의 거주 가능한 토지 절반과 담수의 70퍼센트가 이미 농업에 사용되고 있는데도 말이다. 한편 생산부터 소비, 폐기로 이어지는 전 세계 식량 시스템은 인류가 만들어낸 온실가스 배출의 3분의 1을 차지한다. 전통적인 농업 방식은 독성 화학물질이 토지와 수로로 스며들게 하며, 이러한 오염은 점점 더 자주 발생하는 가뭄과 홍수로 인해 더욱 취약해진 환경에 큰 피해를 준다.

하지만 농사 면적을 줄이는 동시에 수확량을 늘릴 방법이 있다면 어떨까? 그렇게 해서 더 건강한 작물을 재배할 수 있다면, 또 재배 과정에서 독성 화학물질과 농업용수 사용량도 줄일 수 있다면 어떨까? 생물학자들이 인간의 치료 시점, 식사 시간, 조명 환경에 변화를 주었던 것처럼, 농학자와 원예학자들도 같은 방식으로 식물의 일주기를 활용하고 조작하려 한다.[2] 이들은 작물이 극한 환경에서도 잘 적응할 수 있도록, 물과 농약과 비료를 줄여도 잘 자라고 오래갈 수 있도록, 식물의 시계 유전자와 조명 환경, 자원 제공 시간대를 조작하고 있다. 또한 작물의 단백질, 비타민, 식물성 화학물질, 칸나비노이드cannabinoid의 함량을 높이기 위해 종자 개량을 병행하고 있다.

현재 진행되는 연구는 언젠가 외계에서 살아남는 데도 도움이 되겠지만, 이는 지금 이곳에서도 실행할 수 있는 전략이다. 여기에 다른 지속 가능한 노력이 적절하게 더해지면 제2의 고향이 필요한 시기를 한참 뒤로 미룰 수 있다. 인류는 과거 새 정착지를 찾으면서 식물을 작물화했다. 약 1만 2000년 전에 비옥한 초승달 지대Fertile Crescent와 다른 문명 발상지에서도 그렇게 농경이 출현했다. 수렵채집사회에서 농경사회로 전환되면서 한 지역에서 더 많은 사람을 먹여 살릴 수 있게 되었고, 이곳을 중심으로 문명이 발달했다. 인구가 늘어나면서 정착지도 확장됐다. 동쪽과 서쪽으로 이동한 사람들은 별문제 없이 작물을 재배할 수 있었다. 그러나 남쪽과 북쪽으로 이주한 사람들에게는 문제가 생겼다. 그들이 가져온 작물은 새로운 터에서 잘 자라지 않았다.

지구에서의 정치 지리학적 위상[3]을 결정하는 데 일주기 리듬은 꽤 큰 역할을 했을지도 모른다. 위도와 기후가 비슷한 유럽과 아시아 대륙에서는 농경이 빠르게 확산했고, 덕분에 남북에 걸쳐 있는 아프리카와 아메리카 대륙보다 한발 먼저 문명이 발전하기 시작했다. 농사가 어려운 남쪽과 북쪽 지역의 농부들은 가장 잘 자라는 품종을 고르는 과정에서 천천히 그리고 무의식적으로 다른 일조량과 기후 조건에 맞는 특성을 가진 식물을 선택하게 되었다. "그곳에서 재배한 작물들은 모두 저희가 1만 2000년 뒤에 연구실에서 찾아낸 시계 유전자 돌연변이를 가지고 있었습니다." 스티브 케이가 말했다. "지금도 그 생각을 하면 온몸에 소름이 돋아요."

당시 아메리카와 유럽의 농부들은 토마토 모종을 북쪽으로 옮겨가며 재배할 때 점차 생체시계의 속도를 늦추는 유전적 돌연변이를 가진 개체를 선택하게 되었다. 이 돌연변이는 특히 낮 동안의 리듬을 길게 만들었다. 일주기가 더 긴 토마토가 북쪽에서 잘 자라는 정확한 이유는 밝혀지지 않았다. 일주기가 길면 식물이 더 오래 깨어 있을 수 있고, 여름에 해가 길 때 광합성을 더 많이 할 수 있다는 점이 유력한 이유로 꼽힌다. 하지만 일주기가 상대적으로 길다고 해서 항상 고위도에서 잘 자라는 것은 아니다. 동물은 서식지의 위도가 높을수록 일주기가 짧아지는 경향이 있다.

과학자들은 수천 년에 걸쳐 간접적으로 이루어진 시계 유전자의 선택 과정이 개화 시기의 변화와도 관련이 있다고 본다. 식물은 생체시계를 이용해 기온, 일출, 일몰 등을 감지하고, 각종 정보를 종합해 개화 시기와 같은 주요 활동 일정을 결정한다. 이 부분에 관여하는 생체시계를 조금만 조절해도 새로운 지역에서 계절에 맞지 않는 추위, 더위, 가뭄으로 인한 피해를 줄이면서 수확량을 극대화할 수 있다. 한 과학자는 내게 사람들이 이러한 지식을 활용해 '포인세티아가 크리스마스 전에 피도록, 장미가 밸런타인데이 전에 피도록, 백합이 부활절 전에 피도록' 조정한다고 말했다. 물론 그건 재미있는 응용일 뿐이다. 하지만 식물의 시계를 이해하고 제어해야 할 훨씬 더 중요한 이유가 있다.

기후변화, 식물 생체시계 조작으로 맞선다

인류가 극지방으로 이동한 이래로 기후변화는 농업에 전례 없던 위기를 초래하고 있다. 연평균 기온이 상승하면 작물의 개화 시기가 앞당겨지고, 궁극적으로 수확량이 감소한다. 낮보다 더운 밤은 식물에 꼭 필요한 낮과 밤의 구분을 더욱 약하게 만들어 생체시계를 또 한 차례 어지럽힌다. 리듬이 교란되면, 식물이 광합성 시점을 결정하고 저장된 에너지를 이용해 성장하는 과정에 문제가 생길 수 있다. 과학자들은 관련 메커니즘을 분석하면서 작물이 고온을 잘 견딜 수 있게 만들 방법을 찾고 있다. 또 식물의 일주기를 활용해 새로운 위도에서 재배할 방법도 연구 중이다. 특정 작물을 재배하기에 기온이 낮았던 북부 지역의 날씨가 계속해서 온화해지면, 기온이 지나치게 상승한 다른 지역의 작물을 넘겨받아 재배할 수 있다. 내 고향 워싱턴주는 한때 캘리포니아의 전유물이었던 양조용 포도의 새로운 중심지로 주목받고 있다. 하지만 옮겨진 식물들은 익숙지 않은 일조 시간에 적응해야 한다. 북쪽으로 옮길 때마다 오랜 시간 길들이는 과정을 거치기보다, 현지 일조 시간에 맞게 식물의 일주기를 유전적으로 변형하면 개화 시기를 조정할 수 있다. 정말 필요한 날이 오면, 같은 유전자 편집 기술이 화성의 긴 하루에 맞게 일주기를 조정하는 데 사용될 것이다.

과학자들은 3000미터 상공에서 촬영한 숲의 모습을 보면서 일주기 교란의 피해가 눈덩이처럼 불어나고 있다고 경고한다. 2024년 3월에 공개된 출판 전 논문에 따르면 지구 온도 상승은 일부 수종의 시간 추적 능력을 저해하여 생존 가능성 혹은 탄소 격리 능력을 떨어트릴 수 있다.

기후변화, 수분 매개자의 개체 수 감소, 인구 증가라는 문제에 직면한 인류는 훨씬 더 극단적인 선택을 해야 한다. 〈마션〉에서 와트니가 말한 것처럼 우리는 이 문제를 '과학으로 해결해야' 한다. 일주기 과학자들은 수분 매개자 감소에 대비하기 위해 자화수분 해바라기를 만들어내는 방식을 검토하고 있다. 또 농작물의 생체시계를 조작해 성장할 수 있는 하루의 길이, 1년의 길이를 연장하는 방법도 연구 중이다. 하지만 '24시간 자라면서도 가뭄에 강한 작물'처럼 상반되는 목표를 추구할 때는 예상치 못한 결과와 원치 않는 타협을 피할 수 없다.

아프가니스탄에서부터 이탈리아 그리고 캘리포니아의 센트럴밸리Central Valley까지 가뭄은 엄청난 영향을 미치고 있다. 그 영향은 우주에서 찍은 사진에도 선명하게 드러난다. 2050년에는 전체 국가의 4분의 3 이상이 가뭄을 겪을 수 있다. 현대의 작물은 이러한 변화에 대처할 준비가 되어 있지 않다. 이들의 원시 조상은 수천 년에 걸쳐 생존에 필요한 특성을 획득했지만, 상품성 있게 개량되는 과정에서 이러한 특성 대부분은 유전자에서 지워졌다.

이 문제를 해결하는 데 중요한 역할을 하는 것이 기공stomata이다. 기공은 식물의 잎과 줄기에 있는 미세한 구멍으로, 약 24시간 주기로 열리고 닫힌다. 고등학교 교과서에 따르면 광합성 과정에서 '식물은 빛 에너지를 이용해 이산화탄소와 물을 산소로 바꾸고 남은 에너지를 포도당으로 저장한다.' 이때 모든 이산화탄소와 산소는 기공을 통해 드나든다. 기공을 열면 공기의 순환이 원활해지지만 수분을 더 많이 잃게 된다. 기공을 닫으면 수분은 유지할 수 있지만, 광합성이 느려지거나 중단된다. 이 균형을 맞추는 것이 생체시계다. 생체시계 유전자를 조작해 기공이 열리는 시간을 조절하면, 식물에 필요한 물의 양을 줄일 수 있다. 물 주는 시기는 농부들이 큰 비용을 들이지 않고도 간단하게 조정할 수 있다. 게다가 이 또한 자동 관개 시스템의 등장으로 더욱 수월해졌다.

기후가 변하면서 해충, 병원균, 잡초의 확산도 빨라지고 있다. 매년 전 세계에서 40퍼센트에 달하는 농작물이 병충해를 입는다.

하지만 해충은 아무렇게나 공격을 가하지 않는다. 대개는 특정 해충이 특정 시간대에 특정 작물을 공격한다. 식물도 해충의 이러한 공격 패턴을 파악하고 있다. 수분 매개자가 방문하는 시간대에 맞춰 미리 유인할 수 있는 화학물질을 생성하고 방출하듯이, 식물은 해충이 날아들 시간대에 맞춰 독하고 맛없는 화학물질의 농도를 높인다. 한 논문에 따르면 같은 명암 주기에 노출된 식물과 해충은 서로 교착 상태에 빠진다. 하지만 해충을 명암 주기가 12시간 차이 나는 곳에 놓고 식물의 일주기 리듬과 반대로 만들면,[4] 그때는 해충이 식물을 공격할 것이다. 이처럼 생체시계에 의해 조절되는 식물의 방어체계 역시 적절하게 조정하여 농작물을 보호하는 데 활용할 수 있다.

많은 농부들이 다양한 살충제를 무기로 사용한다. 의약품과 마찬가지로 정량을 사용해도 그 효과는 살포 시기에 따라 달라질 수 있다. 의사들과 마찬가지로 살포 시간이 효과에 영향을 미친다는 사실을 아는 농부는 거의 없다. 또한 농장과 과수원에서 점박이날개초파리 같은 불청객을 퇴치하는 데 이를 활용하는 사람은 더더욱 없다.

점박이날개초파리는 실험실에서 주로 사용하는 초파리와 내 친구 '퍼'의 친척이다. 점박이날개초파리는 전 세계에서 딸기, 블루베리, 라즈베리를 먹이로 삼는 주요 과수 해충이다. 이 초파리는 미국 내 대부분 과일과 견과류가 생산되는 캘리포니아에서 살충제 내성을 빠르게 키우고 있다. UC 데이비스의 시간생물학자이자 곤충학자인 조애너 치우Joanna Chiu는 살충제 살포 시간대를 조정해, 내성으로 감소한 살충 효과를 보상할 수 있는지 조사했다. 연구팀은 실험실에서 점박이날개초파리에게 살충제를 뿌려 농장 환경을 모방했다. 대부분 곤충의 해독 체계는 일주기 리듬에 따라 작동하기 때문에, 정확한 시간에 살포하면 화학적 공격이 더 잘 통할 수 있다. 이를 통해 같은 용량으로 더 많은 수를 제거할 수 있다. 치우의 연구팀은 캘리포니아 왓슨빌의 여름과 겨울 날씨를 재현한 연구에서 이 같은 결과를 얻었다. 캘리포니아 왓슨빌은 점박이날개초파리가 최초로 포착된 곳이었다. 이 골치 아픈 해충은 이른 아침에 가장 일반적으로 사용되는 말라티온 살충제를 만났을 때 가장 약한 모습을 보였다.

잡초 제거에도 같은 원리를 적용할 수 있다. 이 경우에는 농약 살포 시간대를 조정해 잡초의 경계를 늦추는 것을 목표로 한다. 글리포세이트Glyphosate는 생화학 제조업체 몬산토의 대표적 제초제 '라운드업Roundup'의 주요 성분으로, 농업 역사상 가장 대대적으로 사용되어온 화학물질이다. 이 성분이 포함된 제초제는 과일, 채소, 견과류뿐 아니라 글리포세이트에 저항성을 갖도록 조작된 옥수수와 대두 등 필수 작물을 재배하는 농부들에게도 매우 인기가 높다. 연구자들은 원하는 만큼의 제초 효과를 얻으려면 특정 시간대에는 사용량을 크게 줄여야 한다는 사실을 발견했다.[5] 라운드업 사용량을 줄이면[6] 비용을 절감할 수 있을 뿐 아니라, 일부 연구에서 특정 암과 여러 질환을 유발한다고 알려진 화학물질에도 덜 노출될 수 있다. 물론 몬산토는 이 같은 주장을 달가워하지 않을 것이다.

일주기 과학은 화학물질이나 유전공학을 이용하지 않고 작물을 제어하는 방법도 제시한다. 케임브리지대학교의 식물과학자 알렉스 웹Alex Webb은 그의 사무실에서 누렇게 변한 논문 몇 편을 내게 보여주었다. 「식물 리듬의 인공적 생산에 관하여On the Artificial Production of Rhythm in Plants」(1892), 「잎의 증산작용에 대한 빛의 영향The Effect of Light on the Transpiration of Leaves」(1914), 「기공에 관한 관찰 Observations on Stomata」(1898), 모두 1800년대에 케임브리지 식물과학부에 재직했던, 찰스 다윈의 아들 프랜시스 다윈Francis Darwin이 저술한 논문이었다.

다윈은 논문에서 빛이 식물에게 시간을 알리는 중요한 역할을 한다고 강조했다. 식물은 인간과 달리, 모든 세포로 빛을 감지할 수 있다. 식물의 광수용체는 인간이 볼 수 없는 스펙트럼의 색상까지 감지해, 자외선부터 적외선까지 모든 빛을 흡수한다. 다윈 부자父子는 적색광과 청색광이 식물의 기공 개폐에 미치는 영향에 특히 관심이 많았다. 두 사람은 이를 알아내기 위해 창의적인 실험을 진행했다. 먼저 거대한 유리 수조에 물을 가득 채운 뒤 창가에 두어 빛이 통과할 수 있게 만들었다. 이들은 청색광이 식물에 미치는 영향을 확인하기 위해 수조에 황산구리를 첨가했다. 적색광의 영향을 확인할 때는 와인을 이용했다.

오늘날에는 조명 색상을 조절할 수 있는 기술이 다윈 시대보다 훨씬 발전했다. 최신 LED 기술과 빛이 생물학에 미치는 영향에 대한 이해가 깊어진 덕분에 색 변환 조명은 사람과 식물 모두에게 혁신적인 방식으로 활용되고 있다. 양조용 포도도 이 기술의 수혜를 입게 됐다. 자외선을 이용하면 흰가루병powdery mildew과 같이 포도, 딸기, 토마토, 대마에 큰 피해를 주는 악명 높은 질병으로부터 작물을 보호할 수 있다. 식물의 잎이나 과실을 회백색 분말로 뒤덮는 흰가루병의 원인균은 각종 살균제에 내성이 있다. 이에 과학자들은 자외선램프가 달린 GPS 구동 로봇을 이용해 밤 동안 농장과 온실을 비추는 새로운 방식을 도입했다. 이 방법은 햇빛의 자외선으로 인한 DNA 손상을 복구하는 메커니즘이 주간에만 작동하도록 진화한 흰가루병 곰팡이의 특성을 이용한 것이다. 청색광이 없는 밤에는 균이 경계를 늦추기 때문에 공격에 취약하다. 지금까지의 실험에서는 작물 피해 없이 균을 박멸하는 데 있어 대개는 기존 살균제의 효과가 우수한 편이었지만, 정확한 시간에 일정량의 자외선을 비췄을 때는 살균제의 성능을 앞지르기도 했다.

생체시계로 푸는 식량과 환경의 미래

일주기 의학과 마찬가지로, 농업에서도 '시간대 기반 방식time-of-day schemes'을 적용하기가 현실적으로 쉽지 않다. "우리는 농장에서 무언가를 할 때 그 시간이 과학적으로 가장 적절해서가 아니라, 우리가 깨어 있고 볼 수 있기 때문에 할 뿐이에요"라고 웹Webb은 말했다. 하지만 기술 발전으로 농부들은 인간의 시간을 넘어서고 있다. 저렴한 센서와 로봇을 이용해 밤낮으로 데이터를 수집해 농장을 돌볼 수 있다. 분석 프로그램을 탑재한 드론이 농장 위를 날아다니며 날씨와 토양 상태, 위치를 고려해 작물의 일주기 위상을 파악한다고 생각해보라. 농부는 컴퓨터에 데이터를 입력해 살충제나 비료를 살포하기 좋은 시간, 물 주기 좋은 시간, LED 조명을 켜기 좋은 시간을 알아낼 수 있다. 농약 살포 시간이 일정에 맞지 않으면, 해당 작업은 로봇에게 맡기면 된다. 어느 과학자는 내게 이렇게 말했다. "이런 기술이 구현되면 비용이 엄청나게 절감될 겁니다. 농약 사용량도 대폭 줄어들 거고요. 소비자에게 판매되는 상품에 남아 있는 농약도 줄어들 겁니다."

실내에서 작물을 재배하면 변수를 줄일 수 있고, 이보다 더 많은 과정을 자동화하여 탄소 발자국과 필요한 노동력을 줄일 수 있다. 상품이 주로 소비되는 도심 근처에서 식량을 생산할 수도 있다. 화물 컨테이너, 빈 건물, 심지어 황무지의 지하 공간에서도 재배 선반들을 수직으로 층층이 쌓아 작물을 기를 수 있다. 실내 농장의 작황은 자연의 변덕에 좌우되지 않는다. 기상 조건의 변화가 심해지고 노지 작물의 피해가 잇따르면서 실내 농장의 인기는 더욱 높아지고 있다. 하지만 실내 농장이 완벽한 해결책은 아니다. 실내 수직 농법은 밀이나 감자 같은 필수 작물을 재배하기에는 적합하지 않다. 또한 햇빛이나 다른 에너지 자원이 풍부하지 않은 지역에서는 농장을 가동하기 위해 추가로 엄청난 에너지를 소모해야 한다. 다만 브라질에서는 수력발전으로 비교적 저렴하게 재생에너지를 이용할 수 있어 수직 농장이 증가하는 추세다. 겨울에는 일조 시간이 4시간밖에 되지 않는 아이슬란드에서는 100년 전부터 풍부한 지열 에너지를 활용해 실내에서 작물을 재배해왔다.

웹은 내게 런던에 본사를 둔 수직 농업 솔루션 기업 버티컬 퓨처Vertical Future를 소개해줬다. 웹은 버티컬 퓨처를 도와 빛, 온도, 수분, 영양 등 식물의 일주기를 조절하는 다양한 변수를 미세 조정하는 작업을 진행하고 있었다. 나는 그리니치 천문대에서 멀지 않은 곳에 위치한 버티컬 퓨처 사무실에서, 투자 분석가에서 식물과학자로 전향한 짐 스티븐스Jim Stevens를 만났다. 우리는 시험용 '필드'를 견학하기 전에 하얀색 실험실 가운과 파란색 머리망, 덧신을 착용했다. 버티컬 퓨처는 살충제와 제초제, 살균제를 사용하지 않기 때문에 오염 물질이 유입되지 않도록 특별히 신경 쓰고 있었다. 나는 스티븐스를 따라 실내 농장에 늘어선 재배 선반들을 몇 줄씩 오르내렸다. 재배 선반은 총 10층 높이로 쌓여 있었다. 각 층 위쪽에 일렬로 설치된 다중 색상의 LED 조명은 보라색과 분홍색의 중간쯤 되는 오묘한 빛을 발산해 공간 전체를 가득 메웠다.

나는 박하와 세이지, 고수 같은 허브류부터 단백질이 풍부한 아마란스와 다양한 품종의 고추, 토마토와 잎채소에 이르기까지, 수백 가지 식용 작물에 둘러싸였다. 직접 맛을 보기도 했다. 레스토랑에서 많이 쓰는 잎채소인 소렐sorrel은 새콤한 맛을 냈다. 작은 칠리 고추는 역시나 예상대로 아주 매웠다. 일부 재배 선반에서는 항암제와 백신에 사용되는 화합물을 추출하기 위해 약용 작물을 기르고 있었다. 스티븐스는 식물 종마다 선호하는 빛의 스펙트럼과 일조 시간이 다르다며, 벽 너머에 있는 햇빛조차도 항상 그 조건을 완벽히 충족시키지는 못한다고 말했다. 이 경우는 인공조명이 태양이라는 절대 기준을 능가할 수 있는 드문 예외였다. 스티븐스는 웹의 도움을 받아, 각 식물에 맞는 이상적인 조명 설정과 노출 시간을 조사하고 있었다. 사람과 마찬가지로 색상, 강도, 시점, 지속 시간, 빛이 식물을 비추는 방향까지 고려해야 할 수도 있다. 또 작물을 수확하는 시점도 상품의 품질에 영향을 미칠 수 있다.

버티컬 퓨처는 식물의 일주기 리듬을 기반으로, 24시간 현지 시각에 맞춰 조명을 비롯한 여러 설정을 자동으로 조정하는 첨단 시스템을 개발했다. 회사는 이 시스템과 수직 농장 설비, 맞춤식 조명 설정을 하나의 솔루션으로 제공한다. 구독을 통해 조명 설정과 관련된 개선 사항을 꾸준히 업데이트할 수도 있다.

농장을 떠나기 전, 스티븐스는 내게 실내 농장에서 갓 수확한 시금치가 가득 담긴 종이봉투를 내밀었다. 시금치는 나와 함께 숙소로 돌아와 냉장고에서 하룻밤을 보냈다. 안타깝게도 다음 날 먹으려고 냉장고를 열었을 때는 모든 잎이 시들어 있었다.

식물은 수확이 끝난 이후에도 생체시계를 움직일 수 있다.[7] 하지만 인간은 그 시계에 손상을 입혀 식물의 끝을 앞당기곤 한다. 아마 양상추를 구매해본 사람이라면 분명 그런 현장을 목격한 적이 있을 것이다. 대개 양상추는 매장에 진열되기 전까지 노지에서든 실내에서든 빛과 어둠의 주기에 노출되며 자란다. 그러다 수확되고 나면 다른 환경으로 옮겨진다. 24시 슈퍼마켓으로 옮겨진 양상추는 밤낮으로 조명을 받을 확률이 높다. 가정집 냉장고로 옮겨진 다음부터는 이따금 냉장고 문이 열려 불이 들어올 때만 빛을 보게 된다.

식물도 우리와 마찬가지로 빛 혹은 어둠이 계속되는 환경에서는 일주기 리듬이 둔화한다. 그러면 인체와 마찬가지로 조직과 방어체계가 약해진다. 영양소 손실이 일어나고 시드는 속도가 빨라지면서 해충과 질병에 더욱 취약해진다. 곧 우리에게 익숙한 갈색, 검은색 반점이 나타나기 시작한다. 다들 이 상태가 된 양상추를 쓰레기통으로 보낸 경험이 있을 것이다. 나는 같은 이유로 시금치를 떠나보냈다. 스티븐스를 볼 면목이 없다.

이제는 정말 식재료를 제때 쓰지 못하고 버리는 일을 그만하고 싶다. 물론 과일과 채소 썩은 내를 맡고 찾아든 파리를 보면 퍼와의 추억이 떠오르기도 하지만, 그래도 두 번 다시는 같은 일을 반복하고 싶지 않다. 전 세계 농작물의 3분의 1 이상이 소비되지 못하고 버려진다. 그런데 빛을 적절히 사용하면 유통기한을 늘리고 양상추의 수명을 연장할 수 있다는 주장이 제기되고 있다. 연구에 따르면 실제로 블루베리, 당근, 고구마 같은 농산물은 빛의 주기에 따라 리듬을 다시 동기화했다. 다국적 가전제품 기업인 베코Beko는 이 사실에서 아이디어를 얻어 하베스트프레시HarvestFresh

라는 기술을 개발했다. 농산물 보관 칸에 설치된 빨강, 파랑, 초록 LED 조명이 낮과 밤의 주기를 재현해, 농산물의 생체시계를 계속 작동하게 만든다. 이는 농산물의 신선도를 더 오래 유지하고, 영양소 파괴를 줄이고, 해충 피해를 막는 데 도움이 될 수 있다.

    이 기술을 응용하면 에너지가 많이 드는 냉장 장치를 쓰지 않고도 신선도를 유지할 수 있을지도 모른다. 캘리포니아에서 뉴욕으로 농산물을 운반할 때 냉장 탑차 대신 에너지 효율 LED를 이용하는 것이다. 연구에 따르면 별도 조명이 없을 때보다 생물학적 리듬을 유지할 수 있도록 빛과 어둠을 번갈아 비추는 조명을 설치했을 때, 케일과 양배추의 외관, 맛, 영양 상태가 더 좋게 유지됐다. 유지 기간은 냉장고에서 보관한 것과 비슷한 수준이었다. 인간이 처음에 자신의 리듬을 바꿀 때 그랬던 것처럼, 식물의 리듬도 빛과 어둠의 주기만으로 조정할 수 있을 것이다. 식량 불안정을 해결하려면 식량 자원을 더욱 공평하게 분배하는 것이 중요하다. 빛은 이를 가능케 하는 하나의 도구가 될 수 있다.

    세계인의 건강을 위협하는 또 하나의 문제는 토양의 황폐화와 농약의 남용으로 인해 농작물의 영양가가 급격히 줄고 있다는 점이다. 우리는 미생물과 식물의 생체시계를 조작해 토양을 비옥하게 만드는 한편, 때를 잘 맞춰 비타민과 다른 영양 성분을 더 많이 얻을 수도 있다. 농작물의 영양소 함량은 수확한 시간에 따라 달라지기도 한다. 수확한 이후에도 생체시계가 계속해서 움직이면, 우리가 이를 섭취하는 시간에 따라서도 달라질 수 있다. 그리고 우리 몸이 그 영양소를 활용하는 방식은 각자의 일주기 위상에 따라 다시 한번 달라진다.

일주기 과학은 인류 보건과 환경의 지속 가능성에 더 많이 기여할 수 있다. 예를 들어 특정 박테리아가 특정 항생제에 취약한 시간대를 알아내면 사람과 동식물에 사용하는 항생제의 양을 줄일 수 있다. 이를 통해 비용을 절감하고 항생제 사용과 관련된 미생물 군집과 일주기 리듬의 교란을 줄일 수 있을 뿐 아니라, 주변 환경과 식품에 잔류하는 항생제의 양을 줄여 공중보건을 위협하는 항생제 내성의 주요 원인을 제거할 수 있다. 또한 과학자들은 남세균, 해바라기를 비롯한 각종 식물, 균류, 박테리아의 생체시계를 조작해 제약, 화장품, 바이오플라스틱, 바이오연료 분야에서 활용할 수 있는 더 효율적인 세포 공장을 개발하고 있다. 이를 활용해 인슐린의 가용성과 경제성을 높이면, 당뇨병 환자들이 수혜를 입을 수 있다. 또 수송용 바이오연료를 대량으로 생산할 수 있게 되면 지구를 보호하는 데도, 다른 곳을 탐험하는 데도 도움이 될 것이다.

뮌헨의 시간생물학자 마사 메로우는 효모의 생체시계를 조작해 맥주의 발효 방식을 개선하는 시장이 생길 것으로 보고 있다. 이것이 우리 행성을 지키는 데 중요한 연구는 아닐지 몰라도, 더 삭막하고 황량한 별로 이주하거나 깊은 지하 벙커로 몸을 숨겨야 하는 날을 맞이했을 때 그 슬픔을 잊는 데는 분명 도움이 될 것이다.

자연의 모든 파장을 활용하라

과거 GT 힐의 벙커에 있던 타이탄 II 미사일과 다른 냉전 시대의 무기들은 무분별한 기술 발전이 인류에게 위협이 될 수 있음을 경고하는 종말 시계Doomsday Clock를 제작하는 데 영감을 제공했다. 내가 벙커에 머물렀던 2021년 말, 종말 시계는 자정까지 100초를 남겨놓고 있었다. 이후 과학자들은 러시아의 핵무기 위험 고조 등을 이유로 시곗바늘을 90초 앞당겼다. 이들이 언급한 다른 이유에는 기후변화와 코로나19 같은 생물학적 위기도 포함되어 있었다.

다시 벙커로 내려가야 할 때가 온 걸까? 힐은 내게 지하 정원을 만들고 싶다고 했었다. 분명 일주기 과학은 정원을 가꾸는 데 도움이 될 것이다. 하지만 신선한 채소를 얻을 수 있어도, 사랑하는 사람들과 함께 있어도, 땅 밑으로 내려가는 일은 여전히 '지구에서 쫓겨난 사람들과 함께 화성 식민지로 이주하는 것'만큼이나 내키지 않는다. 그보다는 '기후변화 대응과 핵전쟁 방지를 위한 전 지구적 협력'이 훨씬 더 매력적으로 들린다. 영화 〈마션〉에서 중국과 미국은 문제 해결을 위해 허구로나마 동맹 관계를 맺었다. 이 영화 속 이야기가 현실이 될 수 있을까? 실제 우주비행사인 셀 린드그렌은 적어도 우주에 관해서는 그럴 수도 있다고 했다. "저는 그런 탐사 과정이 정말 중요하다고 생각합니다. 도전을 받아들이고, 손이 닿는 그 너머의 목표를 향해 나아가면서 우리는 국제적 동반자로 함께 협력하지 않을 수 없습니다. 그 과정에서 새로운 방법을 찾게 될 겁니다."

우리는 식물과 행성의 방어력을 동시에 강화하는 새로운 방법을 찾을 수도 있다. 태양광 패널 아래에서 농작물을 재배하는 것은 어떨까? 과학자들은 햇빛의 파장을 용도에 맞게 할당하는 시스템을 도입하면 식량과 에너지 생산량을 극대화할 수 있을 거라고 말한다.[8] 예를 들어 스펙트럼의 적색 대역은 식물에 양분으로 공급하고, 청색 대역은 태양에너지를 생산하는 데 사용하는 것이다. 앞서 배웠듯이, 우리는 자연의 모든 파장을 활용해야 한다.

우리는 개인으로서 또 집단으로서 많은 일을 할 수 있다. 먼저 한 개인으로서 일주기 리듬을 지키는 것부터 시작할 수 있다. 도시, 주, 국가 차원에서 실내조명 환경을 환하게 밝힐 수 있다. 밤에는 지속 가능한 식량, 의약품, 연료를 재배하는 온실을 제외하고, 시설 조명을 끌 수 있다. 시계를 앞뒤로 감는 방식, 일터와 학교의 일정을 구성하는 방식에 대해 사회적으로 논의해볼 수 있다. 그리고 전 지구적 차원에서 지도에 임의의 시간대를 그리는 행위에 대해 조금 더 비판적으로 생각해볼 수 있다. 인간은 아주 오랫동안 몸속 시계를 방치하여 오늘날의 위험을 자초했다. 계절과 달과 태양의 주기 같은, 우리 몸에 꼭 필요한 자연적 리듬과의 연결은 끊어졌고, 이 아름다운 푸른 별에서 우리와 미래 세대가 누릴 수 있는 시간의 양과 질은 위태로워졌다. 이제 모든 것을 다시 연결할 때가 왔다. 이제 우리 안의 생체시계를 재설정하고 회복할 시간이다.

감사의 글

많은 이의 도움이 없었다면 이 책은 햇빛도, 서점의 불빛도 보지 못했을 것이다. WME의 내 유능한 출판 대리인 수잰 글럭은 잘 조율된 생체시계처럼 처음부터 책의 성공 방향을 제시하고 시기적절한 조언으로 길을 안내했다. 나를 믿고 이 프로젝트를 지지해준 글럭에게 진심으로 고맙다고 말하고 싶다. 리버헤드북스 Riverhead Books의 편집자 코트니 영과 함께 일할 수 있어서 정말 행운이었다. 내게 방대한 양의 자료를 맥락에 맞게 정리하는 팁을 꾸준히 전수하면서 프로젝트의 유동적인 부분을 적절하게 관리하기까지, 영은 편집자로서의 천재성을 유감없이 발휘했다. 그녀의 따스함과 유쾌함은 늘 내게 기운을 북돋아주었다. 이 글을 책으로 엮어 독자의 손에 전달하는 데 리버헤드북스의 뛰어난 인재들이 도움을 제공했다. 카탈리나 트리고, 케이틀린 누난, 브라이언 부샤르,

마이크 브라운, 데니스 보이드, 안젤리카 크란, 대니얼 라긴, 클레어 바카로, 애슐리 갈랜드, 키타나 히로마사, 노라 앨리스 데믹, 비비안 도, 그레이스 한, 제프 클로스케, 진 딜링 마틴에게 감사의 말을 전한다. 바다 건너 영국에서 애써준 WME의 마틸다 포브스 왓슨과 이 책을 훌륭하게 각색하고 홍보해준 블룸스버리의 제이미 호시, 몰리 매카시, 데이비드 만, 미레유 하퍼, 그레이스 지타키키, 유세프 카이레딘, 파브리스 윌맨, 테아 히르시에게도 감사의 말을 전한다.

 책의 주제를 풀어내는 과정은 환상적인 모험으로 가득했다. 수백 명의 과학자, 공학자, 건축가, 운동선수, 교사, 환자, 의료 종사자, 군 복무자 등 다양한 분야의 사람들이 흔쾌히 시간을 내어 대화에 응해주고, 이메일에 답장해주고, '마지막 추가 질문'에도 정성껏 답변해주었다. 시간과 지식을 아낌없이 내어준 이들의 이름을 하나하나 나열하지는 못했지만, 모든 이들과의 대화가 각 분야에 대한 나의 배경지식과 시사점을 바라보는 사고의 폭을 한층 더 넓혀주었다.

 또한 타이탄 랜치에서 내 특이한 요구를 성심성의껏 들어주고, 자신의 수면 일정까지 바꿔가며 실험을 마칠 수 있게 도와준 GT 힐, 춤추는 해바라기밭 한가운데 야영지를 내어준 로라 리 윅스와 그녀의 가족들, 함께 낮과 밤의 빛을 공유하고 내가 강물에 휩쓸리거나 무스에 짓밟히지 않도록 지켜준 크리스토퍼 융과 클린트, 션, 스티브, 래리, 그의 반려견 스카우트, 내 멜라토닌 분비 시작점을 알아내기 위해 나의 침과 긴 시간을 함께해준 앨리샤 라이스, 내 생체시계의 움직임과 그 속에 숨어 있는 빛의 메시지를 해독할 수 있도록 시간과 도구를 내어준 벤저민 스마르, 틸 뢰네베르크, 엘리자베스 클러만, 로버트 솔러, 에릭 페이지, 데이비드 베스켄, 소피아 액설로드, LYS사의 크리스티나 프리스 블라흐 페터슨과 바디클락BodyClock의 아힘 크라머, 내 일주기 데이터를 분석해 생체시계의 교향곡을 컬러풀하게 도식화해준 스마르와 에단 부어, 올리비아 월치, 흥미로운 역사 이야기를 들려준 윌리엄 슈워츠와 빈센트 카소네, 만날 때마다 깨달음과 영감을 준 존 호게네쉬와 리처드 랭, 호라시오 이글레시아, 제이 니츠, 러셀 반 겔더, 캐리 파치, 프리야 크로스비, 마지막으로 귀한 시간을 할애하여 그들의 연구실과 집, 도시, 유서 깊은 유대교 회당과 해안 경비대 쇄빙선 등 독특하고 흥미로운 장소를 보여준 리사 헤숑, 마티 브레넌, 카밀라 크링, 투안 샤우텐스, 알렉스 웹, 존 마르달예비치, 랍비 샬롬 모리스, 옌스 크리스토페르센, 윌리엄 보이티라, 오리에 샤퍼, 데브라 스켄, 래 실버, 수전 고든에게 감사의 말을 전한다.

 조사하는 과정에서 틸 뢰네베르크의 《시간을 빼앗긴 사람들》, 매슈 워커의 《우리는 왜 잠을 자야 할까》, 러셀 포스터의 《라이프 타임, 생체시계의 비밀》, 사친 판다의 《생체리듬의 과학》, 다니엘 핑크의 《언제 할 것인가》, 조너선 와이너의 《초파리의 기억》 등 훌륭한 책들이 든든한 학술적 기반을 마련해주었다. 또한 내가 《언다크 매거진Undark Magazine》과 《네이처》에 기고한 기사들도 이 책의 밑거름이 되었다. 해당 매체의 편집팀에도 큰 신세를 졌다. 특히 톰 젤러 주니어, 존 몬토리오, 브렌던 마허가 내게 의뢰한 기사를 빠르게 다듬어준 덕분에 10장과 12장에 수정된 내용을 실을 수 있었다.

내게 재정적 지원과 전문적 조언, 책의 제안서를 완성하는 데 필요한 시간을 제공해준 데보라 블룸, 애슐리 스마트와 MIT 나이트 과학 저널리즘 프로그램 팀 전체에 감사의 말을 전한다. 또 과학의 대중화를 돕기 위해 관대한 자금 후원과 전폭적인 지지를 아끼지 않는 도론 웨버와 알프레드 P. 슬론 재단Alfred P. Sloan Foundation에도 진심으로 감사드린다.

이 책을 연구하고 집필하는 내내 건강한 일주기 리듬을 유지했다고 말할 수 있다면 좋겠다. 잠자리에 드는 시간, 식사 시간, 아침 햇살을 단 한 번도 놓치지 않았다고, 저녁 8시 이후엔 와인을 홀짝이지도 않았고, 환하게 불이 켜진 마트에 가지도 않았다고 말할 수 있다면 좋겠지만, 솔직히 그러지 못했다. 만약 내가 그런 주장을 했다면, 꼼꼼하고 유쾌한 팩트체커 에밀리 크리거가 틀림없이 사실 확인에 나섰을 것이다. 그녀는 오류만 잡아낸 게 아니라 적절한 순간에 적절한 유머 감각을 발휘해 나의 정신 건강을 지켜주었다. (혹시 남아 있는 오류가 있다면 그건 전적으로 내 책임이다.) 또 원고를 과학적으로 철저히 검토해준 캐리 파치에게 다시 한번 감사의 말을 전한다. 일찍 원고를 훑어보고 통찰력 있는 의견을 들려준 마이크 골드스타인과 에리카 웨슬리, 책을 마무리하는 단계에서 옳은 방향을 짚어준 나의 사랑하는 부키Bookies에게도 고맙다고 말하고 싶다.

시애틀 및 전국 각지의 재능 있고 열정 넘치는 과학 작가들과 소통하고 있어서 행운이었다. 특히 카리나 스토어스, 로베르타 곽, 브린 넬슨, 마이클 브래드버리는 내가 이 여정을 완수할 때까지 예리한 조언과 친절을 아낌없이 베풀어주었다. 물론 이 여정의 진정한 시작은 한참 전이다. 더그 킴볼, 스티브 맥켈비, 댄 페이진, 로빈 로이드, 톰 젤러 주니어를 비롯한 수많은 선생님과 교수님과 멘토들, 그리고 사회생활 초년에 《허핑턴 포스트》(현재 허프포스트) 환경팀에서 만난 동료들과 편집자들은 내 과학적 호기심에 자양분을 제공하고 작가로서의 기틀을 마련해줬다. '내게 영향을 준 인물 목록' 맨 위에는 고등학교에서 과학 교사로 근무하셨던 나의 아버지, 클린트 피플스가 있다. 아버지와 함께 산과 바다를 여행하고 밤하늘의 별을 바라보며 보낸 시간은 내게 자연과 그 리듬에 대한 사랑을 심어주었다. 아버지의 이름 옆에는 나의 첫 번째 글쓰기 선생님이자 열렬한 응원단장이셨던, 돌아가신 나의 어머니 주디 피플스가 있다. 어머니는 내 글을 꼼꼼하게 읽고 재치 넘치는 의견을 들려주셨고 늘 따뜻하게 안아주셨다.

내가 자료를 찾고 책을 쓰느라 벙커와 방 안에 틀어박혀 있을 때도 주변 사람들의 성원은 끊이지 않았다. 격려를 보내준 린다 유와 돈 헤이그에게 정말 진심으로 고맙다고 말하고 싶다. 내게 햇빛과 전망을 보여줘서 고마웠다. 끝으로 사랑하는 형제 그렉 피플스,

나의 친구들에게 무한한 감사 인사를 보낸다. 당신들의 응원과 도움이 없었다면 이 책은 세상에 나올 수 없었을 것이다. 어떤 대화 주제가 나와도 항상 일주기 과학을 끌어들이는 나를 너그럽게 이해해줘서 정말 고맙다. 또 내게 생각에 몰두할 수 있는 시간과 공간, 밤에 불 끄라고 잔소리할 자유를 허락해줘서 고맙다. 그럼 이제 촛불(혹은 조명)을 끄고 어서 잠자리에 들길 바란다.

참고문헌

아래 목록에 최대한 많은 자료를 수록했지만, 모든 참고문헌이 포함되어 있지는 않다. 전체 목록은 웹사이트 https://lynnepeeples.com/the-inner-clock에서 확인해주기를 바란다.

들어가며

1. 어긋난 리듬이 수면을 방해하고 생산성을 저해한다는 내용의 논문 몇 편이다. Junyan Duan, Elyse Noelani Greenberg, Satya Swaroop Karri, and Bogi Andersen, "The Circadian Clock and Diseases of the Skin," *FEBS Letters* 595, no. 19 (October 2021): 2413–36, doi.org/10.1002/1873-3468.14192; Sarah L. Chellappa, Nina Vujovic, Jonathan S. Williams, and Frank A. J. L. Scheer, "Impact of Circadian Disruption on Cardiovascular Function and Disease," *Trends in Endocrinology and Metabolism* 30, no. 10 (October 2019): 767–79, doi.org/10.1016/j.tem.2019.07.008; Robin M. Voigt, Christopher B. Forsyth, and Ali Keshavarzian, "Circadian Rhythms: A Regulator of Gastrointestinal Health and Dysfunction," *Expert Review of Gastroenterology & Hepatology* 13, no. 5 (March 2019): 411–24, doi.org/10.1080/17474124.2019.1595588.
2. Peng Zhang et al., "Environmental Perturbation of the Circadian Clock during Pregnancy Leads to Transgenerational Mood Disorder-like Behaviors in Mice," *Scientific Reports* 7, no. 1 (October 2017): 12641, doi.org/10.1038/s41598-017-13067-y.
3. Fabio Falchi et al., "The New World Atlas of Artificial Night Sky Brightness," *Science Advances* 2, no. 6 (June 2016): e1600377, doi.org/10.1126/sciadv.1600377.
4. Yueliang Zhang et al., "The Microbiome Stabilizes Circadian Rhythms in the Gut," *Proceedings of the National Academy of Sciences of the United States of America* 120, no. 5 (January 2023), e2217532120, doi.org/10.1073/pnas.2217532120.
5. Emily N. C. Manoogian et al., "Time-Restricted Eating for the Prevention and Management of Metabolic Diseases," *Endocrine Reviews* 43, no. 2 (April 2022): 405–36, doi.org/10.1210/endrev/bnab027.
6. Pasquale F. Innominato et al., "The Future of Precise Cancer Chronotherapeutics," *Lancet Oncology* 23, no. 6 (June 2022): e242, doi.org/10.1016/S1470-2045(22)00188-7.
7. Christoph Scheiermann, Yuya Kunisaki, and Paul S. Frenette, "Circadian Control of the Immune System," *Nature Reviews Immunology* 13, no. 3 (March 2013): 190–98,

doi.org/10.1038/nri3386.
8. Jennifer Hahn-Holbrook et al., "Human Milk as 'Chrononutrition': Implications for Child Health and Development," *Pediatric Research* 85, no. 7 (June 2019): 936–42, doi.org/10.1038/s41390-019-0368-x.

1장. 시간을 잃어가는 사람들

1. "Module 2. How Shift Work and Long Work Hours Increase Health and Safety Risks," in *NIOSH Training for Nurses on Shift Work and Long Work Hours*, National Institute for Occupational Safety and Health, 2020, accessed April 2, 2020, cdc.gov/niosh/work-hour-training-for-nurses/longhours/mod2/20.html.
2. Ronald J. Konopka and Seymour Benzer, "Clock Mutants of Drosophila melanogaster," *Proceedings of the National Academy of Sciences of the United States of America* 68, no. 9 (September 1971): 2112–16, doi.org/10.1073/pnas.68.9.2112.
3. Jonathan Weiner, Time, Love, Memory: A Great Biologist and His Quest for the Origins of Behavior (New York: Alfred A. Knopf, 1999). 한국어판은 조경희 옮김, 《초파리의 기억》(이끌리오, 2007).
4. Michel Siffre, *Beyond Time* (London: Chatto and Windus, 1965).
5. Jürgen Aschoff, "Circadian Rhythms in Man," *Science* 148, no. 3676 (1965): 1427–32, doi.org/10.1126/science.148.3676.1427.
6. 아쇼프의 연구팀은 실험 참가자들이 편하게 지낼 수 있도록 벙커 환경을 안락하게 조성했다. 벙커 안에는 푹신한 의자와 식탁, 책상이 딸린 침실이 있었고, 샤워실과 작은 주방도 딸려 있었다. 인공조명은 내부에서 켜고 끌 수 있었다. 실험 참가자가 조명을 통제할 경우, 그 결과가 달라질 수 있다고 생각한 일부 과학자들은 이 부분을 비판했다.
7. Kenneth P. Wright Jr. et al., "Intrinsic Near-24-h Pacemaker Period Determines Limits of Circadian Entrainment to a Weak Synchronizer in Humans," *Proceedings of the National Academy of Sciences of the United States of America* 98, no. 24 (November 2001): 14027–32, doi. org/10.1073/pnas.201530198.
8. J. F. Duffy et al., "Sex Difference in the Near-24 Hour Intrinsic Period of the Human Circadian Timing System," *Proceedings of the National Academy of Sciences of the United States of America* 108, Supplement 3, (September 2011), doi:10.1073/pnas.1010666108.

2장. 시곗바늘을 움직이는 힘

이 장의 대부분은 켄터키대학교의 생물학자 빈센트 카소네와 텍사스대학교 오스틴 캠퍼스의 신경과학자 윌리엄 슈워츠William J. Schwartz를 비롯한 여러 일주기 과학자들이 들려준 역사 이야기를 기반으로 작성되었다. 역사에 관한 좀 더 자세한 내용은 다음 문헌에서 확인할 수 있다. William J. Schwartz and Serge Daan, "Origins: A Brief Account of the Ancestry of Circadian Biology," in *Biological Timekeeping: Clocks, Rhythms and Behaviour* (New Delhi: Springer, India, 2017), 3–22.

1. Filipa Rijo-Ferreira and Joseph S. Takahashi, "Sleeping Sickness: A Tale of Two Clocks," *Frontiers in Cellular and Infection Microbiology* 10 (October 2020): 525097, doi.org/10.3389/fcimb.2020.525097.
2. Collin M. Douglas, Stuart J. Hesketh, and Karyn A. Esser, "Time of Day and Muscle Strength: A Circadian Output?," *Physiology* 36, no. 1 (January 2021): 44–51, doi.org/10.1152/physiol.00030.2020.
3. Henrik Oster, Erik Maronde, and Urs Albrecht, "The Circadian Clock as a Molecular Calendar," *Chronobiology International* 19, no. 3 (May 2002): 507–16, doi.org/10.1081/CBI-120004210.
4. William Rowan, "Light and Seasonal Reproduction in Animals," *Biological Reviews of the Cambridge Philosophical Society* 13, no. 4 (October 1938): 374–401, doi:10.1111/j.1469-185x.1938.tb00523.x.
5. Jean-Jacques d'Ortous de Mairan, "Observation Botanique," *Histoire de l'Academie Royale des Sciences* (January 1729): 35. Translated from the French.
6. John H. Schaffner, "Observations on the Nutation of *Helianthus annuus*," *Botanical Gazette* 25, no. 6 (June 1898): 395–403, jstor.org/stable/2464526.
7. Hagop S. Atamian et al., "Circadian Regulation of Sunflower Heliotropism, Floral Orientation, and Pollinator Visits," *Science* 353, no. 6299 (August 2016): 587–90, doi.org/10.1126/science.aaf9793.
8. Junko Nishiitsutsuji-Uwo and Colin S. Pittendrigh, "Central Nervous System Control of Circadian Rhythmicity in the Cockroach: III. The Optic Lobes, Locus of the Driving Oscillation?," *Journal of Comparative Physiology* 58, no. 1 (March 1968): 14–46, doi.org/10.1007/BF00302434; Friedrich K. Stephan and Irving Zucker, "Circadian Rhythms in Drinking Behavior and Locomotor Activity of Rats Are Eliminated by Hypothalamic Lesions," *Proceedings of the National Academy of Sciences of the United States of America* 69, no. 6 (June 1972): 1583–86, doi.org/10.1073/pnas.69.6.1583; and Curt P. Richter, "'Dark-Active' Rat Transformed into 'Light-Active' Rat by Destruction of 24-Hr Clock: Function of 24-Hr Clock

and Synchronizers," *Proceedings of the National Academy of Sciences of the United States of America* 75, no. 12 (December 1978): 6276–80, doi.org/10.1073/pnas.75.12.6276.
9. Michael H. Hastings, Elizabeth S. Maywood, and Marco Brancaccio, "The Mammalian Circadian Timing System and the Suprachiasmatic Nucleus as Its Pacemaker," *Biology* 8, no. 1 (March 2019): 13, doi.org/10.3390/biology 8010013.
10. 일주기 리듬이 소위 '전사-번역 피드백 고리transcription-translation feedback loop'에 의해 작동한다는 개념은 여전히 존재하지만, 일부 과학자들은 이 개념이 인간의 생리학적 리듬을 설명하기에 부족할 뿐만 아니라 불필요하다고 주장한다. 몇몇 논문에 따르면 생체리듬은 시계 단백질의 활동만으로도 만들어질 수 있다. 이 밀고 당기는 과정은 서로의 리듬을 강화하고 견고하게 만드는 데 필요한 작업일 수 있다. 일주기 과학이 계속 발전할수록 우리는 이 '블랙박스'의 결과물에 초점을 맞추게 될 것이다. Alessandra Stangherlin, Estere Seinkmane, and John S. O'Neill, "Understanding Circadian Regulation of Mammalian Cell Function, Protein Homeostasis, and Metabolism," *Current Opinion in Systems Biology* 28 (December 2021): 100391, doi.org/10.1016/j.coisb.2021.100391 참조.
11. Keenan Bates and Erik D. Herzog, "Maternal-Fetal Circadian Communication during Pregnancy," *Frontiers in Endocrinology* 11 (April 2020): 198, doi.org/10.3389/fendo.2020.00198.
12. Madeline R. Scott, Wei Zong, Kyle D. Ketchesin, Marianne L. Seney, George C. Tseng, Bokai Zhu, and Colleen A. McClung, "Twelve-Hour Rhythms in Transcript Expression within the Human Dorsolateral Prefrontal Cortex Are Altered in Schizophrenia," *PLoS Biology* 21, no. 1 (January 2023): e3001688, doi:10.1371/journal.pbio.3001688.
13. 다수의 과학자는 남세균 혹은 비슷한 종류의 생명체에서 최초의 생체시계가 생겨났을 것으로 추측한다. 하지만 다른 형태의 생명체에서 독자적으로 생겨난 이후, 핵심이 되는 시간 유지 방식이 비슷하게 진화한 것일 수도 있다.
14. Hans P. A. Van Dongen et al., "A Circadian Biosignature in the Labeled Release Data from Mars?," in "Astrobiology and Planetary Missions," ed. Richard B. Hoover, Gilbert V. Levin, Alexei Y. Rozanov, and G. Randall Gladstone, *Proceedings of SPIE* 5906 (September 2005): 107–16.
15. Archana G. Chavan et al., "Reconstitution of an Intact Clock Reveals Mechanisms of Circadian Timekeeping," *Science* 374, no. 6564 (October 2021): eabd4453, doi.org/10.1126/science.abd4453.
16. Jérôme Wuarin et al., "The Role of the Transcriptional Activator Protein DBP in Circadian Liver Gene Expression," in "Transcriptional Regulation in Cell Differentiation and Development," ed. Peter Rigby, Robb Krumlauf, and Frank Grosveld, supplement,

Journal of Cell Science, no. Supplement 16 (January 1992): 123 – 27; Jérôme Wuarin and Ueli Schibler, "Expression of the Liver-Enriched Transcriptional Activator Protein DBP Follows a Stringent Circadian Rhythm," *Cell* 63, no. 6 (1990): 1257 – 66, doi:10.1016/0092-8674(90)90421-a.

17. S. Yamazaki et al., "Resetting Central and Peripheral Circadian Oscillators in Transgenic Rats," *Science* 288, no. 5466 (April 2000): 682 – 85, doi:10.1126/science.288.5466.682.
18. 인체에는 약 30조 개의 세포가 존재한다. 그중 약 20조 개를 차지하는 적혈구 세포는 핵이 없는 무핵세포이기 때문에 시계 장치도 갖고 있지 않다. 그럼에도 적혈구는 하루 동안 리듬에 따라 움직이는데, 이는 유핵세포가 만든 리듬의 하류 효과로 추정된다. 추가로 우리는 시계를 가진 수조 개의 미생물 세포도 품고 있다.
19. 시계 유전자는 일주기 위상만을 알려주는 것이 아니기 때문에 생체시계의 작동과 다양한 질환의 연관성을 연구한 논문은 결과 해석이 달라질 수 있다. Ray Zhang et al., "A Circadian Gene Expression Atlas in Mammals: Implications for Biology and Medicine," *Proceedings of the National Academy of Sciences of the United States of America* 111, no. 45 (2014): 16219 – 24, doi.org/10.1073/pnas.1408886111; and Kimberly H. Cox and Joseph S. Takahashi, "Circadian Clock Genes and the Transcriptional Architecture of the Clock Mechanism," *Journal of Molecular Endocrinology* 63, no. 4 (November 2019): R93 – 102, doi:10.1530/JME-19-0153 참조.
20. David K. Welsh, Joseph S. Takahashi, and Steve A. Kay, "Suprachiasmatic Nucleus: Cell Autonomy and Network Properties," *Annual Review of Physiology* 72 (March 2010): 551 – 77, doi.org/10.1146/annurev-physiol-021909-135919.

3장. 리듬에 맞는 딱 좋은 시간

1. C. R. Jones et al., "Familial Advanced Sleep-Phase Syndrome: A Short-Period Circadian Rhythm Variant in Humans," *Nature Medicine* 5, no. 9 (September 1999): 1062 – 65, doi.org/10.1038/12502.
2. Andrew J. K. Phillips et al., "Irregular Sleep/Wake Patterns Are Associated with Poorer Academic Performance and Delayed Circadian and Sleep/Wake Timing," *Scientific Reports* 7, no. 1 (June 2017): 3216, doi.org/10 .1038/s41598-017-03171-4; and Matthew D. Weaver et al., "Adverse Impact of Polyphasic Sleep Patterns in Humans: Report of the National Sleep Foundation Sleep Timing and Variability Consensus Panel," *Sleep Health* 7, no. 3 (June 2021): 293 – 302, doi.org/10.1016/j.sleh.2021.02.009.
3. David R. Samson et al., "Chronotype Variation Drives Night-Time Sentinel-like Behaviour in Hunter – Gatherers," *Proceedings of the Royal Society B: Biological*

Sciences 284, no. 1858 (July 2017): 20170967, doi .org/10.1098/rspb.2017.0967.
4. 틸 뢰네베르크가 공동 저술한 다음과 같은 논문에서 일주기 유형의 역학과 다양성의 의의를 살펴볼 수 있다. Till Roenneberg et al., "Epidemiology of the Human Circadian Clock," *Sleep Medicine Reviews* 11, no. 6 (December 2007): 429 – 38, doi.org/10.1016/j.smrv.2007.07.005; and Till Roenneberg, Eva C. Winnebeck, and Elizabeth B. Klerman, "Daylight Saving Time and Artificial Time Zones—a Battle between Biological and Social Times," *Frontiers in Physiology* 10 (August 2019): 944, doi.org/10 .3389/fphys.2019.00944.
5. Ellen R. Stothard et al., "Circadian Entrainment to the Natural Light-Dark Cycle across Seasons and the Weekend," *Current Biology* 27, no. 4 (February 2017): 508 – 13, doi.org/10.1016/j.cub.2016.12.041.
6. Russell Foster, Life Time: The New Science of the Body Clock, and How It Can Revolutionize Your Sleep and Health (London: Penguin Life, 2022), 182. 한국어판은 김성훈 옮김,《라이프 타임, 생체시계의 비밀: 수면, 건강, 삶에 혁명을 불러오는 최적의 시간을 찾아서》(김영사, 2023).
7. Marc Wittmann, Jenny Dinich, Martha Merrow, and Till Roenneberg, "Social Jetlag: Misalignment of Biological and Social Time," *Chronobiology International* 23, no. 1 – 2 (2006): 497 – 509.
8. Till Roenneberg, "How Can Social Jetlag Affect Health?" *Nature Reviews Endocrinology* 19, no. 7 (July 2023): 383 – 84, doi.org/10.1038/s41574-023-00851-2; Till Roenneberg, Karla V. Allebrandt, Martha Merrow, and Céline Vetter, "Social Jetlag and Obesity," *Current Biology* 22, no. 10 (May 2012): 939 – 43, doi.org/10.1016/j.cub.2012.03.038; and Sara Gamboa Madeira et al., "Social Jetlag, a Novel Predictor for High Cardiovascular Risk in Blue-Collar Workers Following Permanent Atypical Work Schedules," *Journal of Sleep Research* 30, no. 6 (December 2021): e13380, doi.org/10.1111/jsr.13380.
9. 이 질환은 수면위상지연장애 delayed sleep phase disorder 등 다양한 이름으로 불린다. Gian Carlo G. Parico et al., "The Human CRY1 Tail Controls Circadian Timing by Regulating Its Association with CLOCK:BMAL1," *Proceedings of the National Academy of Sciences of the United States of America* 117, no. 45 (November 2020): 27971 – 79, doi.org/10.1073/pnas.1920653117 참조.
10. Alessio Gaggero and Denni Tommasi, "Time of Day and High-Stake Cognitive Assessments," *Economic Journal* 133, no. 652 (May 2023): 1407 – 29, doi.org/10.1093/ej/ueac090.
11. Carolyn B. Hines, "Time-of-Day Effects on Human Performance," *Journal of Catholic Education* 7, no. 3 (2004): 390 – 413, doi:10 .15365/joce.0703072013.

12. Brian C. Gunia, Christopher M. Barnes, and Sunita Sah, "The Morality of Larks and Owls: Unethical Behavior Depends on Chronotype as Well as Time of Day," *Psychological Science* 25, no. 12 (December 2014): 2272–74, doi.org/10.1177/0956797614541989.

13. Mareike B. Wieth and Rose T. Zacks, "Time of Day Effects on Problem Solving: When the Non-optimal Is Optimal," *Thinking & Reasoning* 17, no. 4 (2011): 387–401,doi.org/10.1080/13546783.2011.625663; and Janet Metcalfe and David Wiebe, "Intuition in Insight and Noninsight Problem Solving," *Memory & Cognition* 15, no. 3 (May 1987): 238–46, doi.org/10.3758/BF03197722. Quoted in Daniel Pink, When: The Scientific Secrets of Perfect Timing (New York: Riverhead, 2018), 24. 한국어판은 이경남 옮김,《언제 할 것인가: 쫓기지 않고 시간을 지배하는 타이밍의 과학적 비밀》(알키, 2018).

14. Shogo Sato et al., "Atlas of Exercise Metabolism Reveals Time-Dependent Signatures of Metabolic Homeostasis," *Cell Metabolism* 34, no. 2 (February 2022): 329–345.e8, doi.org/10.1016/j.cmet.2021.12.016.

15. Elise Facer-Childs and Roland Brandstaetter, "The Impact of Circadian Phenotype and Time since Awakening on Diurnal Performance in Athletes," *Current Biology* 25, no. 4 (February 2015): 518–22, doi.org/10.1016/j.cub .2014.12.036.

16. Andrew W. McHill and Evan D. Chinoy, "Utilizing the National Basketball Association's COVID-19 Restart 'Bubble' to Uncover the Impact of Travel and Circadian Disruption on Athletic Performance," *Scientific Reports* 10, no. 1 (December 2020): 21827, doi.org/10.1038/s41598-020-78901-2.

17. Baxter Holmes, "How Fatigue Shaped the NBA Season, and What It Means for the Playoffs," *ESPN*, April 10, 2018, espn.com/nba /story/_/id/23094298/how-fatigue-shaped-nba-season-means-playoffs.

18. 저자들이 경기 시간을 분석하지 않았기 때문에 이 논문에서 일주기 위상에 따른 영향은 확인할 수 없다. Alex Song, Thomas Severini, and Ravi Allada, "How Jet Lag Impairs Major League Baseball Performance," *Proceedings of the National Academy of Sciences of the United States of America* 114, no. 6 (January 2017): 1407–12, doi:10.1073/pnas.1608847114 참조.

19. Facer-Childs and Brandstaetter, "The Impact of Circadian Phenotype."

4장. 우울도 불면도 햇빛이 약

1. 클라이드 킬러는 '막대 세포가 없는' 쥐라고 표현했다. 이그나시오 프로벤시오는 당시 기술로 원뿔세포를 구별하기가 매우 어려웠으므로, 킬러가 의미한 것이 광수용체가 없는 쥐, 즉

막대 세포와 원뿔세포 모두 결핍된 쥐였을 가능성이 크다고 말했다. Clyde E. Keeler, "On the Occurrence in the House Mouse of Mendelizing Structural Defect of the Retina Producing Blindness," *Proceedings of the National Academy of Sciences of the United States of America* 12, no. 4 (1926): 255–58, doi:10.1073/pnas.12.4.255; and Clyde E. Keeler, "Iris Movements in Blind Mice," *American Journal of Physiology* 81, no. 1 (June 1927): 107–12, doi.org/10.1152/ajplegacy.1927.81.1.107 참조.

2. 일부 과학자들은 인간의 눈에 세 종류의 원뿔세포가 있다는 점에서 ipRGC를 '제5 광수용체'로 부르기도 한다.

3. M. S. Freedman et al., "Regulation of Mammalian Circadian Behavior by Non-rod, Non-cone, Ocular Photoreceptors," *Science* 284, no. 5413 (April 1999): 502–4, doi/10.1126/science.284.5413.502.

4. Farhan H. Zaidi et al., "Short-Wavelength Light Sensitivity of Circadian, Pupillary, and Visual Awareness in Humans Lacking an Outer Retina," *Current Biology* 17, no. 24 (December 2007): 2122–28, doi.org/10.1016/j.cub.2007.11.034.

5. S. Doyle and M. Menaker, "Circadian Photoreception in Vertebrates," Cold Spring *Harbor Symposia on Quantitative Biology* 72, no. 1 (2007): 499–508, doi:10.1101/sqb.2007.72.003; Vincent M. Cassone, "Avian Circadian Organization: A Chorus of Clocks," *Frontiers in Neuroendocrinology* 35, no. 1 (January 2014): 76–88, doi:10.1016/j.yfrne.2013.10.002.

6. Ignacio Provencio et al., "Melanopsin: An Opsin in Melanophores, Brain, and Eye," *Proceedings of the National Academy of Sciences of the United States of America* 95, no. 1 (January 1998): 340–45, doi.org/10.1073/pnas.95.1.340.

7. D. M. Berson, F. A. Dunn, and M. Takao, "Phototransduction by Retinal Ganglion Cells That Set the Circadian Clock," *Science* 295, no. 5557 (February 2002): 1070–73, doi.org/10.1126/science.1067262; and S. Hattar, H. W. Liao, M. Takao, D. M. Berson, and K. W. Yau, "Melanopsin- Containing Retinal Ganglion Cells: Architecture, Projections, and Intrinsic Photosensitivity," *Science* 295, no. 5557 (February 2002): 1065–70, doi.org/10.1126/science.1069609.

8. 멜라놉신은 보통 약 480나노미터의 파장에 가장 민감한 것으로 간주한다. 하지만 많은 과학자가 다른 수치를 사용한다. 예를 들면, 일반 성인의 망막에서 자연스럽게 여겨된다는 점을 설명하기 위해 조금 더 긴 490나노미터의 파장에 가장 민감한 것으로 간주하기도 한다.

9. Kevin W. Houser, Lisa Heschong, and Richard Lang, "Buildings, Lighting, and the Myopia Epidemic," *LEUKOS: The Journal of the Illuminating Engineering Society* 19, no. 1 (2023): 1–3, doi.org/10.1080/15502724.2022.2141503.

10. 인체의 가장 큰 기관으로서 외부 세계를 방어하는 피부는 박테리아, 바이러스, 오염 물질 등의 침입자를 낮에 더 잘 막아낸다. 밤에는 세포를 수리하고 탈락시키느라 피부의 투과

성이 높아진다. 가려움증도 보통 밤에 더 심해진다. Mary S. Matsui, Edward Pelle, Kelly Dong, and Nadine Pernodet, "Biological Rhythms in the Skin," *International Journal of Molecular Sciences* 17, no. 6 (June 2016): 801, doi:10.3390/ijms17060801 참조.

11. Shobhan Gaddameedhi et al., "Control of Skin Cancer by the Circadian Rhythm," *Proceedings of the National Academy of Sciences of the United States of America* 108, no. 46 (September 2011): 18790-95, doi:10.1073/pnas.1115249108; Shobhan Gaddameedhi, Christopher P. Selby, Michael G. Kemp, Rui Ye, and Aziz Sancar, "The Circadian Clock Controls Sunburn Apoptosis and Erythema in Mouse Skin," *The Journal of Investigative Dermatology* 135, no. 4 (April 2015): 1119-27, doi:10.1038/jid.2014.508.

12. P. J. de Coursey, "Daily Light Sensitivity Rhythm in a Rodent," *Science* 131, no. 3392 (January 1960): 33-35, doi.org/10.1126/science.131.3392.33.

13. Gideon P. Dunster et al., "Daytime Light Exposure Is a Strong Predictor of Seasonal Variation in Sleep and Circadian Timing of University Students," Journal of Pineal Research 74, no. 2 (March 2023): e12843, doi.org/10.1111/jpi.12843.

14. Alfred J. Lewy et al., "Bright Artificial Light Treatment of a Manic-Depressive Patient with a Seasonal Mood Cycle," *American Journal of Psychiatry* 139, no. 11 (November 1982): 1496-98, doi.org/10.1176/ajp.139.11.1496.

15. Julian Sancton, Madhouse at the End of the Earth: The Belgica's Journey into the Dark Antarctic Night (New York: Crown, 2021). 한국어판은 최지수 옮김, 《미쳐버린 배: 지구 끝의 남극 탐험》(글항아리, 2022).

16. Dietmar Weinert and Denis Gubin, "The Impact of Physical Activity on the Circadian System: Benefits for Health, Performance and Wellbeing," *Applied Sciences* 12, no. 18 (September 2022): 9220, doi.org/10.3390/app12189220; and Ryan A. Martin and Karyn A. Esser, "Time for Exercise? Exercise and Its Influence on the Skeletal Muscle Clock," *Journal of Biological Rhythms* 37, no. 6 (December 2022): 579-92, doi.org/10.1177/07487304221122662.

17. Derk-Jan Dijk and Anne C. Skeldon, "Human Sleep before the Industrial Era," *Nature* 527, no. 7577 (November 2015): 176-77, doi.org/10.1038/527176a.

18. Ethan D. Buhr, Seung-Hee Yoo, and Joseph S. Takahashi, "Temperature as a Universal Resetting Cue for Mammalian Circadian Oscillators," *Science* 330, no. 6002 (October 2010): 379-85, doi.org/10.1126/science.1195262.

19. C. Helfrich-Förster et al., "Women Temporarily Synchronize Their Menstrual Cycles with the Luminance and Gravimetric Cycles of the Moon," *Science Advances* 7, no. 5 (January 2021): eabe1358, doi.org/10.1126/sciadv.abe1358.

20. Leandro Casiraghi et al., "Moonstruck Sleep: Synchronization of Human Sleep with

the Moon Cycle under Field Conditions," *Science Advances* 7, no. 5 (January 2021): eabe0465, doi.org/10.1126/sciadv.abe0465.
21. R. Wever, "The Effects of Electric Fields on Circadian Rhythmicity in Men," *Life Sciences and Space Research* 8 (1970): 177–87.
22. Musoki Mwimba et al., "Daily Humidity Oscillation Regulates the Circadian Clock to Influence Plant Physiology," *Nature Communications* 9 (October 2018): 4290, doi.org/10.1038/s41467-018-06692-2.

5장. 인공조명 아래, 어두운 낮

1. Shirin Hirsch and Andrew Smith, "A View through a Window: Social Relations, Material Objects and Locality," *Sociological Review* 66, no. 1 (January 2018): 224–40, doi.org/10.1177/0038026117724068.
2. Meredith R. Conway, "And You May Ask Yourself, What Is That Beautiful House: How Tax Laws Distort Behavior through the Lens of Architecture," *Columbia Journal of Tax Law* 10, no. 2 (Summer 2019): 165–97, doi.org/10.7916/cjtl.v10i2.3468.
3. Wallace E. Oates and Robert M. Schwab, "The Window Tax: A Case Study in Excess Burden," *Journal of Economic Perspectives* 29, no. 1 (Winter 2015): 163–80, doi.org/10.1257/jep.29.1.163.
4. *The Lancet*, February 22, 1845, 214–15.
5. 정신 건강 문제가 해로운 빛과 어둠에 대한 노출을 유발할 가능성은 여전히 존재한다. 전문가들은 사람들이 실내에서 생활하고 자연적 주기와 차단되면서, 두 요인이 양방향으로 작용해 악순환을 일으키고 있다고 말한다. Angus C. Burns et al., "Day and Night Light Exposure Are Associated with Psychiatric Disorders: An Objective Light Study in >85,000 People," *Nature Mental Health* 1, no. 11 (November 2023): 853–62, doi.org/10.1038/s44220-023-00135-8 참조.
6. Rohan Nagare, Bernard Possidente, Sarita Lagalwar, and Mariana G. Figueiro, "Robust Light–Dark Patterns and Reduced Amyloid Load in an Alzheimer's Disease Transgenic Mouse Model," *Scientific Reports* 10, no. 1 (July 2020): 11436, doi.org/10.1038/s41598-020-68199-5.
7. Timothy M. Brown et al., "Recommendations for Daytime, Evening, and Nighttime Indoor Light Exposure to Best Support Physiology, Sleep, and Wakefulness in Healthy Adults," *PLoS Biology* 20, no. 3 (March 2022): e3001571, doi.org/10.1371/journal.pbio.3001571.
8. R. S. Ulrich, "View through a Window May Influence Recovery from Surgery," *Science* 224, no. 4647 (April 1984): 420–21, doi.org/10.1126/science.6143402.

6장. 너무 밝은 밤

1. 연구에 따르면 구름 덮개와 눈 덮개가 공존할 때, 교외 지역의 야간 인공광은 188배 증가한다. Andreas Jechow and Franz Hölker, "Snowglow-the Amplification of Skyglow by Snow and Clouds Can Exceed Full Moon Illuminance in Suburban Areas," in "Light Pollution Assessment with Imaging Devices," ed. Andreas Jechow, special issue, *Journal of Imaging* 5, no. 8 (August 2019): 69, doi.org/10.3390/jimaging5080069 참조.
2. Christopher C. M. Kyba, Yiğit Öner Altıntaş, Constance E. Walker, and Mark Newhouse, "Citizen Scientists Report Global Rapid Reductions in the Visibility of Stars from 2011 to 2022," *Science* 379, no. 6629 (January 2023): 265–68, doi.org/10.1126/science.abq7781.
3. Alejandro Sánchez de Miguel, Jonathan Bennie, Emma Rosenfeld, Simon Dzurjak, and Kevin J. Gaston, "Environmental Risks from Artificial Nighttime Lighting Widespread and Increasing across Europe," *Science Advances* 8, no. 37 (September 2022): eabl6891, doi.org/10.1126/sciadv.abl6891.
4. Sean W. Cain et al., "Evening Home Lighting Adversely Impacts the Circadian System and Sleep," *Scientific Reports* 10, no. 1 (November 2020): 19110, doi.org/10.1038/s41598-020-75622-4.
5. 해당 표본이 제시된 문헌은 다음과 같다. Yong-Moon Mark Park et al., "Association of Exposure to Artificial Light at Night While Sleeping with Risk of Obesity in Women," *JAMA Internal Medicine* 179, no. 8 (August 2019): 106171, doi.org/10.1001/jamainternmed.2019.0571; and A. Green et al., "0029 Light Emitted from Media Devices at Night Is Associated with Decline in Sperm Quality," *Sleep* 43, no. Supplement_1 (April 2020): A12, doi.org/10.1093/sleep/zsaa056.028.
6. 인구 밀도와 소득 수준 같은 요소를 함께 고려했을 때도 결과는 같았다. Amedeo Argentiero, Roy Cerqueti, and Mario Maggi, "Outdoor Light Pollution and COVID-19: The Italian Case," *Environmental Impact Assessment Review* 90 (September 2021): 106602, doi.org/10.1016/j.eiar.2021.106602; and Yidan Meng, Vincent Zhu, and Yong Zhu, "Co-distribution of Light at Night (LAN) and COVID-19 Incidence in the United States," *BMC Public Health* 21 (August 2021), 1509doi.org /10.1186/s12889-021-11500-6 참조.
7. Minjee Kim et al., "Light at Night in Older Age Is Associated with Obesity, Diabetes, and Hypertension," *Sleep* 46, no. 3 (March 2023), doi.org /10.1093/sleep/zsac130.
8. Ivy C. Mason et al., "Light Exposure during Sleep Impairs Cardiometabolic Function," *Proceedings of the National Academy of Sciences of the United States of America* 119, no. 12 (March 2022): e2113290119, doi.org/10.1073/pnas.2113290119.
9. Ariadna Garcia-Saenz et al., "Evaluating the Association between Artificial Light-

at-Night Exposure and Breast and Prostate Cancer Risk in Spain (MCC-Spain Study)," *Environmental Health Perspectives* 126, no. 4 (April 2018): 047011, doi.org/10.1289/EHP1837.

10. Dong Zhang et al., "Associations between Artificial Light at Night and Risk for Thyroid Cancer: A Large US Cohort Study," *Cancer* 127, no. 9 (May 2021): 1448–58, doi.org/10.1002/cncr.33392.

11. Annika K. Jägerbrand and Kamiel Spoelstra, "Effects of Anthropogenic Light on Species and Ecosystems," *Science* 380, no. 6650 (June 2023): 1125–30, doi.org/10.1126/science.adg3173.

12. *Keenan v. Hall*, 83 F.3d 1083 (9th Cir. 1996).

13. Charles A. Czeisler, "Housing Immigrant Children—the Inhumanity of Constant Illumination," *New England Journal of Medicine* 379, no. 2 (July 2018): e3, doi.org/10.1056/NEJMp1808450.

14. Shawna M. Nadybal, Timothy W. Collins, and Sara E. Grineski, "Light Pollution Inequities in the Continental United States: A Distributive Environmental Justice Analysis," *Environmental Research* 189 (October 2020): 109959, doi.org/10.1016/j.envres.2020.109959.

15. David Mitre-Becerril, Sarah Tahamont, Jason Lerner, and Aaron Chalfin, "Can Deterrence Persist? Long-Term Evidence from a Randomized Experiment in Street Lighting," *Criminology & Public Policy* 21, no. 4 (November 2022): 865–91, doi.org/10.1111/1745-9133.12599.

16. Martin Morgan-Taylor, "Regulating Light Pollution: More Than Just the Night Sky," *Science* 380, no. 6650 (June 2023): 1118–20, doi.org /10.1126/science.adh7723.

17. War Department, *Control of Coastal Lighting in Anti-submarine Warfare*, no. 756 (Fort Belvoir, VA: Engineer Board, April 30, 1943): apps.dtic.mil /sti/pdfs/ADA954894.pdf.

7장. 생체시계 교란자들

1. Kayla D. Coldsnow, Rick A. Relyea, and Jennifer M. Hurley, "Evolution to Environmental Contamination Ablates the Circadian Clock of an Aquatic Sentinel Species," *Ecology and Evolution* 7, no. 23 (December 2017): 1033949, doi.org/10.1002/ece3.3490.

2. 다음 논문에서 일부 내용을 발췌했다. Xiangming Hu et al., "Long- Term Exposure to Ambient Air Pollution, Circadian Syndrome and Cardiovascular Disease: A Nationwide Study in China," *Science of the Total Environment* 868 (April 2023): 161696, doi.org/10.1016/j.scitotenv.2023.161696; and Renate Kopp, Irene Ozáez Martínez,

Jessica Legradi, and Juliette Legler, "Exposure to Endocrine Disrupting Chemicals Perturbs Lipid Metabolism and Circadian Rhythms," *Journal of Environmental Sciences* 62 (December 2017): 133–37, doi.org/10.1016/j.jes.2017.10.013.
3. Jacqueline M. Leung and Micaela E. Martinez, "Circadian Rhythms in Environmental Health Sciences," *Current Environmental Health Reports* 7, no. 3 (September 2020): 272–81, doi.org/10.1007/s40572-020-00285-2.
4. Tina M. Burke et al., "Effects of Caffeine on the Human Circadian Clock In Vivo and In Vitro," *Science Translational Medicine* 7, no. 305 (September 2015): 305ra146, doi.org/10.1126/scitranslmed.aac5125.
5. Shubhroz Gill and Satchidananda Panda, "A Smartphone App Reveals Erratic Diurnal Eating Patterns in Humans That Can Be Modulated for Health Benefits," *Cell Metabolism* 22, no. 5 (November 2015): 789–98, doi.org/10.1016/j.cmet.2015.09.005.
6. Satchin Panda, The Circadian Code:Lose Weight, Supercharge Your Energy, and Transform Your Health from Morning to Midnight (New York: Rodale, 2018), 192. 한국어판은 김수진 옮김,《생체리듬의 과학: 밤낮이 바뀐 현대인을 위한》(세종서적, 2020).
7. Megumi Hatori et al., "Time-Restricted Feeding without Reducing Caloric Intake Prevents Metabolic Diseases in Mice Fed a High-Fat Diet," *Cell Metabolism* 15, no. 6 (June 2012): 848–60, doi.org/10.1016/j.cmet.2012.04.019.
8. Michael J. Wilkinson et al., "Ten-Hour Time Restricted Eating Reduces Weight, Blood Pressure, and Atherogenic Lipids in Patients with Metabolic Syndrome," *Cell Metabolism* 31, no. 1 (January 2020): 92–104.e5, doi.org/10.1016/j.cmet.2019.11.004.
9. Daniel S. Whittaker et al., "Circadian Modulation by Time-Restricted Feeding Rescues Brain Pathology and Improves Memory in Mouse Models of Alzheimer's Disease," *Cell Metabolism* 35, no. 10 (October 2023): 17041721.e6, doi.org/10.1016/j.cmet.2023.07.014.
10. Victoria Acosta-Rodríguez et al., "Circadian Alignment of Early Onset Caloric Restriction Promotes Longevity in Male C57BL/6J Mice," *Science* 376, no. 6598 (May 2022): 1192–1202, doi.org/10.1126/science.abk0297.
11. Maria M. Mihaylova et al., "When a Calorie Is Not Just a Calorie: Diet Quality and Timing as Mediators of Metabolism and Healthy Aging," *Cell Metabolism* 35, no. 7 (July 2023): 1114–31, doi.org/10.1016/j.cmet.2023.06.008.
12. Daniela Jakubowicz, Maayan Barnea, Julio Wainstein, and Oren Froy, "High Caloric Intake at Breakfast vs. Dinner Differentially Influences Weight Loss of Overweight and Obese Women," *Obesity* 21, no. 12 (December 2013): 2504–12, doi.org/10.1002/oby.20460.

13. Jennifer Hahn-Holbrook et al., "Human Milk as 'Chrononutrition': Implications for Child Health and Development," *Pediatric Research* 85, no. 7 (June 2019): 936–42, doi.org/10.1038/s41390-019-0368-x.

8장. 어긋난 시계

1. 내 차의 이름은 시애틀 시호크스팀의 강력한 수비를 지칭하는 별명 '리전 오브 붐'Legion of Boom'에서 따왔다.
2. 연구자들은 동부 해안을 따라 고소득 대도시가 밀집되어 있다는 점 등 잠재적 교란 요인을 배제하기 위해 통계적 기법을 사용했다. Osea Giuntella and Fabrizio Mazzonna, "Sunset Time and the Economic Effects of Social Jetlag: Evidence from US Time Zone Borders," *Journal of Health Economics* 65 (May 2019): 210–26, doi.org/10.1016/j.jhealeco.2019.03.007 참조.
3. Thomas Kantermann, Myriam Juda, Martha Merrow, and Till Roenneberg, "The Human Circadian Clock's Seasonal Adjustment Is Disrupted by Daylight Saving Time," *Current Biology* 17, no. 22 (November 2007): 1996–2000, doi.org/10.1016/j.cub.2007.10.025.
4. "Why Change?," Start School Later, accessed November 24, 2023, startschoollater.net/why-change.html.
5. Till Roenneberg, Internal Time: Chronotypes, Social Jet Lag, and Why You're So Tired (Cologne: DuMont Buchverlag, 2012), 102. 한국어판은 유영미 옮김, 《시간을 빼앗긴 사람들: 생체 리듬을 무시하고 사는 현대인에 대한 경고》(추수밭, 2011).
6. Giulia Zerbini et al., "Lower School Performance in Late Chronotypes: Underlying Factors and Mechanisms," *Scientific Reports* 7 (June 2017): 4385, doi.org/10.1038/s41598-017-04076-y.
7. Robert Maidstone et al., "Shift Work Is Associated with Positive COVID-19 Status in Hospitalised Patients," *Thorax* 76, no. 6 (June 2021): 601–6, thorax.bmj.com/content/76/6/601.
8. Aziz Sancar and Russell N. Van Gelder, "Clocks, Cancer, and Chronochemotherapy," *Science* 371, no. 6524 (January 2021): eabb0738, doi.org/10.1126/science.abb0738.
9. Danielle A. Clarkson-Townsend et al., "Maternal Circadian Disruption Is Associated with Variation in Placental DNA Methylation," *PloS One* 14, no. 4 (2019): e0215745, doi.org/10.1371/journal.pone.0215745.
10. Maximilian Lassi et al., "Disruption of Paternal Circadian Rhythm Affects Metabolic Health in Male Offspring via Nongerm Cell Factors," *Science Advances* 7, no. 22 (May

2021): eabg6424, doi.org/10.1126/sciadv.abg6424.

9장. 알람이여, 안녕

1. 메리 스미스와 노커 어퍼에 관한 내용은 대부분 다음의 논문에서 발췌했다. Arunima Datta, "Knocker Ups: A Social History of Waking Up in Victorian Britain's Industrial Towns," *Journal of Victorian Culture* 25, no. 3 (July 2020): 331–48, doi.org/10.1093/jvcult/vcaa013.
2. 이 단락에서 참조한 헬렌 버제스의 인터뷰와 논문은 다음과 같다. Helen J. Burgess, Katherine M. Sharkey, and Charmane I. Eastman, "Bright Light, Dark and Melatonin Can Promote Circadian Adaptation in Night Shift Workers," *Sleep Medicine Reviews* 6, no. 5 (October 2002): 407–20, doi.org/10.1016/S1087-0792(01)90215-1.
3. Mark R. Smith, Louis F. Fogg, and Charmane I. Eastman, "A Compromise Circadian Phase Position for Permanent Night Work Improves Mood, Fatigue, and Performance," *Sleep* 32, no. 11 (November 2009): 148189, doi.org/10.1093/sleep/32.11.1481.
4. Gideon P. Dunster et al., "Sleepmore in Seattle: Later School Start Times Are Associated with More Sleep and Better Performance in High School Students," *Science Advances* 4, no. 12 (December 2018): eaau6200, doi.org/10.1126/sciadv.aau6200.
5. Till Roenneberg et al., "Why Should We Abolish Daylight Saving Time?," *Journal of Biological Rhythms* 34, no. 3 (June 2019): 22730, doi.org/10.1177/0748730419854197.
6. David Prerau, "Advantages Abound with Changing Clocks Twice a Year," *The Sun* (Lowell, MA), March 12, 2023, lowellsun.com/2023/03/12/david-prerau-advantages-abound-with-changing-clocks-twice-a-year.
7. Till Roenneberg, Eva C. Winnebeck, and Elizabeth B. Klerman, "Daylight Saving Time and Artificial Time Zones—a Battle between Biological and Social Times," *Frontiers in Physiology* 10 (August 2019): 944, doi.org/10.3389/fphys.2019.00944.

10장. 낮은 더 밝게, 밤은 더 어둡게

1. Mariana G. Figueiro et al., "The Impact of Daytime Light Exposures on Sleep and Mood in Office Workers," *Sleep Health* 3, no. 3(June 2017): 204–15, doi.org/10.1016/j.sleh.2017.03.005.
2. Martin Moore-Ede et al., "Lights Should Support Circadian Rhythms: Evidence-Based Scientific Consensus," *Frontiers in Photonics* 4 (2023):1272934, doi.org/10.3389/fphot.2023.1272934.

3. Food and Drug Administration, "Lamp's Labeling Found to be Fraudulent," *FDA Talk Paper* T86-69, September 10, 1986, cdn.centerforinquiry.org/wp-content/uploads/sites/33/2021/03/22170721/vita-lite_fraud_notice_1986.pdf.
4. Robert Soler and Erica Voss, "Biologically Relevant Lighting: An Industry Perspective," *Frontiers in Neuroscience* 15 (2021): 637221, doi.org/10.3389/fnins.2021.637221.
5. Leilah K. Grant et al., "Supplementation of Ambient Lighting with a Task Lamp Improves Daytime Alertness and Cognitive Performance in Sleep-Restricted Individuals," *Sleep* 46, no. 8 (August 2023): zsad096, doi.org/10.1093/sleep/zsad096.
6. John Mardaljevic. "The Implementation of Natural Lighting for Human Health from a Planning Perspective." *Lighting Research & Technology* (London, England: 2001) 53, no. 5 (2021): 489–513. doi:10.1177/14771535211022145.
7. D. Van Gilst et al., "Effects of the Neonatal Intensive Care Environment on Circadian Health and Development of Preterm Infants," *Frontiers in Physiology* 14 (August 2023): 1243162, doi.org/10.3389/fphys.2023.1243162.
8. Cecilia S. Lee et al., "Association between Cataract Extraction and Development of Dementia," *JAMA Internal Medicine* 182, no. 2 (February 2022): 134–41, doi.org/10.1001/jamainternmed.2021.6990.
9. Leilah K. Grant et al., "Impact of Upgraded Lighting on Falls in Care Home Residents," *Journal of the American Medical Directors Association* 23, no. 10 (October 2022): 1698–1704.e2, doi.org/10.1016/j.jamda.2022.06.013.

11장. 내 몸의 시계를 재설계하다
1. "Woman Who Drinks 6 Cups of Coffee Per Day Trying to Cut Down on Blue Light at Bedtime," *The Onion*, April 4, 2017, theonion.com/woman-who-drinks-6-cups-of-coffee-per-day-trying-to-cut-1819579770.
2. Shahab Haghayegh et al., "Novel TemperatureControlled Sleep System to Improve Sleep: A Proof-of-Concept Study," *Journal of Sleep Research* 31, no. 6 (December 2022): e13662, doi.org/10.1111/jsr.13662.
3. Sarah Chabal, Rachel R. Markwald, Evan D. Chinoy, Joseph DeCicco, and Emily Moslener, *Personal Light Treatment Devices as a Viable Countermeasure for Submariner Fatigue* (Groton, CT: Naval Submarine Medical Research Laboratory, 2022), apps.dtic.mil/sti/pdfs/AD1166064.pdf.
4. Due to the COVID-19 pandemic, the games were held in 2021.

5. Elise Facer-Childs and Roland Brandstaetter, "Circadian Phenotype Composition Is a Major Predictor of Diurnal Physical Performance in Teams," *Frontiers in Neurology* 6 (October 2015): 208, doi.org/10.3389/fneur.2015.00208.
6. R. Lok, G. Zerbini, M. C. M. Gordijn, D. G. M.Beersma, and R. A. Hut, "Gold, Silver or Bronze: Circadian Variation Strongly Affects Performance in Olympic Athletes," *Scientific Reports* 10 (October 2020): 16088, doi.org/10.1038/s41598-020-72573-8.
7. Renske Lok, Marisol Duran, and Jamie M. Zeitzer, "Moving Time Zones in a Flash with Light Therapy during Sleep," *Scientific Reports* 13 (September 2023): 14458, doi.org/10.1038/s41598-023-41742-w.
8. Christopher Bettinger, "ADvanced Acclimation and Protection Tool for Environmental Readiness (ADAPTER)," Defense Advanced Research Projects Agency, accessed November 24, 2023, https://www.darpa.mil/program/advanced-acclimation-and-protection-tool-for-environmental-readiness.

12장. 일주기 의학: 시간이 약이다

1. Daniel H. Pink, When: The Scientific Secrets of Perfect Timing (New York: Riverhead Books, 2018), 54–55. 한국어판은 이경남 옮김, 《언제 할 것인가: 쫓기지 않고 시간을 지배하는 타이밍의 과학적 비밀》(알키, 2018).
2. 다음의 문헌에서 일부 내용을 발췌했다. Michelle L. Gumz et al., "Toward Precision Medicine: Circadian Rhythm of Blood Pressure and Chronotherapy for Hypertension—2021 NHLBI Workshop Report," *Hypertension* 80, no. 3(March 2023): 503–22, doi.org/10.1161/hypertensionaha.122.19372; Yihao Liu et al., "The Impact of Circadian Rhythms on the Immune Response to Influenza Vaccination in Middle-Aged and Older Adults (IMPROVE): A Randomised Controlled Trial," *Immunity & Ageing* 19, no. 1 (October 2022): 46, doi.org/10.1186/s12979-022-00304-w; and Maurizio Cutolo, "Glucocorticoids and Chronotherapy in Rheumatoid Arthritis," *RMD Open* 2, no. 1 (January 2016): e000203, doi.org/10.1136/rmdopen-2015-000203.
3. Zoi Diamantopoulou et al., "The Metastatic Spread of Breast Cancer Accelerates during Sleep," *Nature* 607, no. 7917 (July 2022): 156–62, doi.org/10.1038/s41586-022-04875-y.
4. Hyde Salter, "On the Treatment of Asthma by Belladonna," *The Lancet* 93, no. 2370 (January 30, 1869): 152–53, doi.org/10.1016/S0140-6736(02)65754-X.
5. Frank A. J. L. Scheer et al., "The Endogenous Circadian System Worsens Asthma at Night Independent of Sleep and Other Daily Behavioral or Environmental Cycles,"

Proceedings of the National Academy of Sciences of the United States of America 118, no. 37 (2021): e2018486118, doi.org/10.1073/pnas.2018486118.

6. Ludovic S. Mure et al., "Diurnal Transcriptome Atlas of a Primate across Major Neural and Peripheral Tissues," *Science* 359, no. 6381 (February 2018): doi.org/10.1126/science.aao0318.

7. Marc D. Ruben, David F. Smith, Garret A. FitzGerald, and John B. Hogenesch, "Dosing Time Matters," *Science* 365, no. 6453 (August 2019): 547–49, doi.org/10.1126/science.aax7621.

8. 단기 작용형 약물이나 반감기가 8시간 미만인 약물이 투약 시점에 따라 효과가 다를 가능성이 크다.

9. H. Al-Waeli et al., "Chronotherapy of Non-steroidal Antiinflammatory Drugs May Enhance Postoperative Recovery," *Scientific Reports* 10 (January 2020): 468, doi.org/10.1038/s41598-019-57215-y.

10. 예시를 확인할 수 있는 논문은 다음과 같다. Guy Hazan et al., "Biological Rhythms in COVID-19 Vaccine Effectiveness in an Observational Cohort Study of 1.5 Million Patients," *Journal of Clinical Investigation* 133, no. 11 (June 2023): e167339, doi.org/10.1172/jci167339; Candace D. McNaughton et al., "Diurnal Variation in SARS-CoV-2 PCR Test Results: Test Accuracy May Vary by Time of Day," *Journal of Biological Rhythms* 36, no. 6 (December 2021): 595–601, doi.org/10.1177/07487304211051841; Michael J. McCarthy, "Circadian Rhythm Disruption in Myalgic Encephalomyelitis/Chronic Fatigue Syndrome: Implications for the Post-acute Sequelae of COVID-19," *Brain, Behavior, & Immunity—Health* 20 (March 2022): 100412, doi.org/10.1016/j.bbih.2022.100412.

11. 연구자들은 mRNA 코로나 백신 접종에 관한 대규모의 후향적 연구를 통해 정오 무렵이 최적의 시간대임을 확인했다. 그러나 이는 모든 백신에 해당하는 내용은 아니다. 예를 들어 단백질 항원 백신과 독감 백신의 효능이 최고조에 달하는 시간대는 다를 수 있다. 생물학적 경로와 표적이 다르면 시간대도 다를 가능성이 크다.

12. Filipa Rijo-Ferreira et al., "The Malaria Parasite Has an Intrinsic Clock," *Science* 368, no. 6492 (May 2020): 746–53, doi.org/10.1126/science.aba2658.

13. Erik S. Musiek, David D. Xiong, and David M. Holtzman, "Sleep, Circadian Rhythms, and the Pathogenesis of Alzheimer Disease," *Experimental & Molecular Medicine* 47, no. 3 (March 2015): e148, doi.org/10.1038/emm.2014.121.

14. Nathaniel P. Hoyle et al., "Circadian Actin Dynamics Drive Rhythmic Fibroblast Mobilization during Wound Healing," *Science Translational Medicine* 9, no. 415 (November 2017): doi.org/10.1126/scitranslmed.aal2774.

15. Kayla E. Rohr and Michael J. McCarthy, "The Impact of Lithium on Circadian

Rhythms and Implications for Bipolar Disorder Pharmacotherapy," *Neuroscience Letters* 786 (August 2022): 136772, doi.org/10.1016/j.neulet.2022.136772.
16. Zhen Dong et al., "Targeting Glioblastoma Stem Cells through Disruption of the Circadian Clock," *Cancer Discovery* 9, no. 11 (November 2019): 1556–73, doi.org/10.1158/2159-8290.CD-19-0215.
17. Anna R. Damato et al., "Temozolomide Chronotherapy in Patients with Glioblastoma: A Retrospective Single-Institute Study," *Neurooncology Advances* 3, no. 1 (January–December 2021): vdab041, doi.org/10.1093/noajnl/vdab041.
18. Julia M. Selfridge, Kurtis Moyer, Daniel G. S. Capelluto, and Carla V. Finkielstein, "Opening the Debate: How to Fulfill the Need for Physicians' Training in Circadian-Related Topics in a Full Medical School Curriculum," *Journal of Circadian Rhythms* 13 (November 2015): 7, doi.org/10.5334/jcr.ah.
19. Elga Esposito et al., "Potential Circadian Effects on Translational Failure for Neuroprotection," *Nature* 582, no. 7812 (June 2020): 395–98, doi.org/10.1038/s41586-020-2348-z.
20. Marc D. Ruben et al., "A Large-Scale Study Reveals 24-h Operational Rhythms in Hospital Treatment," *Proceedings of the National Academy of Sciences of the United States of America* 116, no. 42 (October 2019): 20953–58, doi.org/10.1073/pnas.1909557116.
21. Lynne Peeples, "Medicine's Secret Ingredient-It's in the Timing." *Nature* 556, no. 7701 (2018): 290–92. doi:10.1038/d41586-018-04600-8. Further correspondence with Godain in 2023.
22. Francis Lévi, Rachid Zidani, and Jean-Louis Misset, "Randomised Multicentre Trial of Chronotherapy with Oxaliplatin, Fluorouracil, and Folinic Acid in Metastatic Colorectal Cancer," *The Lancet* 350, no. 9079 (September 1997): 681–86, doi.org/10.1016/S0140-6736(97)03358-8.

13장. 빛 부족 사회에서 살아남기

1. Rujia Luo, Yutao Huang, Huan Ma, and Jinhu Guo, "How to Live on Mars with a Proper Circadian Clock?," *Frontiers in Astronomy and Space Sciences* 8 (January 2022): 796943, doi.org/10.3389/fspas.2021.796943.
2. 이어지는 단락은 케임브리지대학교 알렉스 웹, UC 데이비스의 조애너 치우, 마운트 시나이 의대의 마크 레아[Mark Rea], 코넬대학교의 데이비드 가두리[David Gadoury], UC 샌디에이고의 조세 프루네다 파즈[Jose Pruneda-Paz], 미네소타대학교의 캐슬린 그린햄[Kathleen Greenham], 상파울루대학교의 카를로스 홋타[Carlos Hotta], 존 이네스 센터[John Innes Centre]의 안토니 도드[Antony Dodd]

를 비롯한 여러 학자와의 대화를 기반으로 한다. 해당 주제를 심층적으로 다룬 리뷰 논문은 다음과 같다. Gareth Steed, Dora Cano Ramirez, Matthew A. Hannah, and Alex A. R. Webb, "Chronoculture, Harnessing the Circadian Clock to Improve Crop Yield and Sustainability," *Science* 372, no. 6541 (April 2021): eabc9141, doi.org/10.1126/science.abc9141; and Carlos Takeshi Hotta, "From Crops to Shops: How Agriculture Can Use Circadian Clocks," *Journal of Experimental Botany* 72, no. 22 (December 2021): 7668–79, doi.org/10.1093/jxb/erab371.

3. Santiago Mora-García and Marcelo J. Yanovsky, "A Large Deletion within the Clock Gene LNK2 Contributed to the Spread of Tomato Cultivation from Central America to Europe," *Proceedings of the National Academy of Sciences of the United States of America* 115, no. 27 (June 2018): 6888–90, doi.org/10.1073/pnas.1808194115.

4. Danielle Goodspeed et al., "Arabidopsis Synchronizes Jasmonate-Mediated Defense with Insect Circadian Behavior," *Proceedings of the National Academy of Sciences of the United States of America* 109, no. 12 (February 2012): 4674–77, doi.org/10.1073/pnas.1116368109.

5. Fiona E. Belbin et al., "Plant Circadian Rhythms Regulate the Effectiveness of a Glyphosate-Based Herbicide," *Nature Communications* 10 (August 2019): 3704, doi.org/10.1038/s41467-019-11709-5.

6. Who.int, "IARC Monographs Volume 112:Evaluation of Five Organophosphate Insecticides and Herbicides," accessed February 5, 2024, https:// www.iarc.who.int/news-events/iarc-monographs-volume-112-evaluation-of-five-organophosphate-insecticides-and-herbicides.

7. John D. Liu et al., "Keeping the Rhythm: Light/Dark Cycles during Postharvest Storage Preserve the Tissue Integrity and Nutritional Content of Leafy Plants," *BMC Plant Biology* 15 (March 2015): 92, doi.org/10.1186/s12870-015-0474-9.

8. Matteo Camporese and Majdi Abou Najm, "Not All Light Spectra Were Created Equal: Can We Harvest Light for Optimum Food– Energy Cogeneration?," *Earth's Future* 10, no. 12 (December 2022): e2022EF002900, doi.org/10.1029/2022EF002900.

광합성 인간

초판 1쇄 인쇄 2025년 8월 21일
초판 1쇄 발행 2025년 8월 28일

지은이 린 피플스
옮긴이 김초원
펴낸이 유정연

이사 김귀분
책임편집 황서연 **기획편집** 신성식 조현주 유리슬아 정유진 **디자인** 안수진 기경란
마케팅 반지영 박중혁 하유정 **제작** 임정호 **경영지원** 박소영

펴낸곳 흐름출판(주) **출판등록** 제313-2003-199호(2003년 5월 28일)
주소 서울시 마포구 월드컵북로5길 48-9(서교동)
전화 (02)325-4944 **팩스** (02)325-4945 **이메일** book@hbooks.co.kr
홈페이지 http://www.hbooks.co.kr **블로그** blog.naver.com/nextwave7
출력·인쇄·제본 (주)삼광프린팅 **용지** 월드페이퍼(주) **후가공** (주)이지앤비(특허 제10-1081185호)

ISBN 978-89-6596-741-5 03470

- 이 책은 저작권법에 따라 보호를 받는 저작물이므로 무단 전재와 복제를 금지하며,
  이 책 내용의 전부 또는 일부를 사용하려면 반드시 저작권자와 흐름출판의 서면 동의를
  받아야 합니다.
- 흐름출판은 독자 여러분의 투고를 기다리고 있습니다. 원고가 있으신 분은
  book@hbooks.co.kr로 간단한 개요와 취지, 연락처 등을 보내주세요. 머뭇거리지 말고
  문을 두드리세요.
- 파손된 책은 구입하신 서점에서 교환해드리며 책값은 뒤표지에 있습니다.